Malpricht/Rupp

Schalungsplanung im Baubetrieb

Ihr Plus – digitale Zusatzinhalte!

Auf unserem Download-Portal finden Sie zu diesem Titel kostenloses Zusatzmaterial. Geben Sie dazu einfach diesen Code ein:

plus-qgist-ukhl6

plus.hanser-fachbuch.de

Bleiben Sie auf dem Laufenden!

Hanser Newsletter informieren Sie regelmäßig über neue Bücher und Termine aus den verschiedenen Bereichen der Technik. Profitieren Sie auch von Gewinnspielen und exklusiven Leseproben. Gleich anmelden unter

www.hanser-fachbuch.de/newsletter

Lehrbücher des Bauingenieurwesens

Bletzinger/Dieringer/Fisch/Philipp • *Aufgabensammlung zur Baustatik*

Dallmann • *Baustatik*

Band 1: Berechnung statisch bestimmter Tragwerke

Band 2: Berechnung statisch unbestimmter Tragwerke

Band 3: Theorie II. Ordnung und computerorientierte Methoden der Stabtragwerke

Engel/Al-Akel • *Einführung in den Erd-, Grund- und Dammbau*

Engel/Lauer • *Einführung in die Boden- und Felsmechanik*

Fouad/Zapke • *Bauwesen Taschenbuch*

Freimann • *Hydraulik in der Wasserwirtschaft*

Göttsche/Petersen • *Festigkeitslehre – klipp und klar*

Jochim/Lademann • *Planung von Bahnanlagen*

Krawietz/Heimke • *Physik im Bauwesen*

Malpricht • *Schalungsplanung im Baubetrieb*

Prüser • *Konstruieren im Stahlbetonbau*

Rjasanowa • *Mathematik für Bauingenieure*

Wolfgang Malpricht/Carsten Rupp

Schalungsplanung im Baubetrieb

Ein Lehr- und Übungsbuch

2., aktualisierte und erweiterte Auflage

Die Autoren:

Prof. Dipl.-Ing. Wolfgang Malpricht, Jade Hochschule Oldenburg

Dipl.-Ing. (FH) Carsten Rupp, Lehrbeauftragter an der Hochschule für Technik und Wirtschaft des Saarlandes in Saarbrücken

Bibliografische Information der Deutschen Nationalbibliothek:
Die Deutsche Nationalbibliothek verzeichnet diese Publikation in der Deutschen Nationalbibliografie; detaillierte bibliografische Daten sind im Internet über http://dnb.d-nb.de abrufbar.

Internet: www.hanser-fachbuch.de

Lektorat: Frank Katzenmayer
Herstellung: Frauke Schafft
Covergestaltung: Max Kostopoulos
Coverkonzept: Marc Müller-Bremer, www.rebranding.de, München
Titelbild: Wolfgang Malpricht
Satz: Eberl & Koesel Studio, Altusried-Krugzell
Druck und Bindung: Hubert & Co. GmbH & Co. KG BuchPartner, Göttingen
Printed in Germany

Print-ISBN 978-3-446-46750-7
E-Book-ISBN 978-3-446-47040-8

Vorwort

Stahlbeton ist und bleibt der weltweit bedeutendste Baustoff. Für die Herstellung von Betonbauteilen werden Schalungen benötigt. Dabei dienen Schalungen nicht nur der Formgebung des Bauteils, sondern sie haben auch eine tragende Funktion und beeinflussen die Qualität des Betons, insbesondere die Betonoberfläche von Sichtbeton.

Das vorliegende Lehr- und Übungsbuch behandelt die Konstruktion, Bemessung und Einsatzplanung von Schalungen und Gerüsten. Ebenso werden die Aufgaben der Arbeitsvorbereitung dargestellt, die bei der Herstellung von Stahlbetonbauwerken erforderlich sind. Hierzu gehören die Technologie des Sichtbetons und die Verfahrenstechnik beim Einsatz von Fertigteilen und der Ausführung von Fugen.

Das Buch ist für das Grundlagen- und Fachstudium der baukonstruktiven und baubetrieblichen Disziplinen ausgerichtet. Es empfiehlt sich Studierenden der Bauverfahrenstechnik im Bauwesen und ist für das Vertiefungsstudium in Bachelorstudiengängen sowie weiterführenden Masterstudiengängen ausgelegt. Als Lehrbuch soll es die Lehrveranstaltungen ergänzen und das Selbststudium unterstützen. Mit umfassenden Übungsbeispielen und Aufgaben fördert es als Übungsbuch die Prüfungsvorbereitung.

Als Kompendium stellt das Buch die konstruktiven Grundlagen für die Bemessung von Schalungen zur Verfügung, die sich durch die aktuell gültigen und weitgehend neuen europäischen Normen nach dem Sicherheitskonzept des Eurocodes ergeben. Insoweit eignet sich dieses Buch genauso für erfahrene Praktiker in der Arbeitsvorbereitung, die sich mit der Bemessung von Schalungen nach den aktuellen Normen befassen möchten. Für Studierende stellt das Buch einen Bezug her zwischen neuem Sicherheitskonzept und der Bemessung herkömmlicher Art.

Den Schwerpunkt des Buches bilden zahlreiche Übungsbeispiele, in denen die Bemessung von konventionellen Schalungen umfassend und ganzheitlich behandelt wird. Ergänzend sind kapitelweise Übungsaufgaben gestellt, deren Musterlösungen im Internet unter *https://plus.hanser-fachbuch.de* zu finden sind. Den Zugangscode finden Sie auf der ersten Seite des Buches.

Das Buch kann die vielfältigen Schalungssysteme der verschiedenen Hersteller nicht umfassend und im Detail darstellen. Der Anspruch des Lehr- und Übungsbuches liegt hingegen darin, den Studierenden Kenntnisse der Bauverfahrenstechnik zur Verfügung zu stellen, um die grundlegenden Aufgaben in der Arbeitsvorbereitung von Schalungen und Gerüsten erledigen zu können. Nach diesen Studien sollen die Studierenden in der Lage sein, die vielfältigen Angebote der Schalungshersteller an Zahlenwerken, Tabellen und Bemessungsdiagrammen zu bewerten und professionell anzuwenden. Ebenso werden die Studierenden befähigt, konventionelle Schalungen systemunabhängig zu bemessen und zu konstruieren. Gleichwohl wird in die grundlegende Anwendungstechnik der wichtigsten Schalungssysteme eingeführt.

Die baukonstruktive Ausrichtung dieses Lehr- und Übungsbuches macht dabei deutlich, dass die Aufgaben der Bauverfahrenstechnik und Arbeitsvorbereitung neben den baubetrieblich wichtigen Grundlagen gleichermaßen gute Fähigkeiten in der Anwendung konstruktiver Kenntnisse erfordern. Insofern bietet die Schalungsplanung ein gelungenes Übungsfeld, die in den Bemessungsfächern Holzbau, Stahlbau und Stahlbetonbau erworbenen Kenntnisse interdisziplinär und ganzheitlich anzuwenden. Dabei dürfen die konstruktiven Anforderungen durchaus auch eine Herausforderung darstellen für baubetrieblich ausgerichtete Studierende mit Studienschwerpunkten in Baumanagement und Baubetriebswirtschaft.

Das Lehr- und Übungsbuch „Schalungsplanung“ findet seinen besonderen Platz in dieser Zeit der Veränderungen im Bereich der europäischen Normen. Bei der Ausarbeitung des Buches stellte sich allein schon die Zusammenstellung gültiger Bemessungswerte als anspruchsvoll heraus. Die Bemessung spezieller Schalungs- und Gerüstsysteme erfolgt aufgrund vorliegender bauaufsichtlicher Zulassungen durch Tabellen und Diagramme der Hersteller. Die Konstruktion und Bemessung konventioneller Schalungen und Gerüste muss vor allem auf der Grundlage gültiger Normen und Richtlinien erfolgen.

Die Anwendung und Bemessung von Baustützen und Holzschalungsträgern ist aufgrund der eingeführten neuen europäischen Normen eindeutig geklärt und zahlenmäßig festgelegt, wenngleich die Tabellenwerke der Hersteller in der Regel noch zulässige Lasten oder zulässige Schnittgrößen angeben. Auch die Bemessung von gewöhnlichem Bauholz ist durch die neue Holzbaunorm klar geregelt. Im Bereich der Schalhautplatten ist die Situation jedoch sehr unübersichtlich. Einerseits nimmt die Holzbaunorm ihre Zuständigkeit für Schalungen und Gerüste in Anspruch, andererseits unterliegen die verschiedenen Schalhautarten mehreren, teilweise noch sehr alten Normen. Die Schalhautplatten lassen sich im Einzelnen nur schwer der Holzbaunorm zuordnen. Von den Herstellern werden unterschiedliche Bemessungswerte zur Verfügung gestellt. Obwohl der Schubnachweis bei Schalungen häufig maßgebend ist, liegen Bemessungswerte für den Schubnachweis von Schalhautplatten nur teilweise vor.

Besonders schwierig ist die Tatsache zu handhaben, dass es zwar schon seit längerem eine neue Traggerüstnorm gibt, diese jedoch noch nicht bauaufsichtlich eingeführt ist. Auch hier stoßen altes und neues Sicherheitskonzept aufeinander. Bei der Festlegung von Bemessungswerten nach der neuen Holzbaunorm spielt der Modifikationsbeiwert eine bedeutende Rolle. Für die Festlegung des Modifikationsbeiwerts, insbesondere bei Schalhaut, bedarf es einer Beurteilung hinsichtlich Lasteinwirkungsdauer und Feuchtigkeitsgehalt. Hier sind die Interpretationen der Norm nicht eindeutig.

Der Anspruch dieses Lehr- und Übungsbuches liegt insofern darin, die Grundlagen der Bemessung nach dem Sicherheitskonzept der aktuellen neuen europäischen Normen auf der Grundlage des Eurocodes der herkömmlichen Bemessung gegenüberzustellen und mit ihr zu verknüpfen. Studierende lernen das Bemessen heute nur noch nach dem neuen Sicherheitskonzept und können daher allein schon mit dem Begriff „zulässige“ Lasten nichts mehr anfangen. Gleichermaßen mag mancher erfahrene Praktiker in der Arbeitsvorbereitung die Notwendigkeit sehen, sich mit der Bemessung nach neuem Sicherheitskonzept auseinanderzusetzen. Denjenigen sei dieses Lehr- und Übungsbuch ebenso empfohlen.

Mein besonderer Dank gilt allen Firmen, die mir freundlicherweise zahlreiche Bilder zur Verfügung gestellt haben. Dank sei auch allen Mitarbeiterinnen und Mitarbeitern der Firmen und des Verlags, die mir beratend zur Seite standen und mich tatkräftig unterstützt haben. Auch meiner Familie möchte ich herzlichen Dank aussprechen, die mir während der Ausarbeitung des Buches mit viel Geduld den Rücken freigehalten hat.

Hinweise und Anregungen nehme ich gerne entgegen.

Oldenburg, April 2010 *Wolfgang Malpricht*

Vorwort zur zweiten Auflage

Wir freuen uns sehr, dass es uns gelungen ist, in guter Partnerschaft als Koautoren dem Wunsch des Hanser-Verlags nachzukommen und die erweiterte zweite Auflage zu erarbeiten. Besonders freuen wir uns über das neue Layout im Vierfarbdruck.

Die Kapitel der ersten Auflage geben schon einen Überblick über die große Vielfalt der Betonschalungen. Die Inhalte dieser Kapitel wurden grundlegend überarbeitet und aktualisiert. Dabei konnten alle zwischenzeitlichen Änderungen im Bereich der Normen, Richtlinien und Merkblätter eingearbeitet werden. Insbesondere im Bereich der Eurocode-Normen gab es einige Veränderungen. Die Beispiele über die

Bemessung konventioneller Schalungen wurden dementsprechend überarbeitet. Die Darstellung der gängigen Schalungssysteme wurde ebenfalls grundlegend überarbeitet und auf den aktuellen Stand gebracht. Neu hinzu kamen die Kapitel über Fundamentschalungen und Traggerüsttürme sowie über die Schalverfahren bei Brücken und Tunneln.

Die Inhalte der ersten Auflage wurden im neuen Teil der zweiten Auflage durch wesentliche baubetriebliche Aspekte ergänzt, die im Kontext der Schalungsplanung von Bedeutung sind. Hierzu gehört insbesondere die Bauablaufplanung, die immer Grundlage aller Schalungsplanung sein sollte. Auf die Zusammenhänge von Taktplanung und Schalungs-Einsatzplanung wurde besonderer Wert gelegt. Und auch die speziellen Vorgehensweisen bei Angebotskalkulation und Miete von Schalungen sind in neuen Kapiteln ergänzt worden. Nicht zuletzt wird der aktuelle Stand der digitalen Schalungsplanung dargestellt.

In einem Ausblick geben wir einen Überblick über zukünftige Entwicklungen in der Schalungstechnik, die vor allem durch die Digitalisierung vorangetrieben werden.

Wir bedanken uns bei allen Mitarbeiterinnen und Mitarbeitern der Schalungsfirmen und Lieferanten, die uns mit Bildern und fachlichem Rat unterstützt haben. Besonderer Dank gilt Herrn Dipl.-Ing. Jörg Messing, PERI SE, für seine unermüdliche Beratung und das Korrekturlesen. Ebenso danken wir Herrn Dipl.-Ing. (FH) Thomas Walliser, MEVA Schalungs-Systeme GmbH, für die kompetente fachliche Unterstützung.

Musterlösungen der Übungsaufgaben und ergänzende Unterlagen zum Beispielprojekt des Bürogebäudes sind im Internet unter *https://plus.hanser-fachbuch.de* zu finden. Den Zugangscode dafür finden Sie auf der ersten Seite des Buches.

Hinweise und Anregungen nehmen wir gerne entgegen.

Oldenburg und Saarlouis, April 2022 — *Wolfgang Malpricht* und *Carsten Rupp*

Inhaltsverzeichnis

1 Einführung

Die Planung der Schalung ist ein wesentlicher Bestandteil der Arbeitsvorbereitung im Stahlbetonbau. Da auf die Herstellung von Schalungen und Traggerüsten ein Großteil der Lohnkosten entfällt, können durch detaillierte Planung beträchtliche Rationalisierungserfolge erzielt und damit die Wirtschaftlichkeit bei der Durchführung einer Baumaßnahme positiv beeinflusst werden.

Es ist vorteilhaft, schon bei der Angebotskalkulation mit der Schalungsplanung zu beginnen und sie für die Bauausführung als wichtiges Element in die *Arbeitsvorbereitung* zu integrieren. So kann eine sinnvolle Abstimmung zwischen Bauverfahren, zeitlichem Bauablauf, Bereitstellungsplanung und Baustelleneinrichtung erfolgen.

Bis in die 1980er-Jahre unterhielten viele der größeren Bauunternehmen einen eigenen *Schalungsbau*, bestehend aus Planungsbüro und Werkstatt. In den Büros wurden Konstruktionszeichnungen und Werkpläne zur Herstellung von individuellen Schalungskonstruktionen erstellt, die dann in den Werkstätten gefertigt und auf die Baustelle geliefert wurden. Ebenso war es üblich, eigene Systemschalungen wie z. B. Wand- und Deckenschalungssysteme in ausreichenden Mengen am Bauhof vorzuhalten und bei Bedarf einzusetzen. Diese Schalungssysteme waren durch die Schalungsindustrie zu diesem Zeitpunkt schon weit entwickelt.

Mittlerweile ist bei vielen Unternehmen der Schalungsbereich zum Rationalisierungsopfer geworden. Die Möglichkeit, Schalungssysteme für fast jeden Einsatzbereich anmieten zu können, hat dazu geführt, dass viele Tätigkeiten an den *Schalungslieferanten* übertragen wurden. Das betrifft neben den Service- und Logistikleistungen, zu denen u. a. die Lagerung und der Transport der Schalung gehört, insbesondere auch die Ingenieurleistungen wie beispielsweise das Erstellen von Schalungseinsatzplänen und Materiallisten, um den Schalungsbedarf zu ermitteln.

Service- und Logistikleistungen

- Lagerung und Kommissionierung der Schalung
- Werkseitige Schalungsvormontage
- Instandhaltung (Regeneration und Reparatur)
- Transport
- Endreinigung

Ingenieurleistungen

- Arbeitsvorbereitung
- Schalungseinsatzplanung
- Materiallisten
- Statische Berechnungen
- Sichtbetonplanung
- Baustelleneinweisung und Beratung

Dennoch ist es von großer Wichtigkeit, dass den externen Schalungstechnikern qualifizierte und kompetente Ansprechpartner aus den Baufirmen zur Verfügung stehen, um Schalung und Bauablauf optimal aufeinander abzustimmen.

Aufgrund der Tatsache, dass die Schalungsindustrie heute für fast jede Anforderung Systemschalungen anbietet, die gemäß ihrer Typenstatik eingesetzt werden, verliert der klassische Schalungsbau zunehmend an Bedeutung. Eine Ausnahme stellt hier sicherlich der Ingenieurbau dar, wo häufig sehr spezielle Schalungslösungen erforderlich sind. Unternehmen, die in diesem Bereich tätig sind, unterhalten teilweise auch heute noch einen eigenen Schalungsbau.

Demnach müssen die im Schalungsbereich tätigen Ingenieure je nach Aufgabengebiet in der Lage sein, die am Markt erhältlichen Schalungssysteme zu beurteilen und für ihre Zwecke einzusetzen. Ebenso müssen sie die Notwendigkeit spezieller Schalungskonstruktionen erkennen und diese gegebenenfalls planen können.

Beim Einsatz von Systemschalungen ist die jeweilige *Aufbau- und Verwendungsanleitung* des Herstellers zu beachten. Darin werden Sicherheitshinweise und wichtige Angaben für die Regelanwendung gemacht. Diese sind vom Anwender genau zu befolgen. Vom Regelfall abweichende Einsätze müssen unter Beachtung gültiger Gesetze, Normen und Sicherheitsvorschriften gesondert nachgewiesen werden.

Dieses Kapitel gibt eine Einführung in die Aufgabenstellung der Arbeitsvorbereitung für Schalungen und deren Traggerüste. Die für die Schalungsplanung wichtigsten Normen und die wesentlichen Bestandteile einer Schalungskonstruktion werden in einem Überblick vorgestellt. In den folgenden Kapiteln werden einerseits die wichtigsten Systemschalungen und deren Einsatzmöglichkeiten und andererseits die Bemessung konventioneller Schalungen behandelt.

1.1 Europäische Normen

Alle baukonstruktiven Bereiche unterliegen einem enormen Wandel. In den vergangenen Jahren wurden die bedeutendsten Normen europäisch harmonisiert und auf das *Sicherheitskonzept* des *Eurocode* umgestellt. Inzwischen sind alle wichtigen Normen im Stahlbetonbau (DIN EN 1992-1-1), Stahlbau (DIN EN 1993-1-1) und Holzbau (DIN EN 1995-1-1) auf das neue Sicherheitskonzept umgestellt worden.

Die wichtigsten Normen für den Schalungsbau

- „Holzbauten“: DIN EN 1995-1-1:2010-12/ A2:2014-07/NA:2013-08
- „Stahlbauten“: DIN EN 1993-1-1:2010-12 (2020-08 Entwurf)/A1:2014-07/ NA:2018-12
- „Traggerüste“: DIN EN 12812:2008-12
- „Arbeits- und Schutzgerüste“: DIN 4420-1:2004-03, DIN 4420-3:2006-01
- „Toleranzen im Hochbau“: DIN 18202:2019-07
- „Frischbetondruck auf lotrechte Schalungen“: DIN 18218:2010-01
- „Holzschalungsträger“: DIN EN 13377:2002-11
- „Baustützen“: DIN EN 1065:1998

Die Planung von Schalungen und Gerüsten kommt aufgrund der dafür verwendeten Materialien – Holz und Stahl – und aufgrund ihrer Bestimmung – die Herstellung von Stahlbetonbauteilen – gerade mit diesen Normen häufig in Berührung. So gut wie alle Normen, die für die Schalungsplanung eine Rolle spielen, sind inzwischen auf das neue Sicherheitskonzept des Eurocode umgestellt worden oder beziehen sich darauf.

So gibt es eine neue Traggerüstnorm DIN EN 12812 (s. Abschnitt 2.1), die auch bauaufsichtlich eingeführt ist. Im Bereich der *Schalhautplatten* gibt es die neue Holzbaunorm DIN EN 1995-1-1 (s. Abschnitt 2.2), die prinzipiell auch für Schalungen gilt, und weitere zugehörige Normen, je nach Art der jeweiligen *Schalungshaut.*

In diesem Buch werden in Kapitel 2 die wichtigsten Grundlagen der aktuellen Normen nach heutigem Stand behandelt, ebenso Fragen der *Lastannahmen* bei der *Bemessung.*

1.2 Schalungen und Traggerüste

Als „Schale“ für den Frischbeton dient die Schalung der Formgebung eines Bauteils. Die auf die Schalung einwirkenden Lasten werden in die *Unterkonstruktion* abgeleitet, die gemäß DIN EN 12812 als *Traggerüst* bezeichnet wird. Nachdem der Beton erhärtet ist und eine ausreichende Festigkeit erreicht hat, werden Schalung und Traggerüst in der Regel entfernt. Sie gelten von daher als temporäre Konstruktion und deren Unterstützung, die selbst jedoch nicht in das Bauwerk eingehen.

Bei den heute überwiegend eingesetzten Systemschalungen sind Schalung und Unterkonstruktion teilweise fest miteinander verbunden. Sie werden in der Regel als Einheit betrachtet, sodass in der Praxis (und auch hier) häufig mit dem Begriff Schalung auch das Traggerüst gemeint ist.

Hinsichtlich ihrer Lastabtragung werden Schalungen für vertikale Bauteile (lotrechte Schalungen) und Schalungen für horizontale Bauteile (waagerechte Schalungen) unterschieden.

Beispiele für vertikale Bauteile

- Fundamente
- Wände
- Stützen

Beispiele für horizontale Bauteile

- Decken
- Podeste
- Unterzüge

Lotrechte (Bild 1.1) und waagerechte (Bild 1.2) Schalungen bestehen aus den folgenden Konstruktionselementen:

1. Schalungshaut,
2. Unterkonstruktion,
3. Schalungsanker (bei lotrechten Schalungen),
4. Unterrüstung (bei waagerechten Schalungen),
5. Elemente zur Lagesicherung (Abstützungen),
6. Sicherheitseinrichtungen (Arbeitsbühnen und Schutzgerüste).

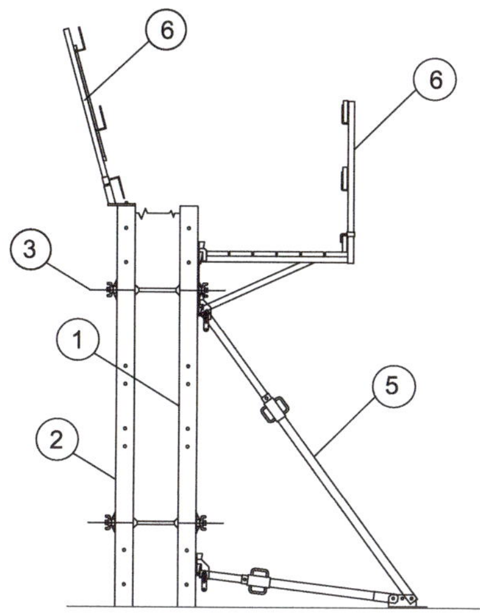

Bild 1.1
Konstruktionselemente lotrechter Schalungen

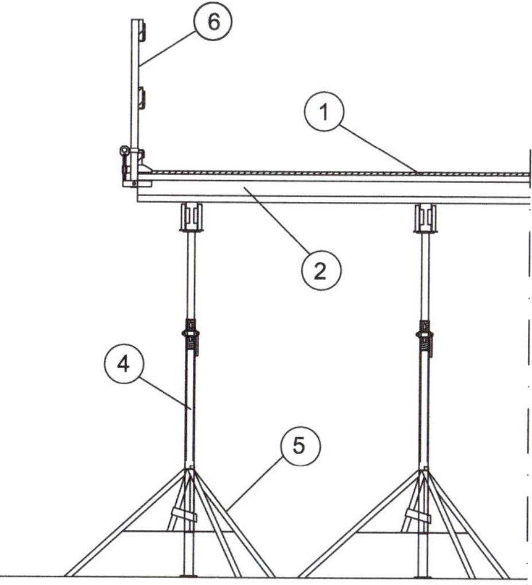

Bild 1.2
Konstruktionselemente waagerechter Schalungen

Nachfolgend werden die Konstruktionselemente von Schalungen und deren Funktion näher beschrieben. Weiterführende Informationen zu den verschiedenen Schalungsarten sind in den jeweiligen Kapiteln zu finden.

1.3 Schalungshaut

Die *Schalungshaut* einer Betonschalung muss mehrere Funktionen erfüllen: Die Schalungshaut gibt dem Beton seine *geometrische Form,* die sowohl ebene als auch gekrümmte Begrenzungsflächen haben kann. Die Schalungshautstruktur ist die Negativform der später sichtbaren Betonstruktur. Die *Betonstruktur* kann glatt oder rau sein, eine Brettstruktur wiedergeben sowie poröse oder geschlossene Oberflächen haben. Die Schalungshaut muss dicht sein, damit die Betonmilch nicht ausläuft und keine Kiesnester entstehen.

Die Schalungshaut muss zusammen mit ihrer Unterkonstruktion die vertraglich vorgegebenen Anforderungen an die *Ebenheit* entsprechend der Tabelle 3 in DIN 18202 „Toleranzen im Hochbau" erfüllen (s. Abschnitt 2.5).

Die Schalungshaut muss bei waagerechten Schalungen den vertikalen *Frischbetondruck* aus dem Eigengewicht des Betons und aus Verkehrslasten sowie bei lotrechten Schalungen den horizontalen Frischbetondruck nach DIN 18218 aufnehmen und an die Unterkonstruktion weitergeben können. Der hydrostatische Frischbetondruck kann bei lotrechten Schalungen nach DIN 18218 unter gewissen Voraussetzungen abgemindert werden (s. Abschnitt 2.4).

Funktionen der Schalungshaut

- Formgebung des Betonbauteils
- Ausbildung der Betonstruktur
- Dichtigkeit der Schalung
- Ebenheit der Betonoberfläche
- Aufnahme und Abtragung des Frischbetondrucks
- Schutz des jungen Betons vor zu schnellem Austrocknen, Umwelteinflüssen und mechanischen Beschädigungen

1.3.1 Schalungshautarten

Die einzelnen *Schalungshautarten* unterscheiden sich sowohl im Ergebnis der *Betonoberfläche* wie auch in ihrer *Einsatzhäufigkeit* (Tabelle 1.1).

Die Einsatzhäufigkeit von gehobelten Brettern entspricht in etwa der von *Dreischichtplatten* (Bild 1.3), wenngleich diese in der Regel imprägniert oder lackiert sind und dadurch eher häufiger eingesetzt werden können. Maßgebend sind jedoch vor allem die Schnittflächen.

Tabelle 1.1 Schalungshautarten und mögliche Einsatzhäufigkeiten

Material	Schalungshautart	mögliche Einsatzhäufigkeit
Massivholz	Bretter, sägerau Bretter, gehobelt Bohlen, Dielen	2 - 4 10 - 15 2 - 4
Sperrholz	Dreischichtplatten Mehrschichtplatten Stab- und Stäbchensperrholzplatten	10 - 15 > 20 - 30 > 30 - 50
Holzwerkstoffe	Hartfaserplatten Holzwerkstoffplatten, Spanplatten	2 - 3 3 - 5
Metall	Stahl	> 100
Kunststoffe	Polyethylen Polyurethan Polystyrol Glasfaserkunststoffe Gummi	nach Profilierung und Einsatzart unterschiedlich, teilweise sehr hoch, > 100
Pappe	Pappe, kunststoffbeschichtet	1

Bild 1.3
Dreischichtplatte, Bildquelle: Doka

Je nach Anforderungen muss die Schalungshaut ausgewählt werden. Einerseits muss die Schalungshaut für die verlangte Qualität der Betonoberflächen geeignet sein - ob rau oder glatt, ob *Sichtbeton* oder nicht - andererseits muss sie den mechanischen Beanspruchungen bei planmäßiger Einsatzhäufigkeit gewachsen sein.

Oberflächenvergütete, d. h. kunstharzfilmbeschichtete *Mehrschichtplatten* (Bild 1.4) ergeben eine glatte Betonoberfläche. Trockene, saugende Schalungshaut ergibt eine offenporige Betonoberfläche, während eine feuchte, nichtsaugende oder beschichtete Schalungshaut eine geschlossen-porige Betonoberfläche hinterlässt.

Bild 1.4
Mehrschichtplatte, Bildquelle: Doka

DIN 68791:2016-08: Großflächen-Schalungsplatten aus Stab- und Stäbchensperrholz für Beton und Stahlbeton

DIN 68792:2016-08: Großflächen-Schalungsplatten aus Furniersperrholz für Beton und Stahlbeton

1.3.2 Brettprofile aus Massivholz

Schalbretter aus *Massivholz* haben eine Breite von etwa 10 cm und sind mit maximalen Lieferlängen von 4,50 m zu bekommen. Benötigt man längere durchgehende Sichtbetonflächen, müssen die Bretter in regelmäßigen oder unregelmäßigen Verbänden verlegt und gestoßen werden. Dabei ist auf einen möglichst geringen Verschnitt zu achten.

Sägeraue Bretter sind nur zur Betonseite *sägerau,* für die Maßhaltigkeit der Schalungskonstruktion sind die Bretter auf der dem Beton abgewandten Seite *gehobelt.*

Die raue Brettoberfläche muss vor dem ersten Betonieren mit Beton eingeschlämmt werden, um die größten Vertiefungen in der Oberfläche zu verschließen. Dadurch wird für die ersten Einsätze ein einigermaßen gleiches Aussehen der rauen Betonoberfläche erzielt. Allerdings werden die Vertiefungen in der Schalungshaut mit jedem Betoniervorgang weiter zugesetzt, sodass sich mit jedem weiteren Betoniervorgang eine veränderte Betonoberfläche ergibt. Daher können mit einer sägerauen Schalungshaut nur sehr wenige Betonierabschnitte ausgeführt werden.

Die *Brettprofile* können sehr unterschiedlich sein. Es stehen mehrere *Spundungsprofile* mit verschiedenen Vor- und Nachteilen zur Verfügung:

- *Stumpfer Stoß*

  Stumpf gestoßene Bretter werden im Schalungsbau nur für untergeordnete Zwecke, z. B. für Abschalungen im Bereich von Fundamenten, eingesetzt. Ansonsten sind sie nicht sinnvoll einsetzbar, da die Fugen zwischen den Brettern nicht absolut dicht sind und sich durch Quellen und Schwinden des Holzes auch jederzeit verändern können (Bild 1.5). Dadurch besteht die Gefahr, dass durch die offenen Fugen die Betonmilch ausläuft und dadurch Kiesnester entstehen.

In Rundungen sind diese Bretter auch nicht einsetzbar, da sich zwischen den polygonartig gestoßenen Brettern *klaffende Fugen* einstellen, die dann von Beton ausgefüllt werden bzw. nicht hinreichend abgedichtet werden können. Zwischen den Brettern besteht keine Schubverbindung. Dadurch kann sich leicht ein Versatz bilden.

Bild 1.5
Stumpfer Stoß, Bildquelle: PERI

- *Nut und Feder*

  Die Nut-und-Feder-Spundung hingegen kann auch in Rundungen sehr gut eingesetzt werden, da die Feder bis zu einem gewissen Grad elastisch gebogen in der Nut liegt und die Fuge als solche sich zwar etwas öffnet, jedoch nicht völlig aufklafft (Bild 1.6). Dadurch entstehen lediglich *Betongrate*, die architektonisch durchaus gewollt sein können.

  Sofern die Bretter einzeln ausgeschalt werden müssen, können die Bretter dabei leicht zu Bruch gehen. Die Nut- und Feder-Spundung ist bei der Handhabung der einzelnen Bretter empfindlich, die zusammengebauten Bretter stellen aber einen guten Schubverband dar.

Bild 1.6
Nut und Feder, Bildquelle: PERI

- *Wechselpfalz-Spundung*

  Auch die Wechselfalz-Spundung (Bild 1.7) leistet eine gute Schubübertragung. Bei zu geringer Nagelung stellt sie aber eine instabile Verbindung dar, bei der sich die Fugen leicht öffnen können.

Bild 1.7
Wechselfalz-Spundung, Bildquelle: PERI

- *Doppelte Keilspundung* (untergefügte Keil- oder Spezial-Spundung)

  Die doppelte Keilspundung, oder auch *Z-Profil* genannt, ist speziell für Sichtbetonschalungen sehr gut geeignet. Sie stellt eine stabile Verbindung der Bretter dar bei gleichzeitig großer Dichtigkeit, auch bei Rundungen (Bild 1.8). Ausschalen der einzelnen Bretter ist durch Aufklappen zerstörungsfrei möglich. In Schalelementen lassen sich einzelne Bretter leicht auswechseln oder reinigen. Die Schubübertragung des Profils ist gut.

Bild 1.8
Doppelte Keilspundung (Z-Profil), Bildquelle: PERI

- *Schweinsrücken-Spundung* (Dreieck- oder Keilspundung)

  Die Schweinsrücken-Spundung eignet sich besonders für Rundungen, weil die Bretter auch dann gut in einander liegen und gegenseitig gehalten sind (Bild 1.9). Allerdings kann es leicht zu undichten Stellen in den Brettfugen kommen.

Bild 1.9
Schweinsrücken-Spundung, Bildquelle: PERI

Bemessung von Schalhautplatten

siehe Abschnitt 2.6

1.3.3 Sperrholzplatten

Die verwendeten *Mehrschichtplatten* sind *Sperrholzplatten,* die zu einem sehr großen Anteil aus Finnland kommen. Nachfolgend sollen daher exemplarisch die finnischen Standardsperrhölzer dargestellt werden, welche für den Einsatz in Betonschalungen verwendet werden.

Birkensperrholz: wird ausschließlich aus Birkenfurnieren gefertigt.

Combi-Sperrholz: hat je zwei Birkenfurniere als Decklagen und dazwischen abwechselnd Nadelholz- und Birkenfurniere.

Combi Mirror-Sperrhölzer: haben je ein Birkenfurnier als Decklagen und dazwischen abwechselnd Nadelholz- und Birkenfurniere.

Nadelholz-Sperrholz: besteht als Innenlagen durchgehend aus Nadelholzfurnieren, die Decklagen sind Fichte- oder Kieferfurniere.

Finnische Standardsperrhölzer

Finnisches Sperrholz besteht aus Birken- oder Nadelholzfurnieren mit Nenndicken von 1,4 mm. Bei dicken Nadelholzfurnieren von Nadelholzsperrholz kann die Furnierdicke im Bereich von 2,0 bis 3,2 mm liegen.

Die Sperrholzplatten werden für den Einsatz in Betonschalungen gewöhnlich mit Filmbeschichtungen in Stärken von 120, 170, 220 oder 440 g/m² eingesetzt. Die höheren Beschichtungen haben sich wegen ihrer besseren technischen Eigenschaften mehr durchgesetzt. Durch Versiegelung der Plattenkanten wird die Feuchtigkeitsaufnahme der Platten minimiert.

Für die Herstellung von Sichtbeton-Bauteilen ist der Einsatz einer geeigneten Schalungshaut von großer Bedeutung. Eine Einführung in die Technologie des Sichtbetons ist in Kapitel 3 ausgeführt.

1.3.4 Kunststoff-Schalungshaut

Besonders bei Rahmenschalungen stellen Kunststoff-Schalhautplatten eine Alternative zur herkömmlichen Schalungshaut dar, da sie für sehr hohe Einsatzzahlen geeignet sind. Diese sind verhältnismäßig teuer und daher nur wirtschaftlich, wenn sie sehr häufig eingesetzt werden können. Im Gebrauch sind sie vergleichbar mit beschichteten Mehrschichtplatten. Sie sind gut nagelbar und können repariert und maschinell gereinigt werden.

1.3.5 Trennmittel

Die Schalungshaut sowie alle betonberührenden Flächen von Schalungen sind vor jedem Einsatz mit Trennmitteln zu versehen. Dies geschieht,

- um beim Ausschalen die Haftung der Schalung am Beton zu vermindern und damit das Ausschalen zu erleichtern,
- um die Oberflächen der Schalung besser zu konservieren und zu schützen, dort Zementleimrückstände zu verringern und
- um bei Sichtbeton die Oberflächen optisch mit einheitlichem Grauton herzustellen.

Der Auftrag des Trennmittels auf die Schalung muss grundsätzlich gleichmäßig und sehr dünn erfolgen. Dies bedarf insbesondere der richtigen Dosierung in Abhängigkeit von der Viskosität des Trennmittels. Hierzu sind geeignete Sprühgeräte erforderlich, in der Regel Hochdrucksprühgeräte mit 5 bis 6 bar Druck, ölbeständigen Schläuchen und Flachstrahldüsen. Der Einsatz gut qualifizierter Arbeitskräfte ist hier eine wichtige Voraussetzung für ein gutes Arbeitsergebnis.

Folgende Arten von Trennmitteln stehen zur Verfügung:

- Lösemittelfreie Trennmittel mit einer Viskosität bei ca. 20 mm^2/s (20 °C), hier ist in der Regel kein feiner Auftrag möglich. Insbesondere bei nicht saugender Schalungshaut muss das überschüssige Trennmittel sorgfältig mit Moosgummi abgezogen werden. Einige Produkte sind schnell biologisch abbaubar. Die Nachteile dieser Trennmittel liegen in ihrer höheren chemischen Reaktivität. Sie können intensives Abmehlen des Betons, Hydrophobieeffekte auf der Betonoberfläche oder auch ein Verharzen auf der Schalungshaut nach sich ziehen.
- Lösemittelhaltige Trennmittel mit einer Viskosität bei ca. 1 bis 2 mm^2/s (20 °C), hier ist gewöhnlich ein feiner Auftrag möglich, da sich die Auftragsstärke durch Vernebelung des Lösemittels einstellt. Diese Trennmittel eignen sich besonders für senkrechte Schalungsflächen und bei nicht saugender Schalungshaut sowie für eine höhere Farbtongleichmäßigkeit. Sie sind nachteilig hinsichtlich der Anforderungen an Arbeitshygiene und Umweltverträglichkeit sowie einer höheren Porigkeit.
- Wässrige Trennmittelemulsionen, bei denen durch Verdunstung des Wassers ein dünner Trennfilm entsteht, der einen feinen regenfesten Auftrag ermöglicht. Diese Trennmittel beinhalten Wasser und nachwachsende Rohstoffe statt Lösemittel und mineralölhaltigen Bestandteilen. Sie verfügen über eine gute biologische Abbaubarkeit.
- Alternativ werden teilweise auch Schalwachse eingesetzt.

Bei der Verwendung von Trennmitteln müssen die Anforderungen des Arbeits- und Umweltschutzes eingehalten werden.

Literaturhinweise zu Trennmitteln

Richtlinie Handhabungs- und Pflegehinweise Schalungssysteme (2003-10). Güteschutzverband Betonschalungen Europa e. V. (GSV); Abschnitt 2.3.1

Merkblatt Sichtbeton (2015-06). Deutscher Beton- und Bautechnik-Verein e.V. (DBV), Anlage E

Schulz, J.: Sichtbeton-Atlas. 2. Auflage. Springer Vieweg Verlag. Wiesbaden 2015, Kapitel 3.5

1.4 Unterkonstruktion

Die Unterkonstruktion dient als Auflager für die Schalungshaut. Sie nimmt die auf die Schalungshaut wirkenden Lasten auf und trägt sie über die Schalungsanker bzw. Unterrüstung ab. Wie bereits unter Abschnitt 1.3.1 beschrieben, dürfen die dabei auftretenden Durchbiegungen die vorgegebenen Toleranzen nicht überschreiten.

Weiterhin dient die *Unterkonstruktion* als Befestigungsmöglichkeit für systembedingte Anbauteile wie beispielsweise Richtstützen, Betonierbühnen, Gurtungen usw.

Funktionen der Unterkonstruktion

- Auflager für die Schalungshaut
- Aufnahme und Abtragung des durch die Schalungshaut weitergeleiteten Frischbetondrucks
- Befestigungsmöglichkeit für systembedingte Anbauteile

Aufgrund unterschiedlicher Bauarten der Unterkonstruktion werden Schalungen in Träger- und Rahmen- bzw. Modulschalungen unterschieden.

1.4.1 Unterkonstruktion von Trägerschalungen

Die Unterkonstruktion der Schalungshaut von Trägerschalungen besteht aus einer auf zwei Ebenen verlaufenden Neben- und Hauptträger-Konstruktion. Als Träger werden nur noch selten herkömmliche *Kanthölzer*, sondern in der Regel Holzschalungsträger (s. Abschnitt 2.7) und Stahlprofile eingesetzt.

Konstruktionen aus Kanthölzern

Kanthölzer finden ihre Anwendung bei konventionellen Schalungen oder Sonderschalungen. Eine variable Anordnung und Länge der Träger ist möglich. Diese werden beispielsweise bei *Binderkonstruktionen* für Brücken-Überbauten verwendet.

Konstruktionen aus Holzschalungsträgern

Bei Träger-Deckenschalungen werden Holzschalungsträger als Quer- und Jochträger eingesetzt. Die *Holzschalungsträger* haben eine deutlich höhere Tragfähigkeit als herkömmliche Kanthölzer. Sie werden auf der darunterliegenden Trägerlage oder in den Gabelköpfen der Stützen überlappend gestoßen und werden prinzipiell nicht abgeschnitten, sondern stellen immer wieder einsetzbare *Baugeräte* dar. Die Trägerlängen sind variabel. Holzschalungsträger sind als Vollwandträger (Bild 1.10 und Bild 1.12) und als Gitterträger (Bild 1.11) auf dem Markt. Die Stege der Vollwandträger bestehen aus Holzwerkstoffplatten oder Mehrschichtplatten, die Stege der Gitterträger aus Massivholz. Ober und Untergurte sind ebenfalls aus massivem Vollholz gefertigt (s. Abschnitt 2.7).

Bild 1.10
Vollwand-Holzschalungsträger, Bildquelle: Doka

Bild 1.11
Gitterträger, Bildquelle: PERI

Bild 1.12
Träger-Deckenschalung, Bildquelle: NOE

Holz-Stahl-Konstruktionen

Träger-Wandschalungen bestehen meist aus einer Trägerlage, welche auf Stahlprofilen aufliegt (Bild 1.13). Dabei stehen senkrechte Holzschalungsträger oder Kantholzträger vor horizontalen *Stahlriegeln* in mehreren Ebenen, die als sogenannte *Gurtungen* zum Einen die Spannanker aufnehmen und zum Anderen mithilfe von Verbindungslaschen eine zugfeste Verbindung aller Wandschalungselemente in Längsrichtung der Wand gewährleisten müssen (s. Abschnitt 5.2.1).

Bild 1.13
Träger-Wandschalung mit Stahlgurtungen, Bildquelle: PERI

Werden als Deckenschalung vorgefertigte Deckenschaltische eingesetzt, so bestehen deren Jochträger entweder aus Holzschalungsträgern oder häufig, wie bei Wandschalungen, auch aus Stahlprofilen (s. Abschnitt 7.2.2).

Stahlkonstruktionen

Dabei handelt es sich um Unterkonstruktionen aus Stahlprofilen, die individuell miteinander verschraubt werden. Zum Einsatz kommen Sie beispielsweise als Binderkonstruktion im Brückenbau, für Schalwagen oder Sonderschalungen.

1.4.2 Unterkonstruktion von Rahmen- und Modulschalungen

Die Unterkonstruktion der Schalungshaut von *Rahmenschalungen* (Bild 1.14) besteht aus Haupt- und Nebenträgern, die in einer Ebene verlaufen und miteinander verschweißt sind. Schalungshaut und Träger sind umlaufend durch ein Rahmenprofil eingefasst. Bei den Trägern und Rahmen handelt es sich um Hohlprofile oder Flachmaterial aus Stahl oder Aluminium. Die Lage der Ankerstellen ist durch Bohrungen vorgegeben. Die Verbindung der Elemente untereinander erfolgt am Rahmenstoß mit entsprechenden Verbindungsmitteln (s. Abschnitt 5.2.2).

Bild 1.14
Rahmen-Wandschalung, Bildquelle: PERI

Bei Deckenschalungen ist der Aufbau der Unterkonstruktion ähnlich. Hier spricht man von Modul- oder Paneel-Deckenschalungen (Bild 1.25). Die einzelnen Schalelemente werden als Module oder Paneele bezeichnet (s. Abschnitt 7.2.3).

1.5 Schalungsanker

Der bei lotrechten Schalungen durch die Unterkonstruktion weitergeleitete Betondruck wird durch die Schalungsanker punktförmig aufgenommen.

Funktion des Schalungsankers

Punktförmige Aufnahme des durch die Unterkonstruktion weitergeleiteten Frischbetondrucks bei lotrechten Schalungen

Die DIN 18216 Schalungsanker für Betonschalungen (s. Abschnitt 2.9) beschreibt die üblichen Schalungsanker mit Schraubverschlüssen.

Im Allgemeinen werden Spannstäbe der Güte St 900/1100 mit Stabdurchmessern von $\varnothing = 15{,}0$ mm und 20,0 mm oder der Güte St 950/1050 bei $\varnothing = 26{,}5$ mm mit Rollgewinde DYWIDAG verwendet.

Ankerung doppelhäuptiger Schalungen

Üblicherweise können Wände beidseitig geschalt werden. Man spricht dann von einer doppelhäuptigen Schalung (s. Abschnitt 5.8.1).

Bei *doppelhäuptigen Schalungen* besteht der Schalungsanker in der Regel aus drei Komponenten (Bild 1.15):

- Ankerstab,
- Ankerverschluss, z. B Ankerplatte und Ankermutter,
- Abstandhalter, Hüllrohr aus PVC oder Faserbeton, verbleibt im Beton.

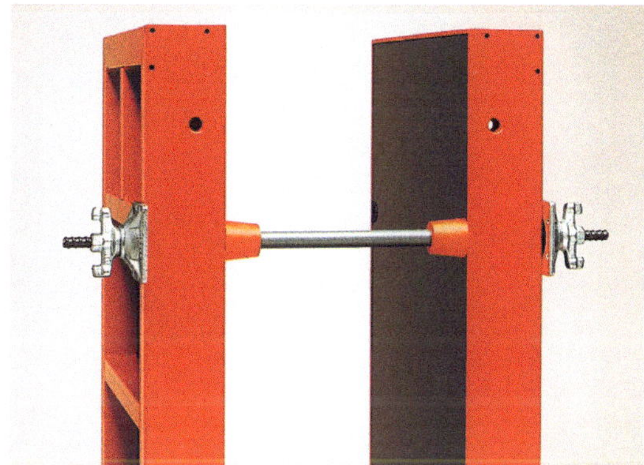

Bild 1.15
Schalungsanker, bestehend aus Ankerstab, Ankerplatten, Ankermuttern, Hüllrohr und Konen, bei einer Rahmenschalung, Bildquelle: PERI

Bei dem herkömmlichen Ankerverschluss muss die Mutter auf beiden Seiten der Schalung festgezogen werden. Seit einigen Jahren gibt es auch Systeme, die eine einseitig bedienbare Ankertechnik bieten (s. Abschnitt 5.2.2).

Ausführungsmöglichkeiten für wasserdichte Ankerstellen sind in Abschnitt 5.8.2 beschrieben.

Ankerung einhäuptiger Schalungen

Bei *einhäuptigen Schalungen* kann nur auf einer Seite der Wand geschalt werden, weil auf der gegenüberliegenden Seite aus Platzgründen keine Schalung gestellt werden kann und gegen den Bestand (z. B. eine bereits vorhandene Wand oder Verbau) betoniert werden muss.

Dann muss der Ankerstab entweder am Bestand befestigt werden oder der Frischbetondruck wird ankerlos über Abstützböcke (Bild 1.16) abgetragen.

Einhäuptige Wandschalungen einschließlich aller dafür notwendigen Baubehelfe werden in den Abschnitten 5.8 bis 5.10 ausführlich dargestellt und deren Bemessung in einem statischen Exkurs umfassend behandelt.

Bild 1.16
Einhäuptige und ankerlose Schalung, Bildquelle: PERI

1.6 Unterrüstungen

Der bei waagerechten und geneigten Schalungen durch die Unterkonstruktion weitergeleitete Frischbetondruck wird durch die *Unterrüstung* punktförmig nach unten abgetragen.

Funktion der Unterrüstung

Punktförmige Aufnahme des durch die Unterkonstruktion weitergeleiteten Frischbetondrucks bei waagerechten und geneigten Schalungen

1.6.1 Unterrüstung waagerechter Schalungen

Die Unterrüstung waagerechter (und auch geneigter) Schalungen erfolgt durch:

- konventionelle *Holzstempel* aus Kantholz oder Rundholz und Keilen (DIN EN 1995-1-1 Holzbauten) einschließlich räumlicher Aussteifung durch Verbände in Längs- und Querrichtung. Holzstempel werden dann verwendet, wenn die Unterrüstung mit Systemteilen nicht möglich ist, z. B. bei zu großen Einzellasten oder ungünstigen Höhen.
- *Baustützen* (s. Abschnitt 2.8), Systeme mit Stützbeinen und Gabelköpfen (Bild 1.17); auch diese müssen in Längs- und Querrichtung durch Verbände ausgesteift werden.

- Traggerüsttürme verschiedener Systeme; dies sind räumliche Rahmenkonstruktionen aus Stahl oder Aluminium, welche aus einzelnen Rahmenteilen zu räumlichen Fachwerkrahmen zusammengebaut werden. Mit Traggerüsttürmen können auch sehr große Höhen überwunden werden, wie z.B. bei Traggerüsten für Brücken-Überbauten. Traggerüsttürme werden in Kapitel 10 behandelt, Brückenschalungen in Kapitel 12, Tunnelschalungen findet man in Kapitel 13.

Bild 1.17
Unterrüstung einer Deckenschalung durch Baustützen mit Stützbeinen, Bildquelle: PERI

1.6.2 Unterrüstung geneigter Schalungen

Geneigte Schalungen können mit den gleichen Systemen unterrüstet werden wie waagerechte Schalungen. Allerdings sind zusätzliche Vorkehrungen zu treffen.

Die Unterrüstung *geneigter Decken* ist besonders sensibel zu behandeln, denn hier treten planmäßige Horizontallasten auf. Eine *schräge Deckenschalung* wie in (Bild 1.18) wird nach rechts (oben) ausweichen wollen und muss deshalb entsprechend ausgesteift und gesichert werden. Diese Problematik tritt praktisch bei der Herstellung jeder schrägen Treppenlaufplatte oder Rampenplatte auf.

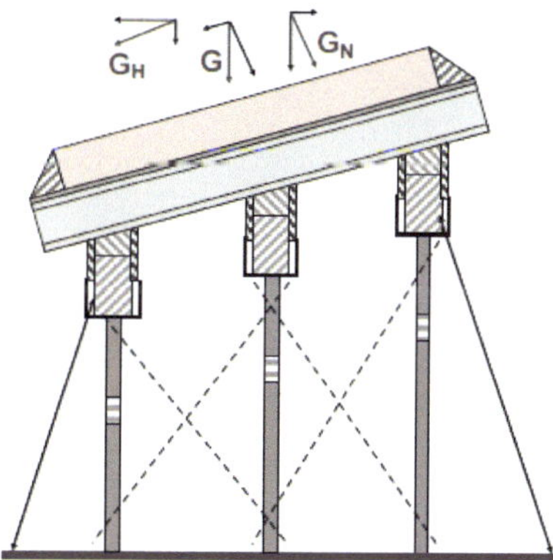

Bild 1.18
Geneigte Deckenschalung

Die horizontalen Komponenten der Hangabtriebskraft und der senkrecht zur Schalfläche wirkenden Normalkraft (schiefe Ebene) heben sich in ihrer Summe rechnerisch zwar auf, doch ist weder der flüssige Beton noch die Schalung ein so homogener Körper, dass sich die Horizontalkräfte am Gesamtsystem einer solchen Schalung aufheben.

So wird ein Teil der Hangabtriebskraft über Reibung auf die Schalung abgetragen, ein Teil baut einen quasi hydrostatischen Druck auf die untere Abschalung auf. Dieser hydrostatische Druck könnte z. B. auch auf eine unten bereits stehende Wand, folglich gar nicht auf die Schalung, wirken.

In jedem Fall muss der Frischbetondruck an der Oberseite der Decke gleich Null sein, sonst würde der Beton nach unten wegfließen. Bei entsprechend weicher Konsistenz des Betons geschieht dies tatsächlich. So können Decken mit einem Neigungswinkel größer als 20° in der Regel nicht in einem Arbeitsgang betoniert werden. Die Oberseite muss dann frisch auf frisch mit einem steifen Mörtel nachgearbeitet und abgescheibt werden.

Die Größe des auf die Schalung wirkenden Frischbetondrucks entspricht nicht nur der hydrostatischen Druckhöhe über die Deckenstärke, sondern schon beim Betonieren entsteht ein Frischbetondruck in Abhängigkeit der Betonkonsistenz und der wirkenden Reibungskräfte, welcher sich über die Gesamthöhe der schrägen Deckenplatte entwickeln kann.

Somit ist der auf die Schalung wirkende Frischbetondruck immer höher als der hydrostatische Druck entsprechend der Deckenstärke, aber in der Regel geringer als ein Frischbetondruck entsprechend der Gesamthöhe der Deckenkonstruktion. Über die tatsächliche Höhe des Frischbetondrucks bei solchen schrägen Decken liegen keine genauen Erkenntnisse vor. Im Zweifelsfall muss die Schalung für einen Frischbetondruck auf der sicheren Seite bemessen werden.

Dies bedeutet, die Schalung ist in jedem Fall in sich kraftschlüssig zu verbinden und nach beiden Seiten nicht nur auszusteifen, sondern zur Abtragung der Horizontalkräfte abzustützen.

Die Unterstützung einer Deckenschalung ist prinzipiell als Traggerüst im Sinne der DIN EN 12812 anzusehen.

■ 1.7 Elemente zur Lagesicherung

Elemente zur Lagesicherung werden benötigt, um die Schalung vor, während und kurz nach dem Betonieren zu sichern und auszurichten. Sie müssen insbesondere die durch die Windbelastung auftretenden Zug- und Druckkräfte aufnehmen.

Funktionen der Elemente zur Lagesicherung

- Ausrichtung und Lagesicherung der Schalung vor, während und nach dem Betonieren
- Aufnahme von Druck- und Zugkräften, insbesondere durch Wind

1.7.1 Lagesicherung lotrechter Schalungen

Zur lotrechten und fluchtgerechten Ausrichtung einer Schalung vor, während und nach dem Betonieren müssen spindelbare Abstützungen vorgesehen werden (Bild 1.19). Sie übernehmen ausdrücklich nicht die Abtragung des Frischbetondrucks.

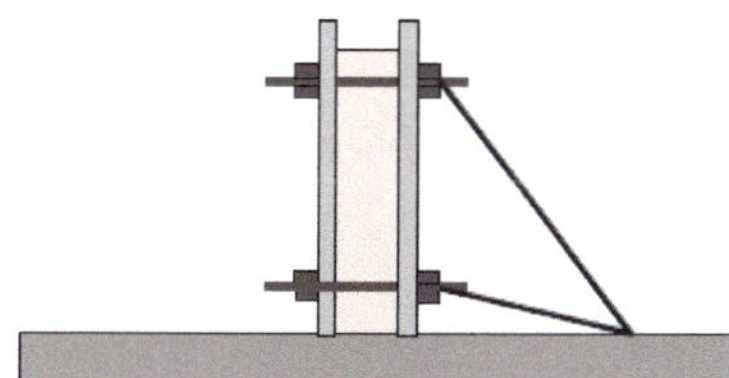

Bild 1.19
Einseitige Abstützung lotrechter Schalung (Zug und Druck)

Neben der Ausrichtung der Schalung müssen die seitlichen Abstützungen jedoch alle äußeren, meist horizontalen Kräfte aufnehmen, insbesondere *Windlasten*, und zwar in jedem Bauzustand. Sobald es jedoch zu Imperfektionen kommt, z.B. durch unplanmäßige *Schiefstellungen*, entstehen zusätzliche, auch vertikale und dabei nach oben wirkende Kräfte wie *Auftrieb* u.a. Es muss überprüft werden, ob ein System wie in Bild 1.19 standsicher ist oder ob eine Verankerung nach unten erforderlich wird.

Für den Anschluss von zugbeanspruchten Stützen ist ein fester Untergrund erforderlich. Ist zum Beispiel keine Bodenplatte vorhanden, kann auf dem Baugrund lediglich eine *Druckstütze* abgestützt werden. Dann sind Abstützungen nach beiden Seiten erforderlich (Bild 1.20). Dies ist jedoch in den einzelnen Bauzuständen schwierig umzusetzen, da die Wand ja von einer Seite her bewehrt werden muss.

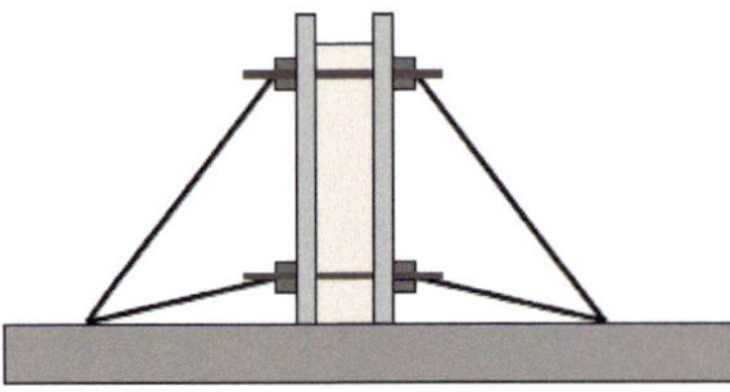

Bild 1.20
Beidseitige Abstützung lotrechter Schalung (Druck)

Als Alternative zu Druckstützen beidseitig bietet sich die Verankerung von *Zug- und Druckstützen* auf Beton-Fertigteilelementen an (Bild 1.21). Diese Fertigteile müssen jedoch in ihrer Größe so bemessen sein, dass sie durch ihr Gewicht einer Windbelastung mit ausreichender Sicherheit Widerstand leisten können. Insbesondere bei hohen Schalungen bedeutet die Sicherung gegen *Windlasten* einen verhältnismäßig hohen Aufwand.

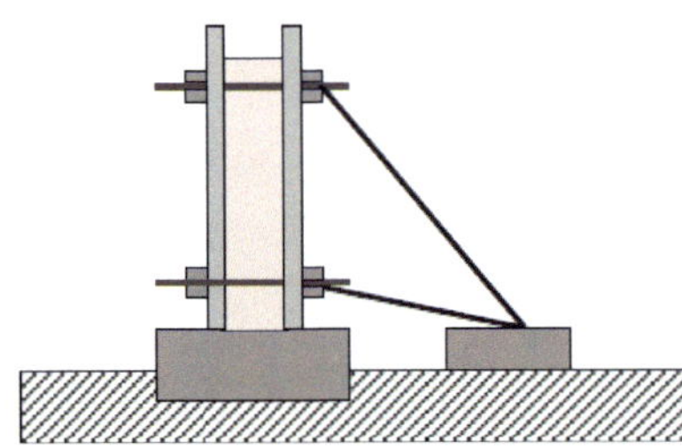

Bild 1.21
Abstützung lotrechter Schalung (Zug und Druck)

1.7.2 Lagesicherung waagerechter und geneigter Schalungen

Zur Abstützung und Sicherung waagerechter Schalungen vor, während und nach dem Betonieren stehen verschiedene Möglichkeiten zur Verfügung. Um Baustützen während der Montage gegen Umkippen zu sichern, werden *Stützbeine* verwendet (Bild 1.17). Zur Aussteifung der Unterrüstung durch Verbände mit Schalbrettern können *Verschwertungsklammern* verwendet werden (Bild 1.22).

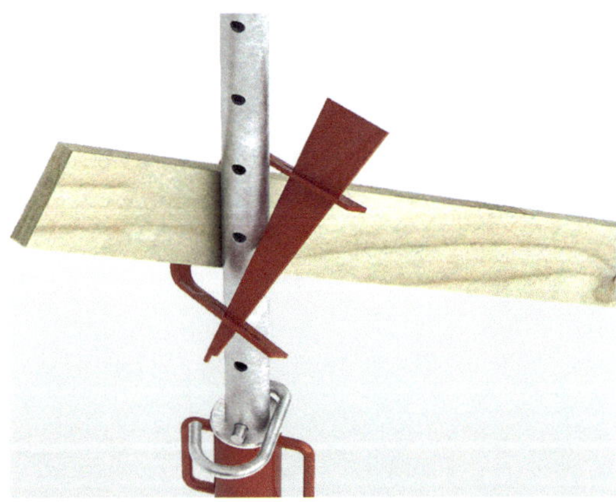

Bild 1.22
Verschwertungsklammer,
Bildquelle: Ischebeck

Für Deckenschalungen am freien Deckenrand sowie schräge Deckenschalungen sind Maßnahmen gegen ein seitliches Verschieben zu ergreifen. Dazu kann die Unterkonstruktion mit Zug- und Druckstützen (Bild 1.23) oder durch Abspannungen nach unten abgesichert werden. Eine weitere Möglichkeit bietet der Einsatz von Traggerüsttürmen mit integrierten Aussteifungsrahmen, die in Kapitel 10 behandelt werden.

Bild 1.23 Deckenrandtisch mit Seitenschutzgeländer, gesichert durch Zug- und Druckstützen, Bildquelle: NOE

■ 1.8 Sicherheitseinrichtungen

Schalarbeiten unterliegen einer Vielzahl an Vorschriften und Richtlinien hinsichtlich der Arbeitssicherheit. Demnach verfügen Schalungssysteme über Sicherheitseinrichtungen, die das Einrichten von Arbeitsplätzen an und auf der Schalung ermöglichen und ausreichenden Schutz gegen Absturz bieten.

Funktion der Sicherheitseinrichtungen

- Sichere Arbeitsplätze an und auf der Schalung
- Absturzsicherung

1.8.1 Sicherheitseinrichtungen an lotrechten Schalungen

Von Konsolgerüsten aus, die an der Wandschalung angebracht werden (Bild 1.24), können Arbeiten durchgeführt werden wie das Verbinden einzelner Schalelemente, dass Bedienen von Ankerstellen sowie das Betonieren. Dabei ist zu beachten, dass an den oberen Arbeitsplätzen ab einer Absturzhöhe von mehr als 2,00 m auch auf der gegenüberliegenden Seite ein *Schutzgeländer* vorzusehen ist.

Bild 1.24
Wandschalung mit fest montierter Sicherheitseinrichtung, Bildquelle: PASCHAL

Für das Anbringen von Aussparungen und Einbauteilen an der Schalung sowie die Bewehrungsarbeiten werden *Standgerüste* verwendet. Nach Fertigstellung der Bewehrungsarbeiten wird das Standgerüst umgesetzt und die Schalung geschlossen.

1.8.2 Sicherheitseinrichtungen an waagerechten Schalungen

An Deckenschalungen müssen für den Aufbau, das Bewehren und Betonieren *Absturzsicherungen* vorgesehen werden. Hierzu wird an den freien Rändern der Schalung ein *Seitenschutz* angebracht (Bild 1.23 und Bild 1.25). Um Abstürze beim Aufbau von oben zu vermeiden, können je nach System Absturzgitter eingesetzt werden. Alternativ kann eine *persönliche Schutzausrüstung* gegen Absturz (PSAgA) verwendet werden.

Alle Arbeits- und Schutzgerüste, ihre Bemessung und Ausführung sind in DIN 4420 geregelt. Es gibt kaum eine Bauaufgabe, wo wir es nicht mit dem Einsatz von Arbeits- und Schutzgerüsten zu tun haben, insbesondere die Schalarbeiten sind ohne Gerüste kaum denkbar. Dennoch wird leider viel zu oft an Gerüsten gespart. Die Beschäftigten müssen oft an den Schalungen herumklettern und mit dem Einsatz ihrer Gesundheit ihre Arbeit verrichten.

Bild 1.25 Modul-Deckenschalung mit Seitenschutz und Fallschutzgitter, Bildquelle: ULMA

Dies hat dazu geführt, dass viele Arbeiter sich daran gewöhnt haben, mit der Gefahr zu leben, oft auch gar nicht bereit oder zu bequem sind, sich und andere durch Gerüste und andere *Sicherheitsmaßnahmen* zu schützen. Von vielen Verantwortlichen in Geschäftsleitung und Bauleitung werden Schutzmaßnahmen oft vernachlässigt und nur als unnötige Kostenfaktoren angesehen. Dagegen ist jedoch festzustellen, dass die durch einen Unfall verursachten Kosten, auch und gerade für ein Unternehmen, wesentlich höher sein können als einfache und systematische Sicherheitsvorkehrungen.

Eine Übersicht gängiger Arbeits- und Schutzgerüste ist in Kapitel 11 dargestellt.

2 Grundlagen der Bemessung

Schalungen und Gerüste sind aus verschiedenen Materialien zusammengesetzte Konstruktionen. Schalungshaut und Unterkonstruktion bestehen in der Regel aus Holz, können nicht selten aber auch Stahlteile enthalten. Grundlage der Bemessung wird also gewöhnlich die DIN EN 1995-1-1 Eurocode 5 „Bemessung und Konstruktion von Holzbauten" sein, in manchen Fällen auch die DIN EN 1993-1-1 Eurocode 3 „Bemessung und Konstruktion von Stahlbauten".

Waagerechte und geneigte Deckenschalungen mit ihren Unterrüstungen sind in jedem Fall als *Traggerüste* anzusehen. Genauso stellen auch lotrechte Wand- und Stützenschalungen mit ihren Abstützungen und Arbeitsgerüsten Traggerüste dar. So müssen alle Schalungen und Gerüste, die in irgendeiner Form als *Arbeitsgerüste* genutzt werden, der DIN 4420 „Arbeits- und Schutzgerüste" entsprechen und gleichzeitig als Traggerüste der DIN EN 12812 „Traggerüste" genügen. Die Bemessung von Schalungen und Gerüsten erfolgt in erster Linie nach der Holzbaunorm DIN EN 1995-1-1 und den anderen Normen, in zweiter Linie nach der Traggerüstnorm DIN EN 12812.

In diesem Kapitel sind die wichtigsten Grundlagen für die Bemessung von Schalungen und Gerüsten zusammengetragen. Behandelt werden die Bemessung nach den neuen Normen für Traggerüste DIN EN 12812 und für Holzbauten DIN EN 1995-1-1, soweit diese auf Schalungskonstruktionen anzuwenden ist.

Die für die Lastannahmen wichtige Berechnung des *Frischbetondrucks* nach der aktuellen Norm DIN 18218 wird ebenso dargestellt wie der Nachweis der *Ebenheitstoleranzen* nach der neuen Norm DIN 18202, der für die Bemessung von Schalungskonstruktionen von Bedeutung ist.

Schalungsplatten sind nach verschiedenen Normen geregelt und werden hier auf der Grundlage der DIN EN 1995-1-1 „Holzbauten" behandelt. Weitere wesentliche Elemente von Schalungskonstruktionen sind *Holzschalungsträger* (DIN EN 13377), *Baustützen* (DIN EN 1065) und *Schalungsanker* (DIN 18216). Deren Bemessung wird hier im Einzelnen erläutert.

Die wichtigsten Normen für den Schalungsbau

- DIN EN 338:2016-07 „Bauholz für tragende Zwecke – Festigkeitsklassen"
- DIN EN 636:2015-05 „Sperrholz – Anforderungen"
- DIN EN 1065:1998-12 „Baustützen aus Stahl mit Ausziehvorrichtung – Produktfestlegung, Bemessung und Nachweis durch Berechnung und Versuche"
- DIN EN 1991-1-1:2010-12 Eurocode 1 „Einwirkungen auf Tragwerke – Teil 1-1: Allgemeine Einwirkungen auf Tragwerke – Wichten, Eigengewicht und Nutzlasten im Hochbau"
- DIN EN 1993-1-1:2015-10 (2020-08 Entwurf)/A1:2014-07/NA:2018-12 Eurocode 3 „Bemessung und Konstruktion von Stahlbauten"
- DIN EN 1995-1-1:2010-12/A2:2014-07/NA:2013-08 Eurocode 5 „Bemessung und Konstruktion von Holzbauten – Teil 1-1: Allgemeines – Allgemeine Regeln und Regeln für den Hochbau"
- DIN EN 12812:2008-12 „Traggerüste – Anforderungen, Bemessung und Entwurf"
- DIN EN 13353:2011-07 (2021-01 Entwurf) „Massivholzplatten – Anforderungen"
- DIN EN 13377:2002-11 „Industriell gefertigte Holzschalungsträger aus Holz"
- DIN 18216:2021-02 „Schalungsanker für Betonschalungen – Anforderungen, Prüfung, Verwendung"
- DIN 4420:2004-03 „Arbeits- und Schutzgerüste Teil 1: Schutzgerüste – Leistungsanforderungen, Entwurf, Konstruktion und Bemessung; 2006-01 Teil 3 Ausgewählte Gerüstbauarten und ihre Regelausführungen"
- DIN 18202:2019-07 „Toleranzen im Hochbau; Bauwerke"
- DIN 18218:2010-01 „Frischbetondruck auf lotrechte Schalungen"
- DIN 68705-2:2016-03 „Sperrholz, Teil 2: Stab- und Stäbchensperrholz für allgemeine Zwecke"
- DIN 68791:2016-08 „Großflächen-Schalungsplatten aus Stab- und Stäbchensperrholz für Beton und Stahlbeton"
- DIN 68792:2016-08 „Großflächen-Schalungsplatten aus Furniersperrholz für Beton und Stahlbeton"

2.1 Bemessung nach DIN EN 12812

Die statische Berechnung besteht aus dem Nachweis der Tragfähigkeit und dem Nachweis der Gebrauchstauglichkeit.

2.1.1 Tragfähigkeitsnachweis

Beim *Tragfähigkeitsnachweis* muss nachgewiesen werden, dass die Einwirkungen E_d kleiner oder gleich dem Bemessungswiderstand R_d sind.

$$E_d \leq R_d \tag{2.1}$$

$E_d = Q_d$ Bemessungswert maßgebender Schnittgrößen/Einwirkungen
R_d Bemessungswiderstand des nutzbaren Widerstands

Auf Grundlage der charakteristischen Werte für die *Einwirkungen* ist der Bemessungswert der Einwirkung $Q_{d,i}$ für mehrere Lastfallkombinationen zu berechnen.

$$Q_{d,i} = \sum \gamma_{F,i} \cdot \psi_i \cdot Q_{k,i} \tag{2.2}$$

$\gamma_{F,i}$ Teilsicherheitsbeiwert für Einwirkungen, für ständige Einwirkungen wie Eigenlasten (Q_1) gilt $\gamma_{F,i} = 1{,}35$, für sonstige Einwirkungen (Q_2 bis Q_9) $\gamma_{F,i} = 1{,}50$
ψ_i Lastkombinationsfaktor für die Einwirkungen „*i*" nach DIN EN 12812
$Q_{k,i}$ charakteristischer Wert der Einwirkungen „*i*" (= Belastung)

Für verschiedene Einwirkungen $Q_{k,i}$ sind nach DIN EN 12812 für alle *Lastfälle* die *Lastkombinationsfaktoren* ψ_i in Tabelle 2.1 angegeben. Die Einwirkungen werden unterschieden in direkte und indirekte Einwirkungen.

Tabelle 2.1 Lastfallkombinationsfaktoren ψ_i nach DIN EN 12812

Einwirkung	LF 1	LF 2	LF 3	LF 4
Q_1 Ständige Einwirkungen	1,0	1,0	1,0	1,0
Q_2 Veränderliche andauernde vertikale Einwirkungen	0	1,0	1,0	1,0
Q_3 Veränderliche andauernde horizontale Einwirkungen	0	1,0	1,0	0
Q_4 Veränderliche kurzzeitige Einwirkungen	0	1,0	0	0
Q_5 Maximaler Wind	1,0	0	1,0	0
Q_5 Arbeitswind	0	1,0	0	0
Q_6 Einwirkungen durch fließendes Wasser	0,7	0,7	0,7	0,7
Q_7 Erdbebenbelastung	0	0	0	1,0
Q_8 Temperatur	0	1,0	1,0	1,0
Q_8 Setzungen	0	0	1,0	1,0
Q_8 Vorspannung	0	0	1,0	1,0
Q_9 Weitere Lastfälle	0	1,0	1,0	1,0

Direkte Einwirkungen sind:

- Q_1 Eigenlasten:
  Traggerüst, Schalung, Ballast

- Q_2 veränderliche andauernde Vertikallasten:
  Beton einschließlich Bewehrung (Frischbeton 26 kN/m³),
  Lagerflächen (min. 1,5 kN/m²),
  Belastungen durch Bauarbeiten – Arbeitskräfte (min. 0,75 kN/m²),
  Schnee und Eis
- Q_3 veränderliche andauernde Horizontallasten:
  hier ist eine Horizontallast in Höhe von 1 % der Vertikallasten am Angriffspunkt der Vertikallasten Q_2 anzusetzen
- Q_4 veränderliche kurzzeitige Lasten:
  Zusatzlast für Belastung mit Ortbeton: Sofern Ortbeton eingebaut wird, muss zusätzlich zu den Belastungen durch Bauarbeiten – Arbeitskräfte (Q_2) eine weitere Verkehrslast in Höhe von 10 % der Eigenlast des Betons, mindestens jedoch 0,75 kN/m², maximal 1,75 kN/m² auf eine quadratische Fläche von 3 m × 3 m Grundrissgröße angesetzt werden, Betondruck nach DIN 18218
- Q_5 maximaler Wind
- Q_5 Arbeitswind: Staudruck von 200 N/m²
- Q_6 fließendes Wasser und Treibgut
- Q_7 seismische Einwirkungen

Indirekte Einwirkungen sind:

- Q_8 sonstige Lasten: Temperatur, Setzungen, Vorspannung
- Q_9 alle anderen Einwirkungen

Für Traggerüste sind gemäß DIN EN 12812 folgende *Lastfallkombinationen* zu untersuchen (Tabelle 2.2):

Tabelle 2.2 Lastfallkombinationen nach DIN EN 12812

Lastfall	Baustellenbedingungen
Lastfall 1	Traggerüst ohne Last, z. B. vor dem Betonieren, bzw. vor dem Belasten
Lastfall 2	Traggerüst während des Aufbringens der Last, z. B. während des Betonierens
Lastfall 3	Traggerüst mit Last
Lastfall 4	Traggerüst mit Last unter Erdbebenbelastung

Die folgenden Ausführungen entsprechen Lastfall 2. Für die Einwirkungen Q_1 bis Q_4 und Q_5 Arbeitswind sowie Q_8 Temperatur und Q_9 Weitere Lastfälle gilt $\psi_i = 1{,}0$, für Q_6 Fließendes Wasser gilt $\psi_i = 0{,}7$. Maximaler Wind, Erdbebenbelastung, Setzungen und Vorspannung bleiben hier unberücksichtigt ($\psi_i = 0$).

Veränderliche Lasten bei Ortbeton nach DIN EN 12812

- 0,75 kN/m² (Q_2) überall, zuzüglich
- 10 % der Betoneigenlast (Q_4), mindestens jedoch 0,75 kN/m², maximal 1,75 kN/m² auf eine quadratische Einflussfläche von 3 m × 3 m Grundfläche
- insgesamt mindestens 1,5 kN/m², maximal 2,5 kN/m²
- zuzüglich Belastung für Lagerflächen, mindestens 1,5 kN/m² (Q_2)

2.1.2 Bemessungsklassen nach DIN EN 12812 „Traggerüste"

Die DIN EN 12812 unterscheidet drei Bemessungsklassen:

- Bemessungsklasse A,
- Bemessungsklasse B1 und
- Bemessungsklasse B2.

Bemessungsklasse A

Zu Bemessungsklasse A gehören Traggerüste, bei denen die Standsicherheit durch Wissen über das Tragverhalten der Bauteile des Tragwerks, beispielsweise der Baustützen mit Ausziehvorrichtung oder des Schalungszubehörs, erreicht wird. Das Tragverhalten dieser Bauteile wird individuell eingestuft. Die Fähigkeit, Vertikal- und Horizontallasten aufzunehmen, wird auf der Grundlage von Erfahrungen und bekanntermaßen bewährten Verfahrensweisen bestimmt.

Damit deckt Bemessungsklasse A Traggerüste für einfache Strukturen ab, wie beispielsweise vor Ort hergestellte Decken und Träger. Eine Arbeitsvorbereitung mit statischer Berechnung und zeichnerischen Darstellungen wird hier nicht vorausgesetzt. Das Traggerüst wird auf der Baustelle, z. B. unter der verantwortlichen Leitung eines *Poliers*, erstellt.

Bemessungsklasse A

darf nur unter folgenden Voraussetzungen angewendet werden:

- Querschnittsfläche von Deckenplatten maximal 0,3 m²/m Deckenbreite
- Querschnittsfläche von Trägern maximal 0,5 m²
- lichte Spannweite von Deckenplatten und Trägern maximal 6,0 m
- Höhe des Traggerüsts maximal 3,5 m

Ist einer dieser Punkte nicht erfüllt, muss das Traggerüst der Bemessungsklasse B zugeordnet werden.

Bemessungsklasse B

Zur Bemessungsklasse B gehören Traggerüste, für die eine vollständige Bemessung vorgenommen wird. Hier werden sowohl eine *statische Berechnung* als auch *zeichnerische Darstellungen* in Form von Konstruktions- und Einsatzplänen im Rahmen einer *Arbeitsvorbereitung* gefordert. Diese Klasse ist in zwei Unterklassen B1 und B2 unterteilt.

Bemessungsklasse B1

Sofern die Bemessung in erster Linie nach den Europäischen Normen der Eurocode-Reihe für Bemessung DIN EN 1990, DIN EN 1991 bis DIN EN 1999) erfolgt, ist das Traggerüst der Bemessungsklasse B1 zuzuordnen. Wird also die Bemessung nach DIN EN 1993-1-1 „Stahlbauten", DIN EN 1995-1-1 „Holzbauten" und weiteren zum Eurocode kompatiblen Normen durchgeführt, kann das Traggerüst der Bemessungsklasse B1 zugeordnet werden. Dabei wird vorausgesetzt, dass der Aufbau des Traggerüstes dem von *Dauerbauwerken* entspricht.

Der Bemessungswert des Widerstandes $R_{d,1}$ für die Bemessungsklasse B1 ist dann

$$R_{d,1} = \frac{R_k}{\gamma_M} \tag{2.3}$$

R_k charakteristischer Wert des Widerstands,
γ_M Teilsicherheitsbeiwert des Werkstoffs, für Bauteile aus Stahl oder Aluminium gilt $\gamma_M = 1{,}1$, für Holz und Holzwerkstoffe gilt $\gamma_M = 1{,}3$.

An die Bemessung nach den Stahlbau-, Holzbau- oder entsprechenden Normen wird eine Reihe von Anforderungen gestellt.

Anforderungen der DIN EN 12812 an die Bemessung von Traggerüsten für die Bemessungsklasse B1

1. Schriftliche Angaben zur Berechnung
2. detaillierte Zeichnungen
3. Angaben für die Baustelle
4. Berücksichtigung von Vorverformungen
5. Berechnung der Schnittkräfte

1. Schriftliche Angaben zur Berechnung

Die Bemessung muss folgende Punkte in schriftlicher Form umfassen:

a) die Bemessungsklasse,

b) eine Beschreibung der angewendeten Konzepte und eine Beschreibung, wie das Traggerüst zu verwenden ist, einschließlich einer Erläuterung der Lastverteilung durch das Bauwerk hindurch bis in den Baugrund,

c) die Reihenfolge der Arbeitsschritte, z. B. Aufbau, Ausschalung, Abbau, *Betonierfolge* und *Betoniergeschwindigkeit,*

d) eine Beschreibung des für die statische Berechnung angewendeten Modells mit allen Annahmen,

e) eine Auflistung aller Dokumente, auf die in den Berechnungen Bezug genommen wird,

f) eine Werkstoff- und Bauteilspezifikation,

g) ein *Positionsplan,* um die Bauteile auf dem Tragwerksplan identifizieren und mit der Berechnung sowie dem tatsächlich errichteten Traggerüst in Zusammenhang bringen zu können.

2. Detaillierte Zeichnungen

Es müssen detaillierte Zeichnungen analog zu den Anforderungen für Dauerbauwerke bereitgestellt werden. Dies gilt nicht nur für komplizierte und anspruchsvolle Bauwerke wie Traggerüste für Brückenüberbauten, sondern in gleicher Weise für gewöhnliche Deckenschalungen und deren Unterrüstung.

Schalungseinsatzpläne sind als Ausführungspläne zu betrachten. Sie müssen auch bei Standard-Systemschalungen alle Konstruktionsdetails von Auflagern und anderen Knotenpunkten enthalten. Außerdem sind die Anforderungen an die Arbeitssicherheit darzustellen und die *Aufbau- und Verwendungsanleitungen* einzubeziehen. Darüber hinaus kann es sinnvoll sein, Zwischenschritte darzustellen, wenn verschiedene Aufbau- bzw. Bauphasen geplant werden.

3. Angaben für die Baustelle

Es müssen mindestens die folgenden Angaben auf der Baustelle verfügbar sein:

a) *Angaben zu Aufbau und Verwendung,* einschließlich der Informationen über alle erforderlichen Verankerungspunkte,

b) die *Zeichnungen,*

c) Angaben zum Einsatz besonderer Ausrüstung,

d) besondere Anforderungen im Hinblick auf früher eingesetzte Werkstoffe. Diese Information darf auf den Zeichnungen oder in Form schriftlicher Angaben geliefert werden,

e) Bereiche, die speziell für die *Lagerung* vorgesehen sind.

4. Vorverformungen

Werte für Vorkrümmungen und Schiefstellungen bei Stahlbauteilen und Stahlkonstruktionen, Winkelimperfektionen und Exzentrizitäten sind zu berücksichtigen.

5. Berechnung der Schnittkräfte

Die Schnittkräfte sind in Übereinstimmung mit den entsprechenden europäischen oder internationalen Normen für das Bauwesen zu ermitteln.

Bemessungsklasse B2

Wird die Bemessung in erster Linie nach der DIN EN 12812 selbst durchgeführt und nur in zweiter Linie nach den anderen europäischen Normen, wird das Traggerüst der Bemessungsklasse B2 zugeordnet. Im Konfliktfall gelten dann vorrangig die Bestimmungen der DIN EN 12812.

In der Bemessungsklasse B2 gilt dann für die Ermittlung des Bemessungswertes des Widerstands $R_{d,2}$

$$R_{d,2} = \frac{R_k}{\gamma_M \cdot 1{,}15} \tag{2.4}$$

R_k charakteristischer Wert des Widerstands
γ_M Teilsicherheitsbeiwert des Werkstoffs, für Bauteile aus Stahl oder Aluminium gilt $\gamma_M = 1{,}1$, für Holz und Holzwerkstoffe gilt $\gamma_M = 1{,}3$

2.1.3 Gebrauchstauglichkeitsnachweis

Ein Traggerüst muss häufig mit *Überhöhungen* hergestellt werden, die die Verformungen des Traggerüstes selbst und des Bauwerkes berücksichtigen, damit das zu erstellende Bauwerk die geforderte Form erhält. Auch für die Einhaltung der Ebenheitsanforderungen nach DIN 18202 sind die Verformungen des Traggerüstes zu betrachten.

Beim Nachweis der Gebrauchstauglichkeit sind

- die Setzung der Gründung,
- elastische Verformungen und Spiel in den Verbindungen sowie
- die *Durchbiegung* der Träger

zu untersuchen. Für den Nachweis der *Ebenheitsanforderungen* nach DIN 18202 genügen in der Regel die Untersuchung der Verformungen der einzelnen Konstruktionsteile der Schalung und Unterrüstung.

Beim Nachweis der Gebrauchstauglichkeit und der Ebenheitsanforderungen werden die *Teilsicherheitsbeiwerte* für *Einwirkungen* und Werkstoffe mit $\gamma_F = 1{,}0$ und $\gamma_M = 1{,}0$ angenommen.

2.2 Bemessung nach DIN EN 1995-1-1 „Holzbauten“

Die Holzbau-Norm DIN EN 1995-1-1 Eurocode 5 gilt neben Holzbauwerken auch für Holzkonstruktionen von *Traggerüsten*, Aussteifungen und *Schalungen* mit deren Unterstützungen. Die Bemessung von Traggerüsten und Schalungen wird daher in der Regel auf Grundlage der Bemessungsklasse B1 der DIN EN 12812 „Traggerüste“ und, soweit es sich um Holzkonstruktionen handelt, mit der DIN EN 1995-1-1 „Holzbauten“ umgesetzt. Die Bemessungswerte der Festigkeiten sind der Norm DIN EN 338 „Bauholz für tragende Zwecke – Festigkeitsklassen“ zu entnehmen.

2.2.1 Einwirkungen und Schnittgrößen

Einwirkungen bestehen aus der Summe r_k der

- ständigen Lasten g_k und
- veränderlichen Lasten q_k.

$$r_k = g_k + q_k \tag{2.5}$$

Beim *Tragfähigkeitsnachweis* werden

- ständige Lasten g_k mit dem Teilsicherheitsbeiwert γ_G für ständige Einwirkungen und
- veränderliche Lasten q_k mit dem Teilsicherheitsbeiwert γ_Q für veränderliche Einwirkungen

multipliziert. Der Tragfähigkeitsnachweis wird für die maximalen Einwirkungen $E_{max,r}$ geführt.

$$E_{max,r} = E_d = \gamma_G \cdot g_k + \gamma_Q \cdot q_k \tag{2.6}$$

Damit wird der *Biegespannungsnachweis* durchgeführt für das maximale Moment $M_{max,r}$:

$$M_{max,r} = M_{r,d} = \gamma_G \cdot M_{g,k} + \gamma_Q \cdot M_{q,k} \tag{2.7}$$

und der *Schubspannungsnachweis* entsprechend für die maximale Querkraft $V_{max,r}$:

$$V_{max,r} = V_{r,d} = \gamma_G \cdot V_{g,k} + \gamma_Q \cdot V_{q,k} \tag{2.8}$$

Teilsicherheitsbeiwerte

Als *Teilsicherheitsbeiwerte* gelten beim Tragfähigkeitsnachweis in der Regel

- für ständige Einwirkungen (ständige Lasten) wie Eigengewichte
  $\gamma_G = \gamma_F = 1{,}35$
- für veränderliche Einwirkungen wie *Verkehrslasten* und Nutzlasten
  $\gamma_Q = \gamma_F = 1{,}5$

Beim Gebrauchstauglichkeitsnachweis wird der Teilsicherheitsbeiwert mit $\gamma_F = 1{,}0$ angenommen.

2.2.2 Tragfähigkeitsnachweis

Der *Tragfähigkeitsnachweis* besteht für Schalungen im Wesentlichen aus dem Nachweis der Biegespannung und dem Nachweis der Schubspannung.

2.2.3 Biegespannungsnachweis

Wenn *Biegedrillknicken (Kippen)* nicht maßgebend ist, erfolgt der Nachweis für einachsige Biegung gemäß DIN EN 1995-1-1 nach Formel 2.9:

$$\frac{\sigma_{m,d}}{f_{m,d}} \leq 1{,}0 \tag{2.9}$$

$\sigma_{m,d}$ Bemessungswert der Biegespannung
$f_{m,d}$ Bemessungswert der Biegefestigkeit nach DIN EN 338 „Bauholz für tragende Zwecke - Festigkeitsklassen“

mit

$$\sigma_{m,d} = \frac{M_{r,d}}{W_n} \tag{2.10}$$

$M_{r,d}$ Bemessungswert des maximalen Biegemoments
W_n Nettowiderstandsmoment an der Stelle des Moments $M_{r,d}$

2.2.4 Schubspannungsnachweis

Nach DIN EN 1995-1-1 „Holzbauten“ erfolgt der Nachweis der Schubfestigkeit von rechteckigen Querschnitten zu

$$\frac{\tau_d}{f_{v,d}} \leq 1{,}0 \tag{2.11}$$

mit

$$\tau_d = 1{,}5 \cdot \frac{V_{r,d}}{A} \tag{2.12}$$

τ_d maximale Schubspannung
$V_{r,d}$ Bemessungswert der Querkraft
A Querschnittsfläche an der Stelle $V_{r,d}$
$f_{v,d}$ Bemessungswert der Schubfestigkeit nach DIN EN 338 „Bauholz für tragende Zwecke - Festigkeitsklassen“

Für eine rechteckige Querschnittsfläche A gilt gemäß Formel 2.13:

$$A = h \cdot b_{ef} \tag{2.13}$$

h Querschnittshöhe
b_{ef} wirksame Breite in auf Schub beanspruchten Biegebauteilen

Die wirksame Breite b_{ef} wird mit Formel 2.14 berechnet:

$$b_{ef} = k_{cr} \cdot b \tag{2.14}$$

k_{cr} Beiwert zur Berücksichtigung von (Trocken-)Rissen bei auf Schub beanspruchten Biegebauteilen
b Querschnittsbreite des Bauteils

Für k_{cr} sind die Werte nach Tabelle 2.3 anzunehmen.

Tabelle 2.3 Beiwert k_{cr} zur Berücksichtigung von (Trocken-)Rissen bei auf Schub beanspruchten Biegebauteilen

Holzbaustoffe	k_{cr}	Einheit
Nadelvollholz Balkenschichtholz aus Nadelholz	$2{,}0/f_{v,k}$	$f_{v,k}$ in N/mm²
Brettschichtholz	$2{,}5/f_{v,k}$	$f_{v,k}$ in N/mm²
Brettsperrholz Holzwerkstoffe	1,0	
Laubvollholz	0,67	

Beiwerte k_{cr} nach DIN 1995-1-1:2010-12; 6.1.7 und DIN EN 1995-1-1/NA:2013-08; 6.1.7 (2)

Der Bemessungswert der Schubspannung ergibt sich aus Formel 2.15:

$$f_{v,d} = f_{v,k} \cdot \frac{k_{mod}}{\gamma_M} \tag{2.15}$$

$f_{v,k}$ charakteristische Schubfestigkeit gemäß DIN EN 338 „Bauholz für tragende Zwecke, Festigkeitsklassen“
k_{mod} Modifikationsbeiwert für Lasteinwirkungsdauer und Feuchtegehalt nach DIN 1995-1-1, Tabelle 3.1
γ_M Teilsicherheitsbeiwert nach DIN EN 1995-1-1, Tabelle 2.3

Im Allgemeinen können der Modifikationsbeiwert mit $k_{mod} = 0{,}7$ und der Teilsicherheitsbeiwert für Holzbauteile zu $\gamma_M = 1{,}3$ angenommen werden. Für genauere Berechnungen sind die Werte den Tabellen der DIN EN 1995-1-1 zu entnehmen.

2.2.5 Nachweis der Gebrauchstauglichkeit

Da es sich bei Schalungen um *temporäre Konstruktionen* handelt, ist ein *Nachweis der Gebrauchstauglichkeit* im Sinne der DIN EN 1995-1-1 entbehrlich. Hingegen muss der *Nachweis der Ebenheitstoleranzen* geführt werden. Hierfür ist die Berechnung der Durchbiegungen der einzelnen Konstruktionselemente erforderlich. Beispielsweise wird für den Einfeldbalken mit Gleichstreckenlast die Durchbiegung mit der statischen Formel 2.16 berechnet.

$$w = \frac{5 \cdot r_k \cdot \ell^4}{384 \cdot E \cdot I} \tag{2.16}$$

w Durchbiegung in Feldmitte
r_k Gleichstreckenlast aus charakteristischen Einwirkungen ohne Teilsicherheitsbeiwert
ℓ Spannweite
E Elastizitätsmodul
I Trägheitsmoment

2.3 Statische Systeme und Lastannahmen

Der statische Nachweis von Schalungs- und Gerüstkonstruktionen besteht grundsätzlich aus mindestens drei Teilen,

- dem *Nachweis der Schubfestigkeit,* der häufig maßgebend wird,
- dem *Nachweis der Biegefestigkeit* und
- der *Berechnung der Durchbiegungen,* die für den Nachweis der Ebenheitstoleranzen erforderlich sind.

Darüber hinaus ist es für Lasteinleitungspunkte oft notwendig, die *Holzpressung* nachzuweisen.

Bei der Bemessung von konventionellen Schalungen und Gerüsten ist es in der Regel nicht angemessen, mit komplizierten *statischen Systemen* zu rechnen, sondern die Konstruktionen werden im Allgemeinen in einzelne Teilsysteme zerlegt. Für jedes Teilsystem wird dabei ein einfaches, auf der sicheren Seite liegendes statisches System angenommen. Soweit möglich und sinnvoll, wird mit dem System des *Einfeldträgers* als statisch bestimmtem System gerechnet. In den Fällen, in welchen diese Annahme nicht auf der sicheren Seite liegt, wird dann das *ungünstigere System* angenommen.

Für den Nachweis der Schubfestigkeit liegt der ungünstigste Fall am Mittelauflager eines *Zweifeldträgers,* der ein statisch unbestimmtes System darstellt. Dort sind die Querkräfte und damit die Auflagerkraft vergleichsweise größer als diejenigen bei allen anderen statischen Systemen. Somit empfiehlt es sich, die Querkraft zunächst mit Formel 2.17 zu berechnen. Damit liegt die Berechnung für alle denkbaren Fälle immer auf der sicheren Seite.

$$V_{r,d} = 1{,}25 \cdot \frac{E_d \cdot l}{2} \tag{2.17}$$

Der Nachweis der Biegefestigkeit und die Berechnung der Durchbiegungen finden ihren ungünstigsten Fall im statischen System des Einfeldträgers, sodass für die einzelnen statischen Nachweise unterschiedliche statische Systeme entsprechend Tabelle 2.4 angenommen werden können.

Tabelle 2.4 Statische Nachweise und statisches System

Statischer Nachweis	Statisches System auf der sicheren Seite
Schubnachweis V_d	Zweifeldträger
Biegenachweis M_d	Einfeldträger
Durchbiegungen w	Einfeldträger

Sofern genauere Berechnungen erforderlich sind, kann jederzeit das genau zutreffende statische System angewendet werden.

2.4 Frischbetondruck

Die Schalungshaut muss den *Frischbetondruck* aufnehmen und über die Unterkonstruktion abtragen können. In DIN 18218 „Frischbetondruck auf lotrechte Schalungen“ wird die Frischbetonwichte mit $\gamma_c = 25$ kN/m³ angegeben. Nach DIN EN 1991-1-1 „Einwirkungen auf Tragwerke“ werden für Beton folgende Wichten vorgegeben:

- Normalbeton (ohne Bewehrung) $\gamma_c = 24$ kN/m^3
- Stahlbeton, Spannbeton $\gamma_c = 25$ kN/m^3
- Zuschlag für Frischbeton $\gamma_Z = 1$ kN/m^3
- Insgesamt $\gamma_b = 26$ kN/m^3

Diese Werte gelten für vertikale Lasten auf horizontale und geneigte Schalungen.

Frischbetonwichte

$\gamma_c = 25\ kN/m^3$ nach DIN 18218: „Frischbetondruck auf lotrechte Schalungen“.

$\gamma_b = 26\ kN/m^3$ nach DIN EN 1991-1-1 Eurocode 1 „Einwirkungen auf Tragwerke“, Anhang 1, Tabelle A.1 für vertikale Lasten auf horizontale und geneigte Schalungen.

2.4.1 Bemessungswert des Frischbetondrucks

Für Schalungen und Gerüste einschließlich Anker wird gemäß DIN 18218 der Frischbetondruck als charakteristischer Wert der Einwirkung σ_{hk} angegeben. Für die Bemessung von Schalungskonstruktionen und deren Abstützungen und Verankerungen wird der Frischbetondruck als ruhende Last betrachtet.

Bei der Bemessung von Schalungen, Gerüsten und Ankern ist als Bemessungswert σ_{hd} nach Formel 2.18 zugrunde zu legen.

$$\sigma_{hd} = \gamma_F \cdot \sigma_{hk} \tag{2.18}$$

Der *Teilsicherheitsbeiwert* γ_F wird wie in DIN EN 12812 „Traggerüste“ angesetzt. Für die Nachweise im Grenzzustand der Tragfähigkeit beträgt er bei ungünstiger Einwirkung $\gamma_F = 1{,}5$, bei ungünstiger Wirkung des Frischbetondrucks sollte er mit $\gamma_F = 1{,}0$ verwendet werden.

Der Teilsicherheitsbeiwert ist nach DIN EN 12812 „Traggerüste“ $\gamma_F = 1{,}35$ für ständige Einwirkungen wie Eigenlasten Q_1 und $\gamma_F = 1{,}5$ für veränderliche Einwirkungen wie Q_2 bis Q_4 (Tabelle 2.1).

Im Grenzzustand der Tragfähigkeit ist für die Bemessung einer Schalung mit der Höhe H die ungünstigste Laststellung des Frischbetondruck-Verteilungsdiagramms nach Bild 2.1 nach DIN 18218 in Abhängigkeit des Betonspiegels maßgebend. Der Verlauf des Frischbetondrucks ist über die Höhe h_E anzunehmen zu

$$h_E = v \cdot t_E \tag{2.19}$$

v Steiggeschwindigkeit
t_E Erstarrungsende

Bei einer Schalungshöhe $H > h_E$ tritt die Frischbetondruckverteilung als Wanderlast über die Schalungshöhe auf.

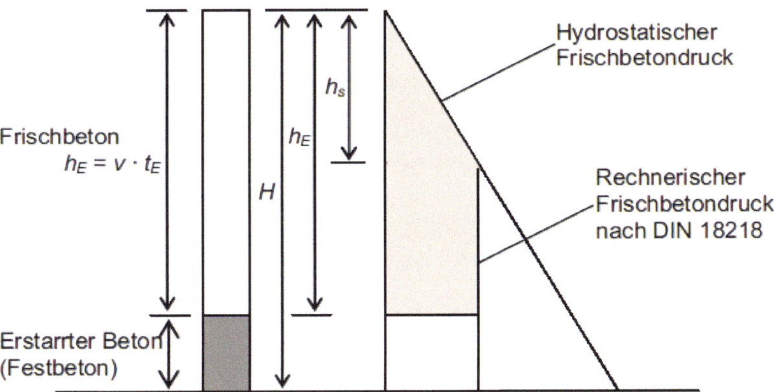

Bild 2.1 Verteilung des Frischbetondrucks über die Schalungshöhe gemäß DIN 18218

Erstarrungsende t_E

Für Betone einer Festigkeitsklasse von mindestens C20/25, ohne Verwendung von Verzögerern gilt für das *Erstarrungsende* t_E:

t_E = 5 Stunden gilt für Betone

- mit schneller Festigkeitsentwicklung nach DIN EN 206 und Betontemperaturen über 15 °C
- mit mittlerer Festigkeitsentwicklung bei Betontemperaturen über 20 °C

t_E = 7 Stunden gilt für Betone

- mit schneller Festigkeitsentwicklung nach DIN EN 206 und Betontemperaturen über 10 °C
- mit mittlerer Festigkeitsentwicklung bei Betontemperaturen über 15 °C

2.4.2 Charakteristischer Wert des Frischbetondrucks

Die Berechnung der *charakteristischen Werte* des maximal möglichen Frischbetondrucks $\sigma_{hk,max}$ für verschiedene Steiggeschwindigkeiten und Konsistenzklassen ist auf der Grundlage der Angaben in Tabelle 2.5 möglich. Dabei sind für die einzelnen Konsistenzklassen die zugehörigen Koeffizienten A_n, B_n und C_n nach Tabelle 2.5 in Formel 2.23 und Formel 2.24 einzusetzen.

Tabelle 2.5 Charakteristische Werte des maximalen horizontalen Frischbetondrucks $\sigma_{hk,max}$ (Betoneinbau gegen die Steigrichtung) nach DIN 18218 Tabelle 1

Konsistenzklasse (alte Bezeichnungen)	Maximaler horizontaler Frischbetondruck bei Einbau gegen die Steigrichtung (von oben) $\sigma_{hk,max} = (A_n \cdot v + B_n) \cdot K1$ [kN/m²]
F1 (steif, KS, K1)	$(5 \cdot v + 21) \cdot K1 \geq 25$
F2 (plastisch, KP, K2)	$(10 \cdot v + 19) \cdot K1 \geq 25$
F3 (Regelkonsistenz, KR, K3)	$(14 \cdot v + 18) \cdot K1 \geq 25$
F4 (Fließbeton, KF)	$(17 \cdot v + 17) \cdot K1 \geq 25$
	$\sigma_{hk,max} = C_n \cdot v \cdot K1$ [kN/m²]
F5	$44 \cdot v \cdot K1 \geq 30$
F6	$62{,}5 \cdot v \cdot K1 \geq 30$
SVB	$52{,}5 \cdot v \cdot K1 \geq 30$

v Steiggeschwindigkeit (Betoniergeschwindigkeit [m/h])
K1 Faktor zur Berücksichtigung des Erstarrungsverhaltens nach Tabelle 2.6

Der Einfluss des *Erstarrungsverhaltens* auf den Frischbetondruck ist über das Erstarrungsende t_E nach Tabelle 2.6 zu berücksichtigen.

Tabelle 2.6 Faktoren *K1* zur Berücksichtigung des Erstarrungsverhaltens gemäß DIN 18218 Tabelle 2

	Faktoren *K1*			
	Erstarrungsende			Allgemein [b)]
	$t_E = 5$ h	$t_E = 10$ h	$t_E = 20$ h	
F1 [a)]	1,0	1,15	1,45	$1 + 0{,}03 \cdot (t_E - 5)$
F2 [a)]	1,0	1,25	1,80	$1 + 0{,}053 \cdot (t_E - 5)$
F3 [a)]	1,0	1,40	2,15	$1 + 0{,}077 \cdot (t_E - 5)$
F4 [a)]	1,0	1,70	3,10	$1 + 0{,}14 \cdot (t_E - 5)$
F5,F6, SVB	1,0	2,00	4,00	$t_E/5$

a) gilt für Betonierhöhen bis 10 m
b) gilt für 5 h ≤ t_E ≤ 20 h; t_E in Stunden

Darüber hinaus sind in Anhang B der DIN 18218 Bemessungsdiagramme für die charakteristischen Werte des maximalen Frischbetondrucks für ein Erstarrungsende t_E von 5 h, 7 h, 10 h, 15 h und 20 h enthalten.

Für die Gleichungen der Tabelle 2.5 liegen folgende Annahmen zugrunde:

- Die Frischbetonrohwichte beträgt $\gamma = 25$ kN/m³.
- Das tatsächliche Erstarrungsende des in die Schalung eingebauten Frischbetons darf t_E nicht überschreiten.

- Der Frischbeton der Konsistenzklassen F1 bis F6 wird mit Innenrüttlern verdichtet.
- Die Schalung ist dicht.
- Die mittlere Steiggeschwindigkeit v beträgt bei Verwendung der Betone der Konsistenzklassen F1 bis F4 an jedem Punkt höchstens 7,0 m/h und
- der Beton wird gegen die Steigrichtung, also von oben eingebracht.
- Bei Abweichungen der Einbautemperatur $T_{c,Einbau}$ des Frischbetons von der *Referenztemperatur* $T_{c,Ref}$, die dem Erstarrungsende t_E zugrunde liegt, um mehr als 1 K ist nach Abschnitt 5.3.2 der DIN 18218 der Frischbetondruck zu vermindern oder zu erhöhen.

Übersteigt die *Frischbetontemperatur* $T_{c,Einbau}$ beim Einbau des Betons die Referenztemperatur $T_{c,Ref}$, darf der Frischbetondruck $\sigma_{hk,max}$ für je 1 K Temperaturdifferenz um 3 % vermindert werden, höchstens um 30 %.

Ist die Frischbetontemperatur beim Einbau $T_{c,Einbau}$ niedriger als die Referenztemperatur $T_{c,Ref}$ oder kann eine höhere Frischbetontemperatur als $T_{c,Ref}$ nicht aufrechterhalten werden, muss $\sigma_{hk,max}$ bei den Konsistenzklassen F1, F2, F3 und F4 um 3 % je 1 K Temperaturdifferenz und bei den Konsistenzklassen F5, F6 und SVB um 5 % je 1 K Temperaturdifferenz vergrößert werden.

Durch die Verdichtung des Betons mit Außenrüttlern wird die gesamte Schalung in Vibration versetzt. Dies kann eine hydrostatische Verteilung des Frischbetondrucks über die gesamte Schalungshöhe bedeuten. Wird der Beton wie bei selbstverdichtendem Beton (SVB) durch Pumpen von unten eingebaut, ist für $\sigma_{hk,max}$ mindestens der hydrostatische Frischbetondruck bezogen auf die Einfüllstelle anzusetzen. Die maximale Höhendifferenz zwischen der Einfüllstelle und dem oberen Betonspiegel sollte dabei 3,5 m nicht überschreiten. Der *Betoniervorgang* soll kontinuierlich erfolgen und nicht länger als eine Stunde dauern, mögliche Unterbrechungen sollten höchstens 10 Minuten dauern.

Größtmöglicher Wert ist in jedem Fall der hydrostatische Frischbetondruck $\sigma_{hk,max,hydr} = \gamma_c \cdot H$.

Einflüsse auf den Frischbetondruck

Über das *Erstarrungsverhalten* hinaus wird der Frischbetondruck durch verschiedene Einflüsse erhöht oder vermindert:

- Frischbeton- und Außentemperatur
- Kühlen des Betons
- Verdichten
- Betonzusatzmittel und Betonzusatzstoffe
- Erschütterungen
- Bewehrung

Bei Verwendung von *Leicht- oder Schwerbeton* ist der Frischbetondruck um die Faktoren gemäß Tabelle 2.7 zu verringern oder zu erhöhen. Der Frischbetondruck wird dann mit dem Faktor α berechnet:

$$\alpha = \frac{\gamma_c}{25\,\frac{\text{kN}}{\text{m}^3}} \tag{2.20}$$

Tabelle 2.7 Umrechnungsfaktoren α

[kN/m³]	α
10	0,40
14	0,56
18	0,72
22	0,88
25	1,00
26	1,04
30	1,20
40	1,60

Die Umrechnungsfaktoren α gelten für die Umrechnung des Frischbetondrucks bei anderer Rohwichte als 25 kN/m³

Die Berechnung des Frischbetondrucks nach DIN 18218 erfolgt in den folgenden Schritten:

- Festlegung des Betonierabschnitts für die maßgebliche Betonmenge. Maßgebend ist in der Regel derjenige Betonierabschnitt mit der geringsten Betonmenge, bei dem die *Steiggeschwindigkeit* am höchsten ist.
- Ermittlung der Betonmenge V_b,
- Festlegung der Betonierleistung Q_b,
- Berechnung der *Betonierdauer* T_b für den maßgebenden Betonierabschnitt:

$$T_b = \frac{\text{Betonmenge}}{\text{Betonierleistung}} = \frac{V_b}{Q_b} \tag{2.21}$$

- Berechnung der Steiggeschwindigkeit:

$$v = \frac{\text{Höhe des Bauteils}}{\text{Betonierdauer}} = \frac{H}{T_b} \tag{2.22}$$

- Festlegung der Betonkonsistenz,
- Berechnung des maximalen Frischbetondrucks nach DIN 18218 „Frischbetondruck auf lotrechte Schalungen“ nach den Formeln der Tabelle 2.5 und den Faktoren *K1* nach Tabelle 2.6:

$$\sigma_{hk,max} = (A_n \cdot v + B_n) \cdot K1 \geq 25 \frac{\text{kN}}{\text{m}^2} \tag{2.23}$$

für die Konsistenzen F1 bis F4 ($n = 1$ bis 4) und

$$\sigma_{hk,max} = C_n \cdot K1 \geq 30 \frac{\text{kN}}{\text{m}^2} \tag{2.24}$$

für die Konsistenzen F5, F6 und SVB ($n = 5$; 6; SVB).

- Berechnung der *hydrostatischen Druckhöhe*. Bei einer Frischbetonrohwichte von $\gamma_c = 25$ kN/m³ wird der maximale Frischbetondruck auf die Schalung bei folgender hydrostatischer Druckhöhe erreicht:

$$h_s = \frac{\sigma_{hk,max}}{\gamma_c} \tag{2.25}$$

Im folgenden *Übungsbeispiel 2.1* ist die Berechnung des maximalen Frischbetondrucks auf eine Wandschalung dargestellt.

Übungsbeispiel 2.1

Frischbetondruck auf eine Wandschalung

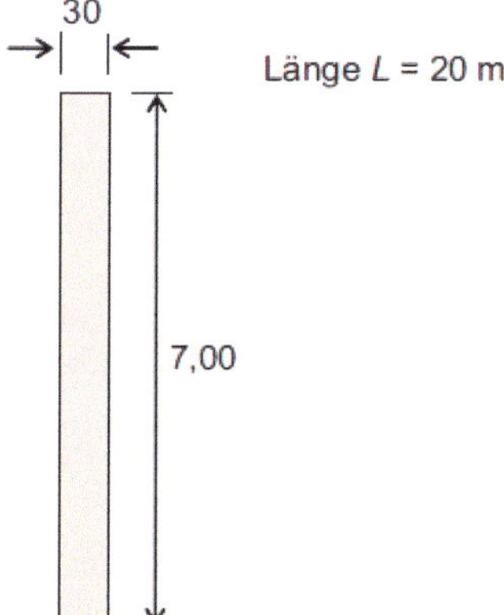

Bild 2.2
Beispiel: Frischbetondruck auf eine Wandschalung

Festlegung der Länge des Betonierabschnitts: $L = 20{,}0$ m. Die Planung der Betonier- und Schalungsabschnitte ist in Kapitel 17 beschrieben. Ermittlung der Betonmenge V_b:

$$V_b = 0{,}3 \text{ m} \cdot 7{,}0 \text{ m} \cdot 20{,}0 \text{ m} = 42{,}0 \text{ m}^3 \tag{2.26}$$

Festlegung der Betonierleistung: $Q_b = 20{,}0\,\text{m}^3/\text{h}$ (mit Betonpumpe). In Abschnitt 16.1.3 wird die Berechnung der Betonierleistung erläutert, in Abhängigkeit davon, ob eine Betonpumpe eingesetzt oder mit dem Kran betoniert wird.

Berechnung der Betonierdauer T_b:

$$T_b = \frac{V_b}{Q_b} = \frac{42{,}0\ \text{m}^3}{20{,}0\ \frac{\text{m}^3}{\text{h}}} = 2{,}1\ \text{h} \tag{2.27}$$

Berechnung der Steiggeschwindigkeit v:

$$v = \frac{H}{T_b} = \frac{7{,}0\ \text{m}}{2{,}1\ \text{h}} = 3{,}3\ \frac{\text{m}}{\text{h}} \tag{2.28}$$

Festlegung der Betonkonsistenz: F3.

Berechnung des maximalen Frischbetondrucks für Konsistenz F3 mit $K1 = 1{,}0$ für ein Erstarrungsende nach $t_E = 5$ h:

$$\sigma_{hk,max} = (14 \cdot v + 18) \cdot K1 = (14 \cdot 3{,}3 + 18) \cdot 1{,}0 = 64{,}6\ \frac{\text{kN}}{\text{m}^2} \tag{2.29}$$

Berechnung der hydrostatischen Druckhöhe h_s:

$$h_s = \frac{\sigma_{hk,max}}{\gamma_c} = \frac{64{,}6\ \frac{\text{kN}}{\text{m}^2}}{25{,}0\ \frac{\text{kN}}{\text{m}^3}} = 2{,}58\ \text{m} \tag{2.30}$$

Darstellung des Betondruckverlaufs über die Wandhöhe dann wie in Bild 2.3 gezeigt.

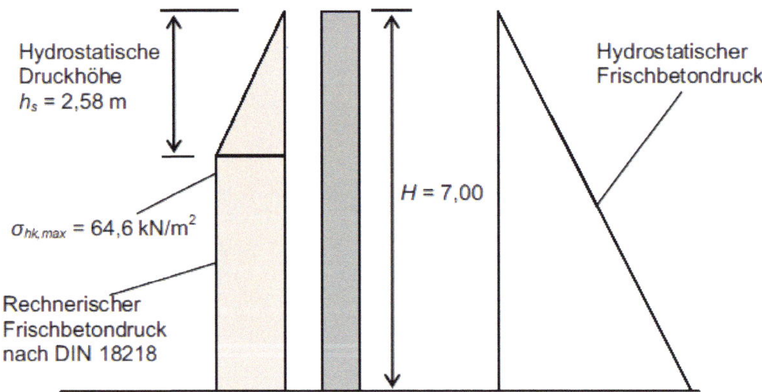

Bild 2.3 Betondruckverlauf

2.5 Nachweis der Ebenheitstoleranzen

Die Schalungshaut muss zusammen mit ihrer Unterkonstruktion die geforderte *Ebenheit* der Betonoberfläche nach DIN 18202 „Toleranzen im Hochbau" Tabelle 3 *„Grenzwerte für Ebenheitsabweichungen"* gewährleisten. Die Zeilen 1 bis 4 dieser Tabelle betreffen nicht geschalte Oberflächen von Decken und Böden einschließlich deren Beläge.

Für geschalte Betonoberflächen kommen die Zeilen 5 bis 7 der Grenzwerte-Tabelle in DIN 18202 in Betracht. Als Grenzwerte werden hier *Stichmaße s* bezeichnet, die bei der Prüfung mit einer Richtlatte (Bild 2.4) bei entsprechenden *Messpunktabständen m* gemessen werden können. In Tabelle 2.8 sind für die bei Schalungen maßgeblichen Messpunktabstände *m* die zugehörigen Stichmaße *s* der Zeilen 5 bis 7 wiedergegeben.

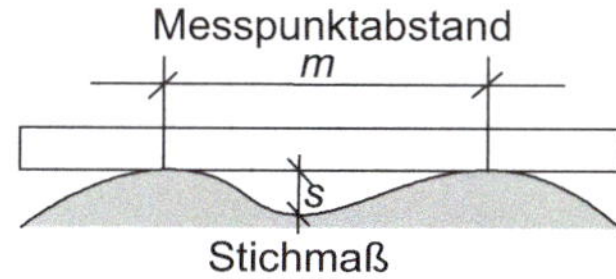

Bild 2.4
Messpunktabstand und Stichmaß bei der Prüfung mit einer Richtlatte

Die Prüfung der *Ebenheitstoleranzen* kann erst nach der Herstellung der Betonbauteile z.B. bei der *Abnahme* erfolgen. Eine Korrektur ist dann in der Regel nicht mehr möglich. Daher ist es sinnvoll, die Schalung schon von vornherein dafür zu bemessen. Erfahrungsgemäß sind die Anforderungen der DIN 18202 meist maßgebend gegenüber anderen Begrenzungen der *Durchbiegung* aus den Normen. Dies rührt daher, dass die Schalungskonstruktion aus mehreren Konstruktionselementen besteht und so die Durchbiegungen mehrerer Elemente aufsummiert werden müssen.

Schalungen können für die Anforderungen an die Ebenheitstoleranzen bemessen werden, indem man bei Stützen- und Wandschalungen den Abstand der Ankerstellen oder bei Deckenschalungen den Abstand der Deckenstützen, jeweils gemessen über die Diagonale, als Messpunktabstand heranzieht. Ungefähr in der Mitte zwischen den Ankern oder Stützen muss die Durchbiegung infolge des Frischbetondrucks auf die Schalung am größten sein. Die Summe der dort auftretenden Durchbiegungen muss dann kleiner sein als das Stichmaß *s* als Grenzwert in der geforderten Zeile in Tabelle 2.8 nach DIN 18202.

Tabelle 2.8 Grenzwerte für Ebenheitsabweichungen nach DIN 18202 Tabelle 3 (erweiterter Auszug)

Zeile		Stichmaße *s* (mm) als Grenzwerte bei Messpunktabständen *m* (m)								
	Messpunktabstände *m* (m)	0,1 [a)]	0,6	1 [a)]	1,5	2	2,5	3	3,5	4 [a)]
5	Nichtflächenfertige Wände und Unterseiten von Rohdecken	5	8	10	11	12	13	13	14	15
6	Flächenfertige Wände und Unterseiten von Decken, z. B. geputzte Wände, Wandbekleidungen, untergehängte Decken	3	4	5	6	7	8	8	9	10
7	Wie Zeile 6, jedoch mit erhöhten Anforderungen	2	2	3	4	5	6	6	7	8

[a)] Für diese Messpunktabstände sind Grenzwerte in Tabelle 3, DIN 18202 enthalten. Die Grenzwerte für die anderen Messpunktabstände sind gemäß DIN 18202 interpoliert und auf ganze Millimeter gerundet.

Nach Formel 2.31 ist der Messpunktabstand *m*:

$$m = \sqrt{\ell_1^2 + \ell_2^2} \quad (2.31)$$

Dabei sind

- bei Wandschalungen ℓ_1 = Ankerabstand und ℓ_2 = Gurtungsabstand,
- bei Deckenschalungen ℓ_1 = Stützen- und ℓ_2 = Jochträgerabstand.

Am Beispiel eines Elementes einer Wandschalung mit Holzschalungsträgern und Stahlgurtungen wird in Bild 2.5 der Nachweis der Ebenheitstoleranzen dargestellt. Bei der Prüfung (Abnahme) der Ebenheitstoleranzen findet sich das größte Stichmaß *s* an den Ankerstellen der Wandschalung, analog über den Stützen einer Deckenschalung, weil dort die Durchbiegungen gleich null sind. Die Ankerdehnung kann hier vernachlässigt werden, da das Stichmaß *s* nur ein relatives Maß darstellt. Auch die Stauchung der Stützen spielt hier keine Rolle. Die Wand- oder Deckenstärke kann in diesem Zusammenhang nicht geprüft werden.

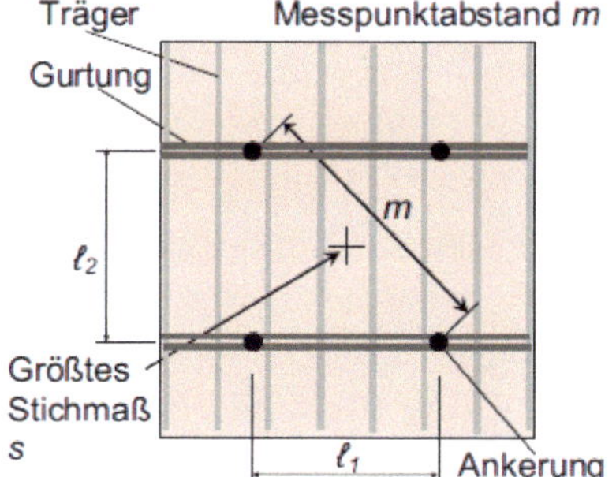

Bild 2.5
Messpunktabstand am Beispiel eines Wandschalungs-Elementes (Ansicht)

Die größten Durchbiegungen der Gurtungen, Träger und der Schalungshaut liegen jeweils ungefähr in der Feldmitte. An ungünstigster Stelle, hier genau in der Mitte der Diagonalen zwischen den Ankerstellen, kumulieren die größten Durchbiegungen, sodass für diese Stelle die Summe aller Durchbiegungen gebildet werden kann.

$$\sum w = \sum \left(w_{Gurtung} + w_{Träger} + w_{Schalungshaut} \right) \leq \text{zul}\, s \tag{2.32}$$

Die Summe der größten Durchbiegungen aller Konstruktionsteile an der ungünstigsten Stelle muss kleiner oder gleich dem zulässigen Stichmaß zul *s* aus Tabelle 2.8 sein. Für Deckenschalungen lautet Formel 2.32 sinngemäß:

$$\sum w = \sum \left(w_{Jochträger} + w_{Querträger} + w_{Schalungshaut} \right) \leq \text{zul}\, s \tag{2.33}$$

Die zulässigen Stichmaße *s* nach Zeile 5 der DIN 18202 in Tabelle 2.8 gelten als normale Anforderungen für alle Bauausführungen, und zwar auch dann, wenn diese in der *Leistungsbeschreibung* nicht ausdrücklich gefordert sind.

Sollten jedoch die Werte entsprechend Zeile 6 oder Zeile 7 gefordert werden, muss dies im *Leistungstext* des Vertrages ausdrücklich vereinbart sein. Darüber hinaus gelten die Werte gemäß Zeile 7 als sehr hohe Anforderungen, die objektiv nicht in jedem Fall ausführbar sind.

2.6 Bemessung von Schalungshaut

Die Mindestgüte von Bau-Sperrholz muss DIN 68791 und DIN 68792 entsprechen. Anforderungen an Massivholzplatten sind in DIN EN 13353 enthalten. Weitere Anforderungen waren in DIN 18215 enthalten. Diese Norm wurde jedoch zurückgezogen. Für die Bau-Sperrhölzer erfolgt die Berechnung des Bemessungswerts des Widerstands auf der Grundlage der DIN EN 1995-1-1.

GSV-Richtlinie

für die Erteilung von GSV-Zeichen für Rahmenschalungstafeln für vertikale Bauteile (Wände und Stützen), Fassung Oktober 2000, Güteschutzverband Betonschalungen Europa e. V.

Nach der GSV-Richtlinie „für die Erteilung von GSV-Zeichen für Rahmenschalungstafeln für vertikale Bauteile" können die bisher verwendeten zulässigen Spannungen mit einem *Teilsicherheitsbeiwert* für die Einwirkungen von $\gamma_F = 1{,}5$ multipliziert werden, um den Bemessungswert des Widerstands $f_{r,d}$ zu ermitteln.

$$f_{r,d} = \text{zul}\,\sigma \cdot \gamma_F \tag{2.34}$$

Für Sperrholz erfolgt die Berechnung des Bemessungswertes des Widerstands $f_{r,d}$ auf der Grundlage der DIN EN 1995-1-1, wobei von einer *Holzfeuchte* von 20 % auszugehen ist:

$$f_{r,d} = f_{r,k} \cdot \frac{k_{mod}}{\gamma_M} \tag{2.35}$$

mit Modifikationsbeiwert für Lasteinwirkungsdauer und Feuchtegehalt $k_{mod} = 0{,}9$ und Teilsicherheitsbeiwert $\gamma_M = 1{,}3$ für Vollholz; 1,2 für Sperrholz gemäß DIN EN 1995-1-1.

Normen und Unterlagen zu Schalungshaut

DIN 68791:2016-08

Großflächen-Schalungsplatten aus Stab- und Stäbchensperrholz für Beton und Stahlbeton

DIN 68792:2016-08

Großflächen-Schalungsplatten aus Furniersperrholz für Beton und Stahlbeton

DIN 68705-2:2016-03

Teil 2: Stab- und Stäbchensperrholz für allgemeine Zwecke

DIN EN 636:2015-05

Sperrholz – Anforderungen

DIN EN 13353:2011-07 (2021-01 Entwurf)

Massivholzplatten – Anforderungen

Handbuch über finnisches Sperrholz

Verband der finnischen Forstindustrie, 2001, englische Ausgabe 2008

Der *Modifikationsbeiwert* k_{mod} wurde in der GSV-Richtlinie für Schalungsplatten zu $k_{mod} = 0{,}9$ bei einer Holzfeuchte von 20 % festgelegt. Aufgrund dieser Festlegung wird dieser Wert allgemein nicht nur für Schalungsplatten in Rahmenschalungstafeln angenommen, sondern auch für solche Schalungsplatten, welche lose in konventionellen, insbesondere in Holzträgerschalungen eingebaut sind.

Unbeschadet dieser Festlegung ist jedoch festzuhalten, dass für Schalungsplatten und die übrige Schalungskonstruktion durchaus ein Modifikationsbeiwert $k_{mod} = 0{,}7$ gewählt werden kann, wenn man die *Lasteinwirkungsklasse* „Kurz“ (Tabelle 2.13) und die *Nutzungsklasse* 3 (Tabelle 2.12) nach DIN EN 1995-1-1 entsprechend einem hohen *Feuchtigkeitsgehalt* zugrunde legt.

2.6.1 Sperrholz-Schalungsplatten (PERI u. a.)

In Tabelle 2.9 sind für eine Auswahl von Schalungsplatten mit einer Nenndicke von 21 mm des Schalungsanbieters PERI die Bemessungswerte angegeben. Darin sind für *Mehrschichtplatten* mit unterschiedlicher Anzahl an Lagen und für *Dreischichtplatten* die charakteristischen Biegefestigkeiten für diese Schalungsplatten gegeben. Diese können bei einer Bemessung nach dem neuen Sicherheitskonzept der europäischen Normen gemäß Formel 2.35 mit einem Teilsicherheitsbeiwert $\gamma_M = 1{,}2$ für Sperrholz oder $\gamma_M = 1{,}3$ für Massivholz und dem Modifikationsbeiwert $k_{mod} = 0{,}9$ in den Bemessungswert des Widerstands umgerechnet werden.

Tabelle 2.9 Bemessungswerte und charakteristische Biegefestigkeiten verschiedener Sperrholz-Schalungsplatten (Mehrschichtplatten und Dreischichtplatten), Quelle: PERI

Schalungsplatte	Anzahl der Lagen	Gewicht	Nenndicke	Abmessungen	Charakteristische Biegefestigkeit $f_{r,k}$ (N/mm²) [a]		E_{mean}-Modul (N/mm²) [b]		Phenolharz-Beschichtung
Anbieter: PERI		kg	mm	m	längs	quer	längs	quer	g/m²
Fin-Ply (Birke)	15	14,9	21	1,25 · 2,50 u. a.	39,4	34,3	9858	7642	220
Peri-Birch (Birke)	15	14,8	21	0,625 · 2,50 u. a.	39,4	34,3	9858	7642	120
Peri Pine (Kiefer)	9	10,95	21	2,50 · 1,25 u. a.	17,7	13,9	6610	4414	170
Peri Spruce 400 (Nadelholz)	7	10,4	21	2,50 · 1,25	18,9	14,3	7547	4453	400
3-S-Platte (Fichte)	3	9,7	21	1,00 · 0,50 6,00 · 1,50 u. a.	22 [c]	1,95 [d]	8000 [c]	1070 [c]	130 Melaminharz

[a] $f_{r,k}$ und [b] der E_{mean}-Modul gelten als Herstellerangaben für eine Holzfeuchtigkeit von 15 %, für eine Holzfeuchtigkeit von 20 % müssen $f_{r,d}$ um den Faktor 0,875 und der E-Modul um den Faktor 0,9176 reduziert werden.

[c] Mindestwerte der unteren 5-%-Quantilwerte. Hinweis: Dem 5-%-Quantilwert des E_{mean}-Moduls von 8000 N/mm² entspricht ein Mittelwert von 10 000 N/mm².

[d] Wert entspricht $f_{r,k,quer} = 1{,}5 \cdot \text{zul}\ \sigma_{quer}$

Dreischichtplatten

Für *Dreischicht-Schalungsplatten* gibt es aktuell keine umfassenden Herstellerangaben zu weiteren Bemessungswerten. Die folgenden Mittelwerte für handelsübliche *Dreischichtplatten* der Firmen Dold und Mayr-Melnhof Holz können für gleichwertige *Dreischicht-Schalungsplatten* exemplarisch angesetzt werden. Zum Vergleich sind die geltenden Mindestwerte nach DIN EN 13353:2011-07 angegeben. Die Anforderungen für mehrlagige Massivholzplatten (SWP - Solid wood panel) für tragende Verwendung (S - for structural use) im Feuchtbereich (2 - in humid conditions) sind aus Tabelle 4 der Norm zu entnehmen. Die Werte in Klammern gelten gemäß DIN EN 13353:2021-01 (Entwurf).

Anbieter/Norm	Dold	Mayr-Melnhof Holz	DIN EN 13353: 2011-07 (Entwurf 2021-01)
Dreischichtplatte	L3 21 mm	K1 Multiplan 20 mm	SWP/S 2 >20 – 30 mm
N/mm^2	(Mittelwerte)	(Mittelwerte)	(Mindestwerte)
Biegefestigkeit in Längsrichtung $f_{r,k,längs}$	35,0	42,0	30,0 (27,0)
Biegefestigkeit in Querrichtung $f_{r,k,quer}$	5,0	6,0	5,0 (5,0)
E-Modul (längs) $E_{mean,0}$	10 000	10 400	7000 (8500)
E-Modul (quer) $E_{mean,90}$	550	960	470 (700)
Schubfestigkeit $f_{v,k}$	1,6 (längs); 1,4 (quer)	1,4 (längs und quer)	
Schubmodul G_{mean}	41 (längs und quer)	41 (längs und quer)	

Die Biegesteifigkeit der Dreischichtplatten 21 mm wird von Doka mit E · I = 7,82 kNm^2/m (Mittelwert) in Längsrichtung angegeben.

Bei Dreischichtplatten ist besonders zu beachten, dass die Biegetragfähigkeit in Querrichtung sehr viel geringer ist als in Längsrichtung der Platten. Die *Haupttragrichtung* von Dreischichtplatten verläuft längs in Faserrichtung.

Gemäß DIN 68792 darf der Feuchtigkeitsgehalt der Schalungsplatten beim Verlassen des Herstellerwerks einen Wert von 7 % nicht unterschreiten. Der Feuchtigkeitsgehalt beträgt bei Auslieferung der Ware in der Regel etwa 12 % ± 3 %. Die Werte der Tabelle 2.9 gelten als Herstellerangaben in der Regel für eine *Holzfeuchtigkeit* von 15 %. Nach GSV (Güteschutzverband Betonschalungen Europa e. V.) sollen die Werte unter Berücksichtigung einer Holzfeuchte von 20 % berücksichtigt werden. Daher sind die Werte für den E-Modul mit einem Faktor 0,9167 und die Bemessungswerte der Widerstände mit dem Faktor 0,875 zu reduzieren.

$$f_{r,d,20\%} = 0{,}875 \cdot f_{r,d} \tag{2.36}$$

$$E_{20\%} = 0{,}9167 \cdot E_{mean} \tag{2.37}$$

Für die Schalungsplatte Fin-Ply kann damit beispielsweise der Bemessungswert des Widerstands berechnet werden zu

$$f_{r,d,20\%} = 0{,}875 \cdot f_{r,k} \cdot \frac{k_{mod}}{\gamma_M} = 0{,}875 \cdot 39{,}4 \frac{\text{N}}{\text{mm}^2} \cdot \frac{0{,}9}{1{,}2} = 25{,}8 \frac{\text{N}}{\text{mm}^2} \tag{2.38}$$

2.6.2 Spezielle Schalungsplatten (Westag AG)

In Tabelle 2.10 sind Herstellerangaben des Schalungshautanbieters Westag AG für eine Auswahl von speziellen Schalungsplatten aufgeführt. Die Tabelle beinhaltet insbesondere Werte für *Stab-* (Bild 2.6) *und Stäbchensperrholzplatten* (Bild 2.7) sowie für *Holzwerkstoffplatten* (Bild 2.8) im Vergleich mit *Furniersperrholzplatten* (Bild 2.9).

Bild 2.6
Stabsperrholzplatte,
Bildquelle: Westag AG

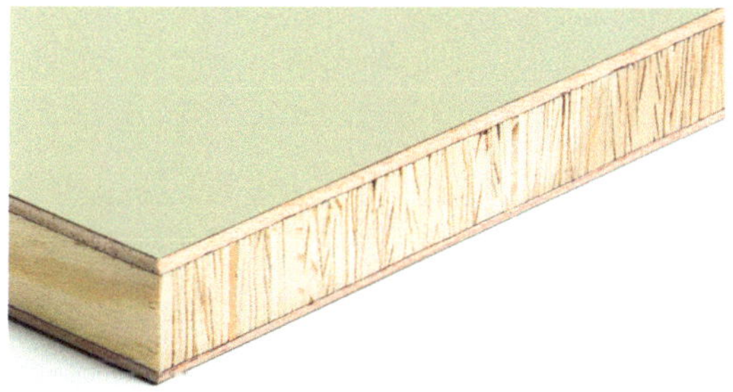

Bild 2.7
Stäbchensperrholzplatte,
Bildquelle: Westag AG

Bild 2.8
Holzwerkstoffplatte,
Bildquelle: Westag AG

Bild 2.9
Furniersperrholzplatte, Bildquelle: Westag AG

Darin sind die charakteristischen Biegefestigkeiten für diese Schalungsplatten gegeben. Diese können bei einer Bemessung nach dem neuen Sicherheitskonzept der europäischen Normen gemäß Formel 2.35 mit einem Teilsicherheitsbeiwert $\gamma_M = 1{,}2$ für Sperrholzplatten bzw. $\gamma_M = 1{,}3$ für Holzwerkstoffplatten und dem Modifikationsbeiwert $k_{mod} = 0{,}9$ in den Bemessungswert des Widerstands umgerechnet werden.

Tabelle 2.10 Bemessungswerte und charakteristische Biegefestigkeiten verschiedener Schalungsplatten

Schalungsplatte	Anzahl der Lagen	Gewicht	Dicke	Abmessungen	Charakteristische Biegefestigkeit (N/mm²)		E-Modul (N/mm²)		Film-Beschichtung
Anbieter: WESTAG & GETALIT		kg	mm	m	längs	quer	längs	quer	g/m²
Betoplan Top (Furnier-sperrholzplatte)	≈ 15	13,5	21	2,50 · 1,25 5,20 · 2,00 u. a.	56	46	7500	6500	550 Phenolharz
Magnoplan MF (Stäbchen-sperrholzplatte)	3	11,4	21	2,00 · 5,20	22	47	2600	6800	550 Melaminharz
Magnoplan S 550 (Stab-sperrholzplatte)	3	10,6	21	2,00 · 5,20	24	41	3000	6200	550 Phenolharz
Phenox NFO 500 (Holzwerk-stoffplatte)	-	16,5	21	5,43 · 2,05	30	30	4500	4500	500 Spezialbeschichtung

Quelle: Westag AG

2.6.3 Finnische Standard-Sperrholzplatten

In Tabelle 2.11 sind die wichtigsten Bemessungswerte für eine Auswahl von finnischen Sperrholzplatten mit 21 mm Nenndicke zusammengestellt. Die Festigkeiten und Steifigkeiten der Schalungsplatten sind vom Sperrholztyp der verwendeten

Grundplatte abhängig. Die Querschnittswerte für Standardplatten mit 21 mm Nenndicke sind

- Querschnittsfläche $A = 20{,}4\ mm^2/mm$,
- Widerstandsmoment $W = 69{,}4\ mm^3/mm$ und
- Trägheitsmoment $I = 707\ mm^4/mm$.

Tabelle 2.11 Bemessungswerte und charakteristische Widerstände für finnische Sperrholzplatten

				Biegung				Schub	
Schalungsplatte	Anzahl der Lagen	Gewicht	Nenndicke	$f_{m,k}$ längs	$f_{m,k}$ quer	E_{mean} längs	E_{mean} quer	$f_{v,k}$ längs und quer	G_{mean} längs und quer
		kg/m²	mm	N/mm²	N/mm²	N/mm²	N/mm²	N/mm²	N/mm²
Birken-Sperrholz	15	14,3	21	39,4	34,3	9858	7642	9,5	620
Combi-Sperrholz	15	13,0	21	34,5	34,3	8628	7642	7,0	583
Combi Mirror-Sperrholz	15	13,0	21	39,4	19,6	9858	5677	7,0	577
Nadelholz-Sperrholz, dünne Furniere	15	10,9	21	22,5	19,6	7323	5677	7,0	530
Nadelholz-Sperrholz, dicke Furniere	7	9,7	21	20,6	12,8	8222	3778	3,5	350

Quelle: Finnisches Sperrholz-Handbuch

Die angegebenen Werte können als charakteristische Widerstände $f_{r,k}$ angesehen werden. Für die Berechnung des Bemessungswertes $f_{r,d}$ gilt nach dem Handbuch über finnisches Sperrholz ein *Teilsicherheitsbeiwert* $\gamma_M = 1{,}3$ für Holz und ein *Modifikationsbeiwert* $k_{mod} = 0{,}7$ aus Tabelle 2.12 für eine kurze *Lasteinwirkungsdauer* (Tabelle 2.13) in der *Nutzungsklasse* 3 (feucht) mit Feuchtigkeitsgehalt über 18 %.

Tabelle 2.12 Rechenwerte für den Modifikationsbeiwert k_{mod}

Lasteinwirkungsklasse	Nutzungsklasse		
	1	2	3
Ständig	0,60	0,60	0,50
Lang	0,70	0,70	0,55
Mittel	0,80	0,80	0,65
Kurz	0,90	0,90	0,70
Sehr kurz	1,10	1,10	0,90

Rechenwerte k_{mod} für Vollholz und Sperrholz, weitere Werte für andere Hölzer in DIN EN 1995-1-1

Damit kann beispielsweise für eine Birken-Sperrholzplatte aus Tabelle 2.11 der Bemessungswert des Widerstands berechnet werden zu:

$$f_{m,d} = f_{m,k} \cdot \frac{k_{mod}}{\gamma_M} = 39{,}4 \frac{\mathrm{N}}{\mathrm{mm}^2} \cdot \frac{0{,}7}{1{,}3} = 21{,}2 \frac{\mathrm{N}}{\mathrm{mm}^2} \tag{2.39}$$

Tabelle 2.13 Lasteinwirkungsklassen nach DIN EN 1995-1-1

Klasse	Lasteinwirkungsdauer
Ständig	länger als 10 Jahre, z. B. Eigengewicht
Lang	6 Monate bis 10 Jahre, z. B. Lagerstoffe
Mittel	eine Woche bis 6 Monate, z. B. Verkehrslasten, Schnee
Kurz	kürzer als eine Woche, z. B. Schnee, Wind
Sehr kurz	einige Minuten, z. B. Wind und außergewöhnliche Einwirkungen

Nutzungsklassen nach DIN EN 1995

In **Nutzungsklasse 1** sind Bauteile einzustufen, die in einer dauerhaften, geschlossenen Hülle gegenüber dem Außenklima geschützt sind. Temperatur 20°, die relative Luftfeuchte der umgebenden Luft übersteigt den Wert von 65 % nur für wenige Wochen pro Jahr. Die Gleichgewichtsfeuchte von Sperrholz ist hier 12 %.

In **Nutzungsklasse 2** sind Bauteile einzustufen, die sich in offenen, aber überdeckten Bauwerken befinden, die nicht der unmittelbaren Bewitterung ausgesetzt sind. Temperatur 20°, die relative Luftfeuchte der umgebenden Luft übersteigt den Wert von 85 % nur für wenige Wochen pro Jahr. Die Gleichgewichtsfeuchte von Sperrholz ist hier 18 %.

In **Nutzungsklasse 3** werden alle Bauteile eingestuft, bei denen die Klimabedingungen zu höheren Feuchtegehalten als in Nutzungsklassen 2 führen. Hier können auch Schalungsplatten und andere Konstruktionselemente von Schalungen eingestuft werden. Die Gleichgewichtsfeuchte von Sperrholz ist hier > 18 %.

Holzpressung

Bei großen Lasten auf kleiner Auflagefläche kann die Druckspannung senkrecht zur Sperrholzoberfläche kritisch werden. In den meisten Fällen der Praxis können folgende Mittelwerte in Nutzungsklasse 1 eingesetzt werden: Bemessungswerte $f_{c,90,d}$ für *Holzpressung* rechtwinklig zur Faser

- Birkensperrholz $f_{c,90,d} = 9$ N/mm²,
- Combi-Sperrholz $f_{c,90,d} = 5$ N/mm² und
- Fichtensperrholz $f_{c,90,d} = 4$ N/mm².

2.6.4 Kunststoff-Schalungshaut (alkus)

Einige Schalungsanbieter verwenden auch Schalungsplatten aus Kunststoff. Die in Bild 2.10 dargestellte Kunststoff-Schalungshaut alkus gibt es in verschiedenen Dicken.

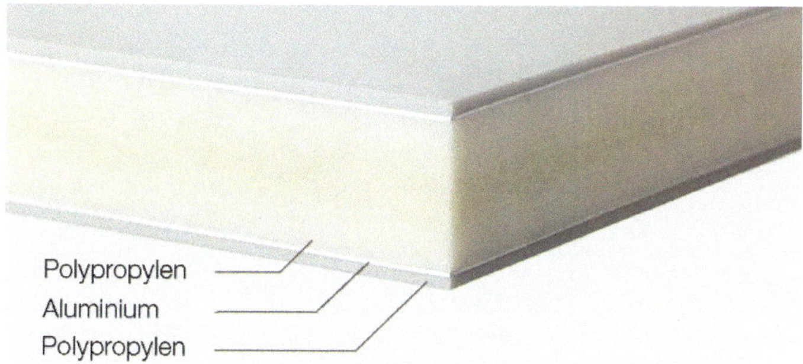

Bild 2.10 Querschnitt der Kunststoff-Schalungshaut alkus, Bildquelle: alkus

Kunststoff-Schalungshaut

Für die Schalungsplatte alkus AL 20 mit einer Dicke von 20 mm gelten folgende Bemessungswerte in Längs- und Querrichtung:

- Gewicht: 14,5 kg/m²
- E-Modul: $E_{mean} = 5100\ N/mm^2$
- Biegespannung: 42 N/mm²

2.7 Bemessung von Holzschalungsträgern

In DIN EN 13377:2002 sind die Anforderungen an industriell gefertigte Schalungsträger aus Holz festgelegt. Alle gängigen *Holzschalungsträger* sind darin klassifiziert. Bei der Bemessung von Schalungen mit Holzschalungsträgern sind diese auf der Grundlage dieser Norm nachzuweisen.

In Tabelle 2.14 und Tabelle 2.15 sind die charakteristischen Widerstandsgrenzwerte für *Vollwandträger* (Bild 2.11) und *Gitterträger* (Bild 2.12) angegeben. Die Trägergurte bestehen grundsätzlich aus Vollholz, die Trägerstege können aus Sperrholz-, Massivholz- oder Holzwerkstoffplatten bestehen. Die Vollholzteile müssen mindestens der Festigkeitsklasse C 24 entsprechen.

Tabelle 2.14 Tragfähigkeitseigenschaften von Vollwandträgern nach DIN EN 13377

				Charakteristische Grenzwerte X_k		
Trägerklasse	Trägerhöhe H	Mindestgurtbreite b	Biegesteifigkeit $E \cdot I$	Querkraft V_k	Auflagerwiderstand $R_{b,k}$	Biegemoment M_k
P 16	160 mm	65 mm	200 kNm²	18,4 kN	36,8 kN	5,9 kNm
P 20	200 mm	80 mm	450 kNm²	23,9 kN	47,8 kN	10,9 kNm
P 24	240 mm	80 mm	700 kNm²	28,2 kN	56,4 kN	14,1 kNm

Bild 2.11
Vollwandträger, Bildquelle: Doka

Bild 2.12
Gitterträger, Bildquelle: PERI

Bei den *Gitterträgern* werden die charakteristischen Grenzwerte und die zulässigen Lasten unterschieden in Auflager an den Knoten oder zwischen den Knoten. Liegen die Träger zwischen den Knoten auf, sind die Werte geringer.

Tabelle 2.15 Tragfähigkeitseigenschaften von Gitterträgern nach DIN EN 13377

				Charakteristische Grenzwerte X_k				
Trägerklasse	Trägerhöhe	Mindestgurtbreite	Biegesteifigkeit	Querkraft	Auflagerwiderstand		Biegemoment	
	H	b	$E \cdot I$	V_k	$R_{b,n,k}$ Auflager an den Knoten	$R_{b,m,k}$ Auflager zwischen den Knoten	$M_{n,k}$ Auflager an den Knoten	$M_{m,k}$ Auflager zwischen den Knoten
L 24	240 mm	80 mm	800 kNm²	28,2 kN	60,7 kN	43,4 kN	15,2 kNm	8,7 kNm

Die *Querdruckfestigkeit* (*Pressung quer zur Faser*) wird Bezug nehmend auf DIN EN 388 mit $f_{c,90,k} = 5{,}3\ \text{N/mm}^2$ für die Festigkeitsklasse C 24 angegeben.

Die Tragfähigkeitswerte für die Baustelle gemäß Anhang E der DIN EN 13377 sind Bemessungswerte X_d der Werkstoffeigenschaft. Sie werden berechnet aus:

$$X_d = k_{mod} \cdot \frac{X_k}{\gamma_M} \quad (2.40)$$

X_k charakteristischer Wert der Werkstoffeigenschaft in den Tabelle 2.14 und Tabelle 2.15
γ_M Teilsicherheitsbeiwert für die Werkstoffeigenschaft, für Holz und Holzwerkstoffe gilt $\gamma_M = 1{,}3$
k_{mod} Modifikationsfaktor, der die Auswirkungen der Belastungsdauer und des Feuchtegehalts berücksichtigt, für industriell gefertigte Holzschalungsträger gilt $k_{mod} = 0{,}9$

Ein zulässiger Wert der Werkstoffeigenschaft, der mit dem Teilsicherheitsbeiwert für Einwirkungen γ_F multipliziert wird, sollte nach Anhang E der DIN EN 13377 gleich oder kleiner sein als der Grenzwert des Bemessungswiderstandes. Folglich kann der zulässige Werkstoffeigenschaftswert durch Division des Grenzwertes des Bemessungswiderstandes durch γ_F berechnet werden. γ_F sollte mit 1,5 angesetzt werden.

Somit ergeben sich die zulässigen Werte für Querkraft, Auflagerkraft und Biegemoment in Tabelle 2.16 und Tabelle 2.17 aus den entsprechenden Werten der Tabelle 2.14 und Tabelle 2.15.

Es gilt beispielsweise für den Gitterträger L 24:

$$zul\,Q = V_k \cdot \frac{k_{mod}}{\gamma_M \cdot \gamma_F} = 28{,}2\ \text{kN} \cdot \frac{0{,}9}{1{,}3 \cdot 1{,}5} = 13{,}0\ \text{kN} \quad (2.41)$$

oder für den Vollwandträger P 20:

$$zul\,M = M_k \cdot \frac{k_{mod}}{\gamma_M \cdot \gamma_F} = 10{,}9\ \text{kNm} \cdot \frac{0{,}9}{1{,}3 \cdot 1{,}5} = 5{,}0\ \text{kNm} \quad (2.42)$$

Die zulässige *Pressung quer zur Faser* für die Festigkeitsklasse C 24 berechnet sich entsprechend zu zul $\sigma_{c,90} = 2{,}4\ \text{N/mm}^2$.

Für die Bemessung ergeben sich somit zwei Möglichkeiten:

1. Werden die Holzschalungsträger auf herkömmliche Art bemessen, können die Schnittgrößen aus den ständigen und veränderlichen Einwirkungen r_k (Formel 2.5) berechnet und den zulässigen Lasten in Tabelle 2.16 und Tabelle 2.17 gegenübergestellt werden. Dabei ist in den zulässigen Lasten ein Teilsicherheitsbeiwert der Einwirkungen $\gamma_F = 1{,}5$ entsprechend berücksichtigt.

$$M_{r,k} < \text{zul}\,M \quad (2.43)$$

$$V_{r,k} < \text{zul}\,Q \quad (2.44)$$

2. Werden die Holzschalungsträger nach neuem Sicherheitskonzept bemessen, so können für ständige und veränderliche Einwirkungen unterschiedliche Teil-

sicherheitsbeiwerte berücksichtigt und daraus die Schnittgrößen berechnet werden. Diese müssen den Bemessungswerten X_d der Werkstoffeigenschaft (Formel 2.40) gegenübergestellt werden.

Tabelle 2.16 Zulässige Lasten für Vollwandträger nach DIN EN 13377 Anhang E

Träger-klasse	Träger-höhe	Mindest-gurtbreite	Biege-steifigkeit	Zul. Querkraft	Zul. Auf-lagerkraft	Zul. Moment
	H	b	$E \cdot I$	zul Q	zul A	zul M
P 16	16 cm	6,5 cm	200 kNm²	8,5 kN	17 kN	2,7 kNm
P 20	20 cm	8,0 cm	450 kNm²	11,0 kN	22 kN	5,0 kNm
P 24	24 cm	8,0 cm	700 kNm²	13,0 kN	26 kN	6,5 kNm

Tabelle 2.17 Zulässige Lasten und Steifigkeitswerte für Gitterträger nach DIN EN 13377 Anhang E

Träger-klasse	Träger-höhe	Mindest-gurt-breite	Biege-steifigkeit	Zulässige Quer-kraft	Zulässige Auflagerkraft		Zulässiges Moment	
	H	b	$E \cdot I$	zul Q	zul A Auflager an den Knoten	zul A Auflager zwischen den Knoten	zul M Auflager an den Knoten	zul M Auflager zwischen den Knoten
L 24	24 cm	8,0 cm	800 kNm²	13,0 kN	28 kN	20 kN	7,0 kNm	4,0 kNm

Da in DIN EN 13377 nur die Werte X_k angegeben werden, sind in den Tabelle 2.18 und Tabelle 2.19 die nach Formel 2.40 berechneten Werte X_d angegeben.

Tabelle 2.18 Bemessungswerte X_d der Werkstoffeigenschaften von Vollwandträgern

				Bemessungswerte X_d		
Träger-klasse	Träger-höhe H	Mindestgurt-breite b	Biegestei-figkeit $E \cdot I$	Quer-kraft V_d	Auflager-widerstand $R_{b,d}$	Biege-moment M_d
P 16	160 mm	65 mm	200 kNm²	12,7 kN	25,4 kN	4,0 kNm
P 20	200 mm	80 mm	450 kNm²	16,5 kN	33,0 kN	7,5 kNm
P 24	240 mm	80 mm	700 kNm²	19,5 kN	39,0 kN	9,7 kNm

Tabelle 2.19 Bemessungswerte X_d der Werkstoffeigenschaften von Gitterträgern

				Bemessungswerte X_d				
Träger-klasse	Träger-höhe	Mindest-gurt-breite	Biege-steifigkeit	Quer-kraft	Auflagerwiderstand		Biegemoment	
	H	b	$E \cdot I$	V_d	$R_{b,n,d}$ Auflager an den Knoten	$R_{b,m,d}$ Auflager zwischen den Knoten	$M_{n,d}$ Auflager an den Knoten	$M_{m,d}$ Auflager zwischen den Knoten
L 24	240 mm	80 mm	800 kNm²	19,5 kN	42,0 kN	30,0 kN	10,5 kNm	6,0 kNm

Der Bemessungswert der *Querdruckfestigkeit (Pressung quer zur Faser)* für die Festigkeitsklasse C 24 wird mit $f_{c,90,d} = 3{,}6$ N/mm² angegeben.

In den Bemessungstabellen der Schalungshersteller werden weitestgehend die zulässigen Lasten entsprechend Tabelle 2.16 und Tabelle 2.17 angegeben. Die Bemessungswerte X_d der Tabelle 2.18 und Tabelle 2.19 erleichtern die Bemessung von Holzschalungsträgern nach dem neuen Sicherheitskonzept, weil dann die Teilsicherheitsbeiwerte der Einwirkungen differenziert nach ständigen und veränderlichen Lasten angesetzt werden können und darüber hinaus z. B. bei Bemessung nach DIN EN 1995-1-1 „Holzbauten“ nicht mit unterschiedlichen Belastungen gerechnet werden muss.

2.8 Bemessung von Baustützen

Baustützen werden häufig auch *Deckenstützen*, *Schalungsstützen* oder *Stahlrohrstützen* genannt. Die Bemessung von *Baustützen* aus Stahl mit Ausziehvorrichtung wird auf der Grundlage der DIN EN 1065 durchgeführt. Diese Norm regelt neben den in Deutschland bisher verwendeten Normalstützen (N-Stützen) und Schwerlaststützen (G-Stützen) in den neuen *Stützenklassen* B und C auch die Stützen der Klasse A, für die es hauptsächlich ausländische Anwender gibt, sowie die Stützenklassen D und E der modernen Stützengeneration mit Stützen (Bild 2.13), deren Tragfähigkeit weitestgehend von der Auszugslänge unabhängig ist (Tabelle 2.20).

Bild 2.13
Deckenstütze E 35, Bildquelle: NOE

Tabelle 2.20 Klassifizierung der Baustützen nach DIN EN 1065

Stützenklassen neu	Stützenklassen alt
A	Ausländische Anwender
B	Normalstützen (N-Stützen)
C	Schwerlaststützen (G-Stützen)
D	neue Stützengeneration Tragfähigkeit unabhängig von der Knicklänge
E	

Die nominelle charakteristische Tragfähigkeit von Baustützen wird in Abhängigkeit von Stützenklasse, maximaler Auszugslänge ℓ_{max} und tatsächlich vorhandener Auszugslänge ℓ mit Formel 2.45 bis Formel 2.49 berechnet.

$$R_{A,k} = 51{,}0 \cdot \frac{\ell_{max}}{\ell^2} \leq 44{,}0\,\text{kN} \tag{2.45}$$

$$R_{B,k} = 68{,}0 \cdot \frac{\ell_{max}}{\ell^2} \leq 51{,}0\,\text{kN} \tag{2.46}$$

$$R_{C,k} = 102{,}0 \cdot \frac{\ell_{max}}{\ell^2} \leq 59{,}5\,\text{kN} \tag{2.47}$$

$$R_{D,k} = 34{,}0\,\text{kN} \tag{2.48}$$

$$R_{E,k} = 51{,}0\,\text{kN} \tag{2.49}$$

$R_{y,k}$ nominelle charakteristische Tragfähigkeit für die jeweilige Baustützenklasse
ℓ_{max} maximale Auszugslänge
ℓ vorhandene Auszugslänge

Charakteristische Tragfähigkeit bei maximaler Auszugslänge ℓ_{max}

Eine Baustütze B 35 hat bei maximaler Auszugslänge ℓ_{max} = 3,50 m eine charakteristische Tragfähigkeit von $R_{B,k}$ = 19,4 kN.

Die charakteristische Tragfähigkeit $R_{y,k}$ der Baustützen ist in Abhängigkeit der *maximalen Auszugslänge* ℓ_{max} und der *Stützenklasse* in Tabelle 2.21 angegeben.

Tabelle 2.21 Charakteristische Tragfähigkeit $R_{y,k}$ der Baustützen nach DIN EN 1065

maximale Auszugslänge	Klassen der Baustützen				
ℓ_{max}	A	B	C	D	E
2,50 m	20,4 kN	27,2 kN	40,8 kN	34,0 kN	51,0 kN
3,00 m	17,0 kN	22,7 kN	34,0 kN		
3,50 m	14,6 kN	19,4 kN	29,1 kN		
4,00 m	12,8 kN	17,0 kN	25,5 kN		
4,50 m		15,1 kN	22,7 kN		
5,00 m		13,6 kN	20,4 kN		
5,50 m		12,4 kN	18,6 kN		

2.8.1 Bemessung der Baustützen mit dem nutzbaren Widerstand als Bemessungswert

Für Traggerüste errechnet sich der *nutzbare Widerstand der Baustützen* als Bemessungswert nach DIN EN 12812 zu:

$$R_{y,d} = \frac{R_{y,k}}{\gamma_M} \qquad (2.50)$$

$R_{y,k}$ charakteristischer Wert der Werkstoffeigenschaft in Tabelle 2.21
γ_M Teilsicherheitsbeiwert für die Werkstoffeigenschaft, für Stahl gilt $\gamma_M = 1{,}1$

Tabelle 2.22 Nutzbarer Widerstand als Bemessungswert $R_{y,d}$ der Baustützen

maximale Auszugslänge	Klassen der Baustützen				
ℓ_{max}	A	B	C	D	E
2,50 m	18,5 kN	24,7 kN	37,0 kN		
3,00 m	15,4 kN	20,6 kN	30,9 kN		
3,50 m	13,2 kN	17,6 kN	26,4 kN		
4,00 m	11,6 kN	15,4 kN	23,1 kN	30,9 kN	46,3 kN
4,50 m		13,7 kN	20,6 kN		
5,00 m		12,3 kN	18,5 kN		
5,50 m		11,2 kN	16,9 kN		

Nutzbarer Widerstand bei maximaler Auszugslänge ℓ_{max}

Eine Baustütze B 35 hat bei maximaler Auszugslänge ℓ_{max} = 3,50 m einen nutzbaren Widerstand als Bemessungswert von $R_{B,d}$ = 17,6 kN.

Für die tatsächliche Stützenlänge ℓ der Baustützen kann in Abhängigkeit von der Stützenklasse und der maximalen Auszugslänge ℓ_{max} der nutzbare Widerstand $R_{y,d}$ als Bemessungswert nach Formel 2.51 bis Formel 2.55 berechnet werden.

$$R_{A,d} = 46{,}3 \cdot \frac{\ell_{max}}{\ell^2} \leq 40{,}0\,\text{kN} \tag{2.51}$$

$$R_{B,d} = 61{,}8 \cdot \frac{\ell_{max}}{\ell^2} \leq 46{,}3\ \text{kN} \tag{2.52}$$

$$R_{C,d} = 92{,}7 \cdot \frac{\ell_{max}}{\ell^2} \leq 54{,}0\,\text{kN} \tag{2.53}$$

$$R_{D,d} = 30{,}9\,\text{kN} \tag{2.54}$$

$$R_{E,d} = 46{,}3\,\text{kN} \tag{2.55}$$

$R_{y,d}$ nutzbarer Widerstand als Bemessungswert für die jeweilige Baustützenklasse
ℓ_{max} maximale Auszugslänge
ℓ vorhandene Auszugslänge

2.8.2 Bemessung der Baustützen mit zulässigen Traglasten

Alternativ zum Bemessungsverfahren mit Teilsicherheitsbeiwerten wird auch noch das bisher bekannte Verfahren nach DIN 4421 (zurückgezogen) mit zulässigen Traglasten angewendet. Dies ermöglicht den Gebrauch der noch weit verbreiteten Traglasttabellen für Baustützen.

Baustützen aus Stahl mit Ausziehvorrichtung nach DIN 4424 (zurückgezogen)

Anpassung der charakteristischen Tragfähigkeiten $R_{y,k}$ auf zulässige Traglasten $F_{N,zul}$ durch die

Anpassungsrichtlinie Stahlbau:

Herstellungsrichtlinie Stahlbau Sonderheft 11/2 der Mitteilungen des Deutschen Instituts für Bautechnik, Berlin 1998

Nach Anpassungsrichtlinie Stahlbau, 1998 werden die charakteristischen Tragfähigkeiten $R_{y,k}$ aus Tabelle 2.21 für Baustützen durch Division mit einem globalen Sicherheitsbeiwert von $\gamma = 1{,}7$ auf die zulässigen Traglasten $F_{N,zul}$ für Baustützen aus Stahl mit Ausziehvorrichtung nach DIN 4424 (zurückgezogen) reduziert. Die aufzunehmenden Gebrauchslasten (charakteristische Einwirkungen) brauchen dann nicht mehr mit einem Sicherheitsbeiwert multipliziert werden.

Die *zulässige Traglast der Baustützen* $F_{N,zul}$ ist in Abhängigkeit der maximalen Auszugslänge ℓ_{max} und der Stützenklasse in Tabelle 2.23 angegeben.

Zulässige Traglast bei maximaler Auszugslänge ℓ_{max}

Eine Baustütze B 35 hat bei maximaler Auszugslänge $\ell_{max} = 3{,}50$ m eine zulässige Traglast $F_{N,zul} = 11{,}4$ kN.

Tabelle 2.23 Zulässige Traglast $F_{N,zul}$ der Baustützen

maximale Auszugslänge	Klassen der Baustützen				
ℓ_{max}	A	B	C	D	E
2,50 m	12,0 kN	16,0 kN	24,0 kN	20,0 kN	30,0 kN
3,00 m	10,0 kN	13,4 kN	20,0 kN		
3,50 m	8,6 kN	11,4 kN	17,1 kN		
4,00 m	7,5 kN	10,0 kN	15,0 kN		
4,50 m		8,9 kN	13,4 kN		
5,00 m		8,0 kN	12,0 kN		
5,50 m		7,3 kN	10,9 kN		

Für die tatsächliche Stützenlänge ℓ der Baustützen kann in Abhängigkeit von der Stützenklasse und der maximalen Auszugslänge ℓ_{max} die zulässige Traglast $F_{N,zul}$ nach Formel 2.56 bis Formel 2.60 berechnet werden.

$$F_{A,zul} = 30{,}0 \cdot \frac{\ell_{max}}{\ell^2} \leq 26{,}0 \text{ kN} \tag{2.56}$$

$$F_{B,zul} = 40{,}0 \cdot \frac{\ell_{max}}{\ell^2} \leq 30{,}0\,\text{kN} \tag{2.57}$$

$$F_{C,zul} = 60{,}0 \cdot \frac{\ell_{max}}{\ell^2} \leq 35{,}0\,\text{kN} \tag{2.58}$$

$$F_{D,zul} = 20{,}0\,\text{kN} \tag{2.59}$$

$$F_{E,zul} = 30{,}0\,\text{kN} \tag{2.60}$$

$F_{N,zul}$ zulässige Traglast für die jeweilige Baustützenklasse
ℓ_{max} maximale Auszugslänge
ℓ vorhandene Auszugslänge

Bei Verwendung der Baustützen in Schalungssystemen kann durch die Berücksichtigung bestimmter Auflagerbedingungen (Teileinspannung) der nutzbare Stützenwiderstand erhöht werden. Dies gilt auch beim Einsatz der Baustützen als Hilfsunterstützung.

Für eine Vielzahl gängiger Deckenstützen geben die Hersteller auf der Grundlage spezieller Zulassungen allgemein höhere zulässige Tragfähigkeiten von Deckenstützen an, insbesondere auch in den Stützenklassen D und E in Abhängigkeit der Auszugslänge.

Bild 2.14
Deckenstütze aus Aluminium, Bildquelle: PERI

Neben den Baustützen aus Stahl sind auch zahlreiche Deckenstützen aus Aluminium (Bild 2.14) auf dem Markt, deren hohe Tragfähigkeiten auf der Grundlage der DIN EN 16031 „Baustützen aus Aluminium mit Ausziehvorrichtung" angegeben werden.

2.9 Bemessung von Schalungsankern

DIN 18216:2021-02
Schalungsanker für Betonschalungen; Anforderungen, Prüfung, Verwendung

Als Schalungsanker werden im Allgemeinen DYWIDAG-Ankerstäbe der Güte St 900/1100 oder St 950/1050 verwendet. Es werden *Schalungsanker* mit Nenndurchmessern von 15 mm, 20 mm und 26,5 mm verwendet. Die Beanspruchbarkeit von Ankerstäben wird nach DIN 18216 durch die Sicherheit gegenüber Erreichen der Fließgrenze und gegenüber Bruchversagen nachgewiesen.

In den folgenden Formeln werden exemplarisch die Bemessungswerte in Tabelle 2.24 für Ankerstäbe mit Durchmesser 15 mm berechnet. Die charakteristische Streckgrenze eines Ankerstabes von $f_{yk,As} = 900$ N/mm² liegt der Formel 2.61 zugrunde.

$$N_{pl,Rd} = A_{N,As} \cdot \frac{F_{yk,As}}{\gamma_{M0}} = 177\,\text{mm} \cdot \frac{900\,\frac{\text{N}}{\text{mm}^2}}{1{,}10} = 144818\ \text{N} \approx 144\ \text{kN} \qquad (2.61)$$

$N_{pl,Rd}$ Bemessungswert der plastischen Normalkrafttragfähigkeit in N
$A_{N,As}$ Nennquerschnitt (Kern- bzw. Spannungsquerschnitt) der Ankerstabes in mm²
$F_{yk,As}$ Charakteristische Streckgrenze des Ankerstabes in N/mm²
$\gamma_{M0} = 1{,}10$ Teilsicherheitsbeiwert gemäß DIN EN 1993-1-1/NA

Die charakteristische Bruchlast von $f_{uk,As} = 1100$ N/mm² wird in Formel 2.62 zugrunde gelegt.

$$N_{u,Rd} = 0{,}9 \cdot A_{N,As} \cdot \frac{F_{uk,As}}{\gamma_{M2}} = 0{,}9 \cdot 177\,\text{mm} \cdot \frac{1100\,\frac{\text{N}}{\text{mm}^2}}{1{,}25} = 140184\ \text{N} \approx 140\ \text{kN} \qquad (2.62)$$

$N_{u,Rd}$ Bemessungswert der Zugtragfähigkeit in N
$A_{N,As}$ Nennquerschnitt (Kern- bzw. Spannungsquerschnitt) der Ankerstabes in mm²
$F_{uk,As}$ Charakteristische Zugfestigkeit des Ankerstabes in N/mm²
$\gamma_{M0} = 1{,}25$ Teilsicherheitsbeiwert gemäß DIN EN 1993-1-1/NA

Die maßgebende Beanspruchbarkeit von $F_{Rd,As}$ ergibt sich daraus in Formel 2.63 aus dem kleineren der beiden Werte aus Formel 2.61 und Formel 2.62:

$$F_{Rd,As} = \min.\left\{N_{pl,Rd}; N_{u,Rd}\right\} = \min.\left\{144 \text{ kN}; 140 \text{ kN}\right\} = 140 \text{ kN} \tag{2.63}$$

Die zulässige Zugtragfähigkeit zul F_{As} wird in Formel 2.64 berechnet zu

$$\text{zul}\, F_{As} = \frac{F_{Rd,As}}{\gamma_F} = \frac{140 \text{ kN}}{1{,}5} = 93{,}3 \text{ kN} > 90 \text{ kN} \tag{2.64}$$

zul F_{as} zulässige Zugtragfähigkeit des Ankerstabes in kN
$\gamma_F = 1{,}50$ Teilsicherheitsbeiwert

Für DYWIDAG-Ankerstäbe der gängigen Durchmesser sind in Tabelle 2.24 die Bemessungswerte zusammengestellt.

Tabelle 2.24 Bemessungswerte für Spannstahl

Spannstahl DYWIDAG	Ø 15 mm	Ø 20 mm	Ø 26,5 mm
Stahlgüte	St 900/1100	St 900/1100	St 950/1050
Nennquerschnitt des Ankerstabs	177 mm²	314 mm²	552 mm²
Charakteristische Streckgrenze, Fließgrenze $F_{yk,As}$	159 kN	281 kN	524 kN
Bemessungswert der plastischen Normalkrafttragfähigkeit $N_{pl,Rd}$	144 kN	256 kN	476 kN
Charakteristische Zugfestigkeit, Bruchlast $F_{uk,As}$	195 kN	344 kN	579 kN
Bemessungswert der Zugtragfähigkeit $N_{u,Rd}$	140 kN	247 kN	417 kN
Zulässige Zugtragfähigkeit zul F_{As} nach DIN 18216	93,4 kN	165 kN	278 kN
Zugtragfähigkeit zul F_{As} nach Herstellerangaben	90 kN	160 kN	300 kN

Die Bemessungswerte gelten für die Spannstäbe (Bild 2.15) einschließlich deren Zubehör wie *Ankerplatten* und *Flügelmuttern* oder *Flanschmuttern* (Bild 2.16). Flanschmuttern wie auch Muttergelenkplatten (Bild 2.15) vereinen die Funktion von Ankerplatte und Flügelmutter in einem Teil. *Muttergelenkplatten* haben zudem den Vorteil, dass der Spannstab in einem kleinen Winkel zur Senkrechten der Schalungsebene eingebaut werden kann.

Bild 2.15
Schalungsanker mit Muttergelenkplatte, Schalschloss einer Rahmenschalung, Bildquelle: MEVA

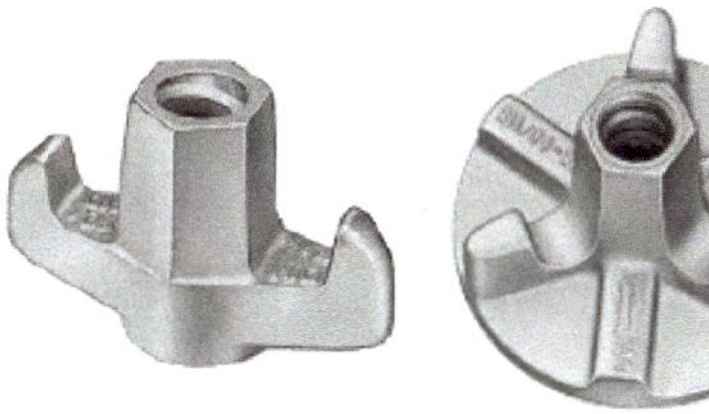

Bild 2.16
Flügelmutter (links), Flanschmutter (rechts), Bildquelle: Ischebeck

3 Sichtbeton

Sichtbeton hat eine besondere Bedeutung bei der Herstellung von Stahlbeton-Bauteilen. Sichtbar bleibende Betonoberflächen werden sehr häufig als Stilmittel und Gestaltungsform moderner Architektur eingesetzt. Dieses Kapitel gibt einen Einblick in die Technologie des Sichtbetons. Dargestellt werden die geforderten Eigenschaften in den verschiedenen *Sichtbetonklassen* und die Anforderungen an Planung, Ausschreibung und Bauausführung.

DBV-Merkblatt Sichtbeton

„Die *Ansichtsfläche* ist der nach Fertigstellung sichtbare Teil des Betons, der die Merkmale der Gestaltung und der Herstellung erkennen lässt (Form, Textur, Farbe, Schalungshaut, Fugen u. a.) und die architektonische Wirkung eines Bauteils oder Bauwerks maßgebend bestimmt."

Ansichtsflächen können durch den Einsatz von besonderer Schalung und gezielter Betonzusammensetzung bzw. Bearbeitung vielfältig gestaltet werden.

Quelle: Deutscher Beton- und Bautechnik-Verein (DBV)

DIN 18217:1981 Betonflächen und Schalungshaut (zurückgezogen)

„Betonflächen mit Anforderungen an das Aussehen sind *sichtbar bleibende Betonflächen,* für die eine eindeutige und praktisch ausführbare Beschreibung vorliegen muss. Material- und fachgerechte Ausbesserungen sind zulässig."

Kommentare zur DIN 18217

- Schmidt-Morsbach, J.: Betonflächen und Schalungshaut
- Schulz, J.: Sichtbeton Planung

3.1 Ausprägungen von Sichtbeton

Für sichtbar bleibende Ortbeton- und Betonfertigteil-Flächen gilt das DBV-Merkblatt „Sichtbeton". Betonflächen ergeben sich als Spiegelbild der Schalungshaut oder als Ergebnis nachträglicher Bearbeitung oder Behandlung. Den *Anforderungen an die Betonfläche* entsprechend ist eine Schalungshaut zu wählen. Das Merkblatt unterscheidet

- Betonflächen ohne besondere Anforderungen. Die Art der Herstellung und der Schalung für solche Betonflächen kann dem Ausführenden überlassen werden. Dabei werden keine Bearbeitungen oder Behandlungen der Betonflächen verlangt und es werden Ausbesserungen zugelassen.
- Betonflächen mit Anforderungen an das Aussehen. Für solche sichtbar bleibenden Betonflächen müssen eindeutige und praktisch ausführbare Leistungsbeschreibungen vorliegen. Der Ausführung können *Erprobungsflächen* oder bereits ausgeführte Bauten zugrunde gelegt werden. Beim Vergleich mit solchen Musterstücken ist jedoch zu berücksichtigen, dass die gleiche Qualität der Betonflächen auch bei vergleichbaren Bedingungen nicht zielsicher erreicht werden kann.

Durch den Einsatz entsprechender Schalungshaut kann die Betonfläche gestaltet werden (Bild 3.1). Der *Schalungsabdruck der Schalungshaut* strukturiert die Oberflächen insbesondere durch die Oberflächenstruktur sowie die Raster- und Fugenausbildung der Schalungshaut sowie durch die Rasterung und Ausbildung der Ankerstellen.

Bild 3.1
Rahmenschalung mit Kunststoff-Schalungshaut und geordneten Elementstößen für Sichtbeton, Bildquelle: HSB Schalung

Auch durch *Einfärben des Betons* mit Pigmenten unter Verwendung farbiger Ausgangsstoffe lässt sich Beton gestalten. Eine entsprechende Betonrezeptur ergibt sich durch Auswahl des Zementes, der Körnung und Farbe der Zuschläge sowie der Betonzusatzstoffe. Auch Farbzusätze durchfärben den Beton.

Für die *Bearbeitung von Betonflächen* gibt es verschiedene Methoden wie z.B. Waschen, *Spalten, Spitzen, Stocken, Scharrieren,* Sandstrahlen, Absäuern, Schleifen, Flammstrahlen, Walzen, Glätten oder Besenstrich.

Durch *Fluatieren,* Polieren, Versiegeln oder Beschichten kann man *Betonflächen nachträglich behandeln.* Ebenso kann die Betonoberfläche mit Anstrichen durch deckende oder lasierende Farben nachträglich gestaltet werden.

Um eine Sichtbetonfläche ausführen zu können, muss geklärt sein, welche Qualitätsmerkmale die Sichtbetonfläche aufweisen soll und welche Anforderungen in der Ausschreibung vorgegeben sind. Von zentraler Bedeutung sind die gestalterischen Anforderungen an die Schalung wie auch an die Rezeptur, Herstellung und Verarbeitung des Betons.

Spalten: Herstellung von bruchrauen, gespaltenen Oberflächen mit einer Spaltmaschine, bei Mauersteinen auch mit dem Hammer

Spitzen: Abspitzen der Betonoberfläche mit einem Spitzeisen

Stocken: Aufrauen von Betonoberflächen mit dem Stockhammer. Am Kopfeisen des Stockhammers sind Spitzen ausgebildet

Scharrieren: Mit einem breiten Scharriereisen wird die Betonoberfläche steinmetzmäßig in einer gleichmäßigen Bearbeitungsrichtung behauen

Fluatieren: Aufbringen eines Fluats zur Härtung und Neutralisation alkalischer Oberflächen

3.1.1 Textur

Die geometrische Gestalt der Betonoberfläche als Abweichung von der planen Ebene wird als *Textur* bezeichnet. Allein schon durch die Auswahl des Schalungssystems und dessen Schalungshaut wird die Textur ganz wesentlich beeinflusst. Beim Einsatz von Rahmenschalungen wird die Betonoberfläche durch die Rahmenabdrücke entlang der Elementfugen ganz wesentlich mitgestaltet (Bild 3.2 und Bild 3.3). Die *Rahmenabdrücke* sind vom Schalungssystem abhängig und haben meist eine Breite von etwa 18 mm und eine Tiefe von 1,5 mm. In der Elementfuge ergibt sich regelmäßig ein kleiner Grat (Bild 3.2).

Bild 3.2
Betonabdruck von Ankerstelle und Elementstoß einer Rahmenschalung, Bildquelle: Doka

Bei den meisten herkömmlichen Rahmenelementen liegen die *Ankerstellen* in den außen liegenden Stahl- oder Aluminiumrahmen. Somit kommen bei jedem *Elementstoß* zwei Ankerstellen direkt nebeneinander zu liegen. Es wird jedoch nur eine dieser Ankerstellen benötigt. Die ungebrauchte Ankerstelle muss in der Rahmentafel planmäßig mit *Stopfen* verschlossen werden. Daneben liegt die notwendige Ankerstelle, die nach dem Ausschalen offen gelassen (Bild 3.2 rechts) oder mit verschiedenen *Konen* verschlossen werden kann. Neben *Kunststoffkonen* werden besonders bei Sichtbetonanforderungen *Betonkonen* verwendet. Insgesamt ergeben die Ankerstellen bei Rahmenschalungen jedoch immer ein unsymmetrisches Erscheinungsbild.

Einige moderne Schalungssysteme haben großflächige Rahmenelemente mit innenliegenden Ankerstellen. Wie bei *Holzträgerschalungen* werden hier alle Ankerstellen benötigt. Es bleiben also keine Ankerstellen unbesetzt (Bild 3.3). Nach dem Ausschalen verbleiben somit lauter gleich aussehende Ankerstellen, die dann alle auf die gleiche Art nachgearbeitet werden können.

Bild 3.3
Rahmenabdruck bei großflächigen Rahmenelementen, Breite 18 mm, Tiefe 1,5 mm, Bildquelle: Doka

3.1.2 Porigkeit

Die *Saugfähigkeit der Schalungshaut* beeinflusst die *Betonoberfläche* entscheidend. Beim Verdichten des Betons werden bei vertikalen und geneigten Flächen Wasser- und Luftporen sowie Feinstteile zur Schalungshautoberfläche hinbewegt. An der Betonoberfläche erhöhen sich damit der Wasser- und Luftporenanteil und damit der W/Z-Wert.

Bei einer *nichtsaugenden Schalungshaut* wird kein Wasser aus dem Beton aufgenommen und die Wasser- und Luftporen werden auf der Betonoberfläche sichtbar. Mit steigender Saugfähigkeit der Schalungshaut wird Wasser aus der Betonoberfläche durch die Schalungshaut aufgenommen. Damit wird der Anteil an Wasserporen auf der Betonoberfläche reduziert. Ein hoher Luftporenanteil ergibt sich planmäßig im Bereich einer Wandoberkante.

Bei *leicht verarbeitbarem Beton* (LVB) und *selbstverdichtendem Beton* (SVB) werden die Luft- und Wasserporen sowie die Feinstteile durch die fehlende Verdichtungsarbeit beim Rütteln nicht zur Schalungsoberfläche hin bewegt. Der *Porenanteil* ist dadurch auf der Betonoberfläche nicht erhöht. Je nach Saugfähigkeit der Schalungshaut wird dennoch Wasser aus der Betonoberfläche durch die Schalungshaut aufgenommen und der Anteil Wasserporen auf der Betonoberfläche wird weiter reduziert. Die *Rauigkeit der Schalungshaut* sowie die Klebrigkeit des Trennmittels haben dabei keine messbare Bedeutung.

„Empfehlungen zur Planung, Ausschreibung und zum Einsatz von Schalungssystemen bei der Ausführung von Betonflächen mit Anforderungen an das Aussehen"

Vom Güteschutzverband Betonschalung Europa e. V. (GSV) wurde diese Publikation als Ergänzung zum DBV-Merkblatt Sichtbeton herausgegeben.

3.1.3 Farbtongleichheit

Bei fachgerechtem Einsatz hat die Schalungshaut allgemein nur geringen Einfluss auf die Farbtongleichheit einer Betonoberfläche. Je größer die *Saugfähigkeit der Schalungshaut* ist, desto dunkler wird der Farbton des Betons. Bei unbeschichteten Schalungshäuten zeichnet sich die *Holzmaserung* durch unterschiedliches Saugen von Früh- und Spätholz ab.

Die *Rauigkeit der Schalungshaut* beeinflusst das Fließverhalten der Betonfeinstteile und des Wassers auf der Schalungshautoberfläche. Glatte Oberflächen bewirken *Schleppwassereffekte* auf der Betonoberfläche. Verschmutzungen können im Zusammenwirken mit dem Trennmittel zu Verfärbungen auf der Betonoberfläche führen.

Weitere DBV-Merkblätter, die bei Sichtbetonbauteilen zu beachten sind

- Betonschalungen und Ausschalfristen (2013-06)
- Betonierbarkeit von Bauteilen aus Beton und Stahlbeton (2014-01)

3.1.4 Ebenheit

Die Ebenheitsanforderungen nach DIN 18202, Tabelle 3, Zeilen 5 und 6 sind bei sachgerechtem Einsatz des Schalmaterials ohne weiteres erreichbar. Bei Ebenheitsanforderungen nach DIN 18202, Tabelle 3, Zeile 7 sind im Einzelfall Maßnahmen in Abhängigkeit des gewählten Schalungssystems und der Schalungshaut festzulegen.

DIN 18202 Toleranzen im Hochbau

Ebenheitsanforderungen s. Abschnitt 2.5

Neben den elastischen Verformungen ergeben sich Toleranzen auch aus

- Schwinden und Quellen der Schalungshaut,
- Fertigungs- und Montagetoleranzen des Schalungssystems,
- der Ankerdehnung und
- durch Montagetoleranzen auf der Baustelle.

Die Toleranzen sind abzuschätzen und den Grenzwerten der Norm gegenüber zu stellen. Bei einem *Versatz am Stoß der Schalungshaut* bzw. der Schalungselemente sind zusätzliche Maßnahmen erforderlich. Auf den Versatz von Schalungsplatten oder Elementen ist der kleinste Messpunktabstand nach DIN 18202 $m = 0{,}1$ m anzuwenden. Ebenheitsanforderungen gelten nicht für bearbeitete oder strukturierte Flächen (s. Abschnitt 2.5).

3.1.5 Arbeitsfugen und Schalungsstöße

Schalbretter, Schalungsplatten und Schalungselemente müssen immer gestoßen werden. Diese Stöße sind auch bei großer Sorgfalt nicht vollkommen dicht ausführbar. Es sind daher stellenweise *Undichtigkeiten* zu erwarten, welche durch lokale

Veränderung des Wasserzementwertes *Dunkelfärbungen* der Betonoberfläche nach sich ziehen. Gemäß Sichtbeton-Merkblatt ist das *Abdichten* von Schalungsstößen als besondere Leistung im Leistungsverzeichnis auszuschreiben. Auch *Arbeitsfugen* bleiben immer sichtbar.

Wenn der Rahmenabdruck auf der Betonoberfläche durch eine Rahmenschalung aus gestalterischen Gründen nicht erwünscht ist, müssen statt Rahmenschalungen Trägerschalungen eingesetzt werden, bei denen die Schalungshaut auf Holzschalungsträgern befestigt und nicht von Stahlrahmen eingefasst ist. Schalungshaut- und Elementfugen treten dann weniger stark hervor (Bild 3.4).

Bild 3.4
Schalungshautfugen in der Betonoberfläche, Bildquelle: Doka

Bei Trägerschalungen ist besonders darauf zu achten, dass die Schalungshaut- und Elementstöße sauber ausgeführt werden. Jede Beschädigung, jeder Versatz und alle sonstigen Unterschiede der Schalhautplatten sind in der Betonoberfläche nach dem Ausschalen wieder zu erkennen. In Bild 3.5 sind Schalungsplatten gezeigt, die eine unterschiedliche *Anzahl an Einsätzen* hinter sich haben. Die Betonoberfläche wird also unterschiedliche *Farbtönungen* aufweisen.

Bild 3.5
Schalungshautstoß, Bildquelle: Doka

Die Schalungsplatten weisen außerdem unterschiedliche Dicken auf, wodurch sich im Plattenstoß ein Versatz ergibt, der später im Beton wieder zu finden ist. Durch Beschädigungen, die möglicherweise bei einem vorausgegangenen Ausschalvorgang entstanden sind, weist eine Schalungsplatte *Absplitterungen* auf, die im Beton starke Vertiefungen hervorrufen. Aufgrund dieser Beeinträchtigungen kann die Schalungshaut in Bild 3.5 nicht für Betonoberflächen mit entsprechenden Anforderungen an die Sichtbeton-Qualität eingesetzt werden.

Die Schalungsplatten in Bild 3.5 sind mit *Schrauben* auf der Unterkonstruktion befestigt. Die versenkten *Schraubenköpfe* sind später auf der Betonoberfläche als kleine Erhöhungen erkennbar. Dies ist gewöhnlich nicht zu vermeiden. Sollen jedoch in der Betonoberfläche keine *Schraubstellen* erkennbar sein, müssen die Schraubenköpfe in der Schalungshaut verspachtelt und geschliffen werden oder die Schalungshaut muss von hinten auf einer *Sparschalung* verschraubt werden.

3.2 Planung des Sichtbetons

Sichtbeton stellt komplexe Anforderungen an eine Vielzahl von Beteiligten, zuerst an Entwurf, Planung und Ausschreibung des Bauwerks und dann in gleicher Weise an Arbeitsvorbereitung und Ausführung auf der Baustelle.

3.2.1 Entwurfsplanung und Ausschreibung

Bereits in der Entwurfsphase muss der planende Architekt festlegen, wie die Sichtbetonflächen gestaltet werden sollen und welche *Ausprägungen* im *Leistungsverzeichnis* beschrieben werden müssen. Die Qualität von Sichtbetonflächen ist von vielen Faktoren abhängig und wird bereits während der Planung entscheidend beeinflusst.

Eine *Ausschreibung* muss daher für jedes geplante Sichtbeton-Bauteil eine differenzierte Angabe der geforderten Sichtbetonklasse nach DBV-Merkblatt Sichtbeton enthalten. In der Leistungsbeschreibung sind alle Anforderungen an das gewünschte Aussehen der Betonoberfläche zu formulieren und dabei die Ausführbarkeit zu berücksichtigen.

Das *Merkblatt Sichtbeton* sollte als Ganzes in einen Bauvertrag eingebunden werden. Bereits bei der Ausschreibung muss umfassend und für den Bieter kalkulierbar beschrieben werden, welche Anforderungen des Merkblatts konkret angesprochen sind. Damit verpflichtet sich der Planer, für die Ausführung fachgerechte und realisierbare Anforderungen zu definieren und diese positionsbezogen auszuschreiben.

DBV-Merkblatt Sichtbeton

Ansichtsflächen müssen in der Leistungsbeschreibung ausreichend beschrieben werden. Als Sammelbegriff oder als Ersatz für eine eindeutige Beschreibung der Ansichtsfläche reicht die alleinige Forderung nach „Sichtbeton“ nicht aus.

Dabei muss der Planer sich im Klaren darüber sein, dass selbst bei sorgfältiger Planung und Ausführung gewisse Abweichungen nicht zu vermeiden sind. So kann es immer zu Farbunterschieden, Wolkenbildungen und Marmorierungen kommen. Auch geringes *Ausbluten* des Betons an Stößen und Ankerstellen lässt sich nicht vollständig vermeiden.

Ausschreibung von Sichtbeton

Gestaltungsmerkmale, die aus der Ausschreibung hervorgehen müssen:

- Sichtbetonklasse nach DBV-Merkblatt
- Anforderungen an das Schalungssystem- und die Schalungshaut
- Oberflächentextur durch die Auswahl der Schalungshaut bzw. durch nachträgliche Oberflächenbearbeitung
- Ausbildung von Schalungsstößen
- Lage, Ausbildung und Verschluss der Anker und Ankerlöcher
- Flächengliederung durch Größe der Schalungselemente und Auswahl von Schalungstexturen, Fugenverlauf, Raster der Ankerlöcher etc.
- Lage, Verlauf, Breite und Ausbildung von Fugen
- Ausbildung der Kanten und Ecken, z. B. scharf oder gebrochen
- Farbtongebung durch ausgewählte Zemente, Gesteinskörnungen, Pigmente, Lasuren oder Anstriche
- Oberflächenausbildung nicht geschalter Teilflächen, z. B. der Oberseiten von Brüstungen

Alle ausgeschriebenen Anforderungen müssen aufeinander abgestimmt und ausführbar sein. Eine einfache Ausschreibung von Sichtbeton nach Merkblatt ist nicht ausreichend. Alle Abweichungen von der Klassifizierung in den Einzelkriterien der verschiedenen *Sichtbetonklassen* müssen explizit definiert werden.

So können über die festgelegte Sichtbetonklasse hinaus detailliertere Gestaltungskriterien festgelegt werden. Möchte man, dass die Anordnung von Schalungselementen, Schalungshaut- und Elementfugen sowie Schalungsankern in der Flächenaufteilung geplant werden, sollte in der Ausschreibung ein *Schalungsmusterplan* (Bild 3.6) gefordert werden. Dieser zeigt die Wand im ausgeschalten Zustand.

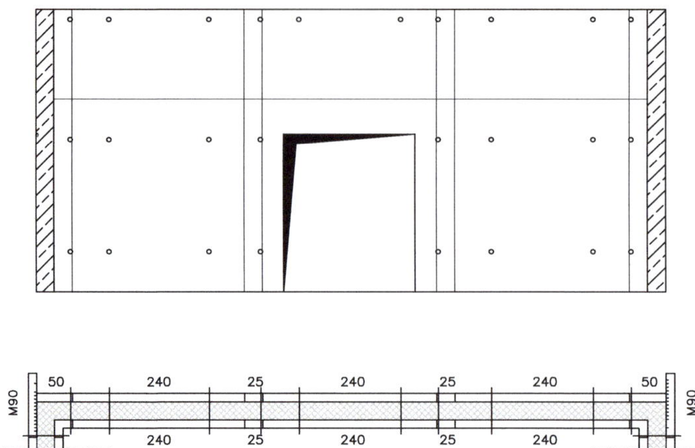

Bild 3.6 Beispiel eines Schalungsmusterplans einer Rahmenschalung, Wandansicht ohne Schalung, Bildquelle: HSB Schalung

Durch eine detaillierte Planung der *Regenwasserableitung* können *Schmutz- und Rostfahnen* sowie *Kalkausblühungen* weitestgehend vermieden werden.

Kanten von Sichtbetonbauteilen sollten grundsätzlich gebrochen werden, da es bei scharfen und spitzwinklig zulaufenden Kanten leicht zu Abbrüchen kommen kann. Die Herstellung von *scharfen Betonkanten* wie in Bild 3.7 erfordert sehr viel Sorgfalt und einen erhöhten Aufwand bei der Ausführung. Trotz sorgfältiger Bauausführung sind scharfe Kanten dennoch nicht sicher zu erstellen, zumal Beschädigungen der Kanten bereits beim Ausschalen nicht ausgeschlossen werden können. Auch während der Nutzung eines Bauwerks muss mit der Beschädigung von scharfen Kanten planmäßig gerechnet werden. Daher ist von der Herstellung von Bauteilen mit scharfen und spitzwinkligen Kanten dringend abzuraten.

Bild 3.7
Scharfe Kante, Ecke ohne Dreikantleiste hergestellt, Bildquelle: Doka

Die Herstellung von Bauteilen mit *gebrochenen Kanten* (Bild 3.8) ist hingegen unproblematisch und somit die bessere Lösung für Bauausführung und Nutzung eines Gebäudes mit Sichtbeton-Bauteilen. Bei allen Schalungssystemen werden zur Kantenbrechung *Dreikantleisten* aus Holz oder Kunststoff eingesetzt. Letztere haben gewöhnlich *Nagelfahnen,* mit denen sie an der Schalungshaut durch Nageln oder Einklemmen befestigt werden können. Dreikantleisten aus Holz können nur genagelt werden, was in manchen Situationen nicht optimal möglich ist. Insbesondere Stöße mehrerer Dreikantleisten sind aufwendig und deren Zuschnitt hierfür schwierig.

Bild 3.8
Gebrochene Kante, Ecke mit Dreikantleiste hergestellt, Bildquelle: Doka

3.2.2 Tragwerks- und Ausführungsplanung

Die *Ausführungsplanung* liegt in der Regel beim *Tragwerksplaner.* Auf der Grundlage seiner statischen Berechnung erstellt er die Schal- und Bewehrungspläne. Dabei hat er insbesondere bei Sichtbetonbauteilen auf die Ausführbarkeit zu achten. Um Sichtbeton herstellen zu können, muss vor allem der Beton sachgerecht eingebracht und verdichtet werden können. Folgende Punkte sind bei der *Planung von Sichtbetonbauteilen* wichtig:

- Bauteildimensionen und Bewehrung sind so zu planen, dass für das Einbringen und Verdichten des Betons notwendige *Betonier- und Rüttelgassen* gleichmäßig vorhanden sind. Dabei sind die Mindestabmessungen der Bauteile und Mindestabstände der Bewehrung nach DIN EN 1992-1-1 einzuhalten.
- Auch *Einbauteile* sollten möglichst gleichmäßig verteilt werden, um ein einfaches und zügiges Betonieren zu ermöglichen.
- Sichtbetonbauteile, für die *unterschnittene Schalungen* oder *Deckelschalungen* erforderlich sind, sollten so geplant werden, dass beim Betonieren die Entlüftung sichergestellt werden kann. *Horizontale Oberkanten* sind zu vermeiden.
- Bei Sichtbetonbauteilen sollten Kanten grundsätzlich gebrochen werden, da scharfe und spitzwinklig zulaufende Kanten leicht abbrechen können.

3.2.3 Planung der Bauausführung

Nach Auftragsvergabe durch den Bauherrn wird vom Bauunternehmen als erstes die Arbeitsvorbereitung für ein Bauvorhaben durchgeführt. Entsprechend den Vorgaben des Architekten und des Tragwerkplaners werden die Schalungen für ein Projekt ausgewählt und deren Einsatz geplant. Dabei sind hinsichtlich der geforderten Qualität des Sichtbetons vor allem die folgenden Punkte zu erledigen:

- Auswahl des Schalungssystems und der Schalungshaut,
- Planung der Fugenanordnung und der Fugenausbildung,
- Planung der Ankerraster und des Ankereinsatzes.

Der Verlauf von *Element- und Schalungshautfugen* sowie der *Arbeitsfugen* und die Anordnung der Ankerstellen können auf *Schalungsmusterplänen*, nötigenfalls auch in Varianten mehrerer Schalungssysteme dargestellt werden, um einerseits das passende Schalungssystem auswählen zu können und andererseits mit dem Bauherren und dem Architekten vorab eine Übereinkunft über die Gestaltung der Betonoberflächen zu erzielen.

Um die geforderte Qualität sicherstellen zu können, bedarf es außerdem einer geeigneten Technologie seitens des Unternehmens bei der Ausführung der entsprechenden Bauteile. Sehr wichtig ist es für die Herstellung von anspruchsvollen Sichtbeton-Oberflächen, die Schalung so dicht auszubilden, dass *Ausblutungen* des Betons vermieden werden.

Speziell an jeder Ankerstelle bei Wandschalungen müssen *Undichtigkeiten* sorgfältig vermieden werden. Unschöne Ausblutungen an Ankerstellen von Wänden wie in Bild 3.9 entstehen durch Undichtigkeiten zwischen Schalungshaut und Ankerkonen. Solche Ausblutungen können vermieden werden (Bild 3.10), wenn Ankerkonen in Verbindung mit speziellen *Dichtungsringen* eingesetzt werden, die die Fuge zwischen Schalungshaut und *Ankerkonus* sicher verschließen.

Bild 3.9
Ausblutung bei mangelnder Abdichtung des Ankers, Bildquelle: Doka

Bild 3.10
Abgedichtete Ankerstelle,
Bildquelle: Doka

Auch in den *Aufstellfugen* von Wand- und Stützenschalungen z. B. auf einer Decke oder auch in Elementfugen können Dichtungsbänder eingelegt werden, um das Ausbluten in diesen Fugen zu vermeiden. Das spezielle Abdichten von Schalungshaut- und *Ankerfugen* stellt jedoch eine besondere Leistung dar und muss daher in der Leistungsbeschreibung ausdrücklich erwähnt sein.

Der *Schalungslieferant* oder das *Bauunternehmen* selbst liefern die ausgewählte Schalung. Der *Betontechnologe* bestimmt über die Zusammensetzung, Herstellung, Verarbeitung, Nachbehandlung und Prüfung des Betons und sorgt für einen materialgerechten und technisch machbaren Einbau des Betons.

Es ist naheliegend und sinnvoll, einen *Sichtbeton-Koordinator* einzusetzen, der alle Partner während der Planung und Ausführung eines Bauvorhabens koordiniert, die durch ihre Tätigkeit den Sichtbeton auf irgendeine Weise beeinflussen. So könnte u. a. erreicht werden, dass aufgrund einer Leistungsbeschreibung eine geeignete Schalung ausgewählt werden kann und dass die Ausführungsplanung von Architekt und Statiker die *Betonierbarkeit* einzelner Bauteile sicherstellt.

Der Planer muss die Anforderungen an die Sichtbetonoberfläche eindeutig und praktisch ausführbar beschreiben. Im DBV-Merkblatt Sichtbeton werden wertvolle Hinweise gegeben, bei deren Beachtung die angestrebte Sichtbetonqualität erreicht werden kann. Qualitativ hochwertige und dauerhafte *Betonansichtsflächen* entstehen nur durch das erfolgreiche Zusammenwirken von fachgerechter Gestaltung, Planung, Baustofftechnologie und Baubetrieb.

Erfahrungen aus der Praxis zeigen darüber hinaus, dass selbst bei größtmöglicher Sorgfalt ein Ergebnis auftreten kann, das den Erwartungen, die dem Bauvertrag zugrunde liegen, nicht gerecht wird. Solche Unregelmäßigkeiten können vor allem bei der Herstellung in Ortbetonbauweise mit glatter, nichtsaugender Großflächenschalung auftreten und den Gesamteindruck beeinträchtigen. Unregelmäßigkeiten in den Ansichtsflächen lassen sich zudem auch bei höherem Aufwand sowie bei Anwendung hochtechnischer Systeme nicht vollständig ausschließen.

Bewehrung und Abstandhalter: Planung der Bauausführung

Die *Bewehrung* muss so geplant werden, dass die *Betonierbarkeit* gewährleistet ist. Die Betondeckung nom *c* gemäß DIN EN 1992-1-1 muss eingehalten werden. Die Stababstände sollten mindestens 20 mm sein bei einem maximalen Stabdurchmesser von $Ø_{max} \leq 16$ mm.

Es sind geeignete Abstandhalter in ausreichender Anzahl einzusetzen. Die Lage der Abstandhalter ist in Abhängigkeit von der Form der Abstandhalter, des herzustellenden Bauteils und der Betonkonsistenz einzuhalten. Für Deckenkonstruktionen sind Abstandhalter mit punktuellen Auflagern zu wählen. Das Abzeichnen von Abstandhaltern an Untersichten muss verhindert werden. Dies gilt besonders beim Einbau von *leicht verarbeitbaren Betonen* (LVB) und *selbstverdichtendem Beton* (SVB).

Bauausführung: Bewehrung und Abstandhalter

Auf der Baustelle sind beim Einbau von Bewehrung und Abstandhaltern folgende Punkte zu beachten:

- Die Bewehrung ist mit besonderer Sorgfalt einzubauen, Beschädigungen und Verschmutzungen der Schalungshaut sind zu verhindern
- Anschlussbewehrung vor Rost schützen
- Zementgebundene Abstandhalter unmittelbar vor dem Einbau und Schließen der Schalung gründlich nässen
- Bei länger liegender Bewehrung Schalung gründlich reinigen, z. B. durch Ausblasen, bei horizontalen Bauteilen besteht bei Nichtbeachten die Gefahr von Rostverfärbungen an der Untersicht
- Bei horizontalen Bauteilen Bewehrung einsetzen, die möglichst frei von Flugrost ist

Betonieren: Planung der Bauausführung

Es empfiehlt sich, immer die gleiche erfahrene *Betoniermannschaft* einzusetzen. Eine gründliche Einweisung, Training und Übung an untergeordneten Bauteilen ist sinnvoll. Es sollten *Betonier- und Verdichtungsanweisungen* erarbeitet und deren Anwendung auf der Baustelle durchgesetzt werden.

Beim Betonieren muss immer der Einfluss des Wetters beachtet werden. Hohe Temperaturen und Frost sind zu meiden, die Außentemperaturen sollten zwischen 10 bis 25 °C liegen. Nach Möglichkeit sollten konstante Wetterperioden genutzt werden, da jede Wetteränderung zu *Farbunterschieden* führen kann und wechselnde Luftfeuchtigkeit das *Saugverhalten* der Schalungsoberfläche verändert.

Die Verwendung von *Schüttrohren* ist empfehlenswert. Sichtbeton sollte in *Schüttlagen* von 20 bis 30 cm eingebaut werden. Die *Fallhöhe* des Betons muss zwingend unter 1,0 m liegen. Bei Wänden und Stützen sollte man im *Kontraktorverfahren* betonieren. Es ergeben sich dadurch gleichmäßigere Oberflächen, denn durch den geringeren Porenanteil an der Oberfläche sind die Schüttlagen kaum sichtbar.

Je nach Größe und Lage von Aussparungen sind *Durchörterungen* mit Schüttrohren vorzusehen. Das Ziel ist ein vollständiges Ausbetonieren der Schalungsunterseite von Einbauteilen, Fensteröffnungen usw.

Bauausführung: Betonieren

Auf der Baustelle sind beim Betonieren folgende Punkte zu beachten:

- Beton nicht gegen Schalung und Bewehrung schütten
- Bei Wänden und Stützen *Anschlussmischung* mit 8 mm Größtkorn (Schütthöhe ca. 15 cm) vorsehen
- Zeitspanne zwischen Aufstellen der Schalung und Betoneinbau möglichst kurz halten. Hierfür kann die Planung kürzerer Schalungs- und Betonierabschnitte hilfreich sein
- Unmittelbar vor Betonierbeginn Verschmutzungen, Bindedrahtreste und Wasserpfützen von der Schalung restlos entfernen, z. B. durch Ausblasen

Verdichten: Planung der Bauausführung

Die Verdichtung muss sorgfältig auf die Konsistenz abgestimmt werden. Vor allem sind die *Wirkradien der Rüttelflaschen* zu beachten und ausreichende *Rüttelabstände* vorzusehen.

Es ist eine *Nachverdichtung* einzuplanen. Hierdurch können erfahrungsgemäß höhere Porenanteile im oberen Bauteilbereich und mögliche Setzungsrisse, meist an der Bewehrung, vermieden werden. Die Nachverdichtung ist zeitlich versetzt vorzusehen und nicht gleichzusetzen mit der Nachbehandlung.

Bauausführung: Verdichten

Auf der Baustelle sind beim Verdichten folgende Punkte zu beachten:

- Geeignete Rüttelflaschen verwenden
- Berührung der Bewehrung mit der Rüttelflasche vermeiden
- Einzelne Schüttlagen vernadeln/vernähen, nicht in die unteren, bereits verdichteten Lagen kommen
- Gleiche Zeitabstände zwischen Entladen, Einbau der einzelnen Schüttlagen, Verdichtung und Nachverdichtung einhalten

Nachbehandeln: Planung der Bauausführung

Mit der *Nachbehandlung* sollte unmittelbar nach der Herstellung des oberen Wandabschlusses, der fertigen Deckenfläche bzw. des oberen Abschlusses eines

Fundaments begonnen werden. Junge Ansichtsflächen müssen vor *Austrocknung, Kühlung* und *Niederschlägen* geschützt werden. Zwischen Betonoberfläche und Abdeckung darf keine *Zugluft* entstehen.

Die Nachbehandlung muss über die gesamte Oberfläche gleichartig und gleichmäßig durchgeführt werden, um keine Unterschiede zu bekommen. Bei der Verwendung von Folien und anderen Hilfsmitteln ist darauf zu achten, dass diese nicht mit der Betonoberfläche in Berührung kommen, da sonst dauerhafte Abzeichnungen möglich sind.

Insbesondere vertikale Ansichtsflächen sind vor frei stehender Anschlussbewehrung zu schützen, damit es keine Rostfahnen gibt. Auch *Kalkausblühungen* und *Kalkfahnen* sind zu vermeiden.

Bauausführung: Nachbehandeln

Auf der Baustelle sind beim Nachbehandeln folgende Punkte zu beachten:

- Betonoberflächen nach Fertigstellung abdecken, ohne die Betonoberfläche zu berühren
- Frisch ausgeschalte Oberflächen dürfen nicht mit Wasser besprüht oder mit Regen beaufschlagt werden, weil sonst die Gefahr von Ausblühungen besteht
- Mit Folie abhängen, ohne Kaminwirkung
- Kanten bei laufendem Baufortschritt im Gebrauchsbereich schützen
- Fertige Sichtbetonflächen bei laufendem Baufortschritt vor Verschmutzung, Beschädigung usw. schützen

3.3 Sichtbetonklassen

Das DBV-Merkblatt Sichtbeton unterscheidet vier *Sichtbetonklassen,* die mit technischen Anforderungen verknüpft sind.

Tabelle 3.1 Sichtbetonklassen nach DBV-Merkblatt Sichtbeton

Sichtbetonklasse	Für Sichtbetonflächen
SB1	Mit geringen gestalterischen Anforderungen, z. B. Kellerwände oder Bereiche mit vorwiegend gewerblicher Nutzung
SB2	Mit normalen gestalterischen Anforderungen, z. B. Treppenhausräume, Stützwände
SB3	Mit hohen gestalterischen Anforderungen, z. B. Fassaden
SB4	Mit besonders hohen gestalterischen Anforderungen, repräsentative Bauteile

In den einzelnen Sichtbetonklassen werden Anforderungen bezüglich folgenden Merkmalen gestellt:

- Textur,
- Porigkeit,
- Farbtongleichmäßigkeit,
- Ebenheit,
- Schalungshaut,
- Arbeitsfugen und Schalungsstöße,
- Erprobungen.

Und es werden Hinweise auf die Kosten gegeben.

Textur

Der Begriff „*Textur*" steht für die geometrische Gestalt der Betonoberfläche als Abweichung von der planen Ebene.

3.3.1 Sichtbetonklasse SB1

Für Sichtbeton der Klasse SB1 werden nach dem DBV-Merkblatt Sichtbeton die Anforderungen gemäß Tabelle 3.2 gestellt. Im Folgenden werden die Eigenschaften und Anforderungen an die Sichtbetonflächen und die sich daraus ergebenden Anforderungen an die Bauausführung im Einzelnen aufgeführt und erläutert. Bei einer Bauausführung entsprechend DIN EN 13670 bzw. DIN EN 1045-3 können die Anforderungen an Textur, Porigkeit, Farbtongleichmäßigkeit sowie an Arbeits- und Schalungshautfugen entsprechend der Klassifizierung für die Sichtbetonklasse SB1 ohne weiteres erzielt werden.

Tabelle 3.2 Anforderungen und Klassifizierung für Sichtbetonklasse SB1

Merkmale	Anforderungsklassen
Textur	T1
Porigkeit	P1
Farbtongleichmäßigkeit	FT1
Ebenheit	E1
Schalungshaut	SHK1
Arbeitsfugen und Schalungsstöße	AF1
Erprobungen	freigestellt

Texturklasse T1

Sichtbeton der Texturklasse T1 muss weitgehend geschlossene Zementleim- bzw. Mörteloberflächen aufweisen. In den Schalungsstößen ausgetretener Zementleim oder Feinmörtel ist bis ca. 20 mm Breite und ca. 10 mm Tiefe zulässig. *Rahmenabdrücke* des Schalungselements sind zugelassen.

Für diese Anforderungen sind alle Systemschalungen, die der GSV-Richtlinie „Qualitätskriterien von Mietschalungen" entsprechen, bei sachgemäßem Einsatz anwendbar. Eine zusätzliche Abdichtung der Schalungshaut- und Schalungselementfugen ist nicht erforderlich. Die Schalungshautklasse ist gesondert zu bewerten.

GSV-Richtlinie

„Qualitätskriterien von Mietschalungen"

Porigkeitsklasse P1

Sichtbeton der Porigkeitsklasse P1 darf einen maximalen Porenanteil von ca. 3000 mm² von Poren mit Durchmesser d in den Grenzen von $2\,\text{mm} < d < 15\,\text{mm}$ je Prüffläche von 500 mm × 500 mm aufweisen.

Farbtongleichmäßigkeitsklasse FT1

Bei einem Sichtbeton der Farbtongleichmäßigkeitsklasse FT1 sind Hell- und Dunkelverfärbungen zulässig. Jedoch sind Schmutzflecken nicht zugelassen.

Ebenheitsklasse E1

Für Sichtbeton der Ebenheitsklasse E1 sind die Ebenheitsanforderungen gemäß DIN 18202, Tabelle 3, Zeile 5 zu erfüllen. Zusätzlich sind die Anforderungen bezüglich der Toleranzen aus anderen Normen zu berücksichtigen.

Ebenheitsklasse E1

Anforderungen an Planung und Ausführung

- Die Schalung muss eingemessen werden
- Bei Verwendung von Schalungen verschiedener Hersteller sind deren Maße zu koordinieren
- Es ist auf ein steifes *Bewehrungsgeflecht* zu achten und eine ausreichende Anzahl von *Abstandhaltern* sind zu verwenden, *Schalungsanker* sind möglichst gleichmäßig anzuziehen
- *Einbauteile* sind gegen Verschiebung zu sichern, das Schalungssystem ist ausreichend abzustützen

Arbeitsfugen und Schalungsstöße-Klasse AF1

Bei Sichtbeton der Arbeitsfugen und Schalungsstöße-Klasse AF1 ist ein *Versatz* der Flächen im Fugen- bzw. Stoßbereich bis ca. 10 mm zulässig. Dies ist im Allgemeinen mit allen Systemschalungen bei sachgemäßer Anwendung ohne Zusatzmaßnahmen erreichbar.

Schalungshautklasse SHK1

An Schalungshaut der Schalungshautklasse SHK1 werden folgende Anforderungen gestellt:

- *Bohrlöcher* sind mit Kunststoff- oder Holzstöpseln oder mit geeignetem Reparaturverfahren zu verschließen.
- Zulässig sind Nagel- und Schraublöcher, Beschädigungen der Schalungshaut durch Innenrüttler und Kratzer.
- Beton- oder Mörtelreste in Vertiefungen wie Nagellöchern und zwischen Schalungshaut und Elementkante usw. sind zulässig, jedoch keine flächigen Anhaftungen.
- Zementschleier und Aufquellen der Schalungshaut in Schraub- bzw. Nagelbereichen oder Welligkeiten an Kantenflächen, sogenannte *Ripplings*, sind zulässig.

Schalungshaut in Systemschalungen von Schalungsanbietern, die der Richtlinie „Qualitätskriterien von Mietschalungen" des Güteschutzverbandes (GSV) Betonschalung e. V. entsprechen, kann jederzeit für die Schalungshautklasse SHK1 verwendet werden.

Erprobungen

Für die Herstellung von Sichtbeton der Sichtbetonklasse SB1 werden Erprobungen freigestellt. Die Herstellung von Erprobungsflächen ist in der Regel nicht erforderlich.

3.3.2 Sichtbetonklasse SB2

Für Sichtbeton der Klasse SB2 werden nach dem DBV-Merkblatt Sichtbeton die Anforderungen gemäß Tabelle 3.3 gestellt. Im Folgenden werden die Eigenschaften und Anforderungen an die Sichtbetonflächen und die sich daraus ergebenden Anforderungen an die Bauausführung im Einzelnen aufgeführt und erläutert.

Tabelle 3.3 Anforderungen und Klassifizierung für Sichtbetonklasse SB2

Merkmale	Anforderungsklassen
Textur	T2
Porigkeit: saugende Schalungshaut nicht saugende Schalungshaut	 P2 P1
Farbtongleichmäßigkeit	FT2
Ebenheit	E1
Schalungshaut	SHK2
Arbeitsfugen und Schalungsstöße	AF2
Erprobungen	empfohlen

Texturklasse T2

Sichtbeton der Texturklasse T2 muss geschlossene und weitgehend einheitliche Betonoberflächen aufweisen. In den *Schalungsstößen* ausgetretener Zementleim oder Feinmörtel ist bis ca. 10 mm Breite und ca. 5 mm Tiefe zulässig. Die Höhe verbleibender *Betongrate* ist bis ca. 5 mm zulässig. Rahmenabdrücke des Schalungselements sind zugelassen.

Für diese Anforderungen sind ebenfalls alle Systemschalungen, die den Qualitätskriterien des GSV (s. o.) entsprechen, bei sachgemäßem Einsatz anwendbar. Auf einen ordnungsgemäßen Elementschluss in den Fugen ist besonders zu achten. Eine zusätzliche Abdichtung ist in der Regel nicht erforderlich. Der Beton muss ein gutes *Wasserhaltevermögen* besitzen und darf nicht zum *Ausbluten* neigen.

An Planung und Ausführung werden die Anforderungen wie für Texturklasse T1 (s. Abschnitt 3.3.1) gestellt, jedoch zusätzlich:

- Für die gesamte Schalungshaut ist die gleiche *Schalungshautart* zu verwenden und die gleiche *Vorbehandlung* sicherzustellen.
- Es sind möglichst gleich alte Schalhautplatten zu verwenden.
- Es ist ein Schalungssystem mit geringen Fertigungstoleranzen zu wählen.
- Bei Trägerschalungen ist ggf. die Befestigung der Platten von der Rückseite zu vereinbaren.
- Schalungsanker sind möglichst gleichmäßig fest anzuziehen.
- Die Sauberkeit der Schalung sowie ein dünner und gleichmäßiger Auftrag des *Trennmittels* ist zu gewährleisten.
- Die Schalung muss fachgerecht gelagert werden.
- Eine Abdichtung der Schalungshautstöße und Schalungseinlagen sind gesondert zu vereinbaren.

- Ein Wechsel der *Betonzusammensetzung* bzw. der Betonausgangsstoffe muss ausgeschlossen werden.
- Eine Erprobungsfläche wird empfohlen.

Porigkeitsklasse P2

Für *nichtsaugende Schalungshaut* sind die Anforderungen der Porigkeitsklasse P1 (s. Abschnitt 3.3.1) ausreichend. Für *saugende Schalungshaut* gelten die Anforderungen der Porigkeitsklasse P2.

Sichtbeton der Porigkeitsklasse P2 darf einen maximalen Porenanteil von ca. 2250 mm² von Poren mit Durchmesser d in den Grenzen von $2\,\text{mm} < d < 15\,\text{mm}$ je Prüffläche von 500 mm × 500 mm aufweisen.

Porigkeitsklasse P2

Anforderungen an Planung und Ausführung

wie für Porigkeitsklasse P1 (s. Abschnitt 3.3.1), jedoch zusätzlich

- Betonsorte, Trennmittel und Schalungshaut sind aufeinander abzustimmen
- Für die gesamte Schalung ist die gleiche Schalungshautart zu verwenden und die gleiche Vorbehandlung sicherzustellen
- Die Sauberkeit der Schalung und dünner, gleichmäßiger Trennmittelauftrag ist zu gewährleisten
- Eine Erprobungsfläche wird empfohlen

Farbtongleichmäßigkeitsklasse FT2

Bei einem Sichtbeton der Farbtongleichmäßigkeitsklasse FT2 sind gleichmäßige und großflächige Hell- und Dunkelverfärbungen in der Flächenfärbung zulässig. Jedoch sind Schmutzflecken unzulässig. Unterschiedliche Schalungshautarten und Vorbehandlungen der Schalungshaut sowie Ausgangsstoffe verschiedener Art und Herkunft sind nicht zugelassen.

Für Planung und Ausführung von Sichtbeton der Farbtongleichmäßigkeitsklasse FT2 gelten die Anforderungen wie für Farbtongleichmäßigkeitsklasse FT1 (s. Abschnitt 3.3.1), jedoch zusätzlich:

- Für die gesamte Schalung ist die gleiche Schalungshautart zu verwenden und die gleiche Vorbehandlung sicherzustellen.
- Die Sauberkeit der Schalung und dünner, gleichmäßiger Trennmittelauftrag ist zu gewährleisten.
- Betonsorte, Trennmittel und Schalungshaut sind aufeinander abzustimmen.
- Ein Wechsel der Betonzusammensetzung bzw. der Betonausgangsstoffe muss ausgeschlossen werden.

- Die Verwendung von Restwasser und Restbeton ist auszuschließen.
- Die Mischdauer je Charge muss mindestens 60 Sekunden betragen.
- Die Lieferung für zusammenhängende Bauteile darf jeweils nur aus einer Produktionsstätte (Lieferwerk) erfolgen.
- Ggf. sind mehrere *Erprobungsflächen* vorzusehen.

Arbeitsfugen und Schalungsstöße-Klasse AF2

Bei Sichtbeton der Arbeitsfugen und Schalungsstöße-Klasse AF2 ist ein Versatz der Flächen zwischen den Betonierabschnitten bis ca. 10 mm zulässig. Feinmörtelaustritt auf dem vorhergehenden Betonierabschnitt muss rechtzeitig entfernt werden. Der Einsatz von Trapezleisten o. ä. wird empfohlen.

Diese Anforderungen sind mit allen Systemschalungen bei sachgemäßer Anwendung erreichbar. Besonderes Augenmerk ist auf die Anpassung der Schalung des 2. Betonierabschnittes an den 1. Betonierabschnitt zu richten. Zusätzliche Abdichtungsstreifen sind nicht erforderlich. Mit einer Trapezleiste im 1. Betonierabschnitt wird ein scharfkantiger, gerader Fugenverlauf erreicht.

Für die Ausführung von Sichtbeton der Arbeitsfugen und Schalungsstöße-Klasse AF2 gelten die Anforderungen wie für Arbeitsfugen und Schalungsstöße-Klasse AF1 (s. Abschnitt 3.3.1), jedoch zusätzlich:

Feinmörtelaustritt aus dem vorhergehenden Betonierabschnitt ist zu entfernen.

Ebenheitsklasse E1

Für Sichtbeton der Ebenheitsklasse E1 sind die Ebenheitsanforderungen gemäß DIN 18202, Tabelle 3, Zeile 5 zu erfüllen (s. Abschnitt 3.3.1).

Schalungshautklasse SHK2

Schalungshaut in Systemschalungen von Schalungsanbietern, die der Richtlinie „Qualitätskriterien von Mietschalung“ des Güteschutzverbandes Betonschalung e. V. entsprechen, können ebenfalls für die Schalungshautklasse SHK2 eingesetzt werden. Einzelne Elemente mit Beschädigungen durch Innenrüttler oder starken Kratzern sind ggf. auszutauschen.

Schalungshautklasse SHK2

Anforderungen an die Schalungshaut

- Bohrlöcher und Kratzer sind als Reparaturstellen zulässig
- Leichte Kratzer bis 1 mm Tiefe sind zulässig
- Zulässig sind auch Nagel- und Schraublöcher ohne Absplitterungen
- Beschädigungen der Schalungshaut durch Innenrüttler und Betonreste sind nicht zulässig
- Aufquellen der Schalungshaut in Schraub- bzw. Nagelbereichen oder Welligkeiten an Kantenflächen, sogenannte *Ripplings*, sind in Sichtbetonklasse SB2 zulässig, jedoch in Sichtbetonklasse SB3 nicht zulässig
- Reparaturen an der Schalungshaut sind sach- und fachgerecht durch qualifiziertes Personal vorzunehmen und vor jedem Einsatz auf ihren definierten Zustand hin zu überprüfen
- Zementschleier sind zulässig

Erprobungen

Für die Herstellung von Sichtbeton der Sichtbetonklasse SB2 werden Erprobungsflächen empfohlen.

3.3.3 Sichtbetonklasse SB3

Für Sichtbeton der Klasse SB3 werden nach dem DBV-Merkblatt Sichtbeton die Anforderungen gemäß Tabelle 3.4 gestellt. Im Folgenden werden die Eigenschaften und Anforderungen an die Sichtbetonflächen und die sich daraus ergebenden Anforderungen an die Bauausführung im Einzelnen aufgeführt und erläutert.

Tabelle 3.4 Anforderungen und Klassifizierung für Sichtbetonklasse SB3

Merkmale	Anforderungsklassen
Textur	T2
Porigkeit: saugende Schalungshaut nicht saugende Schalungshaut	 P3 P2
Farbtongleichmäßigkeit	FT2
Ebenheit	E2
Schalungshaut	SHK2
Arbeitsfugen und Schalungsstöße	AF3
Erprobungen	Dringend empfohlen

Texturklasse T2

Für Sichtbeton der Sichtbetonklasse SB3 sind die Anforderungen der Texturklasse T2 ausreichend (s. Abschnitt 3.3.2).

Porigkeitsklasse P3

Für *nichtsaugende Schalungshaut* sind die Anforderungen der Porigkeitsklasse P2 (s. Abschnitt 3.3.2) ausreichend. Für *saugende Schalungshaut* gelten die Anforderungen der Porigkeitsklasse P3.

Sichtbeton der Porigkeitsklasse P3 darf einen maximalen Porenanteil von ca. 1500 mm^2 von Poren mit Durchmesser d in den Grenzen von $2\,mm < d < 15\,mm$ je Prüffläche von 500 mm × 500 mm aufweisen.

Für Planung und Ausführung von Sichtbeton der Porigkeitsklasse P3 gelten die Anforderungen wie für Porigkeitsklasse P2 (s. Abschnitt 3.3.2), jedoch zusätzlich:

- Beim Betonieren im Bereich von unterschnittenen Schalungen, Deckenschalungen, horizontalen Kanten von Leisten und Einbauteilen ist besondere Sorgfalt erforderlich.
- Ein Wechsel der Betonzusammensetzung bzw. der Betonausgangsstoffe muss ausgeschlossen werden.
- Die Verwendung von Restwasser und Restbeton ist auszuschließen.
- Die oberste Betonierlage muss nachverdichtet werden.
- Es sind mindestens zwei *Erprobungsflächen* vorzusehen.

Literatur

Fiala; Fuchs; Ogniwek; Schuon (2007): Wegweiser Sichtbeton. Bauverlag.

Farbtongleichmäßigkeitsklasse FT2

Für Sichtbeton der Sichtbetonklasse SB3 sind die Anforderungen der Farbtongleichmäßigkeitsklasse FT2 ausreichend (s. Abschnitt 3.3.2).

Ebenheitsklasse E2

Für Sichtbeton der Ebenheitsklasse E2 sind die Ebenheitsanforderungen gemäß DIN 18202, Tabelle 3, Zeile 6 zu erfüllen. Diese stellen nach dieser Norm *erhöhte Anforderungen* dar und müssen daher vertraglich ausdrücklich vereinbart werden. Als *besondere Leistungen* entsprechend VOB (Vergabe- und Vertragsordnung für Bauleistungen) sind diese erhöhten Anforderungen an die Ebenflächigkeit in zusätzlichen Leistungspositionen auszuschreiben.

Ebenheitsklasse E2

Anforderungen an Planung und Ausführung

wie für Ebenheitsklasse E1 (s. Abschnitt 3.3.1), jedoch zusätzlich:

- Die Schalung muss sorgfältig gelagert werden
- Für gekrümmte Schalungen und Sonderausführungen sind besondere Regelungen zu treffen
- Unter Umständen ist die begrenzte Einsatzzahl der Schalung zu berücksichtigen
- Eine sorgfältige Reinigung der Schalung ist erforderlich
- Fertigungstoleranzen des zum Einsatz kommenden Schalungssystems sind zu berücksichtigen

Arbeitsfugen und Schalungsstöße-Klasse AF3

Bei Sichtbeton der Arbeitsfugen und Schalungsstöße-Klasse AF3 ist ein Versatz der Flächen zwischen den Betonierabschnitten bis ca. 5 mm zulässig. Feinmörtelaustritt auf dem vorhergehenden Betonierabschnitt muss rechtzeitig entfernt werden. Der Einsatz von Trapezleisten o. ä. wird empfohlen.

Diese Anforderungen sind mit allen Schalungssystemen bei sorgfältiger Planung und Ausführung erreichbar. Besonders zu achten ist hierbei auf die Anordnung von Stützen bzw. Ankern sowie auf das Anspannen der Anker. Die Durchbiegung muss beschränkt werden. Zusätzliche Abdichtungsstreifen als Fugeneinlagen sind in der Regel nicht erforderlich. Trapezleisten o. ä. sind wie bei Arbeits- und Schalungshautfugen-Klasse AF2 vorzusehen.

Für Planung und Ausführung von Sichtbeton der Arbeits- und Schalungshautfugen-Klasse AF3 gelten die Anforderungen wie für Arbeitsfugen und Schalungshautstöße-Klasse AF2 (s. Abschnitt 3.3.2), jedoch zusätzlich:

- Es ist ein Schalungssystem mit geringen Fertigungstoleranzen zu wählen.
- Es sind mindestens zwei Erprobungsflächen vorzusehen.

Schalungshautklasse SHK2

Für Sichtbeton der Sichtbetonklasse SB3 sind die Anforderungen der *Schalungshautklasse* SHK2 ausreichend (s. Abschnitt 3.3.2). Im Unterschied zur Sichtbetonklasse SB2 sind das Aufquellen der Schalungshaut in Schraub- bzw. Nagelbereichen oder Welligkeiten an Kantenflächen, sogenannte *Ripplings*, in Sichtbetonklasse SB3 nicht zulässig.

Erprobungen

Für die Herstellung von Sichtbeton der Sichtbetonklasse SB3 werden mindestens zwei Erprobungsflächen dringend empfohlen.

Literatur

Peck; Bose; Bosold (2016): Technik des Sichtbetons. 2. Auflage. Verlag Bau + Technik.

3.3.4 Sichtbetonklasse SB4

Für Sichtbeton der Klasse SB4 werden nach dem DBV-Merkblatt Sichtbeton die Anforderungen gemäß Tabelle 3.5 gestellt. Im Folgenden werden die Eigenschaften und Anforderungen an die Sichtbetonflächen und die sich daraus ergebenden Anforderungen an die Bauausführung im Einzelnen aufgeführt und erläutert.

Tabelle 3.5 Anforderungen und Klassifizierung für Sichtbetonklasse SB4

Merkmale	Anforderungsklassen
Textur	T3
Porigkeit: saugende Schalungshaut nicht saugende Schalungshaut	 P4 P3
Farbtongleichmäßigkeit: saugende Schalungshaut nicht saugende Schalungshaut	 FT3 FT2
Ebenheit	E3
Schalungshaut	SHK3
Arbeitsfugen und Schalungsstöße	AF4
Erprobungen	Erforderlich

Texturklasse T3

Sichtbeton der Texturklasse T3 muss glatte, geschlossene und weitgehend einheitliche Betonoberflächen aufweisen. In den Schalungselementstößen ausgetretener Zementleim oder Feinmörtel ist bis ca. 3 mm Breite zulässig. Feine, technisch unvermeidbare Grate bis ca. 3 mm sind zulässig. Weitere Anforderungen an Schalungsstöße, Rahmenabdruck usw. sind detailliert festzulegen.

Für Planung und Ausführung von Sichtbeton der Texturklasse T3 gelten die Anforderungen wie für Texturklasse T2 (s. Abschnitt 3.3.2), jedoch zusätzlich:

- Anforderungen bezüglich Schalungsstöße und Rahmenabdruck sind detailliert festzulegen.
- Hinsichtlich Abdichtungen, Stößen und Fußpunkten ist eine Detailplanung der Schalung notwendig.

- Die Schalung muss bei Lagerung vor Witterungseinflüssen geschützt werden.
- Es ist stets ein Schalungssystem mit sehr kleinen Fertigungstoleranzen zu wählen.
- Die Versiegelung oder Abdichtung der Schnittkanten ist ausdrücklich zu vereinbaren.
- Es ist ein Kantenschutz der Schalungselemente vorzusehen.
- Es muss eine Entwurfsplanung vereinbart werden.
- Zwischen Aufstellen der Schalung und dem Betoneinbau ist eine kurze Zeitspanne zu vereinbaren.
- Es ist die Erstellung von Arbeitsanweisungen vorzusehen.
- Vorgaben für die Ausbildung von Arbeitsfugen sind zu definieren, speziell Trapezleisten, flächenbündige Fugen u. Ä.
- Am Fußpunkt ist das Aufstellen der Schalung auf nichtsaugende Schaumstoffstreifen oder das Abdichten der Schalung am Wandfuß vorzusehen.
- Für ausgeschalte Bauteile ist ein Kantenschutz vorzusehen.
- Es sind mindestens zwei Erprobungsflächen vorzusehen.

Literatur

Schulz (2022): Sichtbeton-Planung. 4. Auflage. Springer Vieweg Verlag.

Der Einsatz von *Rahmenschalungen* ist nur möglich, wenn der *Rahmenabdruck* auf der Betonoberfläche gestattet ist. Bei der *Holzträgerschalung* stößt die Schalungshaut direkt aneinander. Eine zusätzliche Fugendichtung im Elementstoß durch *Dichtungsbänder* oder ähnliches Material wird empfohlen, ist jedoch von der Kantengenauigkeit der Schalungshaut abhängig. Diese Arbeit ist eine *besondere Leistung* und entsprechend zu vereinbaren und zu vergüten. Der Beton muss ein gutes Wasserhaltevermögen besitzen und darf nicht zum Ausbluten neigen. Die Schalungshautklasse ist gesondert zu bewerten.

Porigkeitsklasse P4

Für *nichtsaugende Schalungshaut* sind die Anforderungen der Porigkeitsklasse P3 (s. Abschnitt 3.3.3) ausreichend. Für *saugende Schalungshaut* gelten die Anforderungen der Porigkeitsklasse P4.

Sichtbeton der Porigkeitsklasse P4 darf einen maximalen Porenanteil von ca. 750 mm² von Poren mit Durchmesser d in den Grenzen von $2\,\text{mm} < d < 15\,\text{mm}$ je Prüffläche von 500 mm × 500 mm aufweisen.

Porigkeitsklasse P4

Anforderungen an Planung und Ausführung

wie für Porigkeitsklasse P3 (s. Abschnitt 3.3.3), jedoch zusätzlich:

- Beim Betonieren im Bereich von horizontalen Kanten von Leisten und Einbauteilen ist besondere Sorgfalt erforderlich
- Es sind keine unterschnittenen Schalungen und Deckelschalungen vorzusehen
- Es sind mindestens drei Erprobungsflächen herzustellen

Farbtongleichmäßigkeitsklasse FT3

Bei einem Sichtbeton der Farbtongleichmäßigkeitsklasse FT3 sind geringe Hell- oder Dunkelverfärbungen zulässig, wie zum Beispiel leichte Wolkenbildung oder geringe Farbtonabweichungen. Unzulässig sind Schmutzflecken, deutlich sichtbare Schüttlagen sowie Verfärbungen, die durch Nichteinhaltung der Vorschriften verursacht werden.

Bei saugender Schalungshaut sind großflächige Verfärbungen unzulässig, die beispielsweise verursacht werden durch Ausgangsstoffe verschiedener Art und Herkunft, unterschiedliche Art und Vorbehandlung der Schalungshaut oder durch ungeeignete Nachbehandlung des Betons.

Es ist notwendig, ein besonderes und geeignetes Trennmittel auszuwählen. Farbtonunterschiede und Verfärbungen sind jedoch bei größter handwerklicher Sorgfalt und bei Einhaltung aller Vorgaben nicht gänzlich auszuschließen.

Für Planung und Ausführung von Sichtbeton der Farbtongleichmäßigkeitsklasse FT3 gelten die Anforderungen wie für Farbtongleichmäßigkeitsklasse FT2 (s. Abschnitt 3.3.2), jedoch zusätzlich:

- Die Bauzeitplanung muss witterungsbedingte Einschränkungen und Verzögerungen berücksichtigen.
- Bauteilgeometrie und Bewehrungsführung müssen so geplant sein, dass ein einfaches und zügiges Betonieren möglich ist. Schütt- und Rüttelöffnungen in gleichmäßigen Abständen sind vom Planer vorzusehen.
- Bewehrungsführung, Schütt- und Rüttelöffnungen sind so zu planen, dass das Berühren von Schalung und Bewehrung mit dem Innenrüttler weitgehend vermieden werden kann.
- Schalungsstöße, Durchbiegungen und Aufstandsflächen sind gegen das Auslaufen von Zementleim abzudichten. Die Art der Abdichtung ist vom Planer festzulegen.
- Es ist eine Betondeckung c_{nom} von mindestens 30 mm vorzusehen.
- Komplizierte Bauteilgeometrie ist zu vermeiden, Schalungsanker müssen gleichmäßig angezogen werden können.

- Es ist ein Qualitätssicherungsplan mit Einzelheiten zu Material, Ausführung und Überwachung aufzustellen.
- Bei starken Regenfällen darf nicht betoniert werden.
- Vor der Beladung eines jeden Fahrmischers ist eine Spülwasserkontrolle durchzuführen.
- Es sind mehrere Erprobungsflächen vorzusehen.
- Der Wasserzementwert muss auf ± 0,02 genau, die Ausgangskonsistenz a_{10} auf ± 20 mm genau eingehalten werden.
- als Nachbehandlungsmaßnahme und zum Schutz vor Witterungseinflüssen ist die Einhausung des Bauteils vorzusehen.

Literatur

Schulz (2011): Sichtbeton-Mängel. 3. Auflage. Springer Vieweg Verlag.

Ebenheitsklasse E3

Für Sichtbeton der Ebenheitsklasse E3 sind die Ebenheitsanforderungen gemäß DIN 18202, Tabelle 3, Zeile 6 zu erfüllen. Als erhöhte Ebenheitsanforderungen sind diese gesondert zu vereinbaren. Dafür erforderliche Aufwendungen und Maßnahmen sind vom Auftraggeber detailliert festzulegen.

Höhere Ebenheitsanforderungen, z. B. nach DIN 18202, Tabelle 3, Zeile 7, sind technisch nicht zielsicher erfüllbar.

Ebenheitsklasse E3

Anforderungen an Planung und Ausführung

wie für Ebenheitsklasse E2 (s. Abschnitt 3.3.3), jedoch zusätzlich:

- Planung und Festlegung der zum Erreichen von über Zeile 6 der Tabelle 3 in DIN 18202 hinausgehenden Ebenheitsanforderungen durch den Auftraggeber
- Die Schalung muss geodätisch eingemessen werden
- Vor Ort sind die Maßtoleranzen und die Ebenflächigkeit von Schalungshaut und Befestigung zu prüfen
- Ggf. ist eine Detailplanung notwendig
- Die Herstellung von Erprobungsflächen ist vertraglich zu vereinbaren

Literatur

Schulz (2015): Sichtbeton-Atlas. 2. Auflage. Springer Vieweg Verlag.

Arbeitsfugen und Schalungsstöße-Klasse AF4

Bei Sichtbeton der Arbeitsfugen und Schalungsstöße-Klasse AF4 ist die Planung der Detailausführung erforderlich. Es ist ein Versatz der Flächen im Fugen- bzw. Stoßbereich bis ca. 3 mm zulässig. Feinmörtelaustritt auf dem vorhergehenden Betonierabschnitt muss rechtzeitig entfernt werden. Weitere Anforderungen hinsichtlich der Ausbildung von Arbeitsfugen und Schalungsstöße sind detailliert festzulegen.

Die Anforderungen an die Fuge sind in Abhängigkeit des gewählten Schalungssystems und der Schalungshaut detailliert zu planen. Dabei ist besonders das Quell- und Schwindverhalten der Schalungshaut zu beachten. Überzogene Anforderungen können dadurch nicht garantiert werden.

Für Planung und Ausführung von Sichtbeton der Arbeits- und Schalungshautfugen-Klasse AF4 gelten die Anforderungen wie für Arbeitsfugen und Schalungsstöße-Klasse AF3 (s. Abschnitt 3.3.3), jedoch zusätzlich:

- Alle Maßnahmen müssen durch den Planer detailliert festgelegt werden.
- Die Anzahl der Erprobungsflächen ist durch den Planer festzulegen.

Schalungshautklasse SHK3

Mit diesen Anforderungen kann ein mehrfacher Einsatz der Schalungshaut ausgeschlossen sein. Beim Einsatz von Systemschalungen von Schalungsanbietern sind Elemente mit neuer, unbeschädigter Schalungshaut einzusetzen. Beim Einsatz von Rahmenschalungen ist zu prüfen, ob der Rahmenabdruck der Elemente vom Auftraggeber toleriert wird.

Objektbezogen vorgefertigte Schalungselemente aus Systemteilen mit neuer Schalungshaut erfüllen als Standardelemente oder als speziell abgebundene Elemente bei sachgemäßer Ausführung die Anforderungen der Schalungshautklasse SHK3.

Schalungshautklasse SHK3

Anforderungen an die Schalungshaut

- Bohrlöcher, Nagel- und Schraublöcher sind als Reparaturstellen nur in Abstimmung mit dem Auftraggeber zulässig
- Beschädigungen der Schalungshaut durch Innenrüttler sind nicht zulässig
- Kratzer sind als Reparaturstellen nur in Abstimmung mit dem Auftraggeber zulässig
- Beton- oder Mörtelreste sind nur in Nagellöchern und zwischen Schalungshaut und Elementkante zulässig
- Aufquellen der Schalungshaut in Schraub- bzw. Nagelbereichen oder Welligkeiten an Kantenflächen, sogenannte *Ripplings,* sind nicht zulässig, werkstoffbedingte Dickentoleranzen im Kantenbereich sind jedoch hinzunehmen

- Zementschleier sind nur in Abstimmung mit dem Auftraggeber zulässig
- Reparaturen an der Schalungshaut sind sach- und fachgerecht durch qualifiziertes Personal vorzunehmen
- Die Schalungshaut ist vor jedem Einsatz auf ihren definierten Zustand hin zu überprüfen

Erprobungen

Für die Herstellung von Sichtbeton der Sichtbetonklasse SB4 sind Erprobungsflächen erforderlich.

4 Fundamentschalungen

Eine solide Gründung stellt die Grundvoraussetzung für die Standfähigkeit eines Bauwerks dar. Zur Ausführung kommen dabei üblicherweise Streifenfundamente, Einzelfundamente oder Flächenfundamente (Bodenplatten). Die Anforderungen können dabei sehr unterschiedlich sein. Neben einfachen Grundrissen gibt es auch sehr komplizierte Fundamentformen, die einen hohen Schalungsaufwand erfordern. In diesem Kapitel wird erläutert, welche Möglichkeiten es gibt, um Fundamente zu schalen.

4.1 Konventionelle Fundamentschalungen

Konventionelle Fundamentschalungen werden hauptsächlich als Seitenschalung für dünne Bodenplatten eingesetzt. Hierzu werden Holzbohlen der Länge nach auf die Sauberkeits- oder Schotterschicht gelegt und mit seitlichen Brettern gegen den Betondruck abgestützt (Bild 4.1).

Bild 4.1
Konventionelle Bodenplatten-Abschalung, Bildquelle: HSB Schalung

Eine Kombination aus konventioneller Bodenplatten-Abschalung und Systemkomponenten ist durch die Verwendung von *Abschalböcken* möglich. Sie werden zur seitlichen Abstützung der Schalung verwendet (Bild 4.2). Die Verankerung im Boden erfolgt mit Erdnägeln. Mit verstellbaren Abschalböcken lassen sich Unebenheiten im Boden ausgleichen. Somit ist gewährleistet, dass die Schalung im Lot steht.

Bild 4.2
Abschalbock zur seitlichen Abstützung einer Bodenplatten-Abschalung, Bildquelle: PERI

4.2 Schalungssysteme für Fundamente

Die heutigen Systeme bieten eine Vielzahl an Möglichkeiten, um Fundamente effektiv zu schalen. Sie können für einfache, aber auch für komplizierte Grundrisse eingesetzt werden. Eine häufige Anforderung ist, sie kranunabhängig einsetzen zu können.

4.2.1 Kleinflächenschalungen

Häufig werden zum Schalen von Fundamenten handversetzbare Kleinflächenschalungen genutzt, die auch als Wand- oder Stützenschalungen verwendet werden können. Sie sind zum größten Teil bei den Rahmenschalungen einzuordnen. Die Elemente bestehen aus Stahl (Bild 4.3) oder Aluminium (Bild 4.4) mit einem umlaufenden Rahmen, der auch die Schalungshaut umfasst.

Weitere Informationen zu Rahmenschalungen

Abschnitt 5.2.2

Bild 4.3 Stahl-Rahmenschalung als Fundamentschalung, Bildquelle: PERI

Bild 4.4 Alu-Rahmenschalung als Fundamentschalung, Bildquelle: Doka

Es gibt auch Systeme, bei denen Schalungshaut und Tragkonstruktion aus einem speziellen Verbundkunststoff bestehen. Die Schalungshaut verdeckt hier die Tragkonstruktion komplett und ist nicht von einem Rahmen umschlossen. Die Elemente haben ein Gewicht von maximal ca. 25 kg und sind somit problemlos von einer Person zu tragen (Bild 4.5).

Bild 4.5 Verbund-Kunststoffschalung als Fundamentschalung, Bildquelle: PERI

Kleinflächenschalungen werden herkömmlich an den dafür vorgesehenen Stellen geankert. Da aber bei Fundamenten der Arbeitsraum oft begrenzt ist, kann es schwierig sein, die untere Ankerstelle ein- bzw. auszubauen. Deshalb kann bei den meisten Systemen anstelle der unteren Ankerung auch ein verlorenes *Lochband* verwendet werden. Hierzu wird das Lochband mit ausreichendem Überstand unter den Elementen ausgelegt. Durch spezielle *Lochbandspanner,* die an der Schalung befestigt sind, werden die Schalelemente zusammengespannt und vor dem Ausschalen wieder gelöst. Das einbetonierte Lochband verbleibt im Erdreich (Bild 4.6).

Bild 4.6
Untere Ankerung einer Schalung mit Lochband und Lochbandspanner, Bildquelle: PERI

In Tabelle 4.1 sind Kleinflächenschalungen verschiedener Hersteller aufgeführt.

Tabelle 4.1 Kleinflächenschalungen

Hersteller/Lieferant	System
Doka	DokaXlight, Frami Xlife
HÜNNEBECK	RASTO
MEVA	EcoAs, AluFix
NOE	NOEalu L, NOEtop Alu
PASCHAL	NeoR, Raster/GE
PERI	DUO, DOMINO
ULMA	LGW

Kleinflächige Rahmenelemente aus den Wandschalungssystemen können auch als Fundamentschalung verwendet werden. Beispielsweise 2,70 m hohe und 0,60 m breite Elemente werden dazu liegend eingesetzt. Die untere Abspannung kann auch hier mit Lochband und Lochbandspanner erfolgen. Bei Bodenplatten oder Einzelfundamenten mit geringen Höhen werden die Elemente auch häufig konventionell abgestützt.

4.2.2 Verlorene Fundamentschalungen

Verlorene Fundamentschalungen werden nach dem Aushärten des Betons nicht ausgeschalt, sondern verbleiben dauerhaft am Bauteil bzw. im Erdreich. Anwendungsbereiche können beispielsweise kleinere Aussparungen oder nach dem Betonieren schwer zugängliche Fundamentbereiche sein. Häufig werden dazu kostengünstige Lösungen aus Holz verwendet.

Um größere Bereiche mit einer verlorenen Fundamentschalung herzustellen, können speziell hierfür entwickelte Produkte verwendet werden.

Ein Beispiel stellt das sogenannte Universal-Schalmaterial dar, das aus einer Sonderstahlmatte mit einer aufgeschrumpften Polyethylenfolie besteht. Das Material wird entweder als Flachmaterial verwendet oder werkseitig auf die gewünschte Form vorgebogen (Bild 4.8). Durch das geringe Gewicht ist ein händischer Transport auf der Baustelle problemlos möglich.

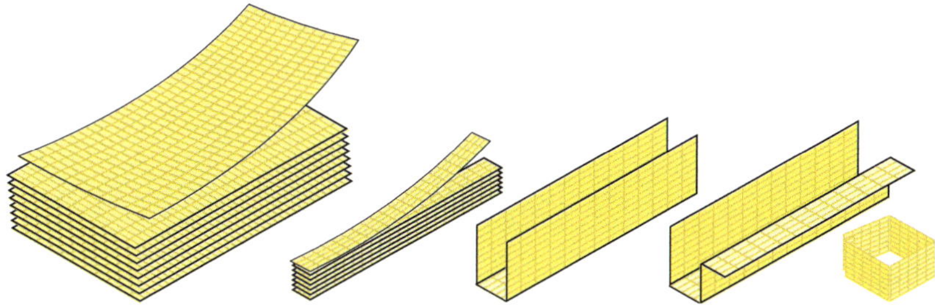

Bild 4.8 Verschiedene Lieferformen von Universal-Schalmaterial, Bildquelle: MAX FRANK

Häufige Einsatzgebiete sind Bodenplatten-Abschalungen sowie Streifen- und Einzelfundamente. Aufgrund der Verformbarkeit des Materials lassen sich auch *runde Grundrisse* schalen.

Um den Betondruck aufzunehmen, kann die Schalung vor dem Betonieren des Fundaments seitlich mit Erdreich angefüllt werden. Diese Methode ist vor allem dann effektiv, wenn das Material im Boden verbleiben kann und leichte Verformungen in Kauf genommen werden können (Bild 4.9). Es stehen aber auch Systemteile wie *Gitterträger* und *Abstandhalter* zur Aussteifung bzw. zur Ankerung zur Verfügung.

Bild 4.9 Universal-Schalmaterial als verlorene Schalung, Bildquelle: HSB Schalung

Universal-Schalmaterial kann durchaus eine Alternative zu den herkömmlichen Fundamentschalungen darstellen. So können damit beispielsweise das Ausschalen, die Endreinigung und der Rücktransport entfallen. Dennoch ist die Möglichkeit einer Verwendung von Universal-Schalmaterial unbedingt im Vorfeld abzuklären.

Weitere am Markt erhältliche Produkte bestehen aus dünnem Stahlblech, Kunststoff oder Hartschaum, die teilweise auch zur Dämmung verwendet werden können.

5 Wandschalungen

In diesem Kapitel werden die wichtigsten Wandschalungs-Systeme vorgestellt. Die Arbeitsvorbereitung von einhäuptigen und ankerlosen Wandschalungen wird in ausführlichen *Übungsbeispielen* behandelt. Hierzu gehört ein umfangreicher statischer Exkurs mit Betrachtungen zur Sicherheit einhäuptiger Schalungen. Darüber hinaus wird für konventionelle Wandschalungen die Bemessung in mehreren durchgängigen *Übungsbeispielen* gerechnet. Zur Übung werden einige *Aufgaben* gestellt, für die im Internet Musterlösungen angeboten werden.

5.1 Konventionelle Wandschalungen

Konventionelle Wandschalungen haben ihren Ursprung in der traditionellen oder klassischen Schalweise. Dabei wurden Kanthölzer als Unterkonstruktion verwendet. Als Schalungshaut dienten Bretter, die auf die Unterkonstruktion genagelt wurden. Mittlerweile werden solche Schalungen nur noch für kleinere Rund- oder Sonderschalungen eingesetzt.

Heute versteht man unter einer konventionellen Wandschalung die Verwendung einzelner Systemteile wie Holzträger, Stahlriegel und Schalhautplatten, die für einen speziellen Einsatzfall zusammengebaut und danach wieder zerlegt werden. Sie kommen in der Regel dort zum Einsatz, wo Systemschalungen nicht verwendet werden können. Im Vergleich zu Systemschalungen ist bei konventionellen Wandschalungen von einem deutlich höheren Stundenaufwand auszugehen.

5.2 Wandschalungssysteme

Wandschalungssysteme unterscheiden sich durch den Aufbau der Unterkonstruktion in Träger- und Rahmenschalungen. Weiterhin lassen sie sich den Großflächenschalungen oder handversetzbaren Schalungen zuordnen. Letztere werden häufig auch zum Schalen von Fundamenten und Unterzügen verwendet.

5.2.1 Trägerschalungen

Das Prinzip der Trägerschalung (Bild 5.1) entspricht dem der konventionellen Wandschalung. Die Unterkonstruktion besteht aus vertikal angeordneten Trägern, auf denen wiederum horizontal verlaufende Riegel angebracht werden. Je nach Hersteller und System gibt es Unterschiede bei den Trägerarten. Meistens sind die Vertikalträger aus Holz und die Horizontalriegel aus Stahl. Die Schalungshaut kann individuell aufgebracht werden. So sind spezielle Strukturen in der Betonoberfläche herstellbar, wie z. B. eine raue oder glatte Brettstruktur. Im Beton bleiben die Elementfugen in Form eines stumpfen Schalungshautstoßes sichtbar. Der *Elementstoß* erfolgt über *Verbindungslaschen* und Keile oder Bolzen, die im Stoßbereich an den Horizontalriegeln angebracht werden (Bild 5.2).

Trägerschalungen sind standardmäßig in verschiedenen Elementabmessungen erhältlich. Sie können aber auch ganz individuell für einen speziellen Einsatz gefertigt werden. Von Vorteil ist dabei, dass die Ankerung unabhängig von einem vorgegebenen Ankerraster möglich ist. Trägerschalungen eignen sich für besondere Sichtbetonanforderungen. Sie werden auch häufig im Ingenieurbau eingesetzt.

Bild 5.1 Holzträgerschalung für Wände, Bildquelle: Doka

Bild 5.2
Elementstoß einer Holzträgerschalung,
Bildquelle: PERI

In Tabelle 5.1 sind Trägerschalungen verschiedener Hersteller aufgeführt.

Tabelle 5.1 Trägerschalungen für Wände

Hersteller/Lieferant	System
Doka	FF20, Top 50, Top 100 tec
HÜNNEBECK	GF 24, ES 24
Mayer Schaltechnik	PRIMAX
NOE	NOEtec
PERI	VARIO GT 24
ULMA	Enkoform V-100, Enkoform VMK

5.2.2 Rahmenschalungen

Bei Rahmenschalungen ist die Schalungshaut fest eingelassen in Stahl- oder Aluminium-Rahmen (Bild 5.3 und Bild 5.4). Je nach Hersteller sind die Rahmen aus rechteckigen Rohrprofilen oder aus Flachmaterial. Als Schalungshaut werden in der Regel glatte, beschichtete Mehrschichtplatten aus Sperrholz oder Kunststoff-Schalhautplatten verwendet. Aluminium-Rahmen werden für Leichtschalungen verwendet, die von Hand und kranunabhängig versetzt werden können.

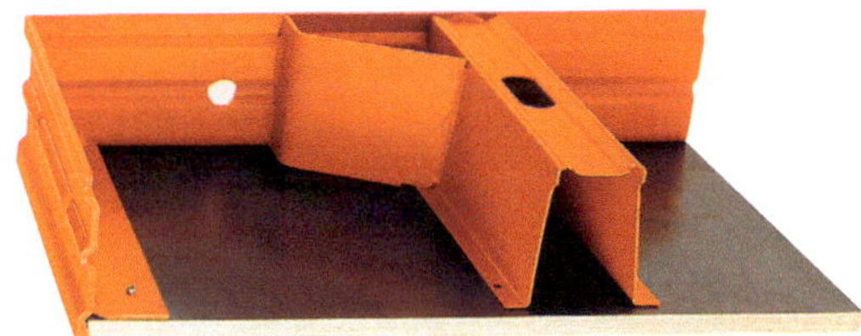

Bild 5.3
Schnitt durch eine Rahmenschalung,
Bildquelle: PASCHAL

Bild 5.4 Rahmenschalung für Wände, Bildquelle: PASCHAL

Die Rahmen der einzelnen Elemente zeichnen sich in der Betonoberfläche ab. Die Anker werden durch die in den Elementen vorgegebenen Ankerlöcher geführt. Die einzelnen Elemente unterschiedlicher Breiten und Höhen sind flexibel kombinierbar, sodass auf wechselnde Höhen und Grundrisse der Wände leicht reagiert werden kann. Ab einer Elementbreite von 1,20 m und einer Höhe von 2,40 m spricht man von einem Großflächenelement. Elementbreiten darunter bezeichnet man als Passelemente.

Die Verbindung der Elemente untereinander erfolgt am Elementrahmen. Dazu werden *Verbindungsklammern* (Bild 5.5 links) verwendet, die sich per Hammerschlag schließen und öffnen lassen. Häufig werden die Verbindungsklammern auch als Schalschlösser bezeichnet. Um *Restmaßausgleiche* herzustellen, können Kanthölzer oder spezielle Kunststoffausgleiche zwischen zwei Elementen eingebaut werden. Die Elementverbindung erfolgt dann durch Klammern mit entsprechend großem Verstellbereich (Bild 5.5 rechts).

Bild 5.5 Verbindungsklammer ohne (links) und mit (rechts) Verstellmöglichkeit, Bildquelle: PASCHAL

Rahmenschalungen sind stehend und liegend einsetzbar (Bild 5.6). Somit kommt es häufig vor, dass liegend eingesetzte Passelemente als Fundamentschalung verwendet werden (s. Kapitel 4).

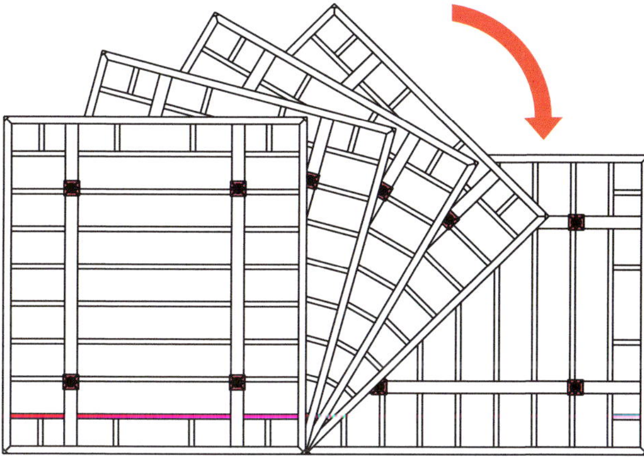

Bild 5.6
Rahmenschalungen können stehend und liegend eingesetzt werden, Bildquelle: PERI

Rahmenschalungen sind sehr vielfältig einsetzbar und am Markt deutlich stärker verbreitet als Holzträgerschalungen. Die Elementsortierung ist je nach Hersteller unterschiedlich. Ebenso gibt es Unterschiede bei der zulässigen Frischbetondruckaufnahme der einzelnen Systeme.

Einseitig bedienbare Ankertechnik

Eine wichtige Entwicklung bei den Rahmenschalungen stellt die *einseitig bedienbare Ankertechnik* dar (Bild 5.7). Dabei wird der Ankerstab nur von einer Seite der Schalung aus angebracht und an der Gegenseite fixiert. Im Vergleich zur herkömmlichen Ankerung, bei der der Ankerstab auf beiden Seiten der Schalung mit einer Mutter festgezogen wird, kann dies eine deutliche Zeitersparnis bedeuten. Üblicherweise können Rahmenschalungen mit der Möglichkeit einer einseitigen Ankerung auch herkömmlich, also von beiden Seiten, geankert werden. Je nach Anwendungsfall ist die Ankervorrichtung am Element entsprechend einzustellen bzw. umzurüsten.

Bild 5.7
Einseitig bedienbare Ankertechnik, Bildquelle: PERI

Mittlerweile haben mehrere Schalungshersteller Rahmenschalungen mit einseitiger Ankertechnik entwickelt. Je nach Hersteller ist das Prinzip unterschiedlich. Beispielhaft zeigt Bild 5.8 ein System mit drei verschiedenen Ankermöglichkeiten:

- Einseitige Ankerung mit Konusankerstab (Bild 5.8 links). Die Wandstärke wird über eine Einstellschraube an der Ankermutter angepasst. Durch die konische Form lässt sich der Ankerstab ohne Hüllrohr wieder ausbauen.
- Einseitige Ankerung mit Ankerstab und Hüllrohr (Bild 5.8 Mitte). Die Wandstärke wird über die Länge des Hüllrohrs bestimmt.
- Beidseitige Ankerung mit Ankerstab und Hüllrohr (Bild 5.8 rechts). Herkömmliche Ankerung mit beidseitiger Ankermutter.

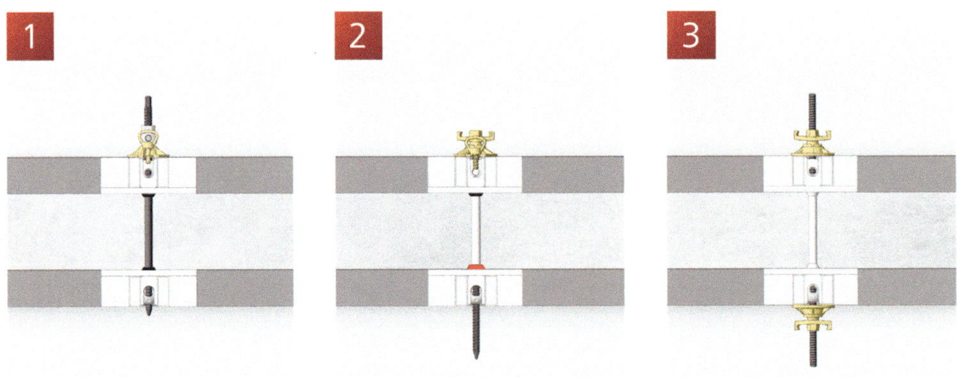

Bild 5.8 Rahmenschalung mit drei verschiedenen Ankermöglichkeiten, Bildquelle: MEVA

In Tabelle 5.2 sind Rahmenschalungen verschiedener Hersteller aufgeführt.

Tabelle 5.2 Rahmenschalungen für Wände

Hersteller/Lieferant	Produkt
Doka	Framax Xlife plus, Framax Xlife, Alu-Framax Xlife, Frami Xlife
HÜNNEBECK	MANTO, RASTO
MEVA	Mammut XT, StarTec XT, Mammut 350, StarTec, AluStar, EcoAs, AluFix
NOE	NOEtop
PASCHAL	LOGO.3, LOGO.alu, LOGO.pro, LOGO.S
PERI	MAXIMO, TRIO, DOMINO
ULMA	Orma, Batek, LGW

5.3 Rundschalungen

Das Einsatzgebiet für *runde Wandschalungen* ist vielfältig. Sie werden neben runden Wänden im Hochbau beispielsweise auch für Rundbehälter (Bild 5.9) oder Brückenpfeiler verwendet. Dazu steht eine Reihe von Schalsystemen verschiedener Hersteller zur Verfügung. Für Sondereinsätze insbesondere bei sehr engen Radien werden auch konventionelle Schalungen gefertigt. Verwendet werden dazu neben einzelnen Systemteilen auch Kanthölzer, Dielen und Bretter.

Bild 5.9
Runde Wandschalung,
Bildquelle: PASCHAL

5.3.1 Konventionelle Rundschalungen

Als Schalungshaut für kleine Wandradien empfiehlt sich neben der Verwendung von dünnen Mehrschichtplatten vor allem der Einsatz von *senkrechten Brettern*. Hierbei wird die Wandoberfläche polygonartig ausgebildet.

Ist dies nicht gewünscht, können auf die Bretter alternativ *Furniere* oder *Schalungsfolien* als Vorsatzschalungshaut aufgebracht werden. Das Abzeichnen des Bretterpolygons auf der Betonoberfläche kann dabei nicht ganz verhindert werden, weil die Furniere und Schalungsfolien sehr dünn sind.

Soll die Oberfläche einer runden Wand ideal rund werden, müssen statt den etwa 10 cm breiten Brettern schmalere *Riemchen* mit etwa 2 bis 4 cm Breite verwendet werden. Diese können im Übrigen zusätzlich geschliffen und gespachtelt werden, um schon ohne Furnier oder Schalungsfolie eine ideal runde Oberfläche zu erhalten.

Häufig wird auch mit dünner Schalungshaut aufgedoppelt (z. B. 2 × 9 mm) oder es wird dickere Schalungshaut mit senkrechten Einschnitten an der Rückseite verwendet. Die Einschnitte oder Aufdoppelungen sind notwendig, um engere Biegeradien zu erreichen.

Bei runden Wandschalungen ist statisch besonders zu berücksichtigen, dass bei gleichem Frischbetondruck auf die Schalung außen wie innen durch die größere Bogenlänge der Außenschalung beim Betonieren trotz Schalungsanker eine resultierende *Ringzugkraft* längs der Außenschalung wirkt, welche in den Baugrund abgeleitet werden muss.

Bei solchen konventionellen Rundschalungen wird die senkrecht orientierte Schalungshaut auf horizontalen *Kranzhölzern* aus Dielen befestigt, welche die senkrechten Bretter aufnehmen und auf senkrechten Gurtungen, z. B. aus Kanthölzern aufliegen (Bild 5.10). Die Anker werden radial angeordnet, soweit dies möglich ist. Bei senkrechten Gurtungen kann die resultierende Ringzugkraft nicht abgetragen werden, sodass die einzelnen Kranzhölzer der Elemente aufwendig mit Brettlaschen verbunden werden müssen.

Bei etwas größeren *Wandradien* ist auf der Innenseite der runden Wand genügend Platz vorhanden, um statt der vertikalen Gurtungen vertikale Holzschalungsträger oder Kanthölzer unterzubringen, die auf horizontalen *Stahlgurtungen* befestigt werden (Bild 5.11). Die Elemente können dann über Stahllaschen in der Gurtungsebene zugfest miteinander verbunden werden.

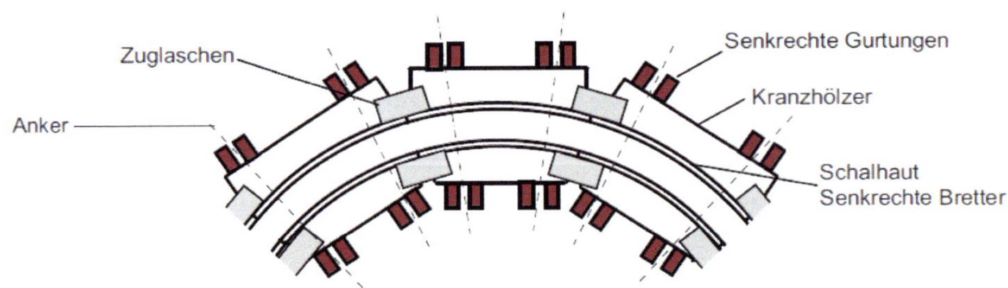

Bild 5.10 Konventionelle Rundschalung für Wände mit senkrechten Gurtungen

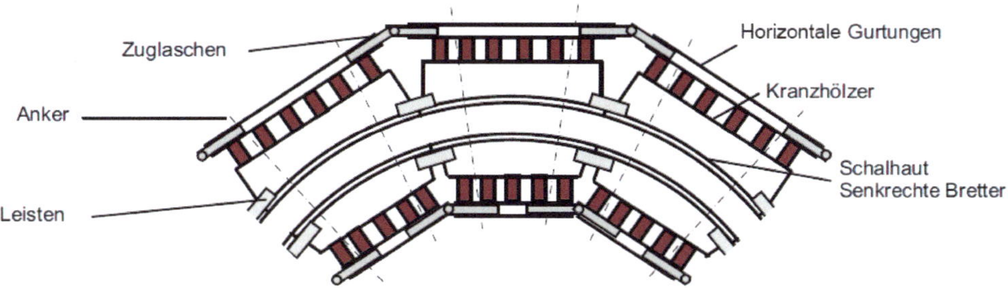

Bild 5.11 Konventionelle Rundschalung für Wände mit horizontalen Gurtungen

5.3.2 Rundschalungssysteme

Aufgrund der Unterkonstruktion können Rundschalungssysteme den Trägerschalungen zugeordnet werden. Auch hier wird die Schalungshaut auf vertikal angeordnete Träger montiert. Dabei handelt es sich entweder um Holzschalungsträger oder Trapezträger aus Stahl. Als Horizontalriegel werden spindelbare Stahlgurtungen verwendet. Über Stahlgurtungen wird mithilfe von Schablonen der jeweilige Wandradius eingestellt.

In der Regel werden Rundschalungen, wie gerade Wandschalungen auch, an hierfür vorgesehenen Stellen geankert. Es gibt aber auch Systeme, die bei einem geschlossenen Schalungsring ohne Ankerung auskommen. Hierbei werden die entstehenden Kräfte durch einen speziellen Riegelring aufgenommen (Bild 5.12).

Bild 5.12 Spannstellenlose Rundschalung, Bildquelle: PERI

Die einzelnen Rundschalungselemente können bereits vorab durch den Lieferanten vormontiert und auf den gewünschten Radius eingestellt werden. Dadurch ist auf der Baustelle ein schneller Einsatz ohne zeitintensives Spindeln möglich. Sollte es dennoch erforderlich sein, den Radius auf der Baustelle ein- oder umzustellen, sollte dies nur durch geschultes Personal erfolgen. Von den Schalungsherstellern können hierfür auch erfahrene Monteure zur Verfügung gestellt werden.

Ein Kriterium für die Anwendbarkeit von Rundschalungssystemen ist die zerstörungsfreie Verformbarkeit der Schalungshaut. Die standardmäßig verwendeten beschichteten Mehrschichtplatten mit geringen Dicken zwischen 4 bis 12 mm stoßen bei sehr engen Radien an ihre Grenzen.

In Tabelle 5.3 sind Rundschalungen verschiedener Hersteller aufgeführt.

Tabelle 5.3 Rundschalungen für Wände

Hersteller/Lieferant	System
Doka	H20
HÜNNEBECK	Ronda
MEVA	Radius, Rundfix
NOE	NOE R 110, NOEtop R 275
PASCHAL	TTR, TTS, TTK
PERI	RUNDFLEX, GRV
ULMA	Bira, Biramax

5.4 Kletterschalungen

Bei der Erstellung hoher Stahlbetonbauwerke kann der Einsatz von Kletterschalungen erforderlich werden. Einsatzgebiete können z. B. Schachtwände, hohe Hallenwände oder Brückenpfeiler sein.

Kletterschalungen bestehen aus Wandschalungen, die auf Kletterbühnen stehen (Bild 5.13). Bei *kranabhängigen* Kletterschalungen wird die Kletterbühne fest mit der Wandschalung zu einer versetzbaren Einheit verbunden. Um ein- und auszuschalen, kann die Schalung auf der Bühne meist manuell oder auch hydraulisch vor- und zurückgefahren werden. Dadurch können nicht nur die Schal- und Betonierarbeiten, sondern auch die Bewehrungsarbeiten von der Kletterbühne aus durchgeführt werden.

Bild 5.13
Kletterschalung, Bildquelle: MEVA

Die *Kletterbühnen* bestehen in der Regel aus einem Bühnenbelag, der auf zwei Einzelkonsolen montiert ist, die zusätzlich miteinander verbunden und ausgesteift sind. Eine Absturzsicherung gewährleistet sicheres Arbeiten.

Befestigt werden die Kletterbühnen mit speziellen Ankern am bereits betonierten Bauwerk. Hierzu werden bei jedem Wandtakt (außer dem letzten) *Vorlaufanker* am oberen Ende der Schalung befestigt, die nach dem Ausschalen als Aufhängestellen für die Kletterkonsolen genutzt werden. Dabei ist sicherzustellen, dass die Betonfestigkeit ausreicht, um die auftretenden Kräfte aus Eigengewicht, Wind- und Verkehrslast aufzunehmen.

Die eigentliche Kletterschalung kommt erst im zweiten Wandtakt zum Einsatz, da die Anfängerschalung noch auf dem Boden aufgestellt wird.

Im dritten Takt hängt die Kletterschalung bereits so weit oben, dass die *Nachlaufbühne* montiert werden kann. Von der Nachlaufbühne aus werden die Ankerstellen nachgearbeitet und eventuell notwendige Nachbearbeitungen des Betons vorgenommen (Bild 5.14).

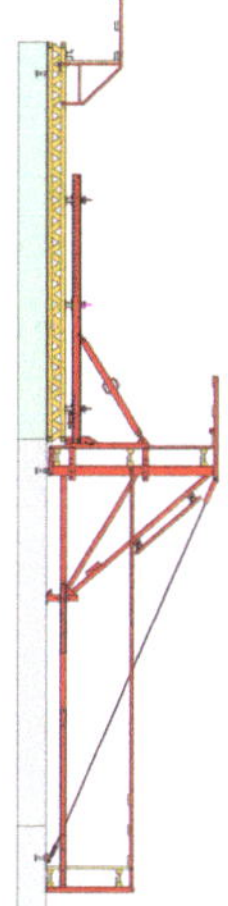

Bild 5.14
Klettergerüst mit Vorlaufankerstelle (oben), Aufhängung der Kletterkonsolen mit Kletterkonus und Nachlaufbühne, Bildquelle: PERI

Im Geschossbau wird häufig einseitig geklettert. Dabei wird die Innenschalung auf der bereits vorhandenen Decke aufgestellt, die Außenschalung auf der Kletterbühne. Beim beidseitigen Klettern werden auf beiden Seiten Kletterschalungen verwendet.

Da für die komplette Montage der Kletterbühnen bereits drei Takte notwendig sind, bedarf es in der Regel insgesamt mindestens 8 bis 10 Takte für einen wirtschaftlichen Einsatz der Kletterschalung.

Neben den kranabhängigen Kletterschalungen gibt es auch *selbstkletternde Systeme* (Bild 5.15), die mithilfe hydraulischer Kletterschienen oder Kletterrahmen abschnittsweise nach oben fahren.

Bild 5.15
Selbstkletternde Außenschalung und Schachtschalung auf Schachtbühne, Bildquelle: Doka

■ 5.5 Sperrenschalungen

Wird eine Kletterschalung nur einseitig, d.h. „einhäuptig" und „ankerlos" eingesetzt, wie z.B. bei der Herstellung von sehr dicken Staumauern, spricht man von einer *Sperrenschalung*. Bei sehr massigen Bauteilen wie Staumauern von Talsperren oder auch sehr massiven Fundamenten usw. entsteht auch bei hoher Betonierleistung nur sehr geringer Frischbetondruck auf die Schalung. Außerdem wäre das Ein- und Ausbauen von Schalungsankern durch solch massive Bauteile verhältnismäßig aufwendig, allein schon wegen der sehr langen Ankerstäbe und notwendiger Ankerhülsen. Deshalb werden solche und ähnliche massive Bauteile nur einhäuptig geschalt und dabei über die Höhe geklettert wie bei einer gewöhnlichen Kletterschalung.

Während bei reinen Kletterschalungen der Frischbetondruck über die Anker abgetragen wird, muss dieser bei einer Sperrenschalung einhäuptig über eine verstärkte Abstützungs- und Konsolenkonstruktion (Bild 5.16) bis in den darunter bereits hergestellten Bauabschnitt eingeleitet werden. Die sonstige Konstruktion entspricht der von Kletterschalungen. Auch Sperrenschalungen können mit dem Kran umgesetzt oder kranunabhängig mit *Kletterautomaten* hydraulisch nach oben geklettert werden.

Bild 5.16 Sperrenschalung, Bildquelle: Doka

■ 5.6 Gleitschalungen

Zu den häufig zum Einsatz kommenden Kletterschalungen stellen Gleitschalungen eine grundsätzliche Alternative dar (Bild 5.17). *Gleitschalungen* können jedoch nicht immer eingesetzt werden, sondern verlangen die Erfüllung gewisser Voraussetzungen.

Das Betonieren der Wände erfolgt permanent über 24 Stunden pro Tag, gewöhnlich im Dreischichtbetrieb. Dies erfordert auch den nächtlichen Betrieb eines Betonmischwerks einschließlich der Transporte der Betonfahrmischer.

Bild 5.17
Herstellung eines Kamins mit konischer Gleitschalung, Bildquelle: Gleitbau Salzburg

Die Schalung ist dauernd in Bewegung und gleitet sehr langsam, aber ununterbrochen nach oben. An der Schalung können keine *Einbauteile* befestigt werden. Diese und auch *Rückbiegeanschlüsse* und *Schraubanschlüsse* von Bewehrungsstäben müssen an der Wandbewehrung befestigt werden.

Hierdurch kommt es zu verhältnismäßig großen Toleranzen. Einbauteile und Bewehrungsanschlüsse sind nach dem Ausschalen oft von Beton umschlossen und deren Lage von außen nicht unmittelbar erkennbar, sodass sie oft erst gesucht werden müssen, vor allem, wenn sich deren Lage durch den Betoniervorgang leicht verändert hat. Auch die Bewehrungsarbeiten müssen ununterbrochen ausgeführt werden.

Das Prinzip einer *Gleitschalung* besteht darin, dass die gesamte kompakte Schalungs- und Gerüstkonstruktion über Traversen und mechanische oder hydraulische Heber an in der Wand einbetonierten Stangen langsam nach oben bewegt wird (Bild 5.18). Die Gleitgeschwindigkeit liegt in der Regel unter 0,5 m/h.

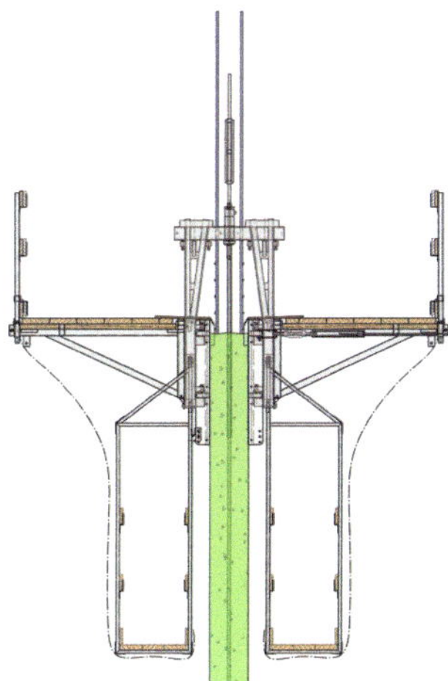

Bild 5.18
Schnitt einer Gleitschalung,
Bildquelle: Gleitbau Salzburg

■ 5.7 Schachtbühnen

Die lichten Weiten von Aufzug- und Installationsschächten eines Bauwerks sind meistens so gering, dass für die allseitige Montage von Klettergerüsten einschließlich der Konsolen nicht genügend Platz zur Verfügung steht. Aus diesem Grund werden hier *Schachtbühnen* (Bild 5.19) verwendet, welche die Wandschalung tragen und an denen auch eine *Nachlaufbühne* angehängt werden kann.

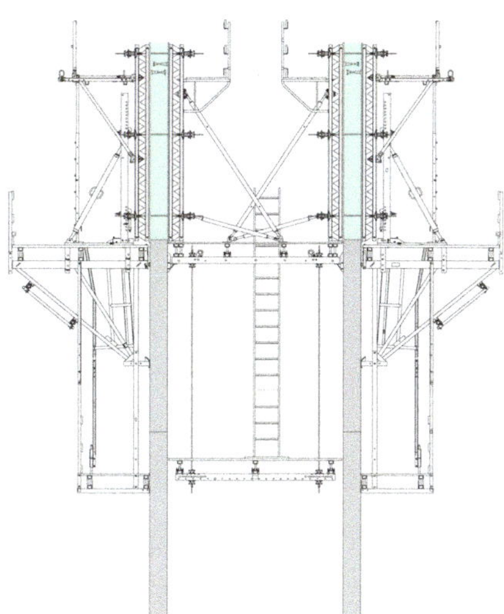

Bild 5.19
Kletterschalung außen (links und rechts) sowie
Schachtbühne innen (Mitte), Bildquelle: PERI

Eine Schachtbühne besteht aus zwei Bühnenträgern aus Stahl, die beidseitig mit beweglichen Klinken ausgestattet sind, welche in Aussparungen der Wand ihr Auflager finden. Durch ein Baukastensystem lassen sich die Trägerlängen flexibel an das geforderte Maß anpassen.

Der Bühnenbelag liegt auf Querträgern aus Stahl oder Holz, die über die Bühnenträger gespannt sind. Die *Bühnenträger* sind mit Kranösen ausgestattet, an welchen das Seilgehänge des Krans befestigt werden kann, um die gesamte Bühne und *Nachlaufbühne* mit einem Hub in die nächste Position zu bringen (Bild 5.20). Es ist auch möglich, Bühne und Schalung gemeinsam zu versetzen.

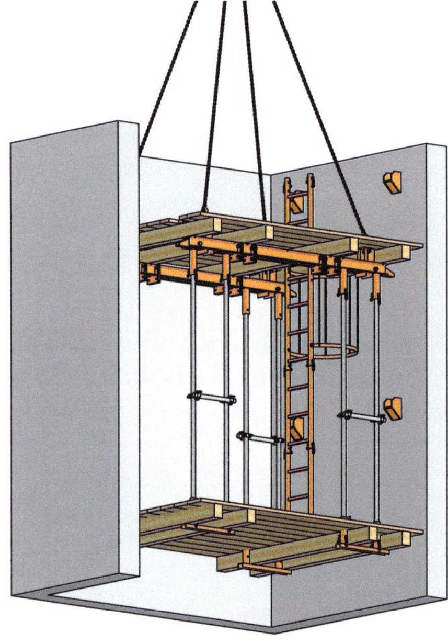

Bild 5.20
Schachtbühne mit Nachlaufbühne beim Versetzvorgang ohne Schalung, Bildquelle: PASCHAL

Beim Anheben der Schachtbühne werden die *Klinken* aus der Wandaussparung herausgedreht und laufen über Rollen an der Wand entlang nach oben, bis sie in der nächsten Aussparung wieder ausklinken und die Bühne dort abgesetzt werden kann (Bild 5.21). Die Aussparungen werden mit Aussparungskörpern aus Kunststoffen, Holz oder Stahlblechen hergestellt, die an der Schalung befestigt werden müssen.

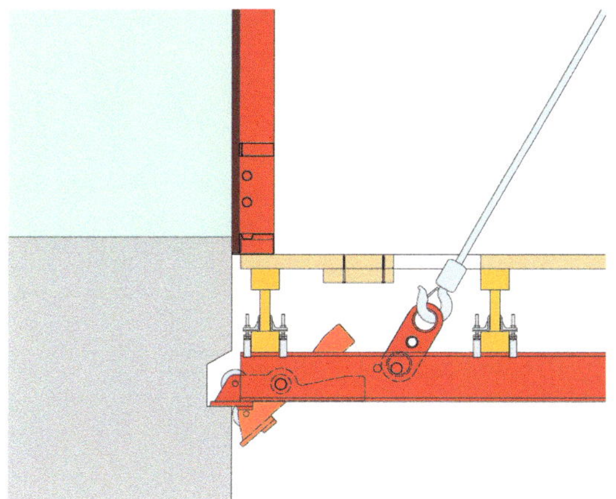

Bild 5.21
Schachtbühne mit Bühnenträger und Klinke, Bildquelle: PERI

Weitere Befestigungsmöglichkeiten bieten Ankerlösungen wie bei den Kletterkonsolen. Beispielsweise kann die Schachtbühne auf einem *Auflagerschuh* gelagert werden, der mit einem Anker an der Wand befestigt wird (Bild 5.22). Eine andere Möglichkeit besteht darin, die Schachtbühne mit einem Bühnenkopf, der anstelle der Klinke angebracht wird, auf einem in der Wand befestigten Anker aufzulagern.

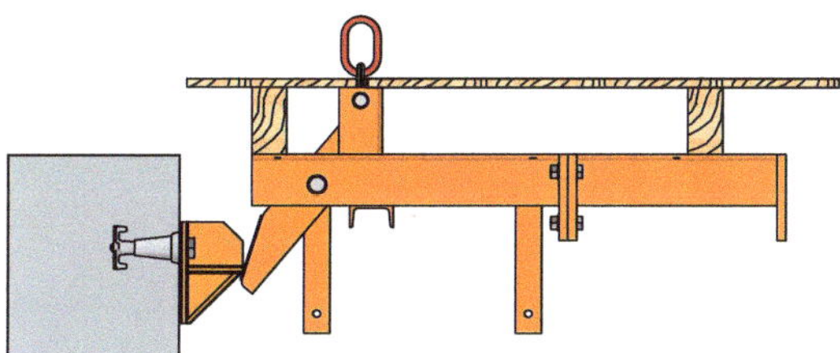

Bild 5.22
Schachtbühne mit Bühnenträger und Auflagerschuh, Bildquelle: PASCHAL

Um die Innenschalung für den Versetzvorgang nicht öffnen bzw. auseinanderbauen zu müssen, können in den Schachtecken *Ausschalinnenecken* verwendet werden (Bild 5.23). Je nach Hersteller gibt es unterschiedliche Mechanismen. Eine Funktionsweise erfolgt über einen Drehmechanismus, durch den die Ausschalinnenecken mit den anhängenden Schalungselementen nach innen gezogen werden (Bild 5.23). Dadurch entsteht zwischen Beton und Schalung genügend Freiraum, um die Schalung aus dem Schacht zu heben oder gemeinsam mit der Bühne zu versetzen. Für den nächsten Einsatz wird die Schalung wieder auf das benötigte Maß auseinandergefahren.

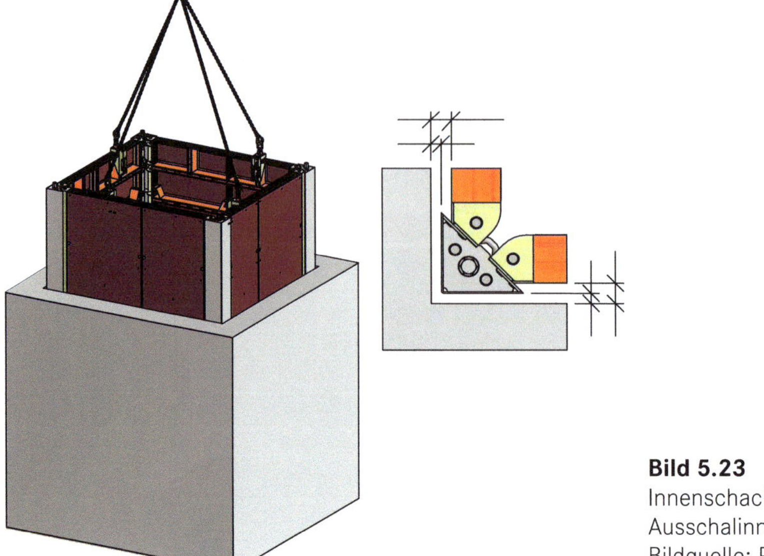

Bild 5.23
Innenschachtschalung mit Ausschalinnenecken, Bildquelle: PASCHAL

5.8 Einhäuptig zu schalende Wände

5.8.1 Doppelhäuptige Schalung

Im Allgemeinen können Wände doppelhäuptig (beidseitig) geschalt werden. Bevor die Bewehrung eingebaut werden kann, muss zunächst eine Seite als *Vorstellschalung* gestellt werden. Für die lotrechte, ebene und bündige Ausrichtung der Schalungselemente werden spindelbare *Richtstützen* verwendet. Vorteilhaft ist, Richtstützen und *Betoniergerüste* fest an den Wandschalungselementen zu montieren (Bild 5.24). Je nach Bausituation und Höhe ist es notwendig, die Seite mit Richtstützen und *Überfallschutz* zuerst zu stellen. Die zweite Seite mit dem Konsolgerüst wird dann danach gestellt. Somit wird gewährleistet, dass niemand über die Schalung nach unten fallen kann. Nach dem Bewehren der Wand können die zweite Seite der Schalung als *Schließschalung* zugestellt und die Anker gesetzt werden.

Die Abstellstützen haben neben der Ausrichtung der Schalung die Aufgabe, äußere Kräfte auf die Schalung wie z. B. Windkräfte aufzunehmen und in den Baugrund abzuleiten. Außer bei *Imperfektionen* durch ungewollte *Schiefstellung* der Schalung müssen aus dem Frischbetondruck keine Kräfte von den Richtstützen aufgenommen werden.

Der Frischbetondruck wird beidseitig von der Konstruktion der Wandschalungselemente aufgenommen und direkt über die *Schalungsanker* durch die Wand abgetragen.

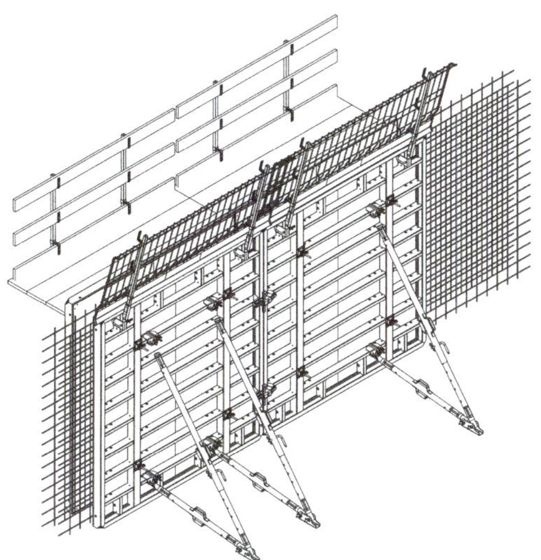

Bild 5.24
Doppelhäuptige (= beidseitige) Wandschalung mit Schalungsankern, Bildquelle: PERI

Hinweis

Der in den folgenden Beispielen dargestellte Frischbetondruck entspricht der Berechnung in *Übungsbeispiel 5.1* in Abschnitt 5.9. Der Berechnung liegen folgende Annahmen zugrunde:

- Steiggeschwindigkeit $v = 3{,}0$ m/h
- Betonkonsistenz F2
- Frischbetonrohwichte $\gamma_c = 26$ kN/m^3
- Erstarrungsende nach $t_E = 5$ h

Damit ergibt sich ein maximaler Frischbetondruck nach DIN 18218 von $\sigma_{hk,max} = 51$ kN/m^2.

5.8.2 Einhäuptige Schalung

Wird eine Wand gegen ein bestehendes Bauteil hergestellt, ist oft zwischen diesem und der neuen Wand kein Platz, um eine Schalung mit Arbeitsraum dort unterzubringen. Anhand der nachstehenden Beispiele wird erläutert, welche Möglichkeiten bestehen, um *einhäuptige Schalungen* gegen den Betondruck zu sichern.

Einhäuptige Schalung mit Durchankerung

Beim ersten Beispiel ist eine Stahlbetonwand unmittelbar neben einem bereits bestehenden Bauwerk zu erstellen. Zwischen beiden Bauwerken muss durch eine Trennschicht (z. B. Styropor) eine Setzungsfuge zwischen den Außenwänden ausgebildet werden. Sofern das bestehende Bauwerk nicht genutzt wird, besteht grundsätzlich die Möglichkeit, durch das vorhandene Mauerwerk zu ankern

(Bild 5.25). Die Schalung links in Bild 5.25 stellt eine Handschalung zur Sicherung des vorhandenen Mauerwerks dar. Möglicherweise kann hier auf die Sparschalung verzichtet werden.

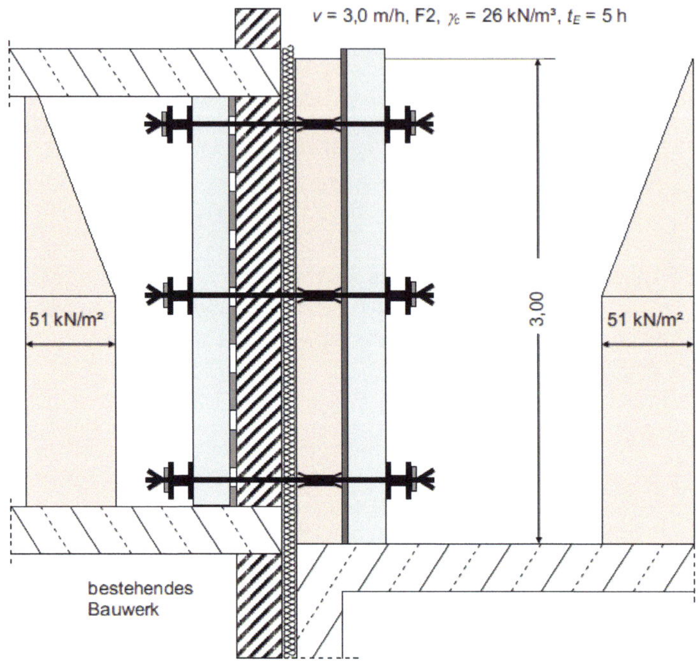

Bild 5.25 Einhäuptige Wandschalung mit Schalungsankern

Einhäuptige, ankerlose Schalung mit Abstützböcken

Wird das bestehende Bauwerk genutzt, kann keine Durchankerung gewählt werden. In diesem Fall kommt eine Systemschalung mit *Abstützbock* zum Einsatz. Um den horizontalen Frischbetondruck abtragen zu können, ist eine *Verankerung* der Abstützböcke notwendig (Bild 5.26).

Prüfhinweis

Es ist zu prüfen, inwieweit die vorhandene Bauwerkskonstruktion in der Lage ist, den nach der anderen Seite wirkenden Frischbetondruck aufzunehmen. Ist dies nicht der Fall, muss der Frischbetondruck reduziert werden, z. B. durch langsameres Betonieren oder Unterteilen des Betonierens in mehrere Betonierabschnitte. Beim Betonieren in mehreren Abschnitten können jedoch ungünstigere Verhältnisse entstehen (s. *Übungsbeispiel 5.6* in Abschnitt 5.10).

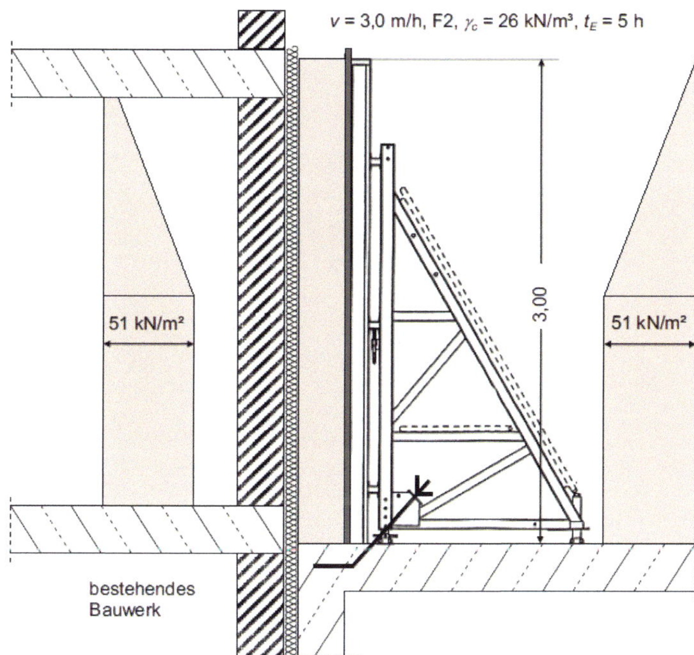

Bild 5.26 Einhäuptige, ankerlose Wandschalung mit Abstützbock

Einhäuptige Schalung mit Felsankern

Beim zweiten Beispiel ist eine Stahlbetonwand vor einer Bohrpfahlwand zu erstellen. Bei innerstädtischen Baustellen in enger Bebauung werden die Außenwände der Untergeschosse oft direkt vor der Baugrubenumschließung hergestellt. Auch hier ist eine Trennung der beiden Bauwerke notwendig.

Ist eine Bohrpfahlwand oder Schlitzwand z. B. als Baugrubenumschließung vorhanden und sollen direkt davor ohne Arbeitsraum Stahlbetonwände hergestellt werden, kann die einhäuptige Wandschalung mit *Felsankern* (Bild 5.28) in den Bohrpfählen oder der Schlitzwand verankert werden (Bild 5.27). Es werden Ankerlöcher in die Bohrpfähle gebohrt und dort Felsanker eingesetzt.

Die Lage der *Ankerlöcher* ist von verschiedenen Parametern abhängig. Die Größe und Einteilung der Schalungselemente mit der genauen Lage der *Ankerstellen* muss bekannt sein. Hierfür ist eine entsprechende *Arbeitsvorbereitung* erforderlich.

Von Nachteil sind die Ankerlöcher in einer Außenwand, wenn das Gebäude gegen drückendes Wasser von außen abgedichtet werden muss. Dann ist gleichzeitig eine *wasserdichte Ankerung* einzubauen.

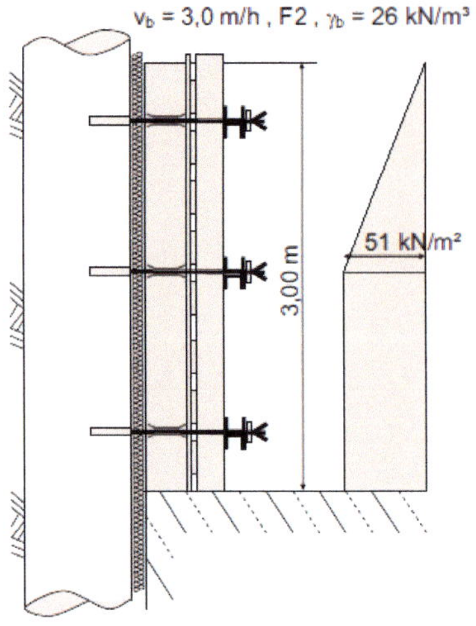

Bild 5.27
Einhäuptige Wandschalung mit Durchankerung in Felsanker

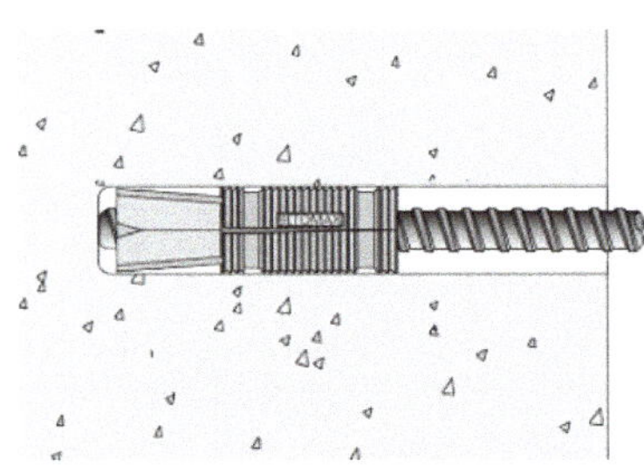

Bild 5.28
Felsanker, Bildquelle: BETOMAX

Einhäuptige Schalung mit Felsankern bei weißer Wanne

Anstatt eines bis in den Felsanker durchgehenden Ankerstabes wird der Ankerstab mithilfe der Ankerkonen mit einer Wassersperre (Bild 5.30) gekoppelt, welche mittig in die Wand eingebaut wird (Bild 5.29).

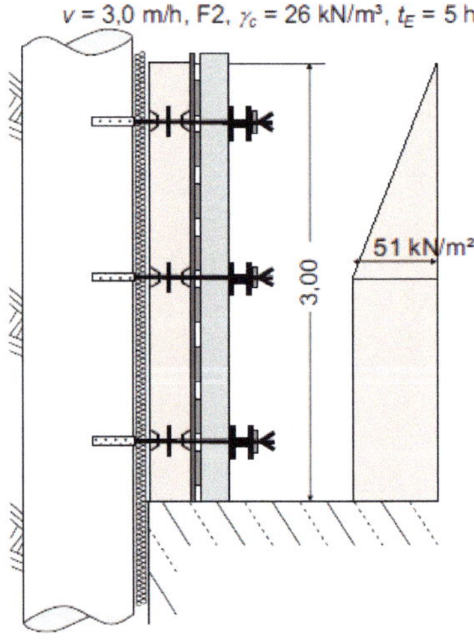

Bild 5.29
Einhäuptige Wandschalung mit Wassersperren für weiße Wanne

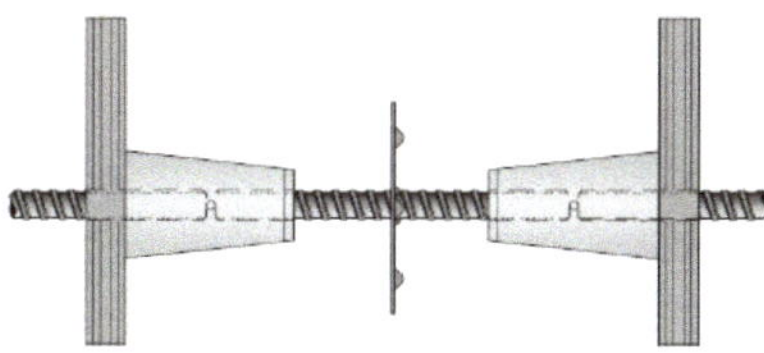

Bild 5.30
Wassersperre, Bildquelle: BETOMAX

Die Funktion der *Wassersperre* (Bild 5.30) gleicht der Funktion eines Fugenbleches oder Fugenbandes, denn die an den Ankerstab angeschweißte Platte verlängert den Eindringweg des Wassers und ermöglicht dadurch, die Wand für einen entsprechend hohen Wasserdruck abzudichten. Die Wassersperre selbst und der hintere im Felsanker sitzende Ankerstab sind verlorene Teile, die nicht wiedergewonnen werden können.

Darüber hinaus stehen weitere Verfahren zur Verfügung, die Ankerlöcher abzudichten:

- *Verpressen* der Ankerhülsen mit Quellmörtel,
- Einkleben von *Betonkonen* in die Ankerstellen (Bild 5.31),
- Einsetzen von *Dichtungskonen* in die Ankerlöcher (Bild 5.32).

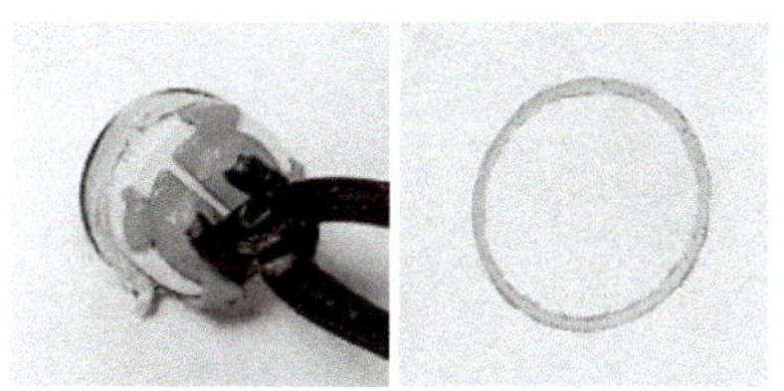

Bild 5.31
Betonkonen zur Abdichtung von Ankerstellen, Bildquelle: PERI

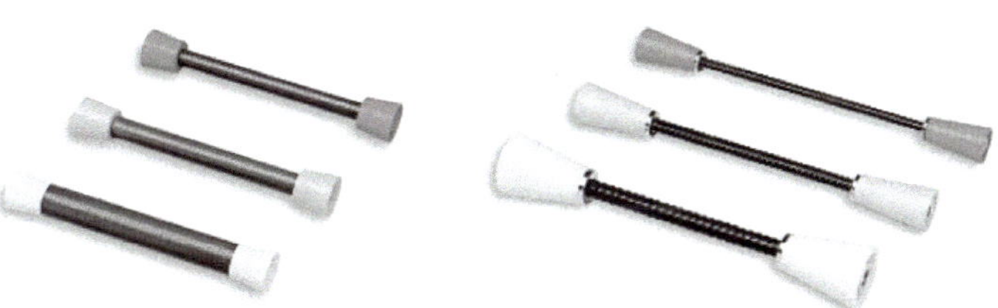

Bild 5.32 Ankerhülsen mit Dichtungskonen (links) und Ankerkonen mit Ankerstab ohne Ankerhülsen (rechts), Bildquelle: PERI

Die Dichtungs- und Ankerkonen (Bild 5.32) können nach dem Ausschalen der Wand entfernt und durch Betonkonen (Bild 5.31) ersetzt werden. Wenn Ankerstäbe ohne Ankerhülse einbetoniert werden (Bild 5.32 rechts), verbleiben diese als verlorene Teile im Beton. Diese können auch als Wassersperre (Bild 5.30) ausgeführt werden.

5.8.3 Einhäuptige und ankerlose Wandschalung

Die einhäuptige und *ankerlose Wandschalung* wird dann eingesetzt, wenn gegen Baugrubenumschließungen, gegen bestehende Bauwerke oder Abdichtungen betoniert werden soll oder wenn für die Ausbildung einer *weißen Wanne* grundsätzlich auf Ankerstellen verzichtet werden muss. Sie wird auch dann verwendet, wenn große Wandstärken massiger Bauteile ein Durchankern unwirtschaftlich machen.

Die *Abstützböcke* (Bild 5.33) sind schwere Fachwerkrahmen aus Stahl, die bei manchen Systemen je nach Höhe aus mehreren Elementen zusammengebaut werden können. Bei einer Regelbreite von etwa 2,50 m eines Wandschalungselements sind meistens zwei Abstützböcke je Element erforderlich. Die Abstützböcke werden mit den Wandschalungselementen konstruktiv verbunden, sodass sie als Einheiten gemeinsam mit den Schalungselementen vom Kran umgesetzt werden können.

Bild 5.33
Abstützbock an einer Wandschalung, Bildquelle: PERI

Abstützböcke und Schalungselemente bilden zusammen ein *räumliches Tragwerk* (Bild 5.33), welches insbesondere in der schrägen Ebene der hochbelasteten Druckstäbe in den Abstützböcken durch Verbände aus Gerüstrohren und Kupplungen ausgesteift und *gegen Kippen gesichert* werden muss.

5.8.4 Verankerung der Abstützböcke

Für die *Verankerung der Abstützböcke* steht eine größere Anzahl an technisch-konstruktiven Lösungen mit entsprechenden Baubehelfen zur Verfügung. Als Anker werden verwendet:

- *Wellenanker* (Bild 5.34 und Bild 5.38 links),
- *Verankerungsschlaufen* (Bild 5.35 und Bild 5.38 rechts) und
- *Ankerstab* mit *Ankermutter* und *Ankerplatte* (Bild 5.36 und Bild 5.37).

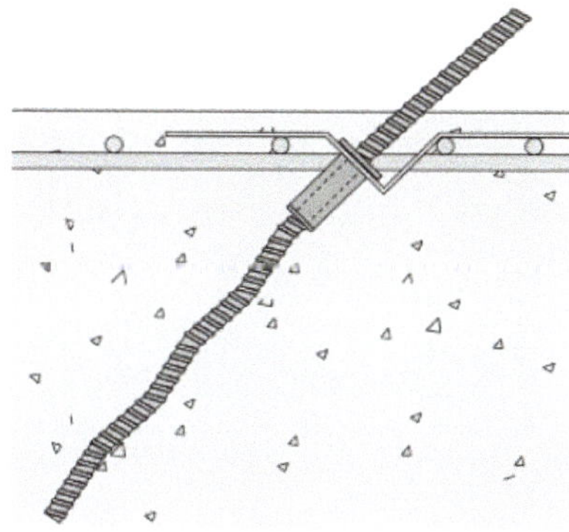

Bild 5.34
Wellenanker, Bildquelle: BETOMAX

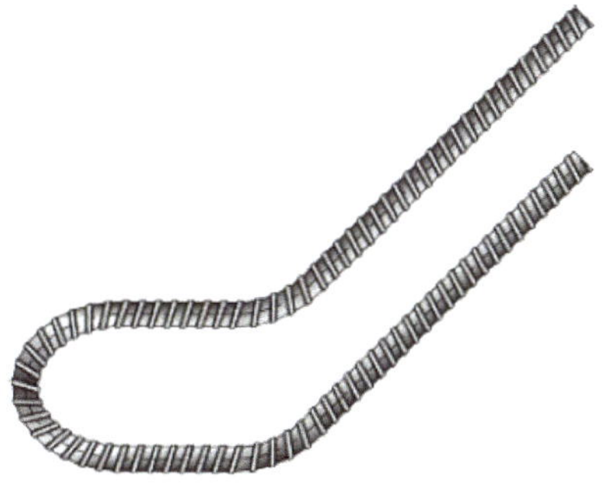

Bild 5.35
Verankerungsschlaufe, Bildquelle: BETOMAX

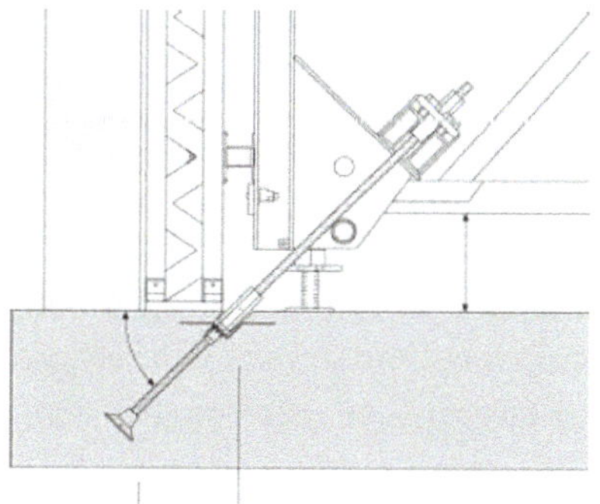

Bild 5.36
Ankerplatte, zusätzlich ist eine Spaltzugbewehrung erforderlich, Bildquelle: PERI

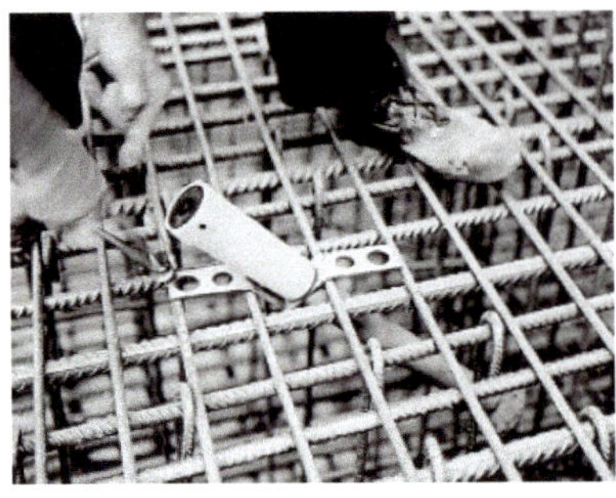

Bild 5.37
Befestigung der Verankerung an der Bewehrung, Bildquelle: PERI

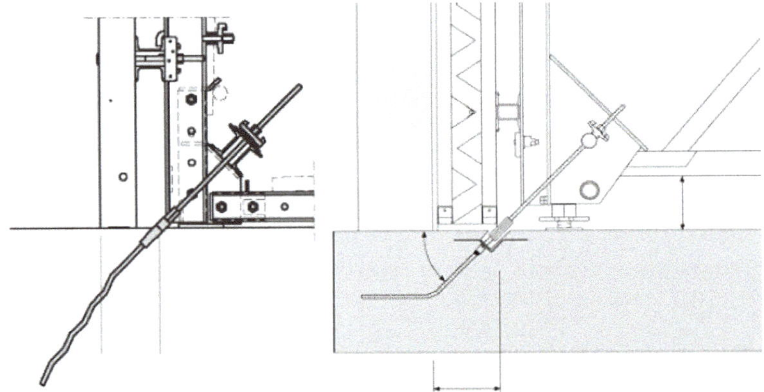

Bild 5.38 Verankerung des Abstützbocks mit Wellenanker (links, Bildquelle: Doka) und Verankerungsschlaufe (rechts, Bildquelle: PERI)

In allen Fällen werden konzentrische Kräfte in den Beton der Bodenplatte, des Fundaments oder der Decke eingeleitet. Die Aufnahme der meist großen Kräfte im Beton muss entsprechend nachgewiesen werden. Möglicherweise muss eine zusätzliche Spaltzugbewehrung eingebaut werden.

Alle diese speziellen Verankerungen bestehen aus Ankerstäben DYWIDAG Ø 15 mm oder größer und sind für genau die Ankerkräfte ausgelegt, für welche die normalen Schalungsanker vorgesehen und zugelassen sind (s. Abschnitt 2.9). So können bei entsprechendem Verbund zwischen Anker und Beton sowohl mit dem Wellenanker als auch mit der Verankerungsschlaufe oder der Ankerplatte mit einem Ankerstab DYWIDAG Ø 15 mm eine maximale Kraft von zul F_{As} = 90 kN bzw. $N_{u;Rd}$ = 140 kN gemäß Tabelle 2.24 übertragen werden.

Die schwierigste Aufgabe stellt der genaue *Einbau der Verankerungen* bei der Herstellung der entsprechenden Decke oder Bodenplatte dar. Bereits vor der Herstellung der Decke oder Bodenplatte ist eine weit vorausschauende *Arbeitsvorbereitung* nötig, bei der folgende Maßangaben festgelegt werden müssen, die für den lagerechten Einbau der Anker von Bedeutung sind:

1. Festlegen der Betonierabschnitte der Wände,
2. Einteilen der Wandschalungselemente im Grundriss,
3. Anordnen der Abstützböcke an den Schalungselementen,
4. Ermitteln der Aufbaudicke der Schalung,
5. Untersuchen der Geometrie und Höhenlage der Abstützböcke,
6. geometrisches Zuordnen der einzelnen Anker.

Bei der Bauausführung ist besondere Sorgfalt darauf zu legen, dass die Verankerungen sehr genau in der richtigen Lage und vor allem genau unter dem planmäßigen Winkel von meistens 45° eingebaut werden (s. dazu *Übungsbeispiel 5.3*). Die besondere Schwierigkeit liegt in der Regel darin, dass bei den Bodenplatten oder Decken oberseitig keine Schalung vorhanden ist, sondern dass die Anker mit entsprechenden Befestigungsteilen an der Bewehrung der Decke oder Bodenplatte befestigt werden müssen, die oft gewisse Maßtoleranzen aufweist (Bild 5.37).

■ 5.9 Statischer Exkurs

Statischer Exkurs zu einhäuptigen und ankerlosen Wandschalungen

In Abschnitt 5.9 wird eine einhäuptige und ankerlose Wandschalung ganzheitlich im Zusammenhang in den *Übungsbeispielen 5.1 bis 5.5* behandelt. ■

Einhäuptige und ankerlose Wandschalung mit Abstützbock

Eine Wand soll mithilfe eines Abstützbocks und einer konventionellen Wandschalung mit Holzschalungsträgern hergestellt werden. Im Folgenden wird zunächst die Bemessung für den Abstützbock dargestellt. Im Anschluss daran wird die Bemessung der Wandschalung selbst ausgeführt. Der in Bild 5.39 dargestellte *Abstützbock* entspricht einem Abstützbock Typ Doka Universal F 4,50 m.

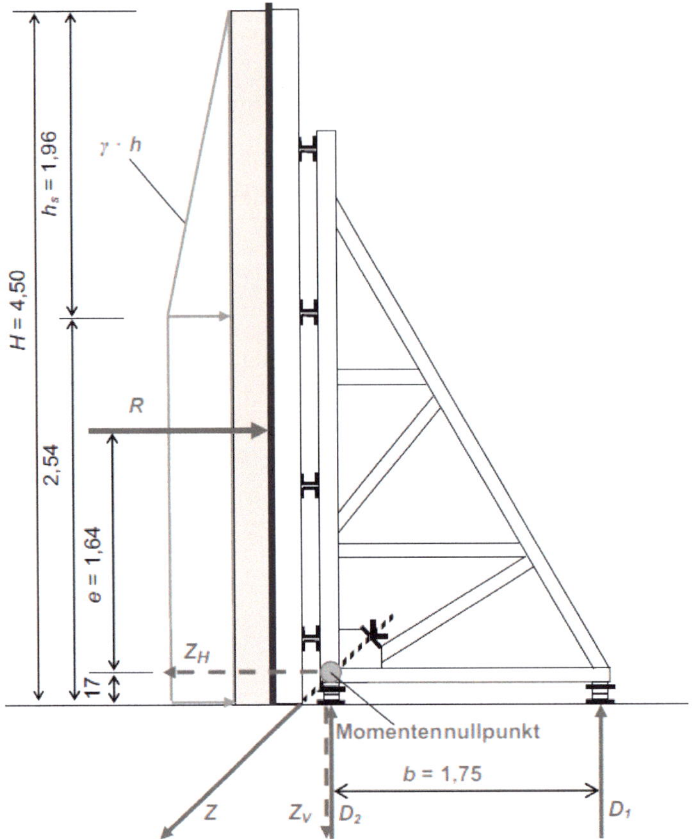

Bild 5.39 Einhäuptige Wandschalung: Einwirkungen und Auflagerreaktionen

Abmessungen der Wand und geplanter Betoniervorgang:

Wandhöhe:	H = 4,50 m
Wanddicke:	d = 0,30 m
Wandlänge:	L = 17,00 m (Länge des maßgeblichen Betonierabschnitts)
Betonkonsistenz:	F2
Betonmenge:	V_b = 4,50 m · 0,30 m · 17,00 m = 22,95 m³ ≈ 23,0 m³
Betonierdauer:	T_b = 1,5 h bei einer durchschnittlichen Kranspielzeit von t_s = 3,9 min/Kranspiel und einem Betonkübelinhalt von $V_{Kübel}$ = 1000 lt

Übungsbeispiel 5.1

Einwirkungen: Rechnerischer Frischbetondruck

Die *Steiggeschwindigkeit* v ergibt sich zu

$$v = \frac{H}{T_b} = \frac{4{,}5\ \text{m}}{1{,}5\ \text{h}} = 3{,}0\ \frac{\text{m}}{\text{h}} \tag{5.1}$$

Der *Frischbetondruck* kann entweder aus den Diagrammen der DIN 18218 abgelesen oder nach den entsprechenden Formeln berechnet werden. Das Erstarrungsende wird hier nach 5 h angenommen: K1 = 1,0.

$$\sigma_{hk,max} = (10 \cdot v + 19) \cdot K1 = (10 \cdot 3{,}0 + 19) \cdot 1{,}0 = 49{,}0\ \frac{\text{kN}}{\text{m}^2} \tag{5.2}$$

Die Umrechnung auf die *Frischbetonrohwichte* nach DIN EN 1991-1-1 ist bei lotrechten Schalungen nicht zwingend erforderlich, wird hier jedoch exemplarisch als auf der sicheren Seite liegend vorgenommen. Für $\gamma_c = 26\ \text{kN/m}^3$ ergibt sich nach Formel 2.20 der Umrechnungsfaktor α zu:

$$\alpha = \frac{\gamma_c}{25} = \frac{26\ \frac{\text{kN}}{\text{m}^3}}{25\ \frac{\text{kN}}{\text{m}^3}} = 1{,}04 \tag{5.3}$$

Damit wird der maximale Frischbetondruck $\sigma_{hk,max}$:

$$\sigma_{hk,max} = 49{,}0\ \frac{\text{kN}}{\text{m}^2} \cdot 1{,}04 = 51{,}0\ \frac{\text{kN}}{\text{m}^2} \tag{5.4}$$

Bild 5.40 Abstützböcke an runder Wandschalung, Bildquelle: PASCHAL

Die *hydrostatische Druckverteilung* wirkt bis zu einer *hydrostatischen Druckhöhe* h_s von:

$$h_s = \frac{\sigma_{hk,max}}{\gamma_c} = \frac{51\,\frac{\text{kN}}{\text{m}^2}}{26\,\frac{\text{kN}}{\text{m}^3}} = \frac{49\,\frac{\text{kN}}{\text{m}^2}}{25\,\frac{\text{kN}}{\text{m}^3}} = 1{,}96\ \text{m} \tag{5.5}$$

Resultierende Frischbetondruckkraft *R*

Der Frischbetondruck kann rechnerisch in der *Resultierenden R* zusammengefasst werden (Bild 5.39).

$$R = 2{,}54\ \text{m} \cdot 51\,\frac{\text{kN}}{\text{m}^2} + 1{,}96\ \text{m} \cdot \frac{51\,\frac{\text{kN}}{\text{m}^2}}{2} = 129{,}54\,\frac{\text{kN}}{\text{m}} + 49{,}98\,\frac{\text{kN}}{\text{m}} = 179{,}52\,\frac{\text{kN}}{\text{m}} \tag{5.6}$$

Hebelarm *e* der Resultierenden *R*

Aus dem Momentengleichgewicht wird der *Hebelarm e* der Resultierenden *R* bezogen auf den in Bild 5.39 angegebenen Momentennullpunkt berechnet.

$$R \cdot e = 129{,}54\,\frac{\text{kN}}{\text{m}} \cdot \left(\frac{2{,}54}{2} - 0{,}17\right)\text{m} + 49{,}98\,\frac{\text{kN}}{\text{m}} \cdot \left(\frac{1{,}96}{3} + 2{,}54 - 0{,}17\right)\text{m} \tag{5.7}$$

$$R \cdot e = 129{,}54\,\frac{\text{kN}}{\text{m}} \cdot 1{,}10\ \text{m} + 49{,}98\,\frac{\text{kN}}{\text{m}} \cdot 3{,}02\ \text{m} \tag{5.8}$$

$$R \cdot e = 142{,}49\,\frac{\text{kNm}}{\text{m}} + 151{,}11\,\frac{\text{kNm}}{\text{m}} = 293{,}60\,\frac{\text{kNm}}{\text{m}} \tag{5.9}$$

$$e = \frac{R \cdot e}{R} = \frac{293{,}60\,\frac{\text{kNm}}{\text{m}}}{179{,}52\,\frac{\text{kN}}{\text{m}}} = 1{,}64\ \text{m} \tag{5.10}$$

Übungsbeispiel 5.2

Ankerzug- und Auflagerdruckkräfte von Abstützböcken

In den Werksunterlagen der Hersteller finden sich Angaben über die Tragfähigkeit von Abstützböcken. In Abhängigkeit vom Frischbetondruck $\sigma_{hk,max}$ und der Betonierhöhe *H* werden die Ankerzugkraft *Z* der Verankerung des Abstützbocks sowie die Auflagerdruckkraft D_1 angegeben.

Aufgrund der Elastizität des Abstützbockes aus Stahl verformt sich dieser durch den Frischbetondruck um ein bestimmtes Maß. Ankerzugkräfte *Z*, Auflagerdruckkräfte D_1 sowie die Verformungen am oberen Ende des Abstützbockes sind in Tabelle 5.4 für den hier verwendeten Abstützbock angegeben.

Tabelle 5.4 Ankerzug- und Auflagerdruckkräfte bei einer Einflussbreite von 1,00 m des Abstützbocks Typ Doka Universal F 4,50 m nach Werksangaben

Zulässiger Frischbetondruck kN/m²	Betonierhöhe *H* (m)	Ankerkraft *Z* (kN)	Spindelkraft D_1 (kN)	Verformung oben (mm)
40	3,00	124,0	55,0	1
	3,50	153,0	81,0	2
	4,00	181,0	113,0	3
	4,50	209,0	150,0	10
50	3,00	141,0	59,0	1
	3,50	177,0	89,0	2
	4,00	212,0	126,0	4
	4,50	247,0	170,0	10

Quelle: Doka

Da die Verformung zu einer Schiefstellung der Schalung führen würde, muss die Schalung zusammen mit dem Abstützbock mit einer entsprechenden Schiefstellung aufgestellt werden. Dies kann zu weiteren unplanmäßigen Beanspruchungen führen, z. B. durch Auftrieb beim Betonieren.

Berechnung der Auflagerreaktionskräfte Z, D_1, D_2

Zur Berechnung der Auflagerreaktionen werden drei Gleichgewichtsbedingungen aufgestellt:

Gleichgewichtsbedingung für $\Sigma M = 0$:

$$D_1 \cdot b = D_1 \cdot 1{,}75\,\text{m} = R \cdot e \tag{5.11}$$

$$D_1 = \frac{R \cdot e}{b} = \frac{179{,}52\,\frac{\text{kN}}{\text{m}} \cdot 1{,}64\ \text{m}}{1{,}75\ \text{m}} = 168{,}24\ \text{kN} \tag{5.12}$$

(vgl. Tabelle 5.4: $D_1 = 170$ kN/m für Frischbetondruck $\sigma_{hk,max} = 50\,\text{kN/m}^2$)

Gleichgewichtsbedingung für $\Sigma H = 0$ bei einer Ankerneigung von 45°:

$$Z_H = R = 179{,}52\,\frac{\text{kN}}{\text{m}} \tag{5.13}$$

$$Z = \sqrt{2} \cdot Z_H = \sqrt{2} \cdot 179{,}52\,\frac{\text{kN}}{\text{m}} = 253{,}88\,\frac{\text{kN}}{\text{m}} \tag{5.14}$$

(vgl. Tabelle 5.4: $Z = 247$ kN/m)

Gleichgewichtsbedingung für $\Sigma V = 0$:

$$D_1 + D_2 = Z_V = Z_H \tag{5.15}$$

$$D_2 = 179{,}52\,\frac{\text{kN}}{\text{m}} - 168{,}24\,\frac{\text{kN}}{\text{m}} = 11{,}28\,\frac{\text{kN}}{\text{m}} \tag{5.16}$$

Die Tatsache, dass die Auflagerdruckkraft D_2 sehr klein wird, kann eine ernste Gefahr darstellen, sobald an den geometrischen Verhältnissen auch nur geringe Veränderungen vorgenommen werden! Sobald nämlich die Auflagerdruckkraft D_2 negativ ist, wird der Anker auf Biegung beansprucht! Ist dies der Fall, kann es unmittelbar zum Versagen des gesamten Systems kommen. Daher muss auf die Genauigkeit bei der Verankerung des Abstützbocks und der Geometrie der gesamten Konstruktion besondere Sorgfalt angewandt werden.

Übungsbeispiel 5.3

Sicherheit des Systems

Sicherheit des Systems bei einer Ankerneigung von 45°

Mit der Gleichgewichtsbedingung für $\Sigma\, V = 0$ gilt für die Auflagerdruckkraft D_2:

$$D_2 = Z_V - D_1 \tag{5.17}$$

Die vertikale Komponente der Auflagerzugkraft Z_V erhält man aus der Gleichgewichtsbedingung für $\Sigma H = 0$ für die Resultierende R aus dem Frischbetondruck:

$$Z_V = Z_H = R \tag{5.18}$$

Für D_1 gilt wie oben nach der Gleichgewichtsbedingung für $\Sigma\, M = 0$:

$$D_1 = \frac{R \cdot e}{b} \tag{5.19}$$

mit der Basis $b = 1{,}75$ m aus der Geometrie des Abstützbocks (Bild 5.39).

Damit kann die Auflagerdruckkraft D_2 berechnet werden zu:

$$D_2 = R - \frac{R \cdot e}{b} = R \cdot \left(1 - \frac{e}{b}\right) \tag{5.20}$$

Somit wird die Auflagerkraft D_2 genau dann negativ, wenn

$$\frac{e}{b} > 1 \text{ bzw. } e > b \tag{5.21}$$

Die vorhandene Sicherheit γ des Systems ist damit

$$\gamma = \frac{b}{e} = \frac{1{,}75}{1{,}64} = 1{,}0671 \tag{5.22}$$

Fazit

Je größer die Basis *b* des Abstützbocks oder je kleiner der Hebelarm *e* der resultierenden Frischbetondruckkraft *R* ist, desto größer wird die globale Sicherheit *γ* des Systems.

Sicherheit des Systems bei einer Ankerneigung ≠ 45°

Mit der Gleichgewichtsbedingung für $\Sigma V = 0$ gilt für die Auflagerdruckkraft D_2:

$$D_2 = Z_V - D_1 \tag{5.23}$$

Die vertikale Komponente der Auflagerzugkraft Z_V erhält man aus den Winkelbeziehungen des rechtwinkligen Dreiecks (Bild 5.41) und der Gleichgewichtsbedingung für $\Sigma H = 0$ für die Resultierende *R* aus dem Frischbetondruck:

$$Z_H = R \tag{5.24}$$

$$Z_V = Z_H \cdot \tan\alpha = R \cdot \tan\alpha \tag{5.25}$$

Für D_1 gilt wie oben nach der Gleichgewichtsbedingung für $\Sigma M = 0$:

$$D_1 = \frac{R \cdot e}{b} \tag{5.26}$$

mit der Basis $b = 1{,}75\,\text{m}$ aus der Geometrie des Abstützbocks (Bild 5.39). Damit kann die Auflagerdruckkraft D_2 berechnet werden zu:

$$D_2 = R \cdot \tan\alpha - \frac{R \cdot e}{b} = R \cdot \left(\tan\alpha - \frac{e}{b}\right) \tag{5.27}$$

Somit wird die Auflagerdruckkraft D_2 genau dann negativ, wenn

$$\frac{e}{b} > \tan\alpha \tag{5.28}$$

Fazit

Je größer die Basis *b* des Abstützbocks oder je kleiner der Hebelarm *e* der resultierenden Frischbetondruckkraft *R* ist, desto größer wird die Sicherheit *γ* des Systems.

Für $\alpha = 45°$ ergibt sich eine vorhandene Sicherheit *γ* des Systems von:

$$\gamma = \frac{b}{e} \cdot \tan\alpha = \frac{1{,}75}{1{,}64} \cdot \tan 45° = 1{,}0671 \tag{5.29}$$

Interessant ist jedoch die Frage, bei welchem Neigungswinkel α des Ankerstabs die Sicherheit $\gamma = 1{,}0$ ist und die Auflagerdruckkraft $D_2 = 0$ ist bzw. dann negativ wird. Für

$$\frac{e}{b} = \frac{1{,}64}{1{,}75} = 0{,}9371 > \tan\alpha \tag{5.30}$$

und damit für

$$\alpha < \tan^{-1} 0{,}9371 = 43{,}14° \tag{5.31}$$

ergibt sich die Sicherheit $\gamma < 1{,}0$. Dies bedeutet, dass bei einem Neigungswinkel des Ankers von $\alpha < 43{,}14°$ die Ankerkraft D_2 negativ ist, also zu einer abhebenden Zugkraft wird, wodurch es zwangsläufig zum Versagen des gesamten Systems kommen muss, da der Anker auf Biegung beansprucht wird!

Die hier dargelegte Sicherheit γ des Gesamtsystems hat nichts mit den Teilsicherheitsbeiwerten γ_M und γ_F der Bemessung zu tun. Die oben ausgeführten Sachverhalte wurden bewusst mit den Gebrauchslasten r_k ohne Teilsicherheitsbeiwerte dargestellt, um den Unterschied zu verdeutlichen.

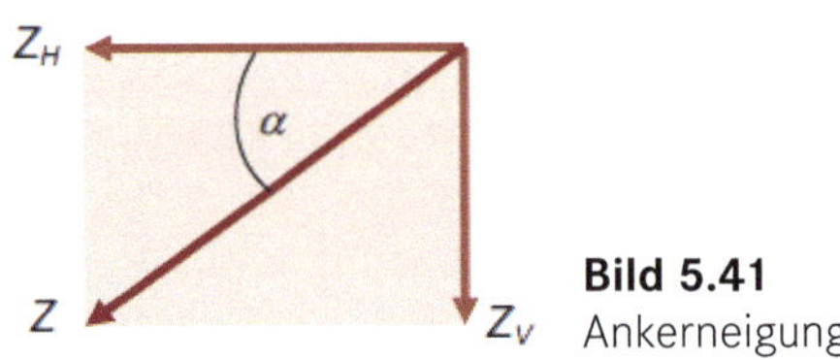

Bild 5.41 Ankerneigung

Fazit

Je kleiner der Winkel α, desto geringer die globale Sicherheit γ des Systems.

Der folgende Tragfähigkeitsnachweis der Anker-Zugkraft wird ebenfalls mit Gebrauchslasten und den bislang gültigen zulässigen Lasten geführt. Die sich danach anschließenden Betrachtungen zur Verankerung im Beton erfordern die Berücksichtigung der Teilsicherheitsbeiwerte γ_M und γ_F als Tragfähigkeitsnachweis nach Eurocode.

Übungsbeispiel 5.4

Nachweis der Anker-Zugkraft

Die vorhandene Zugkraft beträgt $Z = 253{,}88\,\text{kN/m}$.

Die *zulässige Tragkraft* eines Ankers DYWIDAG ∅ = 15,0 mm wird nach Tabelle 2.24 mit zul F_{As} = 90,0 kN angegeben.

Damit kann die erforderliche Anzahl der Anker n_{erf} berechnet werden zu:

$$n_{erf} = \frac{253{,}88\ \frac{\text{kN}}{\text{m}}}{90{,}0\ \frac{\text{kN}}{\text{Anker}}} = 2{,}82\ \frac{\text{Anker}}{\text{m}} \tag{5.32}$$

Es ergibt sich daraus ein maximaler mittlerer Ankerabstand a_{max} von:

$$a_{max} = \frac{90{,}0\ \frac{\text{kN}}{\text{Anker}}}{253{,}88\ \frac{\text{kN}}{\text{m}}} = 0{,}35\ \text{m} \tag{5.33}$$

Die zulässige Tragkraft eines Ankers DYWIDAG ∅ = 20,0 mm wird nach Tabelle 2.24 mit zul F_{As} = 160,0 kN angegeben.

Damit kann die erforderliche Anzahl der Anker n_{erf} berechnet werden zu:

$$n_{erf} = \frac{253{,}88\ \frac{\text{kN}}{\text{m}}}{160{,}0\ \frac{\text{kN}}{\text{Anker}}} = 1{,}59\ \frac{\text{Anker}}{\text{m}} \tag{5.34}$$

Daraus ergibt sich ein maximaler mittlerer Ankerabstand a_{max} von

$$a_{max} = \frac{160{,}0\ \frac{\text{kN}}{\text{Anker}}}{253{,}88\ \frac{\text{kN}}{\text{m}}} = 0{,}63\ \text{m} \tag{5.35}$$

Damit können für ein Wandschalungselement mit einer Breite von B = 2,50 m jeweils zwei Abstützböcke mit einem Abstand a = 1,25 m mit je zwei Ankern DYWIDAG ∅ = 20,0 mm gewählt werden. Für die oben berechnete Zugkraft Z = 253,88 kN/m ergibt sich ein mittlerer Ankerabstand a von

$$a = \frac{1{,}25\ \text{m}}{2} = 0{,}625\ \text{m} \tag{5.36}$$

bei einer Anker-Zugkraft Z_{Anker} von

$$Z_{Anker} = 253{,}88\ \frac{\text{kN}}{\text{m}} \cdot 0625\ \text{m} = 158{,}68\ \text{kN} < 160{,}0\ \text{kN} = \text{zul}\ F_{As} \tag{5.37}$$

Übungsbeispiel 5.5

Nachweis der Verankerung im Beton

Die horizontal wirkende Komponente der Zugkraft Z_H kann in der Regel leicht über die Bodenplatte oder Decke horizontal abgetragen werden. So wirken entsprechende Reibungskräfte zwischen Bodenplatte und Erdreich, unter der Bodenplatte liegende Fundamente stützen sich horizontal gegen Erdreich ab. Decken stützen sich horizontal über Wandscheiben ab. Die Ableitung der horizontalen Komponente der Ankerzugkraft ist also in der Regel kein Problem.

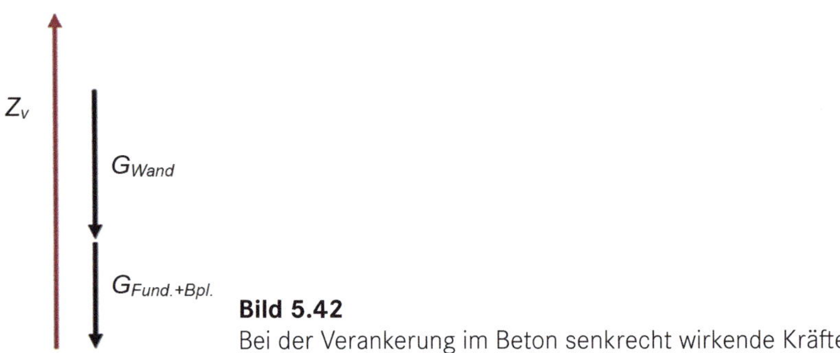

Bild 5.42
Bei der Verankerung im Beton senkrecht wirkende Kräfte

Gegen die abhebend nach oben wirkende Zugkraft-Komponente Z_V wirken Reibungskräfte zwischen Frischbeton und Schalung sowie das Eigengewicht der Schalungskonstruktion. Diese sind verhältnismäßig klein und können hier vernachlässigt werden.

Die größten Kräfte wirken jedoch durch das Eigengewicht von Fundament und Bodenplatte sowie durch das Eigengewicht des Frischbetons innerhalb der Wandschalung selbst. Fundament und Bodenplatte werden hier vereinfachend nur direkt unter der zu betonierenden Wand mit einem Querschnitt von 80 cm × 80 cm angesetzt.

Die vertikale Komponente der Ankerzugkraft kann abgetragen werden, wenn folgende Bedingung erfüllt ist (Formel 5.38):

$$Z_V < G_{Wand} + G_{Fundament+Bodenplatte} \tag{5.38}$$

Für die vorhandenen Eigengewichte von Wand, Fundament und Bodenplatte gilt überschlägig:

$$G_{Wand} = d \cdot H \cdot \gamma_c = 0{,}30\ \text{m} \cdot 4{,}50\ \text{m} \cdot 26\,\frac{\text{kN}}{\text{m}^3} = 35{,}10\,\frac{\text{kN}}{\text{m}} \tag{5.39}$$

$$G_{Fund.+Bpl.} = d \cdot H \cdot \gamma_c = 0{,}80\ \text{m} \cdot 0{,}80\ \text{m} \cdot 26\,\frac{\text{kN}}{\text{m}^3} = 16{,}64\,\frac{\text{kN}}{\text{m}} \tag{5.40}$$

$$\sum G = G_{Wand} + G_{Fund.+Bpl.} = 35{,}10\,\frac{\text{kN}}{\text{m}} + 16{,}64\,\frac{\text{kN}}{\text{m}} = 51{,}74\,\frac{\text{kN}}{\text{m}} \tag{5.41}$$

$$\sum G = 51{,}74\,\frac{\text{kN}}{\text{m}} < 179{,}52\,\frac{\text{kN}}{\text{m}} = Z_V \tag{5.42}$$

Damit ergibt sich eine Restzugkraft Z_R, die in der Bodenplatte eine Biegebeanspruchung erzeugt:

$$Z_R = 179{,}52\,\frac{\text{kN}}{\text{m}} - 51{,}74\,\frac{\text{kN}}{\text{m}} = 127{,}78\,\frac{\text{kN}}{\text{m}} \tag{5.43}$$

Das Moment M_R in der Bodenplatte ergibt sich aus der y_F-fachen Restzugkraft Z_R mit einem Hebelarm ℓ = 2,05 m vom Schwerpunkt der Lasteintragung des Ankerstabs in der Bodenplatte bis zum Auflager D_1 des Abstützbocks, wo rechnerisch eine Einspannung der Bodenplatte (Bild 5.39) angenommen wird:

$$M_R = \gamma_F \cdot Z_R \cdot \ell = 1{,}5 \cdot 127{,}78\,\frac{\text{kN}}{\text{m}} \cdot 2{,}05\ \text{m} = 392{,}92\,\frac{\text{kNm}}{\text{m}} \tag{5.44}$$

Für eine Bodenplatte h = 35 cm mit einem Beton der Güte C 20/25 kann die für die Aufnahme des Frischbetondrucks erforderliche Bewehrung nach dem k_d-Bemessungsverfahren berechnet werden.

Nach Formel 5.45 wird der Faktor k_d berechnet:

$$k_d = \frac{d\,[\text{cm}]}{\sqrt{\dfrac{M_{Eds}\left[\dfrac{\text{kNm}}{\text{m}}\right]}{b\left[\dfrac{\text{m}}{\text{m}}\right]}}} = \frac{(35-4)\,[\text{cm}]}{\sqrt{\dfrac{392{,}92\left[\dfrac{\text{kNm}}{\text{m}}\right]}{1{,}0\left[\dfrac{\text{m}}{\text{m}}\right]}}} = 1{,}56 \tag{5.45}$$

Aus den Bemessungstabellen für Rechteckquerschnitte nach dem k_d-Verfahren ergibt sich für k_d = 1,56 der Faktor k_s = 2,74 und damit ein erforderlicher Bewehrungsquerschnitt A_s nach Formel 5.46 von

$$A_s\left[\frac{\text{cm}^2}{\text{m}}\right] = k_s \cdot \frac{M_{Eds}\left[\dfrac{\text{kNm}}{\text{m}}\right]}{d\,[\text{cm}]} = 2{,}74 \cdot \frac{392{,}92\left[\dfrac{\text{kNm}}{\text{m}}\right]}{31\,[\text{cm}]} = 34{,}73\,\frac{\text{cm}^2}{\text{m}} \tag{5.46}$$

Die erforderliche Querschnittsfläche A_s entspricht bei Bewehrungsstäben

- mit einem Stabdurchmesser von d_s = 28 mm bei einem Stababstand von s = 17,5 cm bzw. einer Anzahl von n = 5,7 Stäben/m,
- mit einem Stabdurchmesser von d_s = 25 mm einem Stababstand von s = 14,0 cm bzw. einer Anzahl von n = 7,1 Stäben/m.

5.10 Mögliche Fehler und Schadensursachen

Übungsbeispiel 5.6

Zwei Betonierabschnitte

Zwei Betonierabschnitte können z.B. wegen geringer Tragfähigkeit des vorhandenen Mauerwerks erforderlich werden. Der erste Betonierabschnitt nach Bild 5.43 kann hier unberücksichtigt bleiben, da der Hebelarm *e* der resultierenden Frischbetondruckkraft *R* bei gleicher Basis *b* deutlich kleiner ist.

Maßgebend ist jedoch in diesem Fall der zweite Betonierabschnitt, weil dann der Hebelarm *e* der resultierenden Frischbetondruckkraft *R* sehr viel größer wird.

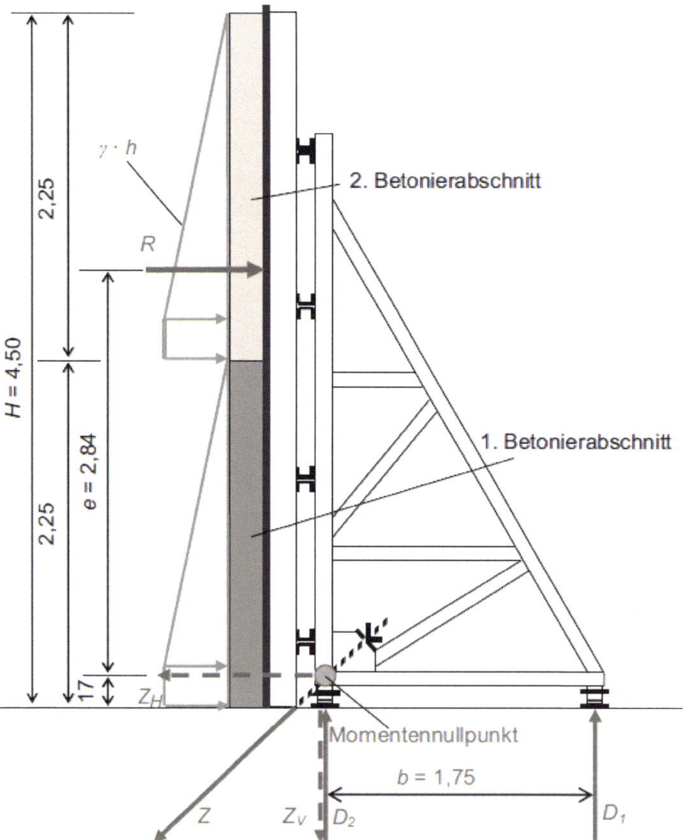

Bild 5.43 Einhäuptige Wandschalung: zwei Betonierabschnitte

Die Resultierende R berechnet sich zu:

$$R = 49{,}98\,\frac{\text{kN}}{\text{m}} + 51{,}0\,\frac{\text{kN}}{\text{m}^2}\cdot 0{,}29\text{ m} = 49{,}98 + 14{,}7 = 64{,}77\,\frac{\text{kN}}{\text{m}} \qquad (5.47)$$

Damit kann der Hebelarm e der Resultierenden R aus dem Moment $R \cdot e$ berechnet werden mit:

$$R \cdot e = 49{,}98\,\frac{\text{kN}}{\text{m}}\cdot 3{,}02\text{ m} + 14{,}79\,\frac{\text{kN}}{\text{m}}\cdot 2{,}225\text{ m} \qquad (5.48)$$

$$R \cdot e = 150{,}94\,\frac{\text{kNm}}{\text{m}} + 32{,}91\,\frac{\text{kNm}}{\text{m}} = 183{,}85\,\frac{\text{kNm}}{\text{m}} \qquad (5.49)$$

$$e = \frac{R \cdot e}{R} = \frac{183{,}85\,\frac{\text{kNm}}{\text{m}}}{64{,}77\,\frac{\text{kN}}{\text{m}}} = 2{,}84\text{ m} \qquad (5.50)$$

Für D_1 gilt wie oben nach der Gleichgewichtsbedingung für $\Sigma\, M = 0$:

$$D_1 = \frac{R \cdot e}{b} = \frac{183{,}85\,\frac{\text{kNm}}{\text{m}}}{1{,}75\text{ m}} = 105{,}06\,\frac{\text{kN}}{\text{m}} \qquad (5.51)$$

Die horizontale und vertikale Komponente der Auflagerzugkraft Z_V erhält man aus der Gleichgewichtsbedingung für $\Sigma\, H = 0$ für die Resultierende R aus dem Frischbetondruck bei einer Ankerneigung von 45°:

$$Z_H = Z_V = R = 64{,}77\,\frac{\text{kN}}{\text{m}} \qquad (5.52)$$

Damit ist die Ankerzugkraft:

$$Z = R \cdot \sqrt{2} = 64{,}77\,\frac{\text{kN}}{\text{m}} \cdot \sqrt{2} = 91{,}60\,\frac{\text{kN}}{\text{m}} \qquad (5.53)$$

Mit der Gleichgewichtsbedingung für $\Sigma\, V = 0$ gilt für die Auflagerdruckkraft D_2:

$$D_2 = Z_V - D_1 = 64{,}77\,\frac{\text{kN}}{\text{m}} - 105{,}06\,\frac{\text{kN}}{\text{m}} = -40{,}29\,\frac{\text{kN}}{\text{m}} \qquad (5.54)$$

Die Auflagerdruckkraft wird hier *negativ* und wirkt somit als abhebende Zugkraft, die den Anker auf Biegung beansprucht. Das System ist dadurch *unbrauchbar* und muss zwangsläufig versagen. Die Sicherheit des Systems berechnet sich zu:

$$\frac{b}{e} = \frac{1{,}75}{2{,}84} = 0{,}62 < 1{,}0 \qquad (5.55)$$

Dieses Beispiel zeigt, dass beim Unterteilen des Betoniervorgangs in zwei Betonierabschnitte der zweite Betonierabschnitt äußerst kritisch zu betrachten ist und rechnerisch in der Regel nicht funktioniert.

Fazit

Je größer der Hebelarm *e* der resultierenden Frischbetondruckkraft *R*, desto geringer die globale Sicherheit des Systems.

Übungsbeispiel 5.7

Nach oben verlängerte Wandschalung mit zusätzlicher Verankerung

Die Verlängerung der Wandschalung, wie in Bild 5.44 dargestellt, über die von den Herstellern der Abstützböcke angegebenen Maße hinaus ist grundsätzlich nicht erlaubt. Für höhere Wände sind prinzipiell größere und dafür geeignete Abstützböcke einzusetzen. Das folgende Beispiel soll die sehr große Gefahr des Versagens bewusst machen, wenn die Angaben der Schalungshersteller nicht befolgt werden.

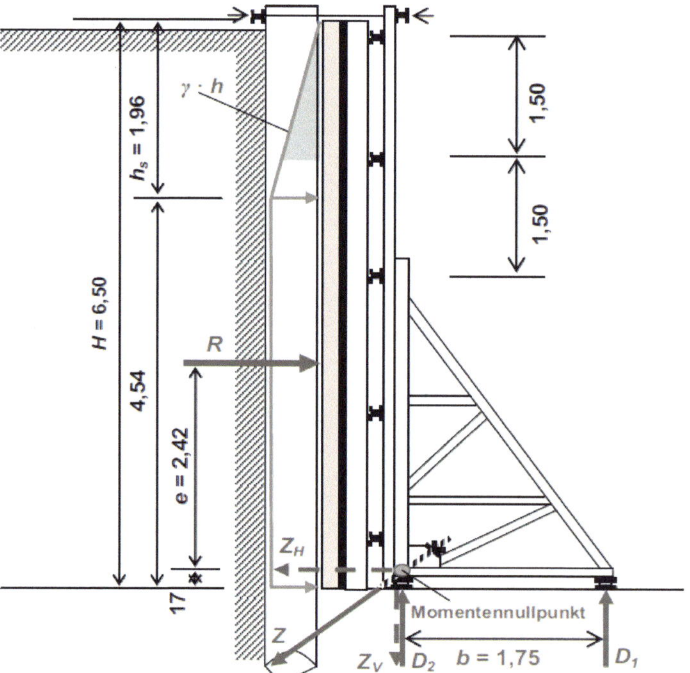

Bild 5.44 Nach oben verlängerte Wandschalung mit zusätzlicher Verankerung

Im folgenden Beispiel soll eine Wand mit der Höhe $H = 6{,}50\,\text{m}$ einhäuptig und ankerlos geschalt werden. Dafür soll die Wandschalung um 2,00 m Höhe nach oben verlängert werden. Um denselben Abstützbock verwenden zu können, soll zwischen Wandschalungselement und Abstützbock ein zusätzlicher Stahlträger eingebaut werden, mit dessen Hilfe die Abtragung der Lasten über dem Abstützbock hälftig auf denselben und zur ganz oben angebrachten Rückverankerung an den Bohrpfählen erfolgen soll.

Die Resultierende R berechnet sich zu:

$$R = 51\frac{\text{kN}}{\text{m}^2}\cdot 4{,}54\ \text{m} + 49{,}98\frac{\text{kN}}{\text{m}} - 26\frac{\text{kN}}{\text{m}^2}\cdot\frac{1{,}5\ \text{m}}{2} \tag{5.56}$$

$$R = 237{,}54\frac{\text{kN}}{\text{m}} + 49{,}98\frac{\text{kN}}{\text{m}} - 19{,}5\frac{\text{kN}}{\text{m}} = 262{,}02\frac{\text{kN}}{\text{m}} \tag{5.57}$$

Damit kann der Hebelarm e der Resultierenden R aus dem Moment $R\cdot e$ berechnet werden mit:

$$R\cdot e = 231{,}54\frac{\text{kN}}{\text{m}}\cdot\left(\frac{4{,}54\ \text{m}}{2} - 0{,}17\ \text{m}\right)$$

$$+49{,}98\frac{\text{kN}}{\text{m}}\cdot\left(\frac{1{,}96\ \text{m}}{3} + 4{,}54\ \text{m} - 0{,}17\text{m}\right)$$

$$-19{,}5\frac{\text{kN}}{\text{m}}\cdot\left(6{,}5\ \text{m} - 1{,}5\ \text{m}\cdot\frac{2}{3} - 0{,}17\ \text{m}\right) \tag{5.58}$$

$$R\cdot e = 231{,}54\frac{\text{kN}}{\text{m}}\cdot 2{,}1\ \text{m} + 49{,}98\frac{\text{kN}}{\text{m}}\cdot 5{,}02\ \text{m} - 19{,}5\frac{\text{kN}}{\text{m}}\cdot 5{,}33\ \text{m} \tag{5.59}$$

$$R\cdot e = 231{,}54\frac{\text{kN}}{\text{m}}\cdot 2{,}1\ \text{m} + 49{,}98\frac{\text{kN}}{\text{m}}\cdot 5{,}02\ \text{m} - 19{,}5\frac{\text{kN}}{\text{m}}\cdot 5{,}33\ \text{m} \tag{5.60}$$

$$R\cdot e = 486{,}23 + 251{,}07 - 103{,}94 = 633{,}36\frac{\text{kNm}}{\text{m}} \tag{5.61}$$

$$e = \frac{R\cdot e}{R} = \frac{633{,}36\dfrac{\text{kNm}}{\text{m}}}{262{,}02\dfrac{\text{kN}}{\text{m}}} = 2{,}42\ \text{m} \tag{5.62}$$

Für D_1 gilt wie oben nach der Gleichgewichtsbedingung für $\Sigma M = 0$:

$$D_1 = \frac{R\cdot e}{b} = \frac{633{,}36\dfrac{\text{kNm}}{\text{m}}}{1{,}75\ \text{m}} = 361{,}92\frac{\text{kN}}{\text{m}} \tag{5.63}$$

Die horizontale und vertikale Komponente der Auflagerzugkraft Z erhält man aus der Gleichgewichtsbedingung für $\Sigma\, H = 0$ für die Resultierende R aus dem Frischbetondruck bei einer Ankerneigung von 45°:

Gleichgewichtsbedingung für $\Sigma\, H = 0$:

$$Z_H = Z_V = R = 262{,}02 \frac{\text{kN}}{\text{m}} \tag{5.64}$$

Damit erhält man die Ankerzugkraft:

$$Z = R \cdot \sqrt{2} = 262{,}02 \cdot \sqrt{2} = 370{,}55 \frac{\text{kN}}{\text{m}} \tag{5.65}$$

Mit der Gleichgewichtsbedingung für $\Sigma\, V = 0$ gilt für die Auflagerdruckkraft D_2:

$$D_2 = Z_V - D_1 = 262{,}02 \frac{\text{kN}}{\text{m}} - 361{,}92 \frac{\text{kN}}{\text{m}} = -99{,}90 \frac{\text{kN}}{\text{m}} \tag{5.66}$$

Die Auflagerdruckkraft hat hier einen sehr hohen *negativen* Wert und wirkt somit als abhebende Zugkraft, die den Anker auf Biegung beansprucht. Das System ist dadurch absolut *unbrauchbar* und muss zwangsläufig *versagen*. Die Sicherheit des Systems berechnet sich zu:

$$\frac{b}{e} = \frac{1{,}75}{2{,}42} = 0{,}72 < 1{,}0 \tag{5.67}$$

Dieses Beispiel zeigt, dass beim unzulässigen Verlängern der Schalung über die von den Schalungsherstellern angegebenen Maße hinaus zwangsläufig die Gefahr des Systemversagens besteht.

Fazit

Je größer der Hebelarm e der resultierenden Frischbetondruckkraft R, desto geringer die globale Sicherheit des Systems.

5.11 Bemessung der Wandschalung

In Abschnitt 5.11 wird die Wandschalung ganzheitlich im Zusammenhang in den *Übungsbeispielen 5.8 bis 5.13* behandelt.

Materialauswahl

Zur Verfügung stehendes Material:

- Schalungshaut: Mehrschichtplatte Birken-Sperrholz $d = 21$ mm,

- Träger: Holzschalungsträger GT 24, $V_d = 19{,}5$ kN, $M_{n,d} = 10{,}5$ kNm und $E \cdot I = 800$ kNm^2,
- Gurtungen: 2 U 100 aus Stahl S 235 (St 37), $E = 210.000$ N/mm^2, $I_y = 2 \cdot 206$ cm^4, $W_y = 2 \cdot 41{,}2$ cm^3, $S_y = 2 \cdot 24{,}5$ cm^3, $t = 2 \cdot 8{,}5$ mm, $E \cdot I_y = 865{,}2$ kNm^2.

Belastung

Die Bemessung der Wandschalung ist mit dem maximalen Frischbetondruck $\sigma_{hk,max}$ durchzuführen:

$$\sigma_{hk,max} = 51{,}0 \frac{\text{kN}}{\text{m}^2} \tag{5.68}$$

$$E_d = \sigma_{hk,max} \cdot \gamma_F = r_k \cdot \gamma_F = 51{,}0 \frac{\text{kN}}{\text{m}^2} \cdot 1{,}5 = 76{,}5 \frac{\text{kN}}{\text{m}^2} \tag{5.69}$$

mit dem Teilsicherheitsbeiwert $\gamma_F = 1{,}5$ für veränderliche Lasten nach DIN EN 1995-1-1 „Holzbauten".

Übungsbeispiel 5.8

Nachweis der Schalungshaut

Statisches System: Einfeldträger

Der maximale Trägerabstand wird mit $\ell = 36$ cm angenommen.

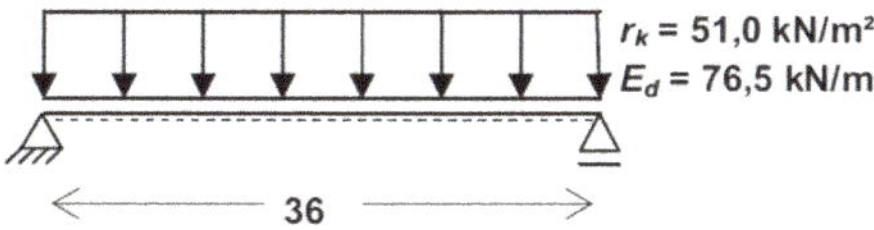

Statisches System: Zweifeldträger für die Schubbemessung

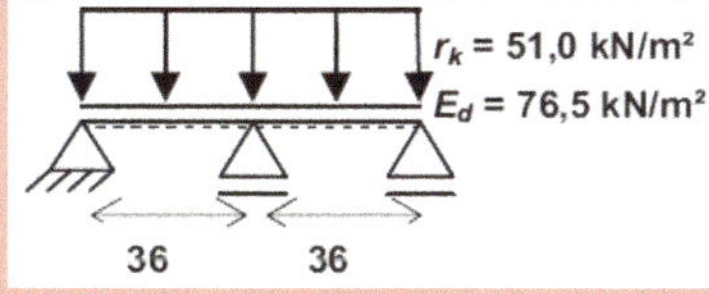

Prinzipiell wird der Bemessung das statische System des *Einfeldträgers* zugrunde gelegt, solange es auf der sicheren Seite liegt.

Für die *Schubbemessung* ist jedoch der *Zweifeldträger* das ungünstigere statische System und wird hier immer dann zugrunde gelegt, wenn dieser Fall nicht ausgeschlossen werden kann.

Schubbemessung

Maximale Querkraft $V_{r,d}$ nach Formel 2.17

$$V_{r,d} = 1{,}25 \cdot \frac{E_d \cdot \ell}{2} = 1{,}25 \cdot \frac{76{,}5\,\frac{\text{kN}}{\text{m}^2} \cdot 0{,}36\ \text{m}}{2} = 17{,}21\,\frac{\text{kN}}{\text{m}} \tag{5.70}$$

Maximale Schubspannung τ_d mit Formel 2.12:

$$\tau_d = \frac{1{,}5 \cdot V_{r,d}}{A} = \frac{1{,}5 \cdot 17{,}21\,\frac{\text{kN}}{\text{m}}}{0{,}021\ \text{m} \cdot 1\,\frac{\text{m}}{\text{m}}} = 1229{,}29\,\frac{\text{kN}}{\text{m}^2} \tag{5.71}$$

Nach Tabelle 2.11 ist der charakteristische Widerstand $f_{v,k}$ für Schub in der Mehrschichtplatte aus Birken-Sperrholz:

$$f_{v,k} = 9{,}5\,\frac{\text{N}}{\text{mm}^2} \tag{5.72}$$

Damit ergibt sich der Bemessungswert $f_{v,d}$ für Schub zu

$$f_{v,d} = f_{v,k} \cdot \frac{k_{mod}}{\gamma_M} = 9{,}5\,\frac{\text{N}}{\text{mm}^2} \cdot \frac{0{,}7}{1{,}3} = 5{,}1154\,\frac{\text{N}}{\text{mm}^2} \tag{5.73}$$

Der Schubnachweis erfolgt nach Formel 2.11:

$$\frac{\tau_d}{f_{v,d}} = \frac{1229{,}29\,\frac{\text{kN}}{\text{m}^2}}{5115{,}40\,\frac{\text{kN}}{\text{m}^2}} = 0{,}24 < 1{,}0 \tag{5.74}$$

Biegebemessung

Maximales Moment $M_{r,d}$:

$$M_{r,d} = \frac{E_d \cdot \ell^2}{8} = \frac{76{,}5\,\frac{\text{kN}}{\text{m}^2} \cdot 0{,}36^2\ \text{m}^2}{8} = 1{,}24\,\frac{\text{kNm}}{\text{m}} \tag{5.75}$$

Vorhandene Spannung $\sigma_{m,d}$ nach Formel 2.10:

$$\sigma_{m,d} = \frac{M_{r,d}}{W_n} = \frac{1{,}24\,\frac{\text{kNm}}{\text{m}} \cdot 6}{0{,}021^2\ \text{m}^2 \cdot 1\,\frac{\text{m}}{\text{m}}} = 16.861{,}2\,\frac{\text{kN}}{\text{m}^2} \tag{5.76}$$

Für eine Mehrschichtplatte aus Birken-Sperrholz mit der Nenndicke von 21 mm nach Tabelle 2.11 gilt $f_{m,k} = 39{,}4\ \text{N/mm}^2$ in Längsrichtung und $f_{m,k} = 34{,}3\ \text{N/mm}^2$ in Querrichtung. Für den ungünstigeren Wert in Querrichtung ergibt sich der Bemessungswert $f_{m,d}$ für Biegung zu:

$$f_{m,d} = f_{m,k} \cdot \frac{k_{mod}}{\gamma_M} = 34{,}3 \frac{\text{N}}{\text{mm}^2} \cdot \frac{0{,}7}{1{,}3} = 18{,}4692 \frac{\text{N}}{\text{mm}^2} \quad (5.77)$$

Der Biegenachweis erfolgt nach Formel 2.09:

$$\frac{\sigma_{m,d}}{f_{m,d}} = \frac{16.861{,}2 \frac{\text{kN}}{\text{m}^2}}{18.469{,}2 \frac{\text{kN}}{\text{m}^2}} = 0{,}91 < 1{,}0 \quad (5.78)$$

Berechnung der Durchbiegung

Nach Formel 2.16 wird die Durchbiegung w mit der charakteristischen Einwirkung ohne Teilsicherheitsbeiwert berechnet.

$$w = \frac{5 \cdot r_k \cdot \ell^4}{384 \cdot E \cdot I} \quad (5.79)$$

Für eine Mehrschichtplatte aus Birken-Sperrholz mit der Nenndicke von 21 mm nach Tabelle 2.11 gilt $E_{mean} = 9858\ \text{N/mm}^2$ in Längsrichtung und $E_{mean} = 7642\ \text{N/mm}^2$ in Querrichtung. Für den ungünstigeren Wert in Querrichtung ergibt sich die Durchbiegung w zu

$$w = \frac{5 \cdot 51{,}0 \frac{\text{kN}}{\text{m}^2} \cdot 0{,}36^4\ \text{m}^4 \cdot 12}{384 \cdot 0{,}7642 \cdot 10^7 \frac{\text{kN}}{\text{m}^2} \cdot 0{,}021^3\ \text{m}^3 \cdot 1 \frac{\text{m}}{\text{m}}} = 0{,}0019\ \text{m} = 1{,}9\,\text{mm} \quad (5.80)$$

Die Ebenheitstoleranzen nach DIN 18202 werden für die Gesamtkonstruktion nachgewiesen (s. *Übungsbeispiel 5.11*).

Mehrschichtplatte aus Birken-Sperrholz

E-Modul längs (parallel zur Faser): $E_{mean} = 0{,}9858 \cdot 10^7\ \text{kN/m}^2$.

E-Modul quer (senkrecht zur Faser): $E_{mean} = 0{,}7642 \cdot 10^7\ \text{kN/m}^2$.

(Tabelle 2.11)

Übungsbeispiel 5.9

Nachweis der senkrechten Träger

Statisches System: Einfeldträger

Der Gurtungsabstand beträgt $\ell = 1{,}20$ m.

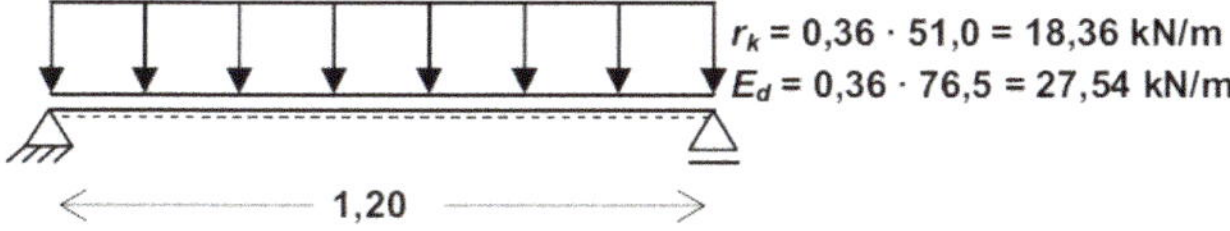

Statisches System: Zweifeldträger für die Schubbemessung

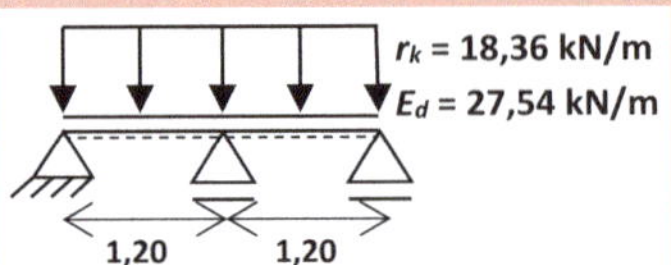

Prinzipiell wird der Bemessung das statische System des *Einfeldträgers* zugrunde gelegt, solange es auf der sicheren Seite liegt.

Für die *Schubbemessung* ist jedoch der *Zweifeldträger* das ungünstigere statische System und wird hier immer dann zugrunde gelegt, wenn dieser Fall nicht ausgeschlossen werden kann.

Schubbemessung

Maximale Querkraft $V_{r,d}$ nach Formel 2.17:

$$V_{r,d} = 1{,}25 \cdot \frac{E_d \cdot \ell}{2} = 1{,}25 \cdot \frac{27{,}54\,\frac{\text{kN}}{\text{m}} \cdot 1{,}20\ \text{m}}{2} = 20{,}66\ \text{kN} \tag{5.81}$$

Der Bemessungswert nach Tabelle 2.19 für Holzschalungsträger GT 24 beträgt V_d = 19,5 kNm.

$$\frac{V_{r,d}}{V_d} = \frac{20{,}66\ \text{kN}}{19{,}5\ \text{kN}} = 1{,}06 > 1{,}0\ (\text{Nachweis nicht erfüllt}) \tag{5.82}$$

Unter Berücksichtigung der Gurtungsbreite von 15 cm ergibt sich ein lichter Abstand der Gurtungen von ℓ' = 1,20 m – 0,15 m = 1,05 m. Damit wird die die maximale Querkraft $V_{r,d}'$:

$$V'_{r,d} = 20{,}66\,\text{kN} \cdot \frac{1{,}05}{1{,}20} = 18{,}08\ \text{kN} \tag{5.83}$$

und

$$\frac{V'_{r,d}}{V_d} = \frac{18{,}08\ \text{kN}}{19{,}5\ \text{kN}} = 0{,}93 < 1{,}0\ (\text{Nachweis erfüllt}) \tag{5.84}$$

Biegebemessung

Maximales Moment $M_{r,d}$:

$$M_{r,d} = \frac{E_d \cdot \ell^2}{8} = \frac{27{,}54\,\frac{\text{kN}}{\text{m}} \cdot 1{,}20^2\ \text{m}^2}{8} = 4{,}96\ \text{kNm} \tag{5.85}$$

Tabelle 5.5 Bemessungswerte für Holzschalungsträger GT 24 (Tabellen 2.17 und 2.19)

Bemessungswerte	Zulässige Lasten
$V_d = 19{,}5$ kN	zul $Q = 13$ kN
$M_{n,d} = 10{,}5$ kNm	zul $M = 7$ kNm
$M_{m,d} = 6{,}0$ kNm	
$E \cdot I = 800$ kNm²	

Die Gurtungen stellen die Auflager der Gitterträger dar und werden an den Fachwerk-Knoten der Gitterträger angeordnet. Nach Tabelle 2.19 beträgt damit der Bemessungswert des Moments für Holzschalungsträger GT 24 $M_{n,d} = 10{,}5$ kNm.

$$\frac{M_{r,d}}{M_d} = \frac{4{,}96 \text{ kNm}}{10{,}5 \text{ kNm}} = 0{,}47 < 1{,}0 \tag{5.86}$$

Berechnung der Durchbiegung

Nach Formel 2.16 wird die Durchbiegung w mit der charakteristischen Einwirkung ohne Teilsicherheitsbeiwert berechnet.

$$w = \frac{5 \cdot r_k \cdot \ell^4}{384 \cdot E \cdot I} \tag{5.87}$$

Nach Tabelle 2.19 gilt für Holzschalungsträger GT 24 $E \cdot I = 800\,\text{kNm}^2$.

$$w = \frac{5 \cdot 18{,}36 \frac{\text{kN}}{\text{m}} \cdot 1{,}20^4 \text{ m}^4}{384 \cdot 800 \text{ kNm}^2} = 0{,}0006 \text{ m} = 0{,}6 \text{mm} \tag{5.88}$$

Übungsbeispiel 5.10

Nachweis der Gurtungen

Statisches System: Einfeldträger

Der größte *Ankerabstand* beträgt bei einer Elementbreite von 2,50 m ℓ = 1,25 m. Bei einhäuptigen und ankerlosen Wandschalungen werden die *Abstützböcke* immer entsprechend den Ankerabständen angeordnet.

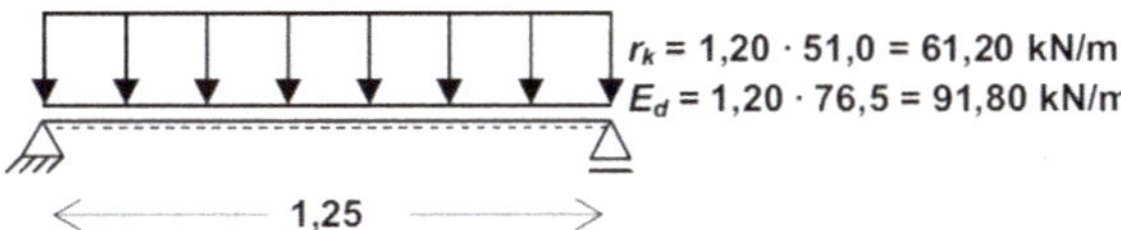

Statisches System: Zweifeldträger für die Schubbemessung

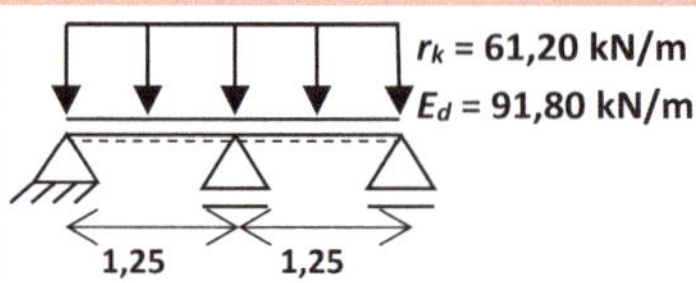

Für die Schubbemessung ist hier der Zweifeldträger das ungünstigere statische System.

Schubbemessung

Schubspannung τ_d für Stahlprofile:

$$\tau_d = \frac{V_{r,d} \cdot S_y}{I_y \cdot t} \tag{5.89}$$

Die maximale Querkraft $V_{r,d}$ wird nach Formel 2.17 berechnet zu

$$V_{r,d} = 1{,}25 \cdot \frac{E_d \cdot \ell}{2} = 1{,}25 \cdot \frac{91{,}80 \, \frac{\text{kN}}{\text{m}} \cdot 1{,}25 \text{ m}}{2} = 71{,}72 \text{ kN} \tag{5.90}$$

Die maximale *Schubspannung τ_d für Stahlprofile* ergibt sich nach Formel 5.89 berechnet zu

$$\tau_d = \frac{V_{r,d} \cdot S_y}{I_y \cdot t} = \frac{71{,}72 \text{ kN} \cdot 2 \cdot 24{,}5 \text{ cm}^3}{2 \cdot 206 \text{ cm}^4 \cdot 2 \cdot 0{,}85 \text{cm}} = 5{,}0175 \, \frac{\text{kN}}{\text{cm}^2} \tag{5.91}$$

$$\tau_d = 50.175 \, \frac{\text{kN}}{\text{m}^2} = 50{,}175 \, \frac{\text{N}}{\text{mm}^2} \tag{5.92}$$

Für Stahl S 235 entsprechend St 37 gilt die Streckgrenze $f_{y,k} = 240 \, \text{N/mm}^2$. Die *Grenznormalspannung* ist

$$\sigma_{r,d} = f_{r,d} = \frac{f_{y,k}}{\gamma_M} = \frac{240 \, \frac{\text{N}}{\text{mm}^2}}{1{,}1} = 218{,}2 \, \frac{\text{N}}{\text{mm}^2} \tag{5.93}$$

mit $\gamma_M = 1{,}1$. Die *Grenzschubspannung* ist

$$\tau_{R,d} = \frac{f_{y,d}}{\sqrt{3}} = \frac{218{,}2 \, \frac{\text{N}}{\text{mm}^2}}{\sqrt{3}} = 126{,}0 \, \frac{\text{N}}{\text{mm}^2} \tag{5.94}$$

$$\frac{\tau_d}{\tau_{R,d}} = \frac{50.175 \, \frac{\text{kN}}{\text{m}^2}}{126.000 \, \frac{\text{kN}}{\text{m}^2}} = 0{,}40 < 1{,}0 \tag{5.95}$$

Stahlprofile S 235 (St 37) für Gurtungen in Wandschalungen:

2 U100:	2 U120:	2 U140:
$I_y = 2 \cdot 206$ cm4,	$I_y = 2 \cdot 364\,cm^4$,	$I_y = 2 \cdot 605\,cm^4$,
$S_y = 2 \cdot 24{,}5\,cm^3$,	$S_y = 2 \cdot 36{,}3\,cm^3$,	$S_y = 2 \cdot 51{,}4\,cm^3$,
$E \cdot I_y = 865{,}2\,kNm^2$	$E \cdot I_y = 1.528{,}8\,kNm^2$	$E \cdot I_y = 2541{,}0\,kNm^2$
$W_y = 2 \cdot 41{,}2\,cm^3$,	$W_y = 2 \cdot 60{,}7\,cm^3$,	$W_y = 2 \cdot 86{,}4\,cm^3$,
$t = 2 \cdot 8{,}5\,mm$,	$t = 2 \cdot 9\,mm$,	$t = 2 \cdot 10\,mm$

Biegebemessung

Biegespannung σ_d für Stahlprofile:

$$\sigma_{y,d} = \frac{M_{r,d}}{W_y} \tag{5.96}$$

Vergleichsspannung für Stahlprofile:

$$\sigma_V = \sqrt{\sigma_{y,d}^2 + \tau_d^2} \tag{5.97}$$

Maximales Moment $M_{r,d}$:

$$M_{r,d} = \frac{E_d \cdot \ell^2}{8} = \frac{91{,}8\frac{\mathrm{kN}}{\mathrm{m}} \cdot 1{,}25^2\,\mathrm{m}^2}{8} = 17{,}93\,\mathrm{kNm} \tag{5.98}$$

Die vorhandene *Biegespannung* $\sigma_{y,d}$ *für Stahlprofile* wird berechnet nach Formel 5.96 zu

$$\sigma_{y,d} = \frac{M_{r,d}}{W_d} = \frac{17{,}93\,\mathrm{kNm}}{2 \cdot 41{,}2\,\mathrm{cm}^3} = 217.591\frac{\mathrm{kN}}{\mathrm{m}^2} \tag{5.99}$$

$$\frac{\sigma_{y,d}}{\sigma_{R,d}} = \frac{217.597{,}1\frac{\mathrm{kN}}{\mathrm{m}^2}}{218.200\frac{\mathrm{kN}}{\mathrm{m}^2}} = 1{,}0 \tag{5.100}$$

Die *Vergleichsspannung* σ_V ergibt sich nach Formel 5.97 aus

$$\sigma_v = \sqrt{217.597{,}1^2 + 50.175^2} = 223.307{,}9\,\mathrm{kN/m}^2 \tag{5.101}$$

$$\frac{\sigma_v}{\sigma_{v,d}} = \frac{223.307{,}9\frac{\mathrm{kN}}{\mathrm{m}^2}}{218.200\frac{\mathrm{kN}}{\mathrm{m}^2}} = 1{,}02 \approx 1{,}0 \tag{5.102}$$

Hinweis: Das Profil 2 U 100 ist nicht ausreichend, zu wählen ist daher 2 U 120. Unter Berücksichtigung der eigentlich vorhandenen Durchlaufwirkung bzw. der Kragarme, die entlastend wirken, ist das Ergebnis für 2 U 100 akzeptabel.

Berechnung der Durchbiegung

Nach Formel 2.16 wird die Durchbiegung w mit der charakteristischen Einwirkung ohne Teilsicherheitsbeiwert berechnet:

$$w = \frac{5 \cdot r_k \cdot \ell^4}{384 \cdot E \cdot I} = \frac{5 \cdot 61{,}20 \frac{\text{kN}}{\text{m}} \cdot 1{,}25^4 \,\text{m}}{384 \cdot 865{,}2 \text{ kNm}^2} = 0{,}0022 \text{ m} = 2{,}2 \text{ mm} \tag{5.103}$$

Übungsbeispiel 5.11

Nachweis der Ebenheitstoleranzen

Zunächst muss die Summe der größten Durchbiegungen an der jeweils ungünstigsten Stelle berechnet werden. Als größte Durchbiegungen wurden berechnet:

- Für die Schalungshaut $w = 1{,}9$ mm
- Für die senkrechten Träger $w = 0{,}6$ mm
- Für die Gurtungen $w = 2{,}2$ mm

Berechnung des Messpunktabstands *m*

Der Messpunktabstand m beträgt nach Formel 2.31:

$$m_1 = \sqrt{\ell_1^2 + \ell_2^2} = \sqrt{1{,}25^2 \text{ m}^2 + 1{,}20^2 \text{ m}^2} = 1{,}73 \text{ m} < 1{,}50 \text{ m} \tag{5.104}$$

mit den Spannweiten (s. Bild 2.5)

- der Gurtungen $\ell_1 = 1{,}25$ m (Ankerabstand bzw. Abstand der Abstützböcke) und
- der senkrechten Träger $\ell_2 = 1{,}20$ m (Gurtungsabstand).

Nachweis der Ebenheitstoleranzen

Die Summe der Durchbiegungen $\Sigma\, w$ für den Messpunktabstand $m = 1{,}73$ m ergibt sich zu:

$$\sum w = \sum \left(w_{Schalungshaut} + w_{Träger} + w_{Gurtung} \right) \tag{5.105}$$

$$\sum w = 1{,}9\,mm + 0{,}6\,\text{mm} + 2{,}2\,\text{mm} = 4{,}7\,\text{mm} \tag{5.106}$$

Nach Zeile 6 der Tabelle 2.8 gilt für den ungünstigeren Messpunktabstand von $m = 1{,}50$ m ein maximales Stichmaß von zul $s \leq 6$ mm. Der genaue Wert für zul s für den Messpunktabstand $m_1 = 1{,}73$ m kann nach Tabelle 2.8 interpoliert werden. Damit ist nach Formel 2.32 mit

$$\sum w = 4{,}7\,\text{mm} < 6\,\text{mm} = \text{zul}\, s \tag{5.107}$$

der Nachweis der Ebenheitstoleranzen gemäß Zeile 6 erbracht. Die Anforderungen der Zeile 5 sind ebenso eingehalten. Die Anforderungen der Zeile 7 werden nicht erfüllt.

Übungsbeispiel 5.12

Nachweis der Ankerkraft

Da es sich hier um eine einhäuptige und ankerlose Wandschalung handelt, ist der Nachweis der Ankerkraft entbehrlich. Exemplarisch wird hier jedoch der Nachweis der Ankerkraft für den Fall einer *doppelhäuptigen Schalung* geführt. Die Ankerkraft entspricht der zweifachen maximalen Querkraft V_d der Gurtung als Einfeldträger:

$$F_{N,d} = V_{r,d,Gurtung} \cdot \frac{2}{1{,}25} = 71{,}72 \cdot \frac{2}{1{,}25} = 114{,}75 \text{ kN} < 140{,}0 \text{ kN} = F_{u,Rd} \quad (5.108)$$

für einen Spannstab DYWIDAG Ø 15,0 mm nach Tabelle 2.24.

Übungsbeispiel 5.13

Nachweis der Holzpressung

Knoten: Senkrechte Träger auf horizontaler Gurtung

Die senkrechten Träger haben auf der horizontalen Gurtung eine Auflagerfläche von (Bild 5.45):

$$A_d = 2 \cdot 0{,}05 \cdot 0{,}08 = 0{,}008 \text{ m}^2 \quad (5.109)$$

Die zu übertragende Kraft $F_{c,90,d}$ an dieser Stelle entspricht der Summe der Querkräfte von beiden Seiten im senkrechten Träger:

$$F_{c,90,d} = 2 \cdot 20{,}66 \text{ kN} = 41{,}32 \text{ kN} \quad (5.110)$$

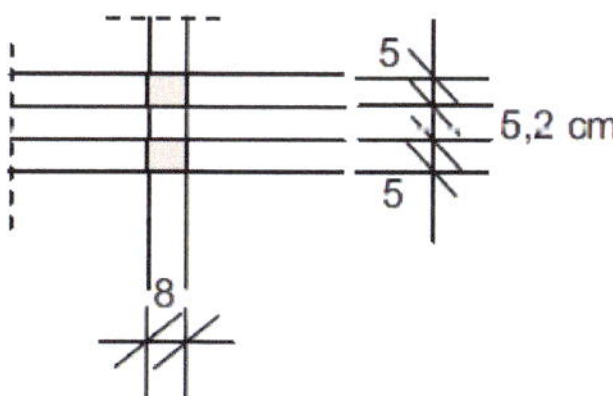

Bild 5.45
Auflagerfläche Träger - Gurtung

Vorhandene Querdruckspannung $\sigma_{c,90,d}$:

$$\sigma_{c,90,d} = \frac{F_{c,90,d}}{A_d} = \frac{41{,}32\ \text{kN}}{0{,}008\ \text{m}^2} = 5165{,}0\,\frac{\text{kN}}{\text{m}^2} \tag{5.111}$$

$$\frac{\sigma_{c,90,d}}{f_{c,90,d}} = \frac{5165{,}0\,\frac{\text{kN}}{\text{m}^2}}{3600{,}0\,\frac{\text{kN}}{\text{m}^2}} = 1{,}43 > 1{,}0\ (\text{Nachweis nicht erfüllt}) \tag{5.112}$$

mit dem Bemessungswert der Querdruckfestigkeit (Pressung quer zur Faser) für die Festigkeitsklasse C24 von $f_{c,90,d} = 3{,}6\,\text{N/mm}^2$ nach Abschnitt 2.7.

Querdrucknachweis

Wirksame Querdruckfläche

b Breite der Querdruckfläche

ℓ tatsächliche Aufstandslänge in Faserrichtung des Holzes

ü rechnerischer Überstand von der Querdruckfläche in Faserrichtung, $ü \leq 30\,\text{mm}$, $ü \leq \ell$ und $ü \leq \ell_1/2$

Nach DIN EN 1995-1-1 darf bei Auflager- und Schwellendruck der Einhängeeffekt in Faserrichtung berücksichtigt werden. Dies geschieht durch rechnerische Verlängerung der Kantenlänge um beidseitig jeweils 30 mm, jedoch um nicht mehr als *ü*, *l* oder $l_1/2$ (vgl. Bild 6.19). Statt der Auflagerfläche A_d wird die wirksame Querdruckfläche A_{ef} berechnet.

Wirksame Querdruckfläche A_{ef} nach Formel 5.113:

$$A_{ef} = b \cdot (\ell + 2 \cdot 30\,\text{mm}) \leq b \cdot \left(ü + \ell + \frac{\ell_1}{2} \right) \tag{5.113}$$

b = Breite der Querdruckfläche

ℓ = tatsächliche Aufstandslänge in Faserrichtung des Holzes

$ü$ = rechnerischer Überstand von der Querdruckfläche in Faserrichtung

ℓ_1 = lichter Abstand zwischen Querdruckflächen bei Einzellasten

Damit wird die Querdruckspannung berechnet mit

$$\sigma_{c,90,d} = \frac{F_{c,90,d}}{A_{ef}} \tag{5.114}$$

Der Querdrucknachweis wird dann geführt mit

$$\frac{\sigma_{c,90,d}}{k_{c,90} \cdot f_{c,90,d}} \leq 1{,}0 \tag{5.115}$$

Der *Querdruckbeiwert* $k_{c,90}$ für die Querdruckspannung kann für verschiedene Holzarten aus Tabelle 5.6 entnommen werden.

Tabelle 5.6 Querdruckbeiwert $k_{c,90}$ nach DIN EN 1995-1-1 Holzbauten

Baustoff	$\ell_1 < 2 \cdot h$	$\ell_1 \geq 2 \cdot h$	
		Auflagerdruck	Schwellendruck
Vollholz aus Nadelholz	1,0	1,5 [a)]	1,25
Laubholz	1,0	1,0	1,0
Brettschichtholz aus Nadelholz	1,0	1,75 [a)]	1,5

[a)] für $\ell > 400\,\text{mm}$

h = Trägerhöhe, Flanschhöhe bei zusammengesetzten Trägern

Der lichte Abstand ℓ_1 zwischen den beiden U-Profilen der Gurtungen als Querdruckflächen der Einzellasten beträgt

$$\ell_1 \approx 5{,}2\,cm < 2 \cdot h = 2 \cdot 6\,\text{cm} = 12\,\text{cm} \tag{5.116}$$

bei einer Flanschhöhe der Holzschalungsträger von 6 cm. Da es sich bei den Holzschalungsträgern um einen zusammengesetzten Querschnitt handelt, wird hier nur die Höhe des Trägerflansches angesetzt. Der Querdruckbeiwert $k_{c,90}$ nach Tabelle 5.6 ist damit

$$k_{c,90} = 1{,}0 \tag{5.117}$$

Die Pressfläche für das gesamte Auflager ergibt sich für $ü \geq 30\,\text{mm}$ nach Formel 5.113 zu:

$$A_{ef} = 2 \cdot b \cdot \left(ü + \ell + \frac{\ell_1}{2} \right) = 2 \cdot 0{,}08\ \text{m} \cdot \left(0{,}03\ \text{m} + 0{,}05\ \text{m} + 0{,}026\ \text{m}\right) \tag{5.118}$$

$$A_{ef} = 0{,}0170\ \text{m}^2 \tag{5.119}$$

Für die Holzpressung gilt damit eine rechnerische Querdruckspannung $\sigma_{c,90,d}$ nach Formel 5.114 von:

$$\sigma_{c,90,d} = \frac{F_{c,90.d}}{A_{ef}} = \frac{41{,}32\ \text{kN}}{0{,}0170\ \text{m}^2} = 2430{,}6\,\frac{\text{kN}}{\text{m}^2} \tag{5.120}$$

Der Querdrucknachweis wird dann mit Formel 5.115 geführt:

$$\frac{\sigma_{c,90,d}}{k_{c,90} \cdot f_{c,90,d}} = \frac{2430{,}6\ \text{kN}}{1{,}0 \cdot 3600\,\frac{\text{kN}}{\text{m}^2}} = 0{,}67 < 1{,}0\ (\text{Nachweis erfüllt}) \tag{5.121}$$

■ 5.12 Aufgaben

Musterlösungen der Aufgaben sind im Internet unter *https://plus.hanser-fachbuch.de* zu finden. Den Zugangscode finden Sie auf der ersten Seite des Buchs.

Aufgabe 5.1

Wandschalung: Bemessung einer Holzträgerschalung mit Dreischichtplatten als Schalungshaut

- Schalungshaut: Dreischichtenplatte 21 mm,
- Längsträger: Holzschalungsträger H 20,
- Gurtungen: 2 U 100,
- Ankerung: Spannstab DYWIDAG ∅ 15 mm,

Sonst wie *Übungsbeispiele 5.8 bis 5.13* in Abschnitt 5.11.

Aufgabe 5.2

Wandschalung: Bemessung einer Holzträgerschalung mit Schalungshaut aus senkrechten Brettern

- Schalungshaut: Senkrechte gehobelte Bretter 21 mm (z. B. Nut und Feder),
- Sparschalung: Planlatten, 3/12 cm, Abstand 28 cm,
- Längsträger: Holzschalungsträger H 20,
- Gurtungen: 2 U 100
- Ankerung: Spannstab D+W ∅ 15 mm

Sonst wie *Übungsbeispiele 5.8 bis 5.13* in Abschnitt 5.11.

Aufgabe 5.3

Nachweis der Ebenheitstoleranzen

Weisen Sie für das in Bild 5.46 und Bild 5.47 gegebene Wandschalungselement die Einhaltung der Ebenheitstoleranzen gemäß DIN 18202, Tabelle 3, Zeile 7 nach.

Aufgrund des Frischbetondrucks sind folgende Durchbiegungen zu erwarten:

- $f_{Schalungshaut} = 1{,}5\,mm$,
- $f_{Holzschalungsträger} = 2{,}0\,mm$,
- $f_{Gurtung} = 2{,}5\,mm$.

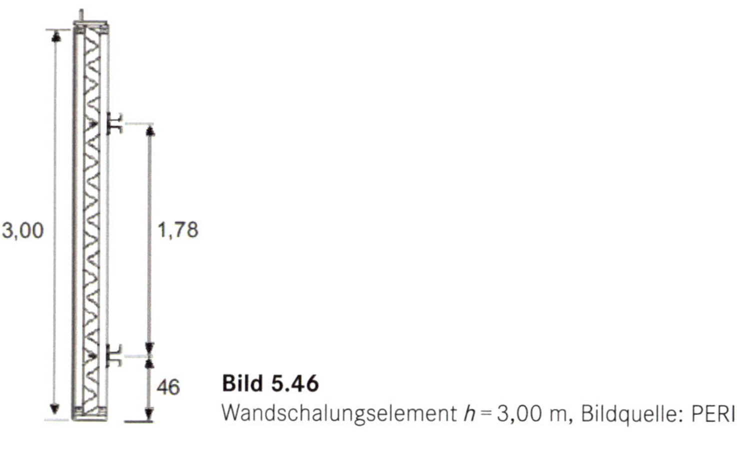

Bild 5.46
Wandschalungselement $h = 3{,}00$ m, Bildquelle: PERI

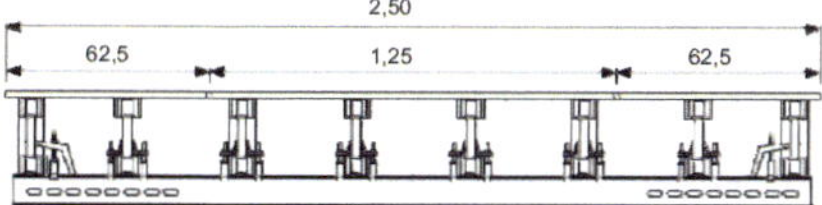

Bild 5.47 Wandschalungselement $b = 2{,}50$ m, Bildquelle: PERI

Aufgabe 5.4

Wandschalung für runde Wände

Für das Außenbecken eines Schwimmbades sind *runde Wände* in Ortbeton herzustellen. Das Becken hat einen lichten Innendurchmesser von 5,00 m. Gegeben sind Grundriss A (Bild 5.48), die Teilgrundrisse B und C (Bild 5.49) und der Querschnitt D (Bild 5.50) der 25 cm starken, runden Wand, die in zwei Betonierabschnitten hergestellt werden soll. Die Höhe der Wand beträgt 1,80 m.

a) Elemente-Einteilung

Entwickeln Sie die Elementeinteilung und die Elementgrößen so, dass Sie für die beiden gleich großen Betonierabschnitte (jeweils ein Halbkreis der Wand) zweimal dieselben vorgefertigten und wiederverwendbaren Elemente einsetzen können. Außerdem sollen alle Innenelemente und alle Außenelemente jeweils identisch, d. h. gleich groß sein. Geben Sie in beiden Teilgrundrissen B und C (Bild 5.49) im Maßstab 1 : 20 die genaue Lage der Elemente durch Eintragen der Elementfugen an. *Hinweis*: Aufgrund der Geometrie können die Elemente nicht breiter als $B = 1{,}50$ m sein.

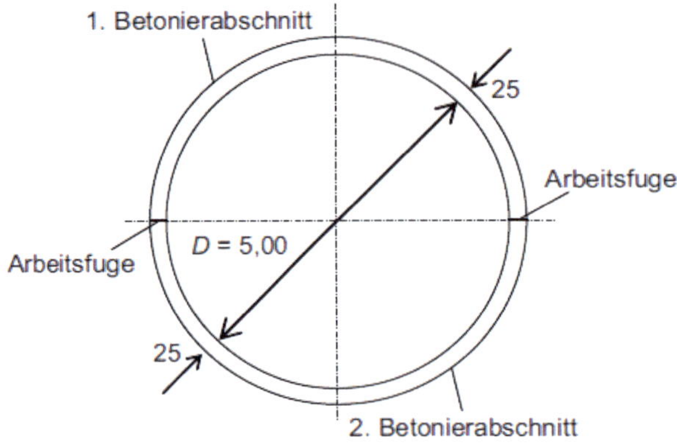

Bild 5.48 Grundriss A: runde Wände

b) Konstruktion der Wandschalungselemente im Grundriss

Konstruieren Sie im Teilgrundriss B (M 1:20) zwei gegenüberliegende Elemente als konventionelle Schalung. Gefordert wird eine Schalungshaut aus senkrechten gehobelten Brettern. Alle für den Betoniervorgang erforderlichen Konstruktionselemente sind darzustellen, zu bezeichnen und zu vermaßen. Die Lage aller erforderlichen Richtstützen ist anzugeben.

Folgende Materialien sind zu verwenden: Schalbretter 2/10 cm (Nut und Feder), Bohlen (Dielen) 5/28 cm, Kantholz 8/16 cm, Ankerstäbe DYWIDAG, Ø = 15 mm.

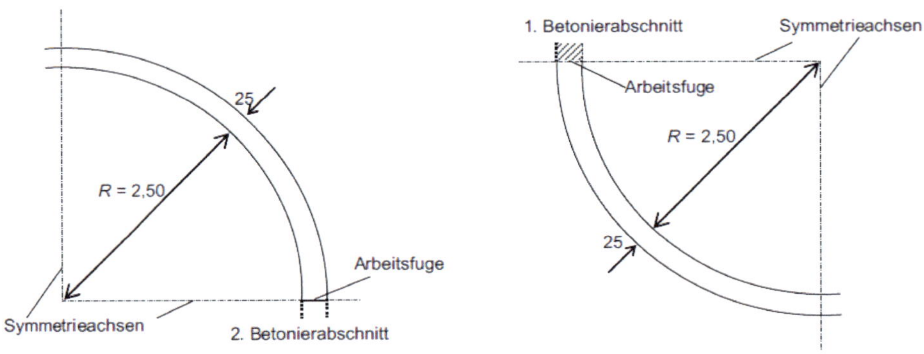

Bild 5.49 Teilgrundriss B: 1. Betonierabschnitt (links) und Teilgrundriss C: 2. Betonierabschnitt (rechts)

c) Konstruktion der Stirnabschalung

Konstruieren Sie im Teilgrundriss B (M 1:20) ebenso die Stirnabschalung der Arbeitsfuge des ersten Betonierabschnitts.

d) Konstruktion des Wandanschlusses

Konstruieren Sie im Teilgrundriss C (M 1:20) außerdem den Anschluss der Schalung an die bereits bestehende Wand des ersten. Betonierabschnitts und geben Sie die Lage aller Schalungsanker sowie der Richtstützen an.

e) Konstruktion der Wandschalungselemente im Querschnitt

Konstruieren Sie im Querschnitt D (Bild 5.50) im Maßstab 1:20 zwei gegenüber liegende Schalungselemente. Alle Konstruktionselemente sind zu bezeichnen und zu vermaßen.

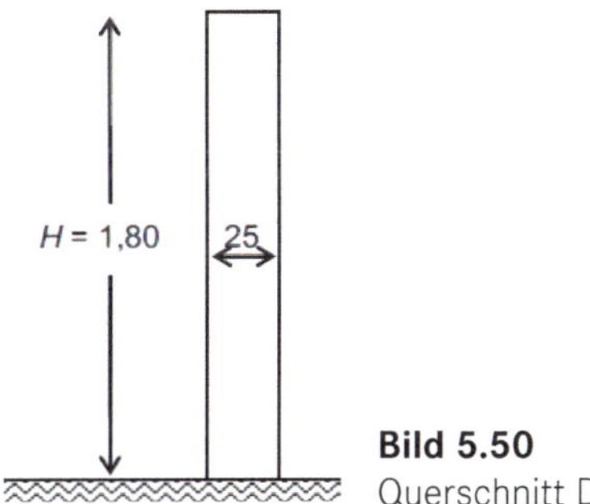

Bild 5.50
Querschnitt D

f) Ermittlung des Frischbetondrucks

Ermitteln Sie den maximalen Frischbetondruck nach DIN 18218 auf die Schalung. Betonkonsistenz F1. Betonierdauer 30 Minuten. Skizzieren Sie den Betondruckverlauf im Querschnitt D.

g) Bemessung der Schalungskonstruktion

Weisen Sie die einzelnen Konstruktionselemente Ihrer Schalungskonstruktion rechnerisch nach. Geben Sie an, welche Zeile der Tabelle 3 in DIN 18202 (Ebenheitstoleranzen) Sie einhalten können.

Aufgabe 5.5

Ankerlose und einhäuptige Wandschalung

Für das Untergeschoss eines Bauvorhabens sind die Außenwände gegen eine bestehende Bohrpfahlwand mit einer ankerlosen, einhäuptigen Wandschalung herzustellen. Gegeben sind Grundriss (Bild 5.51) und Schnitt A-A (Bild 5.53) sowie der Schnitt B-B (Bild 5.52) und der zu verwendende Abstützbock (Bild 5.54).

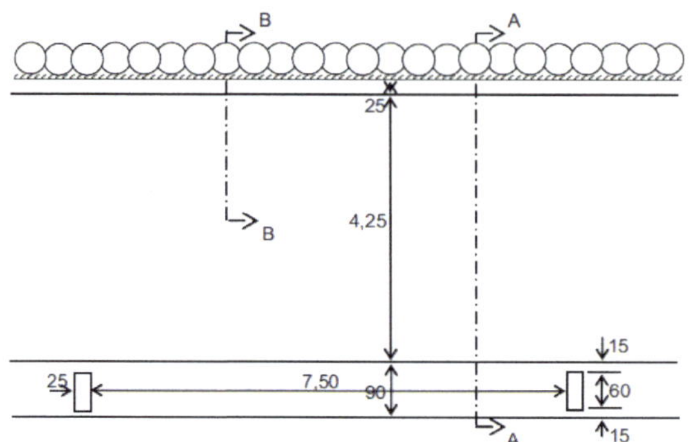

Bild 5.51
Grundriss

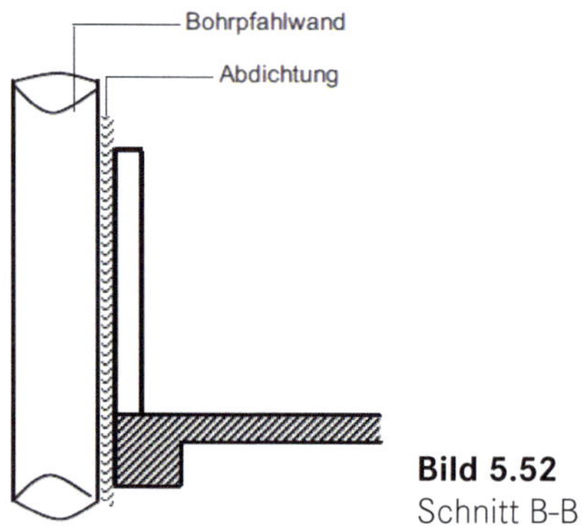

Bild 5.52
Schnitt B-B

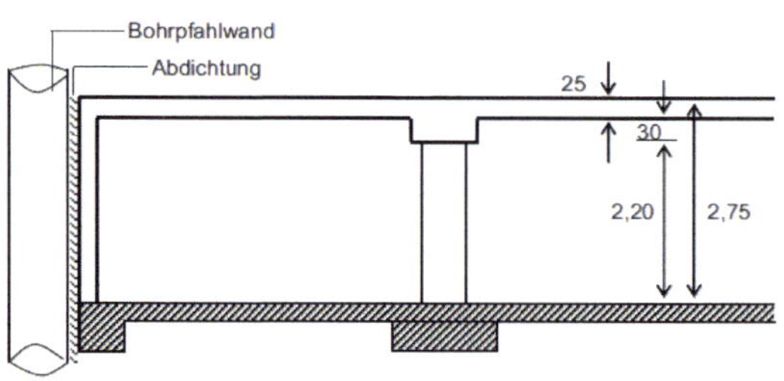

Bild 5.53
Schnitt A-A (Übersicht)

Abstützbock

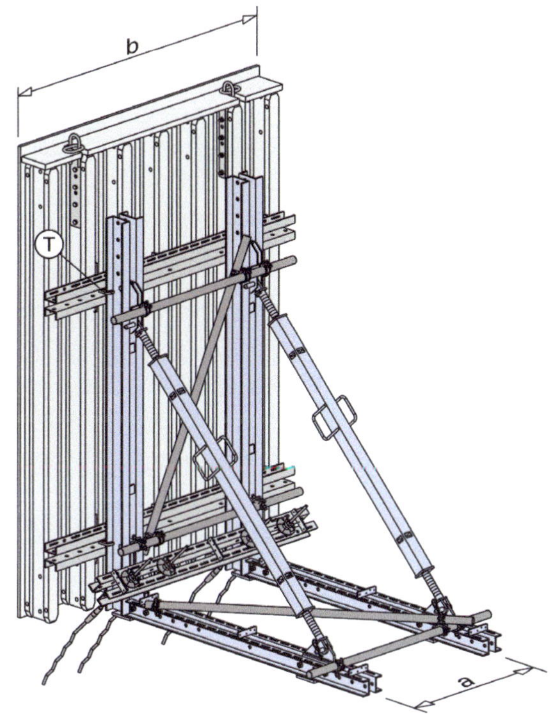

Bild 5.54 Abstützbock, Bildquelle: Doka

a) Frischbetondruck

Ermitteln Sie den maximalen Frischbetondruck auf die Schalung gemäß DIN 18218 und zeichnen Sie den Betondruckverlauf in den Schnitt A-A (Bild 5.53) im Maßstab 1 : 50 ein. Wie groß ist die Kranspielzeit t_s?

- Wandhöhe: $H = 2{,}50$ m. Wanddicke: $d = 25$ cm,
- Länge eines Betonierabschnittes: $L = 20$ m,
- Betonierleistung: $Q_b = 15\,m^3/h$ mit Krankübel 1000 l,
- Betonkonsistenz: F2,
- Frischbetonrohwichte: $\gamma_c = 26\,kN/m^3$.

b) Konstruktion und Bemessung der Wandschalung

Die Außenwände sollen mit einer konventionellen Holzträgerschalung und einer Schalungshaut aus Dreischichtplatten $d = 21$ mm geschalt werden. Zeichnen Sie die Wandschalung im Schnitt B-B (Bild 5.52) im Maßstab 1 : 25 ein. Im Grundriss (Bild 5.51) mit Maßstab 1 : 50 ist ein Schalungselement mit der

Breite $b = 2{,}5$ m einschließlich der Lage der Abstützböcke und Anker einzuzeichnen. Alle Konstruktionselemente sind zu bezeichnen und zu vermaßen.

Bemessen Sie die Schalungshaut und die Holzschalungsträger der Wandschalung. Bemessungsdiagramme und -tabellen sollen hierbei nicht verwendet werden. Zur Verfügung stehen folgende Materialien:

- Dreischichtplatten $d = 21$ mm,
- Holzschalungsträger H 20, $L = 2{,}45$ m;
- Gurtungen aus je 2 U 100, Stahl S 235 (St 37), $L = 2{,}50$ m.

c) Konstruktion und Bemessung des Abstützbocks und der Verankerung

Der Abstützbock (Bild 5.54) muss mit Ankerstäben DYWIDAG unter einem Neigungswinkel von $\alpha = 45°$ verankert werden. Zeichnen Sie den Abstützbock und die Verankerung des Abstützbockes sowie die statischen Auflagerkräfte im Schnitt B-B (Bild 5.52) im Maßstab 1:25 ein. Für den Abstützbock gelten folgende Werte:

- Höhe des senkrechten Riegels (2 U 140) $h = 2{,}52$ m,
- Länge des horizontalen Riegels (2 U 100) $\ell = 2{,}15$ m,
- Abstand der Auflagerpunkte (Basis) $b = 1{,}54$ m.

Berechnen Sie die Reaktionskräfte der Verankerung und der beiden Druckspindeln des Abstützbockes. Geben Sie die Lage der resultierenden Betondruckkraft an.

Bei welchem Neigungswinkel der vor eingebauten Anker versagt das System? Warum? Wie groß ist die vorhandene Sicherheit des Systems? Zeichnen Sie den Neigungswinkel im Schnitt B-B (Bild 5.52) ein.

Bemessen Sie für eine Schalungselementbreite von $b = 2{,}50$ m den Abstand der Abstützböcke und die Anzahl der Anker. Zur Verfügung stehen Ankerstäbe DYWIDAG mit dem Durchmesser $d = 15$ mm und $d = 20$ mm.

6 Stützenschalungen

Schon die griechischen Tempel wurden von mächtigen *Säulen* aus Stein getragen. Und auch heute sind *Rundsäulen* häufig architektonische Gestaltungselemente verschiedenster Bauwerke. Letztlich dienen *Stützen* als schlankes Tragelement einer Baukonstruktion wie zum Beispiel in Skelettbauwerken aus Stahlbeton. Sehr häufig werden jedoch an den Sichtbeton von Stützen hohe architektonische Anforderungen gestellt. Stützen können runde, quadratische, rechteckige oder sonstige Querschnitte haben. In diesem Kapitel werden die Einsatzmöglichkeiten gängiger Systemschalungen für Stützen dargestellt und für eine konventionelle Stützenschalung die Bemessung in mehreren *Übungsbeispielen* ausführlich behandelt. Zur Übung werden einige *Aufgaben* gestellt, für die im Internet Musterlösungen angeboten werden.

6.1 Konventionelle Stützenschalungen

Konventionelle Stützenschalungen bestehen klassischerweise aus Kanthölzern, die als Rahmen- oder Tragkonstruktion für die querschnittbildende Brettschalungshaut dienen. Das Prinzip ist ähnlich wie bei konventionellen Wandschalungen. Die Schalungshaut wird auf vertikal angeordneten Hölzern befestigt. Auf diesen werden wiederum horizontal verlaufende Hölzer angebracht, die auch zur Aufnahme der Ankerstäbe genutzt werden (Bild 6.11 und Bild 6.12).

Heute bestehen konventionelle Stützenschalungen hauptsächlich aus einzelnen Systemteilen. So werden beispielsweise Holzschalungsträger und Stahlgurtungen anstelle vertikal und horizontal verlaufender Kanthölzer verwendet. Je nach Sichtbetonanforderung können auch die unterschiedlichsten Schalungshauttypen verwendet werden.

Eingesetzt werden konventionelle Stützenschalungen hauptsächlich für Sonderschalungen und bei sehr hohen Sichtbetonanforderungen.

6.2 Schalungssysteme für Stützen

Für die Schalung von Stahlbetonstützen steht eine Vielzahl von Schalungssystemen zur Verfügung. Es gibt Systeme, die nur zum Schalen von Stützen verwendet werden können. Darüber hinaus besteht aber auch die Möglichkeit, Stützen mit Systemteilen von Wandschalungen zu schalen.

6.2.1 Trägerschalungen

Bei Trägerschalungen für Stützen kommen in der Regel die gleichen Systemteile wie bei den Träger-Wandschalungen zum Einsatz. Sie werden üblicherweise vormontiert und in zwei Elementeinheiten auf die Baustelle geliefert. Es können rechteckige und quadratische Querschnitte geschalt werden. Mit speziellen Gelenkriegeln sind auch konische Geometrien möglich.

Trägerschalungen eignen sich für Stützen mit besonderen Anforderungen an die Sichtbetonoberfläche (Bild 6.1). So kann eine Schalungshaut aus rauen oder gehobelten Brettern ebenso aufgebracht werden wie auch glatte Schalhautplatten ohne sichtbare horizontale Fugen bis zu Stützenhöhen von etwa 6,50 m, soweit dies die lieferbaren Längen der Schalhautplatten erlauben. Diese Schalungen eignen sich insbesondere auch dann, wenn eine große Zahl von Stützen mit gleichem Querschnitt und gleicher Höhe hergestellt werden muss, wie dies häufig in Stahlbeton-Skelettbauten der Fall ist.

Bild 6.1
Trägerschalung als Stützenschalung, Bildquelle: PERI

6.2.2 Rahmenschalungen

Rahmenelemente aus Wandschalungssystemen

Mit Rahmenelementen aus Wandschalungssystemen (s. Abschnitt 5.2.2) lassen sich auch Stützen schalen. Dabei ist es von Vorteil, dass das auf der Baustelle vorhandene Material je nachdem für Wände oder für Stützen eingesetzt werden kann. Der beim Aufstocken entstehende Rahmenabdruck im Beton ist ein typisches Merkmal dieser Elemente. Nachfolgend werden drei Methoden näher vorgestellt, mit denen rechteckige oder quadratische Stützen geschalt werden können.

1. Für die beiden Längsseiten der Stützen werden Rahmenelemente verwendet, die breiter sind als das eigentliche Stützenmaß. Die Abschalung der beiden Stirnseiten erfolgt konventionell mit Schalungshaut und Kantholz, die zwischen die beiden Rahmenelemente gestellt werden. Der Stützenquerschnitt wird also über die Position und die Breite der konventionellen Abschalung reguliert. An den Stirnseiten werden Gurtungen angebracht, die den auftretenden Frischbetondruck in die Rahmenelemente ableiten (Bild 6.2 links).
2. Sogenannte Universal- oder Multielemente werden bei den Wandschalungen zum Schalen rechtwinkliger Ecken verwendet. Eine Besonderheit dieser Elemente ist ein über die Elementbreite verlaufendes Lochraster, das zur Verbindung der Elemente genutzt wird. Ebenso wird darüber die Wandstärke eingestellt. Zum Schalen von Stützen werden vier dieser Elemente im Grundriss windflügelartig aufgestellt. Über das Lochraster werden die Elemente durch Spannschrauben miteinander verbunden und der Stützenquerschnitt eingestellt. Dadurch lassen sich Stützenquerschnitte von 20 bis 75 cm im 5 cm-Raster herstellen. Die nicht genutzten Löcher werden mit PVC-Stopfen verschlossen, sind aber auf der Betonoberfläche sichtbar (Bild 6.2 Mitte).
3. Mit jeweils vier Passelementen und Außenecken können Stützen exakt auf das gewünschte Maß geschalt werden (Bild 6.2 rechts). Voraussetzung ist dabei, dass die Passelemente in der benötigten Elementbreite erhältlich sind. Es können auch zwei Passelemente miteinander verbunden werden. Dazu muss am Elementstoß ein Anker gesetzt werden. Elemente und Außenecken werden durch Klammern miteinander verbunden. Je nach System sind aber auch Schraub- oder Bolzenverbindungen möglich.

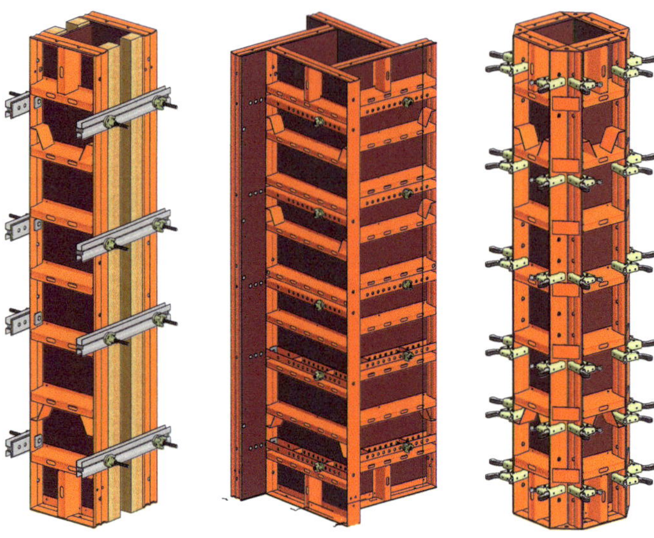

Bild 6.2
Stützenschalungen mit Rahmenelementen aus Wandschalungssystemen, Bildquelle: PASCHAL

Klappbare Stützenschalungen

Klappbare Stützenschalungen (Bild 6.3 und Bild 6.4) werden zum Ein- und Ausschalen lediglich an einer Seite geschlossen bzw. geöffnet. Sie bestehen aus vier baugleichen Elementen, die windflügelartig durch Stecker miteinander verbunden sind. Mit den meisten Systemen dieser Art können Querschnitte von 20 cm bis 60 cm im Raster von 5 cm geschalt werden. Zum Aufstocken der Schalung stehen unterschiedliche Elementhöhen zur Verfügung. Die Schalungshaut ist bereits an den Elementen montiert und üblicherweise von hinten verschraubt. Dadurch können klappbare Stützenschalungen auch für Sichtbetonansprüche verwendet werden. Das Umsetzen der kompletten Stützenschalung erfolgt mit nur einem Kranhub. Richtstützen, Betonierbühne und Leiteraufstieg verbleiben dabei an der Schalung.

Bild 6.3
Klappbare Stützenschalung, Bildquelle: MEVA

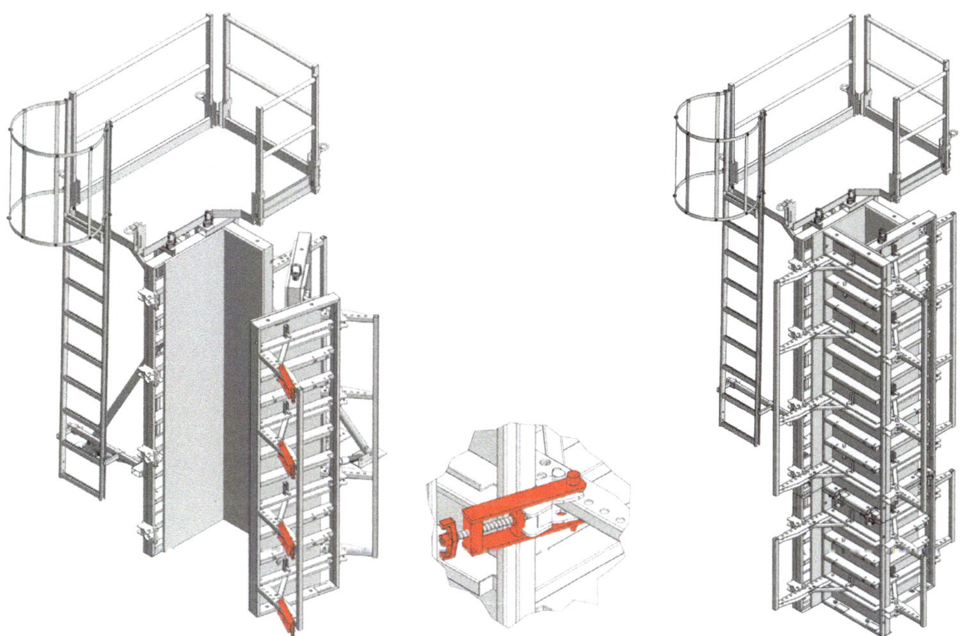

Bild 6.4 Klappbare Stützenschalung im geöffneten und im geschlossenen Zustand, Bildquelle: MEVA

In Tabelle 6.1 sind klappbare Stützenschalungen verschiedener Hersteller aufgeführt.

Tabelle 6.1 Klappbare Stützenschalungen

Hersteller/Lieferant	System
Doka	KS Xlife
HÜNNEBECK	Säulenschalung
Mayer Schaltechnik	PAX HD
MEVA	CaroFalt
NOE	NOEtop FS
PASCHAL	Grip
PERI	QUATTRO
ULMA	F-4 Max

Rahmenelemente zum Aufbringen einer individuellen Schalungshaut

Für höchste Sichtbetonansprüche eignen sich Rahmenelemente, bei denen die Schalungshaut individuell je nach Querschnitt und Höhe der Stütze aufgebracht wird (Bild 6.5). Die Elemente bestehen in ihrer Grundausstattung also nur aus dem Rahmen ohne Schalungshaut. Je nach Hersteller kann die Schalungshaut von hinten verschraubt oder geklemmt werden. So entstehen keine Abdrücke im Beton. Üblicherweise lassen sich stufenlose Querschnitte bis 60 cm × 60 cm ankerfrei herstellen. Für größere Querschnitte können die Elemente miteinander verbunden werden. Hierbei muss mittig ein Anker gesetzt werden.

Bild 6.5
Stützenschalung aus Rahmenelementen, bei denen die Schalungshaut individuell aufgebracht wird, Bildquelle: NOE

Zwei Systeme zum Aufbringen einer individuellen Schalungshaut auf Rahmenelemente sind in Tabelle 6.2 aufgeführt.

Tabelle 6.2 Rahmenelemente zum Aufbringen einer individuellen Schalungshaut

Hersteller/Lieferant	System
NOE	NOE Vario 2000
PERI	RAPID

6.2.3 Rundstützenschalungen aus Stahl

Stahlschalungen für Rundsäulen bestehen aus zwei Halbschalen, die mit Schalschlössern zusammengehalten werden (Bild 6.6 und Bild 6.7). Es ergeben sich dadurch jeweils zwei senkrechte Elementfugen, die im Beton als ganz feine Grate sichtbar verbleiben. Aus architektonischen Gründen stellt man die Schalungen bei Sichtbetonstützen so auf, dass die senkrechten Fugen in den Gebäudeachsen zu liegen kommen. Wird die Schalung über die Höhe mit einem oder mehreren Elementen aufgestockt, ergeben sich am Elementstoß feine sichtbar bleibende horizontale Fugen. Je nach Anbieter sind die erhältlichen Durchmesser und Höhenabstufungen unterschiedlich. Es gibt Systeme, mit denen sich Durchmesser von bis zu 1,20 m herstellen lassen.

Bild 6.6
Rundsäulenschalung aus Stahl,
Bildquelle: PASCHAL

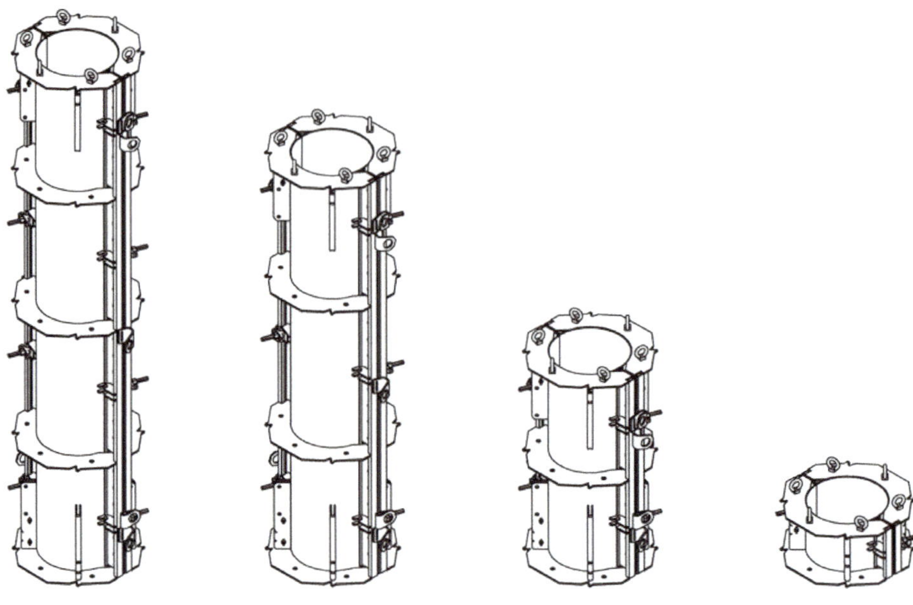

Bild 6.7 Vier Elementhöhen einer Rundsäulenschalung, Bildquelle: PERI

In Tabelle 6.3 sind Rundstützenschalungen verschiedener Hersteller aufgeführt.

Tabelle 6.3 Rundstützenschalungen aus Stahl

Hersteller/Lieferant	System
Doka	RS
MEVA	Circo
PASCHAL	Rundstützenschalung
PERI	SRS
ROBUSTA-GAUKEL	Rundsäulenschalung

6.2.4 Schalrohre

Schalrohre für Stützen bestehen aus mehrlagig verleimten, spiralförmigen Papplagen (Bild 6.8). Die Außenseite ist durch eine wasserabweisende Schutzfolie geschützt. Um absolut glatte Betonoberflächen erzielen zu können, ist die querschnittbildende Inneneinlage mit einer glatten Kunststofffolie belegt bzw. kunststoffbeschichtet. Mit einer kontrolliert wasserabführenden Inneneinlage können annähernd lunkerfreie Oberflächen hergestellt werden. Einwegschalungen sind standardmäßig erhältlich für runde, quadratische und rechteckige Querschnitte. Es sind aber auch andere Sonderformen möglich. Sie können werkseitig exakt auf die gewünschte Höhe angefertigt werden. Wie bei Verpackungen wird in die Papplage eine Reißleine eingearbeitet, mit deren Hilfe leicht ausgeschalt werden kann.

Bild 6.8
Schalrohr mit glatter (rechts) und wasserabführender (links) Inneneinlage, Bildquelle: MAX FRANK

Wie bei allen anderen Stützenschalungen auch sind zur seitlichen Ausrichtung und Abstützung Richtstützen erforderlich. Diese werden mit entsprechenden Baubehelfen an der Schalung befestigt (Bild 6.9).

Ab einer gewissen Stützenanzahl können Schalrohre im Vergleich zu mehrfach einsetzbaren Stützenschalungen teurer sein. Zumal letztere in der Regel angemietet werden können. Hinzu kommen noch die Entsorgungskosten. Von Vorteil ist hingegen, dass kein Betontrennmittel erforderlich ist und Reinigung sowie Rücktransport entfallen.

Bild 6.9 Schalrohr als Rundsäulenschalung, rechts mit Abstützung, Bildquelle: MAX FRANK

6.3 Bemessung einer konventionellen Stützenschalung

Beim Einsatz einer Systemschalung als Stützenschalung ist im Wesentlichen dafür zu sorgen, dass diese die geforderten Schalungshautanforderungen besitzt und nachzuweisen, dass sie dem vorgesehenen Frischbetondruck standhält. Nur in Sonderfällen wird eine konventionelle Stützenschalung zum Einsatz kommen. In den folgenden *Übungsbeispielen 6.1 bis 6.8* wird die Konstruktion und Bemessung einer konventionellen Stützenschalung aus Kanthölzern ohne Systemteile in verschiedenen Varianten ganzheitlich im Zusammenhang behandelt.

Übungsbeispiel 6.1

Materialien und Konstruktion der Stützenschalung, Abmessungen der Stütze, Frischbetondruck

Materialien der Stützenschalung

Für eine Stahlbetonstütze ist eine Schalung zu konstruieren und zu bemessen, bestehend aus folgenden Materialien:

- Schalungshaut: Schalbretter 21 mm (beidseitig gehobelt, Nut & Feder), Breite der Bretter $b \geq 10{,}4$ cm
- Sparschalung: Planlatten 3/12 cm
- Senkrechte Träger: Kantholz 7/14 cm
- Horizontale Gurtungen: je 2 Kantholz 7/14 cm evtl. 14/14 cm
- Ankerung (Spannstab): DYWIDAG Ø 15 mm mit Mutter und Platte.

Abmessungen der Stütze

Zu schalen ist eine Stütze mit Querschnitt 50 cm × 50 cm und einer Höhe von $H = 3{,}50$ m (Bild 6.10).

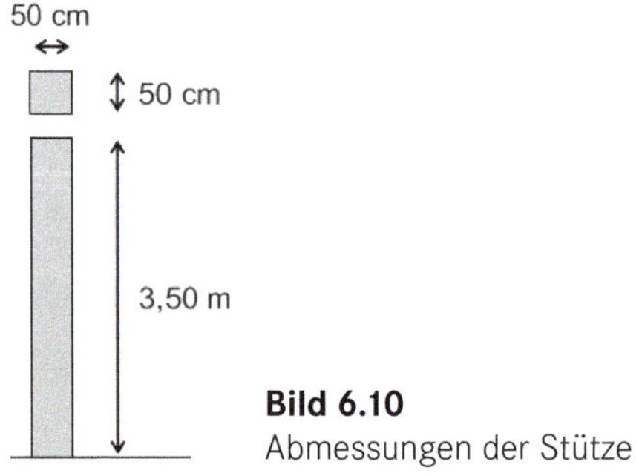

Bild 6.10
Abmessungen der Stütze

Sparschalung und Schalungshaut

Wird eine Sparschalung eingesetzt, kann die Schalungshaut senkrecht gespannt werden. Dies ermöglicht eine senkrechte Tragrichtung der Schalungshaut und damit den Einbau von senkrechten Brettern oder Dreischichtplatten als Schalungshaut ohne horizontale Stöße.

Da Dreischichtplatten eine definierte Haupttragrichtung in Plattenlängsrichtung haben, ist bei deren senkrechter Anordnung wie bei senkrechten Brettern eine Sparschalung zwingend notwendig.

Konstruktion der Stützenschalung

Bevor eine konventionelle Stützenschalung bemessen werden kann, muss zunächst die Schalungskonstruktion entworfen werden. Dabei werden neben der Wahl der Materialien die Abstände der Gurtungen, Träger und der Sparschalung vorläufig gewählt. Der Entwurf der Stützenschalung wird in Bild 6.11 als Grundriss und in Bild 6.12 als Querschnitt dargestellt.

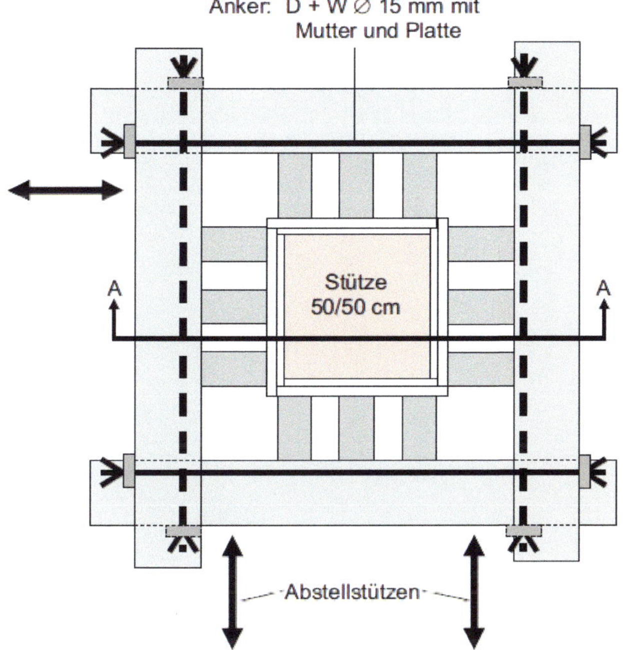

Bild 6.11 Grundriss: Konstruktion Stützenschalung

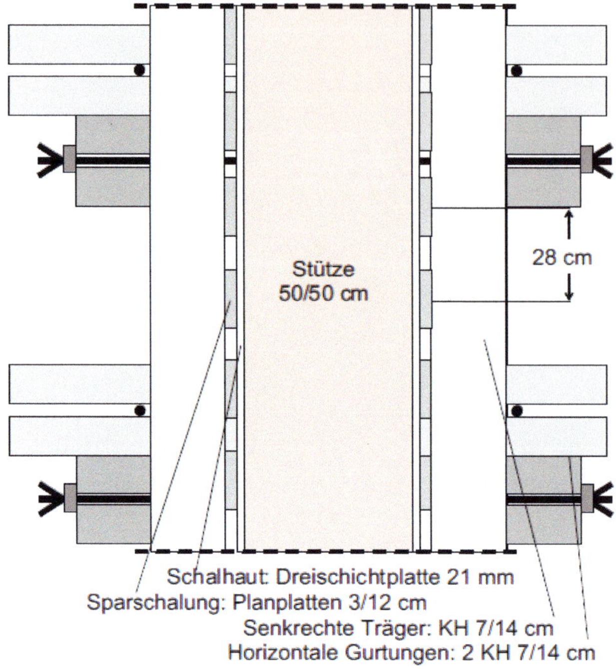

Bild 6.12 Querschnitt A-A: Konstruktion Stützenschalung

Frischbetondruck auf Stützenschalung

Betonmenge: $V_b = 0{,}5\ \text{m} \cdot 0{,}5\ \text{m} \cdot 3{,}5\ \text{m} = 0{,}875\ \text{m}^3$

Betonierdauer: $T_b = 1{,}0\ \text{h}$ (Annahme: 60 Minuten)

Betonkonsistenz: F2

Steiggeschwindigkeit v nach Formel 2.22

$$v = \frac{H}{T_b} = \frac{3{,}5\ \text{m}}{1{,}0\ \text{h}} = 3{,}5\,\frac{\text{m}}{\text{h}} \tag{6.1}$$

Maximaler Frischbetondruck $\sigma_{hk,max}$ gemäß DIN 18218 für die Betonkonsistenz F2 nach Formel 2.23:

$$\sigma_{hk,max} = (10 \cdot v + 19) \cdot K1 = (10 \cdot 3{,}5 + 19) \cdot 1{,}0 = 54{,}0\,\frac{\text{kN}}{\text{m}^2} \tag{6.2}$$

Für die Betonkonsistenz F2 ($n = 2$) werden in Formel 2.23 die Werte $A_2 = 10$ und $B_2 = 19$ aus Tabelle 2.5 eingesetzt. Bei einem Erstarrungsende von $t_E = 5\,\text{h}$ gilt nach Tabelle 2.6 $K1 = 1{,}0$. Bei einer Frischbetonrohwichte von $\gamma_c = 25\,\text{kN/m}^3$ wird der maximale Frischbetondruck auf die Schalung erreicht bei einer hydrostatischen Druckhöhe h_s von

$$h_s = \frac{\sigma_{hk,max}}{\gamma_c} = \frac{54{,}0\,\frac{\text{kN}}{\text{m}^2}}{25\,\frac{\text{kN}}{\text{m}^3}} = 2{,}16\text{ m} < 3{,}50\text{ m} \tag{6.3}$$

Die Verteilung des Frischbetondrucks wird nach DIN 18218 über die hydrostatische Druckhöhe h_s linear und darunter konstant angenommen.

Der charakteristische Wert der Einwirkung für die Bemessung der Stützenschalung ist damit der maximale Frischbetondruck $\sigma_{hk,max}$ mit

$$r_k = \sigma_{hk,max} = 54{,}0\frac{\text{kN}}{\text{m}^2} \tag{6.4}$$

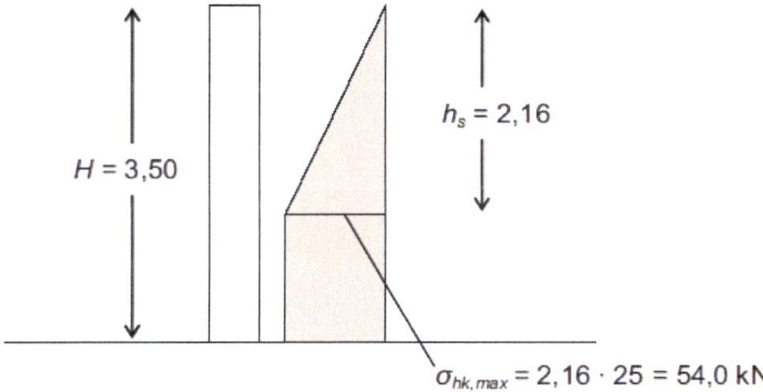

Bild 6.13 Betondruckverlauf

Für die Bemessung der Stützenschalung muss der maximale Frischbetondruck $\sigma_{hk,max}$ mit dem Teilsicherheitsbeiwert $\gamma_F = 1{,}5$ für veränderliche Lasten nach DIN EN1995-1-1 „Holzbauten" multipliziert werden:

$$E_d = \sigma_{hk,max} \cdot \gamma_F = r_k \cdot \gamma_F = 54{,}0\frac{\text{kN}}{\text{m}^2} \cdot 1{,}5 = 81{,}0\frac{\text{kN}}{\text{m}^2} \tag{6.5}$$

Übungsbeispiel 6.2

Nachweis der Schalungshaut

Statisches System: Einfeldträger

Der Abstand der Sparschalung wird mit $\ell = 28$ cm angenommen.

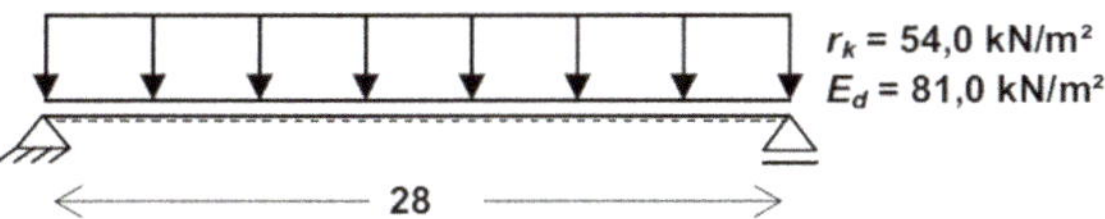

Charakteristische Werte

Nadelholz, Fichte/Tanne, Schnittklasse S 10, Festigkeitsklasse C 24 als Vollholz nach DIN EN 338, Tabelle 1

- Biegung $f_{m,k} = 24{,}0$ N/mm²,
- Schub $f_{v,k} = 4{,}0$ N/mm²

Schubbemessung

Statisches System: Zweifeldträger

für die Schubbemessung:

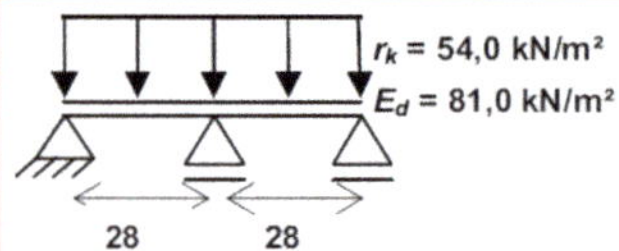

Prinzipiell wird der Bemessung das statische System des Einfeldträgers zugrunde gelegt, solange es auf der sicheren Seite liegt.

Für die Schubbemessung ist jedoch der Zweifeldträger das ungünstigere statische System und wird hier immer dann zugrunde gelegt, wenn dieser Fall nicht ausgeschlossen werden kann.

Maximale Querkraft $V_{r,d}$ nach Formel 2.17:

$$V_{r,d} = 1{,}25 \cdot \frac{E_d \cdot \ell}{2} = 1{,}25 \cdot \frac{81{,}0 \frac{\text{kN}}{\text{m}^2} \cdot 0{,}28 \text{ m}}{2} = 14{,}18 \frac{\text{kN}}{\text{m}} \tag{6.6}$$

Maximale Schubspannung τ_d mit Formel 2.12:

$$\tau_d = \frac{1{,}5 \cdot V_{r,d}}{A} = \frac{1{,}5 \cdot 14{,}18 \frac{\text{kN}}{\text{m}}}{0{,}021 \text{m} \cdot 0{,}5 \frac{\text{m}}{\text{m}}} = 2025{,}7 \frac{\text{kN}}{\text{m}^2} \tag{6.7}$$

mit Querschnittsfläche A

$$A = h \cdot b_{ef} = 0{,}021 \text{m} \cdot 0{,}5 \frac{\text{m}}{\text{m}} \tag{6.8}$$

und effektiver Breite b_{ef}

$$b_{ef} = k_{cr} \cdot b = 0{,}5 \cdot 1 \frac{\text{m}}{\text{m}} = 0{,}5 \frac{\text{m}}{\text{m}} \tag{6.9}$$

sowie Beiwert k_{cr} nach DIN EN 1995-1-1 gemäß Tabelle 2.3:

$$k_{cr} = \frac{2}{f_{v,k\left[\text{in}\frac{\text{N}}{\text{mm}^2}\right]}} = \frac{2}{4} = 0{,}5 \tag{6.10}$$

Der charakteristische Wert $f_{v,k}$ für die Schubspannung für Nadelholz (NH) beträgt nach DIN EN 338:

$$f_{v,k} = 4000\frac{\text{kN}}{\text{m}^2} = 4{,}0\frac{\text{N}}{\text{mm}^2} \tag{6.11}$$

Als Dauer der Lasteinwirkung kann bei Schalungen in der Regel ein Zeitraum unter einer Woche angenommen werden. Somit kann gewöhnlich mit der *Lasteinwirkungsklasse* „Kurz" nach Tabelle 2.13 gerechnet werden.

Da Schalungen regelmäßig hoher Feuchtigkeit ausgesetzt sind, ist in den meisten Fällen die Annahme der *Nutzungsklasse* 3 zu empfehlen.

Damit muss mit einem *Modifikationsbeiwert* von $k_{mod} = 0{,}70$ nach Tabelle 2.12 gerechnet werden. Der Bemessungswert $f_{v,d}$ für die Schubspannung im Nadelholz wird damit entsprechend Formel 2.35:

$$f_{v,d} = f_{v,k} \cdot \frac{k_{mod}}{\gamma_M} = 4000\frac{\text{kN}}{\text{m}^2} \cdot \frac{0{,}7}{1{,}3} = 2153{,}8\frac{\text{kN}}{\text{m}^2} \tag{6.12}$$

Der Nachweis der Schubspannung τ_d lautet somit nach Formel 2.11:

$$\frac{\tau_d}{f_{v,d}} = \frac{2025{,}7\frac{\text{kN}}{\text{m}^2}}{2153{,}8\frac{\text{kN}}{\text{m}^2}} = 0{,}94 < 1{,}0 \tag{6.13}$$

Biegebemessung

Maximales Moment $M_{r,d}$

$$M_{r,d} = \frac{E_d \cdot l^2}{8} = \frac{81{,}0\frac{\text{kN}}{\text{m}^2} \cdot 0{,}28^2\,\text{m}^2}{8} = 0{,}79\frac{\text{kNm}}{\text{m}} \tag{6.14}$$

Vorhandene Biegespannung $\sigma_{m,d}$ nach Formel 2.10

$$\sigma_{m,d} = \frac{M_{r,d}}{W_n} = \frac{0{,}79\frac{\text{kNm}}{\text{m}} \cdot 6}{0{,}021^2\,\text{m}^2 \cdot 1\frac{\text{m}}{\text{m}}} = 10.748{,}3\frac{\text{kN}}{\text{m}^2} \tag{6.15}$$

Der charakteristische Wert $f_{m,k}$ für die Biegespannung für Nadelholz der Festigkeitsklasse C 24 beträgt nach DIN EN 338, Tabelle 1:

$$f_{m,k} = 24.000\frac{\text{kN}}{\text{m}^2} = 24{,}0\frac{\text{N}}{\text{mm}^2} \tag{6.16}$$

Der Bemessungswert $f_{m,d}$ für die Biegespannung im Nadelholz (NH) wird damit entsprechend Formel 2.35:

$$f_{m,d} = f_{m,k} \cdot \frac{k_{mod}}{\gamma_M} = 24.000 \frac{\text{kN}}{\text{m}^2} \cdot \frac{0,7}{1,3} = 12.923,1 \frac{\text{kN}}{\text{m}^2} \tag{6.17}$$

Sofern Kippen nicht maßgebend ist, lautet der Nachweis der Biegespannung nach Formel 2.9:

$$\frac{\sigma_{m,d}}{f_{m,d}} = \frac{10.748,3 \frac{\text{kN}}{\text{m}^2}}{12.923,1 \frac{\text{kN}}{\text{m}^2}} = 0,83 < 1,0 \tag{6.18}$$

Berechnung der Durchbiegung *w*

Nach Formel 2.16 wird die Durchbiegung w mit der charakteristischen Einwirkung ohne Teilsicherheitsbeiwert berechnet.

$$w = \frac{5 \cdot r_k \cdot \ell^4}{384 \cdot E \cdot I} \tag{6.19}$$

$$w = \frac{5 \cdot 54,0 \frac{\text{kN}}{\text{m}^2} \cdot 0,28^4 \text{ m}^4 \cdot 12}{384 \cdot 1,1 \cdot 10^7 \frac{\text{kN}}{\text{m}^2} \cdot 0,021^3 \text{ m}^3 \cdot 1 \frac{\text{m}}{\text{m}}} = 0,0005 \text{ m} = 0,5 \text{mm} \tag{6.20}$$

mit $E_{m,0,mean} = 1,1 \cdot 10^7 \text{kN/m}^2$ für NH, C 24, parallel zur Faser (DIN EN 338, Tabelle 1).

Nach Tabelle 2.8 wird für den Messpunktabstand $m = 0,1 \text{ m} < 0,28 \text{ m}$ ein zulässiges Stichmaß

$$zul\, s = 2 \text{mm} > 0,5 \text{mm} = vorh\, w \tag{6.21}$$

für Zeile 7 gefordert. Damit sind die Ebenheitstoleranzen nach DIN 18202 für die Schalungshaut alleine zwar erfüllt, jedoch überlagern sich die Durchbiegungen von Schalungshaut, Sparschalung, Träger und Gurtung an ungünstigster Stelle und müssen für den Nachweis der Ebenheitstoleranzen aufsummiert werden. Der Nachweis der Ebenheitstoleranzen nach DIN 18202 erfolgt daher nach der Bemessung der gesamten Schalungskonstruktion (s. Übungsbeispiel 6.6).

Übungsbeispiel 6.3

Nachweis der Sparschalung

Statisches System: Einfeldträger

Der Abstand der Längsträger beträgt 24 cm.

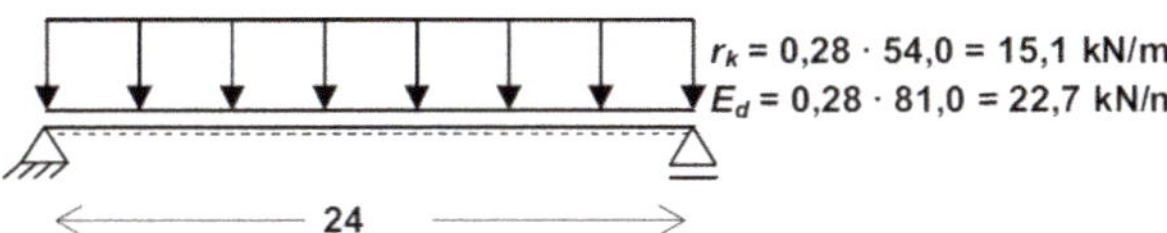

Schubbemessung

Statisches System: Zweifeldträger

für die Schubbemessung:

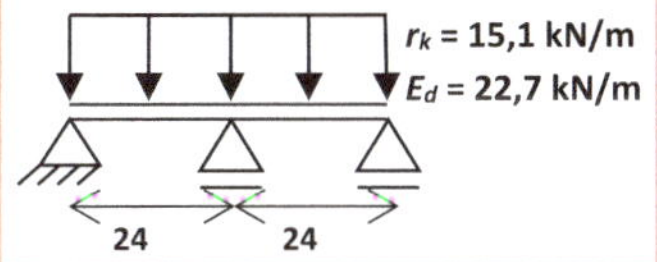

Für die Schubbemessung ist hier der Zweifeldträger das ungünstigere statische System.

Maximale Querkraft $V_{r,d}$ nach Formel 2.17:

$$V_{r,d} = 1{,}25 \cdot \frac{E_d \cdot \ell}{2} = 1{,}25 \cdot \frac{22{,}7\,\frac{\text{kN}}{\text{m}^2} \cdot 0{,}24\text{ m}}{2} = 3{,}41\text{ kN} \tag{6.22}$$

Maximale Schubspannung τ_d mit Formel 2.12:

$$\tau_d = \frac{1{,}5 \cdot V_{r,d}}{A} = \frac{1{,}5 \cdot 3{,}41\text{ kN}}{0{,}0018\text{ m}^2} = 2841{,}6\,\frac{\text{kN}}{\text{m}^2} \tag{6.23}$$

mit Querschnittsfläche A

$$A = h \cdot b_{ef} = 0{,}12\text{m} \cdot 0{,}015\text{m} = 0{,}0018\text{m}^2 \tag{6.24}$$

und effektiver Breite b_{ef}

$$b_{ef} - k_{cr} \cdot b - 0{,}5 \cdot 0{,}03\text{m} = 0{,}015\text{m} \tag{6.25}$$

sowie Beiwert k_{cr} nach DIN EN 1995-1-1 gemäß Tabelle 2.3:

$$k_{cr} = \frac{2}{f_{v,k\left[\text{in}\frac{\text{N}}{\text{mm}^2}\right]}} = \frac{2}{4} = 0{,}5 \tag{6.26}$$

Der charakteristische Wert $f_{v,k}$ der Schubspannung für Nadelholz (NH) beträgt nach DIN EN 338, Tabelle 1:

$$f_{v,k} = 4000 \frac{\text{kN}}{\text{m}^2} = 4{,}0 \frac{\text{N}}{\text{mm}^2} \tag{6.27}$$

Bemessungswert der Schubspannung

$$f_{v,d} = f_{v,k} \cdot \frac{k_{mod}}{\gamma_M} = 4000 \frac{\text{kN}}{\text{m}^2} \cdot \frac{0{,}7}{1{,}3} = 2153{,}8 \frac{\text{kN}}{\text{m}^2} \tag{6.28}$$

$$\frac{\tau_d}{f_{v,d}} = \frac{2841{,}6 \frac{\text{kN}}{\text{m}^2}}{2153{,}8 \frac{\text{kN}}{\text{m}^2}} = 1{,}32 > 1{,}0 \left(\text{Nachweis nicht erfüllt}\right) \tag{6.29}$$

Da die Schubspannungen zu groß sind, muss ein genauerer Nachweis geführt werden. Die Querkraft nimmt ab der Auflagerkante nicht mehr zu, sondern wird zur Auflagermitte hin kleiner (Bild 6.14). Deshalb kann hier mit der *lichten Weite* zwischen den Kantholzträgern als Spannweite gerechnet werden. Da die Spannweite ℓ in Formel 2.17 linear eingeht, kann die Schubspannung im Verhältnis des *lichten Abstands* ℓ' zum Achsmaß der Kantholzträger proportional abgemindert werden. Der lichte Abstand ℓ' der senkrechten Kantholzträger berechnet sich dafür zu

$$\ell' = 24\,\text{cm} - 7\,\text{cm} = 17\,\text{cm} \tag{6.30}$$

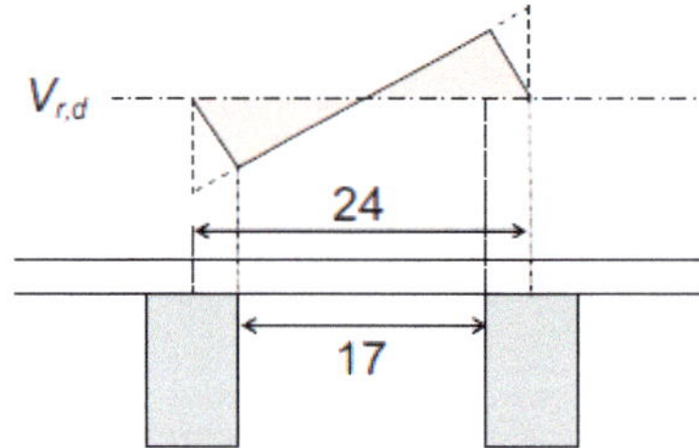

Bild 6.14
Querkraftverlauf

$$\tau'_d = 2841{,}6 \frac{\text{kN}}{\text{m}^2} \cdot \frac{17\,\text{cm}}{24\,\text{cm}} = 2012{,}8 \frac{\text{kN}}{\text{m}^2} \tag{6.31}$$

$$\frac{\tau'_d}{f_{v,d}} = \frac{2012{,}8 \frac{\text{kN}}{\text{m}^2}}{2153{,}8 \frac{\text{kN}}{\text{m}^2}} = 0{,}93 < 1{,}0 \left(\text{Nachweis erfüllt}\right) \tag{6.32}$$

Biegebemessung

Bemessungswert der Biegespannung:

$$f_{m,d} = f_{m,k} \cdot \frac{k_{mod}}{\gamma_M} = 24.000 \frac{\text{kN}}{\text{m}^2} \cdot \frac{0,7}{1,3} = 12.923,1 \frac{\text{kN}}{\text{m}^2} \quad (6.33)$$

Maximales Moment $M_{r,d}$:

$$M_{r,d} = \frac{E_d \cdot \ell^2}{8} = \frac{22,7 \frac{\text{kN}}{\text{m}} \cdot 0,24^2 \text{ m}^2}{8} = 0,16 \text{ kNm} \quad (6.34)$$

Vorhandene Spannung $\sigma_{m,d}$ nach Formel 2.10:

$$\sigma_{m,d} = \frac{M_d}{W_n} = \frac{0,16 \text{ kNm} \cdot 6}{0,03^2 \text{ m}^2 \cdot 0,12 \text{ m}} = 8888,89 \frac{\text{kN}}{\text{m}^2} \quad (6.35)$$

Für Festigkeitsklasse NH, C 24, Vollholz gilt, sofern Kippen nicht maßgebend ist:

$$\frac{\sigma_{m,d}}{f_{m,d}} = \frac{8888,89 \frac{\text{kN}}{\text{m}^2}}{12.923,1 \frac{\text{kN}}{\text{m}^2}} = 0,69 < 1,0 \quad (6.36)$$

Berechnung der Durchbiegung *w*

Nach Formel 2.16 wird die Durchbiegung *w* mit der charakteristischen Einwirkung ohne Teilsicherheitsbeiwert berechnet.

$$w = \frac{5 \cdot r_k \cdot \ell^4}{384 \cdot E \cdot I} \quad (6.37)$$

$$w = \frac{5 \cdot 15,1 \frac{\text{kN}}{\text{m}} \cdot 0,24^4 \text{ m}^4 \cdot 12}{384 \cdot 1,1 \cdot 10^7 \frac{\text{kN}}{\text{m}^2} \cdot 0,03^3 \text{ m}^3 \cdot 0,12 \text{ m}} = 0,0002 \text{ m} = 0,2 \text{mm} \quad (6.38)$$

mit $E_{m,0,mean} = 1,1 \cdot 10^7$ kN/m² für NH, C 24, parallel zur Faser (DIN EN 338)

Die Ebenheitstoleranzen nach DIN 18202 werden für die Gesamtkonstruktion nachgewiesen (s. Übungsbeispiel 6.6).

Übungsbeispiel 6.4

Nachweis der senkrechten Träger

Statisches System: Einfeldträger

Der Gurtungsabstand beträgt 70 cm. Es wird der mittlere Träger betrachtet.

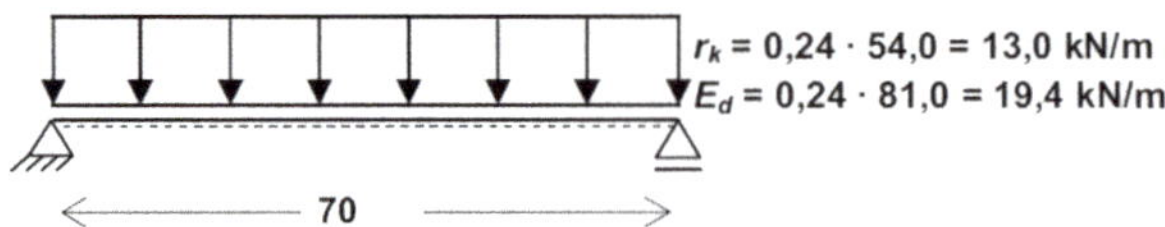

Schubbemessung

Statisches System: Zweifeldträger

für die Schubbemessung:

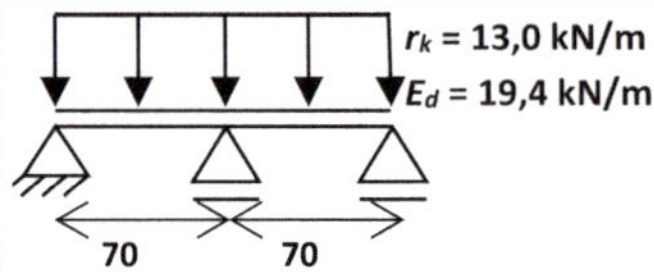

Für die Schubbemessung ist hier der Zweifeldträger das ungünstigere statische System.

Maximale Querkraft $V_{r,d}$ nach Formel 2.17:

$$V_{r,d} = 1{,}25 \cdot \frac{E_d \cdot \ell}{2} = 1{,}25 \cdot \frac{19{,}4 \frac{\text{kN}}{\text{m}^2} \cdot 0{,}7 \text{ m}}{2} = 8{,}49 \text{ kN} \tag{6.39}$$

Maximale Schubspannung τ_d mit Formel 2.12:

$$\tau_d = \frac{1{,}5 \cdot V_{r,d}}{A} = \frac{1{,}5 \cdot 8{,}49 \text{ kN}}{0{,}14 \text{ m} \cdot 0{,}035 \text{ m}} = 2599{,}0 \frac{\text{kN}}{\text{m}^2} \tag{6.40}$$

mit Querschnittsfläche A

$$A = h \cdot b_{ef} = 0{,}14 \text{ m} \cdot 0{,}035 \text{ m} = 0{,}0049 \text{ m}^2 \tag{6.41}$$

und effektiver Breite b_{ef}

$$b_{ef} = k_{cr} \cdot b = 0{,}5 \cdot 0{,}07 \text{ m} = 0{,}035 \text{ m} \tag{6.42}$$

sowie Beiwert k_{cr} nach DIN EN 1995-1-1 gemäß Tabelle 2.3:

$$k_{cr} = \frac{2}{f_{v,k\left[\text{in} \frac{\text{N}}{\text{mm}^2}\right]}} = \frac{2{,}0}{4{,}0} = 0{,}5 \tag{6.43}$$

Der charakteristische Wert $f_{v,k}$ für die Schubspannung für Nadelholz (NH) beträgt nach DIN EN 338:

$$f_{v,k} = 4000 \frac{\text{kN}}{\text{m}^2} = 4{,}0 \frac{\text{N}}{\text{mm}^2} \tag{6.44}$$

Bemessungswert der Schubspannung

$$f_{v,d} = f_{v,k} \cdot \frac{k_{mod}}{\gamma_M} = 4000 \frac{\text{kN}}{\text{m}^2} \cdot \frac{0{,}7}{1{,}3} = 2153{,}8 \frac{\text{kN}}{\text{m}^2} \quad (6.45)$$

$$\frac{\tau_d}{f_{v,d}} = \frac{2599{,}0 \frac{\text{kN}}{\text{m}^2}}{2153{,}8 \frac{\text{kN}}{\text{m}^2}} = 1{,}21 > 1{,}0 \left(\text{Nachweis nicht erfüllt}\right) \quad (6.46)$$

Da die Schubspannungen zu groß sind, muss ein genauerer Nachweis geführt werden. Die Querkraft nimmt ab der Auflagerkante nicht mehr zu, sondern wird zur Auflagermitte hin kleiner (Bild 6.15). Deshalb kann hier mit der *lichten Weite* zwischen den Kantholzgurtungen als Spannweite gerechnet werden. Da die Spannweite ℓ in Formel 2.17 linear eingeht, kann die Schubspannung im Verhältnis des *lichten Abstands* ℓ' zum Achsmaß der Kantholzgurtungen proportional abgemindert werden. Der lichte Abstand ℓ' der waagerechten Kantholzgurtungen berechnet sich dafür zu

$$\ell' = 70\,\text{cm} - 18\text{ cm} = 52\text{ cm} \quad (6.47)$$

$$\tau'_d = 2599{,}0 \frac{\text{kN}}{\text{m}^2} \cdot \frac{52\text{ cm}}{70\text{ cm}} = 1930{,}7 \frac{\text{kN}}{\text{m}^2} \quad (6.48)$$

$$\frac{\tau'_d}{f_{v,d}} = \frac{1930{,}7 \frac{\text{kN}}{\text{m}^2}}{2153{,}8 \frac{\text{kN}}{\text{m}^2}} = 0{,}9 < 1{,}0 \left(\text{Nachweis erfüllt}\right) \quad (6.49)$$

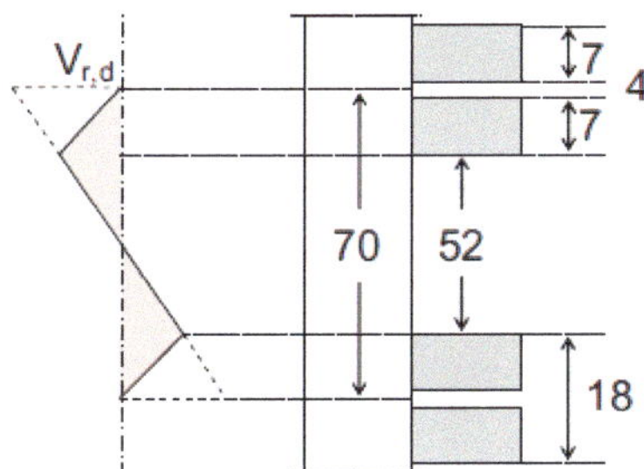

Bild 6.15
Querkraftverlauf

Biegebemessung

Bemessungswert der Biegespannung:

$$f_{m,d} = f_{m,k} \cdot \frac{k_{mod}}{\gamma_M} = 24.000 \frac{\text{kN}}{\text{m}^2} \cdot \frac{0{,}7}{1{,}3} = 12.923{,}1 \frac{\text{kN}}{\text{m}^2} \quad (6.50)$$

Maximales Moment $M_{r,d}$:

$$M_{r,d} = \frac{E_d \cdot \ell^2}{8} = \frac{19{,}4 \frac{\text{kN}}{\text{m}} \cdot 0{,}7^2 \text{ m}^2}{8} = 1{,}19 \text{ kNm} \tag{6.51}$$

Vorhandene Spannung $\sigma_{m,d}$ nach Formel 2.10:

$$\sigma_{m,d} = \frac{M_d}{W_n} = \frac{1{,}19 \text{ kNm} \cdot 6}{0{,}14^2 \text{ m}^2 \cdot 0{,}07 \text{ m}} = 5204{,}1 \frac{\text{kN}}{\text{m}^2} \tag{6.52}$$

Für Festigkeitsklasse NH, C 24, Vollholz gilt, sofern Kippen nicht maßgebend ist

$$\frac{\sigma_{m,d}}{f_{m,d}} = \frac{5204{,}1 \frac{\text{kN}}{\text{m}^2}}{12.923{,}1 \frac{\text{kN}}{\text{m}^2}} = 0{,}40 < 1{,}0 \tag{6.53}$$

Berechnung der Durchbiegung *w*

Nach Formel 2.16 wird die Durchbiegung *w* mit der charakteristischen Einwirkung ohne Teilsicherheitsbeiwert berechnet.

$$w = \frac{5 \cdot r_k \cdot \ell^4}{384 \cdot E \cdot I} \tag{6.54}$$

$$w = \frac{5 \cdot 13{,}0 \frac{\text{kN}}{\text{m}} \cdot 0{,}7^4 \text{ m}^4 \cdot 12}{384 \cdot 1{,}1 \cdot 10^7 \frac{\text{kN}}{\text{m}^2} \cdot 0{,}14^3 \text{ m}^3 \cdot 0{,}07 \text{ m}} = 0{,}0002 \text{ m} = 0{,}2 \text{mm} \tag{6.55}$$

mit $E_{m,0,mean} = 1{,}1 \cdot 10^7$ kN/m² für NH, C 24, parallel zur Faser (DIN EN 338)

Die Ebenheitstoleranzen nach DIN 18202 werden für die Gesamtkonstruktion nachgewiesen (s. Übungsbeispiel 6.6).

Übungsbeispiel 6.5

Nachweis der Gurtung

Statisches System

Der Ankerabstand beträgt 90 cm. Die Einzellasten werden vereinfacht als Streckenlast angenommen.

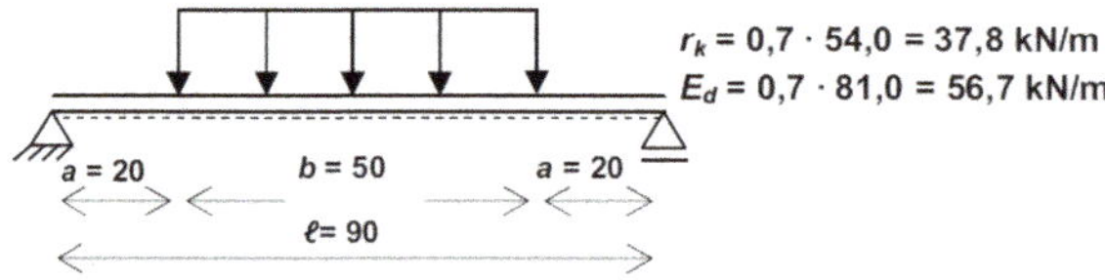

Schubbemessung

Maximale Querkraft $V_{r,d}$:

$$V_{r,d} = \frac{E_d \cdot b}{2} = \frac{56{,}7\,\frac{\text{kN}}{\text{m}} \cdot 0{,}5\,\text{m}}{2} = 14{,}18\,\text{kN} \tag{6.56}$$

Maximale Schubspannung τ_d mit Formel 2.12:

$$\tau_d = \frac{1{,}5 \cdot V_d}{A} = \frac{1{,}5 \cdot 14{,}18\,\text{kN}}{0{,}0098\,\text{m}^2} = 2170{,}4\,\frac{\text{kN}}{\text{m}^2} \tag{6.57}$$

mit Querschnittsfläche A

$$A = 2 \cdot h \cdot b_{ef} = 2 \cdot 0{,}14\ \text{m} \cdot 0{,}035\ \text{m} = 0{,}0098\ \text{m}^2 \tag{6.58}$$

und effektiver Breite b_{ef}

$$b_{ef} = k_{cr} \cdot b = 0{,}5 \cdot 0{,}07\ \text{m} = 0{,}035\ \text{m} \tag{6.59}$$

sowie Beiwert k_{cr} nach DIN EN 1995-1-1 gemäß Tabelle 2.3:

$$k_{cr} = \frac{2}{f_{v,k\left[\text{in}\frac{\text{N}}{\text{mm}^2}\right]}} = \frac{2{,}0}{4{,}0} = 0{,}5 \tag{6.60}$$

Der charakteristische Wert $f_{v,k}$ für die Schubspannung für Nadelholz (NH) beträgt nach DIN EN 338:

$$f_{v,k} = 4000\,\frac{\text{kN}}{\text{m}^2} = 4{,}0\,\frac{\text{N}}{\text{mm}^2} \tag{6.61}$$

Bemessungswert der Schubspannung

$$f_{v,d} = f_{v,k} \cdot \frac{k_{mod}}{\gamma_M} = 4000\,\frac{\text{kN}}{\text{m}^2} \cdot \frac{0{,}7}{1{,}3} = 2153{,}8\,\frac{\text{kN}}{\text{m}^2} \tag{6.62}$$

$$\frac{\tau_d}{f_{v,d}} = \frac{2170{,}4\,\frac{\text{kN}}{\text{m}^2}}{2153{,}8\,\frac{\text{kN}}{\text{m}^2}} = 1{,}01 > 1{,}0\,(\text{Nachweis nicht erfüllt}) \tag{6.63}$$

Zur Verringerung der rechnerischen Schubspannungen gibt es drei Änderungsmöglichkeiten für Bemessung und Konstruktion:

- Verringerung des Gurtungsabstands von 70 cm auf $\ell' \approx 69$ cm

$$\tau'_d = 2170{,}4\,\frac{\text{kN}}{\text{m}^2} \cdot \frac{69\ \text{cm}}{70\ \text{cm}} = 2139{,}4\,\frac{\text{kN}}{\text{m}^2} \tag{6.64}$$

$$\frac{\tau'_d}{f_{v,d}} = \frac{2139{,}4 \dfrac{\text{kN}}{\text{m}^2}}{2153{,}8 \dfrac{\text{kN}}{\text{m}^2}} = 0{,}99 < 1{,}0 \left(\text{Nachweis erfüllt}\right) \tag{6.65}$$

- Berücksichtigung der lichten Spannweite zwischen den Ankerplatten, 10 cm aus Ankerplatte 10/14 cm: $\ell' = 90 - 10 = 80$ cm

$$\tau'_d = 2170{,}4 \frac{\text{kN}}{\text{m}^2} \cdot \frac{80 \text{ cm}}{90 \text{ cm}} = 1929{,}2 \frac{\text{kN}}{\text{m}^2} \tag{6.66}$$

$$\frac{\tau'_d}{f_{v,d}} = \frac{1929{,}2 \dfrac{\text{kN}}{\text{m}^2}}{2153{,}8 \dfrac{\text{kN}}{\text{m}^2}} = 0{,}89 < 1{,}0 \left(\text{Nachweis erfüllt}\right) \tag{6.67}$$

- Querschnittsänderung von 2 KH 7/14 cm auf 1 KH 14/14 cm + 1 KH 7/14 cm

$$\tau_d = \frac{1{,}5 \cdot V_d}{A} = \frac{1{,}5 \cdot V_d}{3 \cdot 0{,}14 \text{ m} \cdot 0{,}5 \cdot 0{,}07 \text{ m}} = \frac{1{,}5 \cdot 14{,}18 \text{ kN}}{0{,}0147 \text{ m}^2} = 1446{,}9 \frac{\text{kN}}{\text{m}^2} \tag{6.68}$$

$$\frac{\tau'_d}{f_{v,d}} = \frac{1446{,}9 \dfrac{\text{kN}}{\text{m}^2}}{2153{,}8 \dfrac{\text{kN}}{\text{m}^2}} = 0{,}67 < 1{,}0 \left(\text{Nachweis erfüllt}\right) \tag{6.69}$$

Mit der Berücksichtigung der lichten Spannweite ist der Nachweis der Schubspannung erbracht. Davon unabhängig wird den weiteren Berechnungen exemplarisch die Querschnittsänderung zugrunde gelegt.

Biegebemessung

Bemessungswert der Biegespannung:

$$f_{m,d} = f_{m,k} \cdot \frac{k_{mod}}{\gamma_M} = 24.000 \frac{\text{kN}}{\text{m}^2} \cdot \frac{0{,}7}{1{,}3} = 12.923{,}1 \frac{\text{kN}}{\text{m}^2} \tag{6.70}$$

Maximales Moment $M_{r,d}$:

$$M_{r,d} = \frac{E_d \cdot b}{8} \cdot \left(2 \cdot \ell - b\right) = \frac{56{,}7 \dfrac{\text{kN}}{\text{m}} \cdot 0{,}5 \text{ m}}{8} \cdot \left(2 \cdot 0{,}9 \text{ m} - 0{,}5 \text{ m}\right) = 4{,}61 \text{ kNm} \tag{6.71}$$

Vorhandene Spannung $\sigma_{m,d}$ nach Formel 2.10:

$$\sigma_{m,d} = \frac{M_d}{W_n} = \frac{4{,}61 \text{ kNm} \cdot 6}{3 \cdot 0{,}14^2 \text{ m}^2 \cdot 0{,}07 \text{ m}} = 6720{,}1 \frac{\text{kN}}{\text{m}^2} \tag{6.72}$$

Für Festigkeitsklasse NH, C 24, Vollholz gilt, sofern Kippen nicht maßgebend ist

$$\frac{\sigma_{m,d}}{f_{m,d}} = \frac{6720{,}1\,\frac{\text{kN}}{\text{m}^2}}{12.923{,}1\,\frac{\text{kN}}{\text{m}^2}} = 0{,}52 < 1{,}0 \tag{6.73}$$

Berechnung der Durchbiegung *w*

Wie in Formel 2.16 wird die Durchbiegung w mit der charakteristischen Einwirkung ohne Teilsicherheitsbeiwert berechnet.

$$w = \frac{r_k \cdot \ell^4}{384 \cdot E \cdot I} \cdot \left(5 - 24 \cdot \left(\frac{a}{\ell}\right)^2 + 16 \cdot \left(\frac{a}{\ell}\right)^4\right) \tag{6.74}$$

$$w = \frac{37{,}8\,\frac{\text{kN}}{\text{m}} \cdot 0{,}9^4\ \text{m}^4 \cdot 12}{384 \cdot 1{,}1 \cdot 10^7\,\frac{\text{kN}}{\text{m}^2} \cdot 3 \cdot 0{,}14^3\ \text{m}^3 \cdot 0{,}07\ \text{m}} \cdot \left(5 - 24 \cdot \left(\frac{0{,}2}{0{,}9}\right)^2 + 16 \cdot \left(\frac{0{,}2}{0{,}9}\right)^4\right) \tag{6.75}$$

$$w = 0{,}0005\,\text{m} = 0{,}5\,\text{mm} \tag{6.76}$$

mit $E_{m,0,mean} = 1{,}1 \cdot 10^7$ kN/m² für NH, C 24, parallel zur Faser (DIN EN 338)

Die Ebenheitstoleranzen nach DIN 18202 werden für die Gesamtkonstruktion nachgewiesen (s. Übungsbeispiel 6.6).

Übungsbeispiel 6.6

Nachweis der Ebenheitstoleranzen

Die Summe der Durchbiegungen $\Sigma\, w$ entsprechend Formel 2.32 ergibt sich zu:

$$\sum w = 0{,}5\,\text{mm} + 0{,}2\,\text{mm} + 0{,}2\,\text{mm} + 0{,}5\,\text{mm} = 1{,}4\,\text{mm} \tag{6.77}$$

Der Messpunktabstand m wird aus dem Ankerabstand und dem Abstand der Gurtungen mit Formel 2.31 berechnet:

$$m = \sqrt{0{,}9^2 + 0{,}7^2} = 1{,}14\,\text{m} > 1{,}0\,\text{m} \tag{6.78}$$

Nach Tabelle 2.8 wird für den Messpunktabstand $m = 1{,}0\ \text{m} < 1{,}14\ \text{m}$ ein zulässiges Stichmaß

$$zul\,s = 3\,\text{mm} > 1{,}4\,\text{mm} = \sum w \tag{6.79}$$

für Zeile 7 gefordert. Damit sind die Ebenheitstoleranzen nach DIN 18202 erfüllt. Die geforderten Werte in den Zeilen 5 und 6 sind damit auch eingehalten.

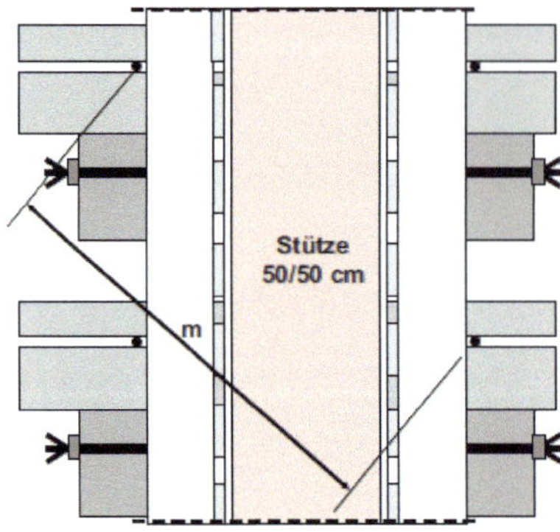

Bild 6.16
Messpunktabstand

Übungsbeispiel 6.7

Nachweis der Ankerkraft

Die Ankerkraft entspricht der maximalen Querkraft V_d der Gurtung.

$$F_N = V_{r,d,Gurtung} = 14{,}18\,\text{kN} < 140{,}0\,\text{kN} = N_{u,Rd} \tag{6.80}$$

für einen Spannstab DYWIDAG Ø 15,0 mm nach Tabelle 2.24.

Übungsbeispiel 6.8

Nachweis der Holzpressung

Knoten: Senkrechte Träger auf horizontaler Gurtung

Die senkrechten Träger haben auf der horizontalen Gurtung eine Auflagerfläche (Bild 6.17) von

$$A_d = 3 \cdot 0{,}07\ \text{m} \cdot 0{,}07\,\text{m} = 0{,}0147\,\text{m}^2 \tag{6.81}$$

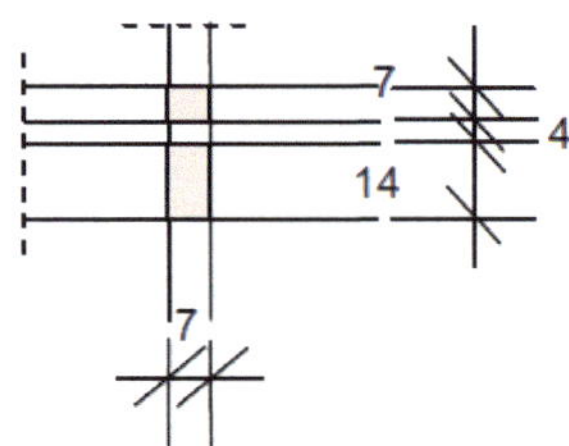

Bild 6.17
Auflagerfläche Träger – Gurtung

Die zu übertragende Kraft $F_{c,90,d}$ an dieser Stelle entspricht der Summe der Querkräfte von beiden Seiten im mittleren senkrechten Träger

$$F_{c,90,d} = 2 \cdot 8{,}49\,\text{kN} = 16{,}98\,\text{kN} \quad (6.82)$$

Vorhandene Querdruckspannung $\sigma_{c,90,d}$:

$$\sigma_{c,90,d} = \frac{F_{c,90.d}}{A_d} = \frac{16{,}98\,\text{kN}}{0{,}0147\,\text{m}^2} = 1155{,}1\frac{\text{kN}}{\text{m}^2} \quad (6.83)$$

Der charakteristische Wert $f_{c,90,k}$ für die Druckspannung senkrecht zur Faser für Nadelholz der Festigkeitsklasse C 24 beträgt nach DIN EN 388:

$$f_{c,90,k} = 2500\frac{\text{kN}}{\text{m}^2} \quad (6.84)$$

Der Bemessungswert $f_{c,90,d}$ für die Querdruckspannung im Nadelholz wird damit entsprechend Formel 2.35:

$$f_{c,90,d} = f_{m,k} \cdot \frac{k_{mod}}{\gamma_M} = 2500\frac{\text{kN}}{\text{m}^2} \cdot \frac{0{,}7}{1{,}3} = 1346{,}2\frac{\text{kN}}{\text{m}^2} \quad (6.85)$$

Der Nachweis der Querdruckspannung lautet somit

$$\frac{\sigma_{c,90,d}}{f_{c,90,d}} = \frac{1155{,}1\frac{\text{kN}}{\text{m}^2}}{1346{,}2\frac{\text{kN}}{\text{m}^2}} = 0{,}86 < 1{,}0 \quad (6.86)$$

Knoten: horizontale Gurtung auf Ankerplatte 10/14 cm

Die horizontale Gurtung hat auf einer Ankerplatte 10/14 cm eine Auflagerfläche (Bild 6.18) von

$$A_d = 0{,}1\,\text{m} \cdot 0{,}1\,\text{m} = 0{,}01\,\text{m}^2 \quad (6.87)$$

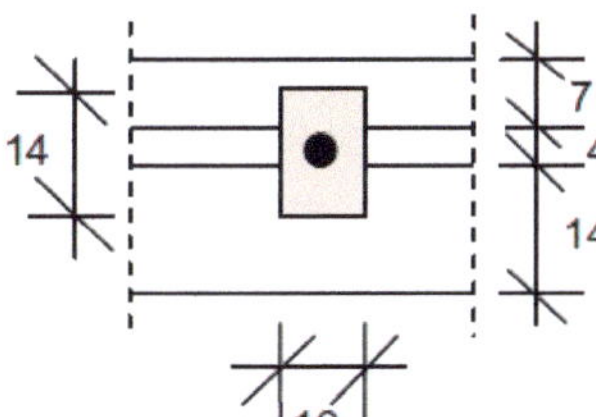

Bild 6.18
Auflagerfläche Gurtung – Ankerplatte 10/14 cm

Die zu übertragende Kraft $F_{c,90,d}$ an dieser Stelle entspricht der Querkraft in der Gurtung

$$F_{c,90,d} = V_{r,d,Gurtung} = 14{,}18\,\text{kN} \quad (6.88)$$

Vorhandene Querdruckspannung $\sigma_{c,90,d}$:

$$\sigma_{c,90,d} = \frac{F_{c,90,d}}{A_d} = \frac{14{,}18\ \text{kN}}{0{,}01\ \text{m}^2} \tag{6.89}$$

$$\frac{\sigma_{c,90,d}}{f_{c,90,d}} = \frac{1418{,}0\ \frac{\text{kN}}{\text{m}^2}}{1346{,}2\ \frac{\text{kN}}{\text{m}^2}} = 1{,}05 > 1{,}0\ (\text{Nachweis nicht erfüllt}) \tag{6.90}$$

Querdrucknachweis

Nach DIN EN 1995-1-1 darf bei Auflager- und Schwellendruck der Einhängeeffekt in Faserrichtung berücksichtigt werden. Dies geschieht durch rechnerische Verlängerung der Kantenlänge um beidseitig jeweils 30 mm, jedoch um nicht mehr als *ü*, *l* oder $l_1/2$. Statt der Auflagerfläche A_d wird die wirksame Querdruckfläche A_{ef} berechnet (Bild 6.19).

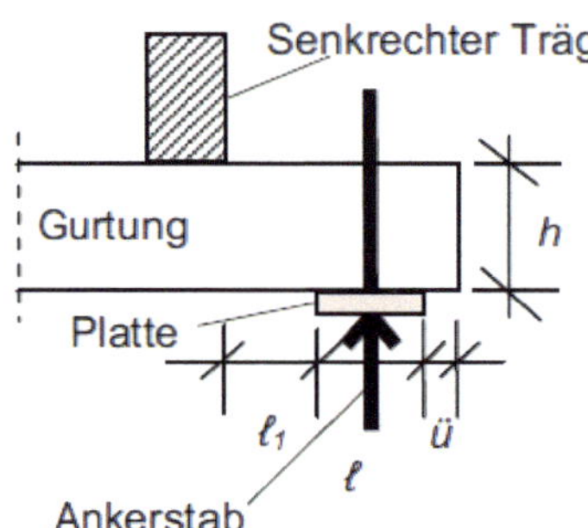

Bild 6.19
Querdrucknachweis für den Auflagerdruck der Ankerplatte auf der Gurtung senkrecht zur Faser

Wirksame Querdruckfläche A_{ef}:

$$A_{ef} = b \cdot (\ell + 2 \cdot 30\,\text{mm}) \leq b \cdot \left(\text{ü} + \ell + \frac{\ell_1}{2} \right) \tag{6.91}$$

b = Breite der Querdruckfläche
ℓ = tatsächliche Aufstandslänge in Faserrichtung des Holzes
$ü$ = rechnerischer Überstand von der Querdruckfläche in Faserrichtung
ℓ_1 = lichter Abstand zwischen Querdruckflächen bei Einzellasten

Damit wird die Querdruckspannung berechnet mit

$$\sigma_{c,90,d} = \frac{F_{c,90,d}}{A_{ef}} \tag{6.92}$$

Der Querdrucknachweis wird dann geführt mit

$$\frac{\sigma_{c,90,d}}{k_{c,90} \cdot f_{c,90,d}} \leq 1{,}0 \tag{6.93}$$

Der Querdruckbeiwert $k_{c,90}$ für die Querdruckspannung kann für verschiedene Holzarten aus Tabelle 6.4 entnommen werden.

Tabelle 6.4 Querdruckbeiwert $k_{c,90}$ nach DIN EN 1995-1-1 Holzbauten

Baustoff	$\ell_1 < 2 \cdot h$	$\ell_1 \geq 2 \cdot h$	
		Auflagerdruck	Schwellendruck
Vollholz aus Nadelholz	1,0	1,5 [a)]	1,25
Laubholz	1,0	1,0	1,0
Brettschichtholz aus Nadelholz	1,0	1,75 [a)]	1,5

[a)] für $\ell > 400\,\text{mm}$
h = Trägerhöhe, Flanschhöhe bei zusammengesetzten Trägern

Für die Kantholzgurtung der Stützenschalung gilt somit

$$\ell_1 = 13\,\text{cm} < 2 \cdot h = 2 \cdot 14\,\text{cm} = 28\,\text{cm} \tag{6.94}$$

Der Querdruckbeiwert $k_{c,90}$ aus Tabelle 6.4 ist

$$k_{c,90} = 1{,}0 \tag{6.95}$$

Die Pressfläche ergibt sich für $ü \geq 30\,\text{mm}$ nach Formel 6.91 zu

$$A_{ef} = b \cdot (\ell + 2 \cdot 30\,\text{mm}) = 0{,}1\,\text{m} \cdot (0{,}1\,\text{m} + 2 \cdot 0{,}03\,\text{m}) = 0{,}016\,\text{m}^2 \tag{6.96}$$

$$A_{ef} = 0{,}016\,\text{m}^2 \leq b \cdot \left(ü + \ell + \frac{\ell_1}{2} \right) = 0{,}1\,\text{m} \cdot 3 \cdot 0{,}1\,\text{m} = 0{,}03\,\text{m}^2 \tag{6.97}$$

Für die Holzpressung gilt damit eine rechnerische Querdruckspannung $\sigma_{c,90,d}$ von

$$\sigma_{c,90,d} = \frac{F_{c,90,d}}{A_{ef}} = \frac{14{,}18\,\text{kN}}{0{,}016\,\text{m}^2} = 886{,}3\,\frac{\text{kN}}{\text{m}^2} \tag{6.98}$$

$$\frac{\sigma_{c,90,d}}{f_{c,90,d}} = \frac{886{,}3\,\frac{\text{kN}}{\text{m}^2}}{1346{,}2\,\frac{\text{kN}}{\text{m}^2}} = 0{,}66 < 1{,}0\,(\text{Nachweis erfüllt}) \tag{6.99}$$

Übungsbeispiel 6.9

Gurtungsabstände

Abschließend sind aufgrund des Konstruktionsentwurfs und der vorangegangenen Berechnungen die Gurtungsabstände über die gesamte Höhe der Stützenschalung endgültig festzulegen (Bild 6.20). Die Schalung wurde für einen maximalen

Gurtungsabstand von $\ell = 70\,\text{cm}$ bemessen. Der Schalungsüberstand von der untersten Gurtung nach unten sollte 40 cm nicht überschreiten. Der Schalungsüberstand von der obersten Gurtung nach oben kann größer sein, da der Schalungsdruck nach oben hin ja abnimmt.

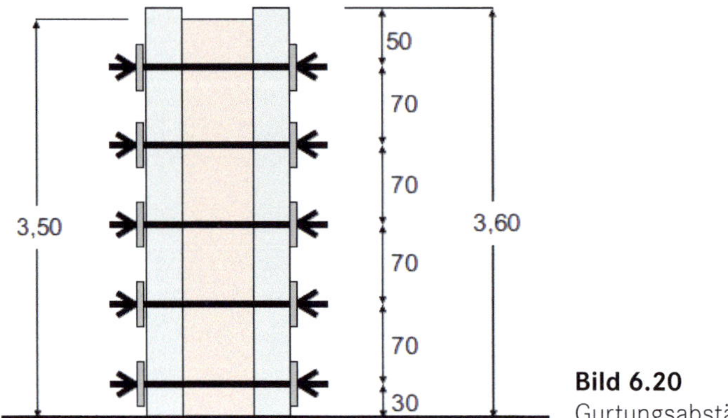

Bild 6.20
Gurtungsabstände

Die Schalungshöhe sollte hier zu 3,55 bis 3,60 m gewählt werden, also etwa 5 bis 10 cm höher als die Betonstütze. Notwendig ist ein geringer Überstand der Schalung und insbesondere der Schalungshaut gegenüber dem Konstruktionsmaß der Stütze, um Toleranzen ausgleichen zu können und um die Arbeitsfuge zwischen Stütze und Decke oder Unterzug sauber ausführen zu können.

Für das Betonieren der Stütze ist außerdem das vorherige Anbringen von Dreikantleisten oder Trapezleisten an der Schalung erforderlich, um einerseits eine saubere Ausführung der Arbeitsfuge zu gewährleisten und um andererseits beim Betonieren einen optischen Anhalt für die geforderte genaue Betonierhöhe zu haben.

Dabei ist zu berücksichtigen, dass für die konventionelle Kantholzschalung in diesem Beispiel wegen der außerhalb angeordneten Ankerstäbe höhenversetzte Gurtungen vorzusehen sind (Bild 6.21). Werden die Anker stattdessen in den Ebenen der Sparschalung geführt, können die Gurtungen längs und quer in denselben Ebenen ohne Höhenversatz angeordnet werden.

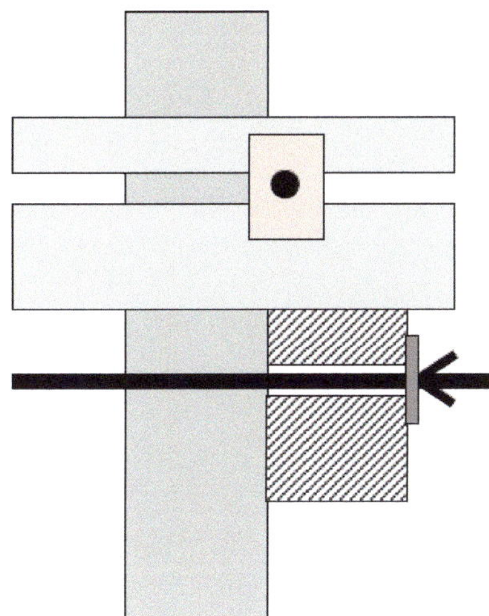

Bild 6.21
Höhenversetzte Kantholzgurtungen

6.4 Ankerung durch die Sparschalung

In diesem Abschnitt wird die konventionelle Stützenschalung mit Ankerung durch die Sparschalung ganzheitlich im Zusammenhang in den *Übungsbeispielen 6.10 bis 6.12* behandelt.

Führt man die Schalungsanker der Stützenschalung durch die Lücken zwischen der Sparschalung (Bild 6.22 und Bild 6.23), kann die Schalungskonstruktion und damit auch die Lastabtragung wesentlich vereinfacht werden. Nachfolgend werden die sich daraus ergebenden Änderungen dargestellt.

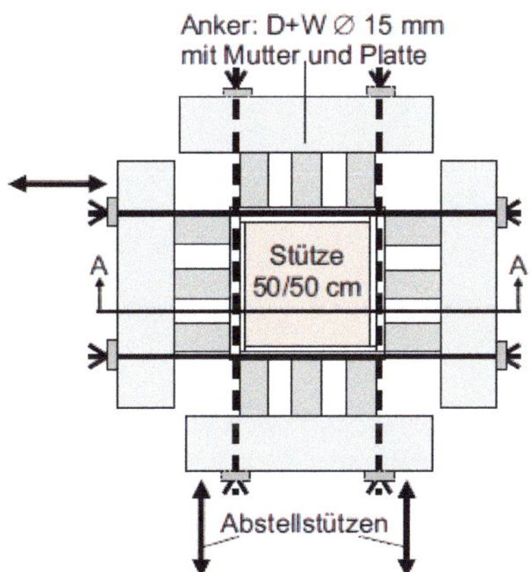

Bild 6.22
Grundriss: Konstruktion der Stützenschalung mit durch die Sparschalung geführten Schalungsankern

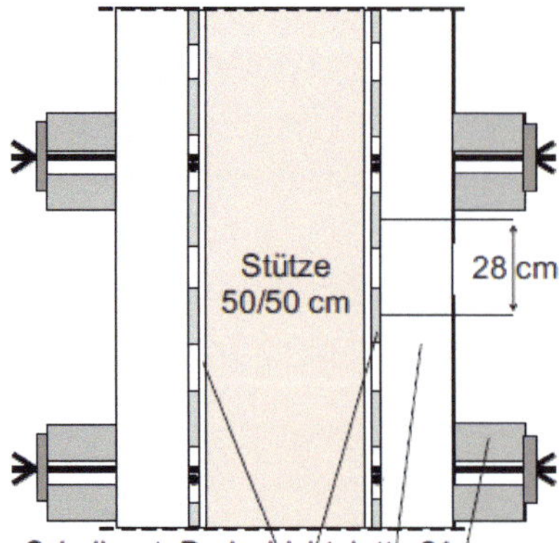

Bild 6.23
Querschnitt A-A: Konstruktion der Stützenschalung mit durch die Sparschalung geführten Schalungsankern

Übungsbeispiel 6.10

Nachweis der Gurtung

Statisches System

Der Ankerabstand beträgt jetzt $\ell = 58$ cm. Die Einzellasten werden vereinfacht als Streckenlast angenommen.

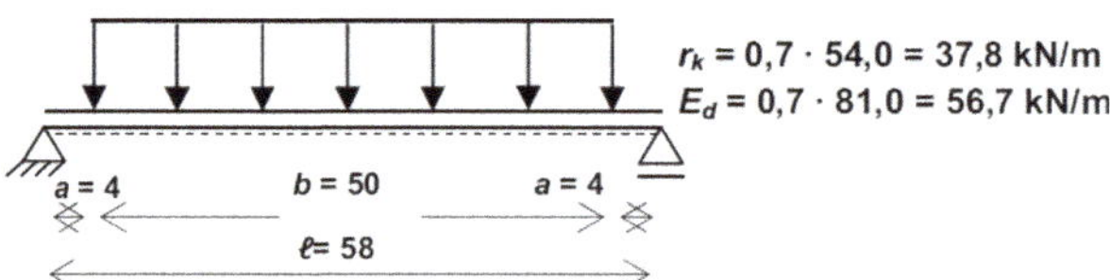

Schubbemessung

Maximale Querkraft $V_{r,d}$:

$$V_{r,d} = \frac{E_d \cdot b}{2} = \frac{56{,}7\ \frac{\text{kN}}{\text{m}} \cdot 0{,}5\ \text{m}}{2} = 14{,}18\ \text{kN} \tag{6.100}$$

Maximale Schubspannung τ_d mit Formel 2.12:

$$\tau_d = \frac{1{,}5 \cdot V_d}{A} = \frac{1{,}5 \cdot 14{,}18\ \text{kN}}{0{,}0098\ \text{m}^2} = 2170{,}4\ \frac{\text{kN}}{\text{m}^2} \tag{6.101}$$

mit Querschnittsfläche A

$$A = 2 \cdot h \cdot b_{ef} = 2 \cdot 0{,}14\ \text{m} \cdot 0{,}035\ \text{m} = 0{,}0098\ \text{m}^2 \tag{6.102}$$

und effektiver Breite b_{ef}

$$b_{ef} = k_{cr} \cdot b = 0{,}5 \cdot 0{,}07\ \text{m} = 0{,}035\ \text{m} \tag{6.103}$$

sowie Beiwert k_{cr} nach DIN EN 1995-1-1 gemäß Tabelle 2.3:

$$k_{cr} = \frac{2}{f_{v,k\left[\text{in}\frac{\text{N}}{\text{mm}^2}\right]}} = \frac{2{,}0}{4{,}0} = 0{,}5 \tag{6.104}$$

Der charakteristische Wert $f_{v,k}$ für die Schubspannung für Nadelholz (NH) beträgt nach DIN EN 338:

$$f_{v,k} = 4000\,\frac{\text{kN}}{\text{m}^2} = 4{,}0\,\frac{\text{N}}{\text{mm}^2} \tag{6.105}$$

Bemessungswert der Schubspannung

$$f_{v,d} = f_{v,k} \cdot \frac{k_{mod}}{\gamma_M} = 4000\frac{\text{kN}}{\text{m}^2} \cdot \frac{0{,}7}{1{,}3} = 2153{,}8\,\frac{\text{kN}}{\text{m}^2} \tag{6.106}$$

$$\frac{\tau_d}{f_{v,d}} = \frac{2170{,}4\,\frac{\text{kN}}{\text{m}^2}}{2153{,}8\,\frac{\text{kN}}{\text{m}^2}} = 1{,}01 > 1{,}0\,(\text{Nachweis nicht erfüllt}) \tag{6.107}$$

Unter Berücksichtigung der *lichten Spannweite* zwischen den Ankerplatten bei einer Breite von 10 cm der Ankerplatte 10/14 cm: $\ell' = 90 - 10 = 80$ cm gilt für die maximale Schubspannung τ_d‘:

$$\tau'_d = 2170{,}4\frac{\text{kN}}{\text{m}^2} \cdot \frac{80\,\text{cm}}{90\,\text{cm}} = 1929{,}2\,\frac{\text{kN}}{\text{m}^2} \tag{6.108}$$

$$\frac{\tau_d}{f_{v,d}} = \frac{1929{,}2\,\frac{\text{kN}}{\text{m}^2}}{2153{,}8\,\frac{\text{kN}}{\text{m}^2}} = 0{,}89 < 1{,}0\,(\text{Nachweis erfüllt}) \tag{6.109}$$

Mit der Berücksichtigung der lichten Spannweite ist der Nachweis der Schubspannung erbracht.

Biegebemessung

Maximales Moment $M_{r,d}$:

$$M_{r,d} = \frac{E_d \cdot b}{8} \cdot (2 \cdot \ell - b) = \frac{56{,}7\,\frac{\text{kN}}{\text{m}} \cdot 0{,}5\,\text{m}}{8} \cdot (2 \cdot 0{,}58\,\text{m} - 0{,}5\,\text{m}) = 2{,}34\,\text{kNm} \tag{6.110}$$

Vorhandene Biegespannung $\sigma_{m,d}$ nach Formel 2.10:

$$\sigma_{m,d} = \frac{M_d}{W_n} = \frac{2{,}34\,\text{kNm} \cdot 6}{2 \cdot 0{,}14^2 \cdot 0{,}07\,\text{m}} = 5116{,}6\frac{\text{kN}}{\text{m}^2} \tag{6.111}$$

für Festigkeitsklasse NH, C 24, Vollholz

Bemessungswert der Biegespannung:

$$f_{m,d} = f_{m,k} \cdot \frac{k_{mod}}{\gamma_M} = 24.000\frac{\text{kN}}{\text{m}^2} \cdot \frac{0{,}7}{1{,}3} = 12.923{,}1\frac{\text{kN}}{\text{m}^2} \tag{6.112}$$

Biegespannungsnachweis, wenn Kippen nicht maßgebend wird:

$$\frac{\sigma_{m,d}}{f_{m,d}} = \frac{5116{,}6\frac{\text{kN}}{\text{m}^2}}{12.923{,}1\frac{\text{kN}}{\text{m}^2}} = 0{,}40 < 1{,}0 \tag{6.113}$$

Berechnung der Durchbiegung *w*

Wie in Formel 2.16 wird die Durchbiegung w mit der charakteristischen Einwirkung ohne Teilsicherheitsbeiwert berechnet.

$$w = \frac{r_k \cdot \ell^4}{384 \cdot E \cdot I} \cdot \left(5 - 24 \cdot \left(\frac{a}{\ell}\right)^2 + 16 \cdot \left(\frac{a}{\ell}\right)^4\right) \tag{6.114}$$

$$w = \frac{37{,}8 \cdot 0{,}58^4 \cdot 12}{384 \cdot 1{,}1 \cdot 10^7 \cdot 2 \cdot 0{,}14^3 \cdot 0{,}07} \cdot \left(5 - 24 \cdot \left(\frac{0{,}2}{0{,}58}\right)^2 + 16 \cdot \left(\frac{0{,}2}{0{,}58}\right)^4\right) \tag{6.115}$$

$$w = 0{,}0001\text{ m} = 0{,}1\text{ mm} \tag{6.116}$$

mit $E_{m,0,mean} = 1{,}1 \cdot 10^7$ kN/m² für Nadelholz (NH), Festigkeitsklasse C 24, parallel zur Faser (DIN EN 388)

Die Ebenheitstoleranzen nach DIN 18202 werden für die Gesamtkonstruktion nachgewiesen (s. Übungsbeispiel 6.11).

Übungsbeispiel 6.11

Nachweis der Ebenheitstoleranzen

Die Summe der Durchbiegungen $\Sigma\, w$ ergibt sich zu:

$$\sum w = 0{,}5\text{mm} + 0{,}2\text{mm} + 0{,}2\text{mm} + 0{,}2\text{mm} = 1{,}1\text{mm} \tag{6.117}$$

Der Messpunktabstand m (Bild 6.24) wird aus dem Ankerabstand und dem Abstand der Gurtungen mit Formel 2.31 berechnet:

$$m = \sqrt{0{,}58^2 + 0{,}7^2} = 0{,}91\text{m} > 0{,}6\text{m} \tag{6.118}$$

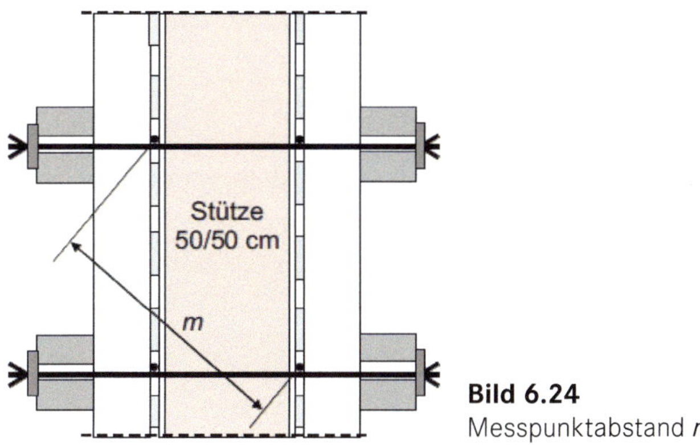

Bild 6.24
Messpunktabstand m

Nach Tabelle 2.8 wird für den Messpunktabstand $m = 0{,}6\,\text{m} < 0{,}91\,\text{m}$ ein zulässiges Stichmaß

$$zul\,s = 2\,\text{mm} > 1{,}1\,\text{mm} = \sum w \tag{6.119}$$

für Zeile 7 gefordert. Damit sind die Ebenheitstoleranzen nach DIN 18202 erfüllt. Die geforderten Werte in den Zeilen 5 und 6 sind damit auch eingehalten.

Übungsbeispiel 6.12

Nachweis der Holzpressung

Knoten: Senkrechte Träger auf horizontaler Gurtung

Die senkrechten Träger haben auf der horizontalen Gurtung eine Auflagerfläche (Bild 6.25) von:

$$A_d = 2 \cdot 0{,}07\,\text{m} \cdot 0{,}07\,\text{m} = 0{,}0098\,\text{m}^2 \tag{6.120}$$

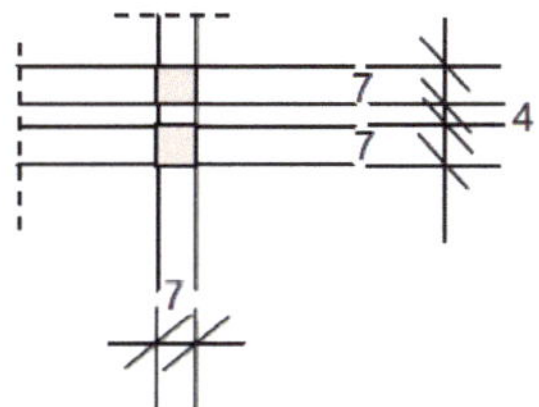

Bild 6.25
Auflagerfläche Träger – Gurtung

Die zu übertragende Kraft $F_{c,90,d}$ an dieser Stelle entspricht der Summe der Querkräfte von beiden Seiten im mittleren senkrechten Träger

$$F_{c,90,d} = 2 \cdot 8{,}49\,\text{kN} = 16{,}98\,\text{kN} \tag{6.121}$$

Vorhandene Querdruckspannung $\sigma_{c,90,d}$:

$$\sigma_{c,90,d} = \frac{F_{c,90,d}}{A_d} = \frac{16{,}98\,\text{kN}}{0{,}0098\,\text{m}^2} = 1732{,}7\,\frac{\text{kN}}{\text{m}^2} \qquad (6.122)$$

Der Bemessungswert $f_{c,90,d}$ für die Querdruckspannung im Nadelholz wird entsprechend Formel 2.35:

$$f_{c,90,d} = f_{m,k} \cdot \frac{k_{mod}}{\gamma_M} = 2500\,\frac{\text{kN}}{\text{m}^2} \cdot \frac{0{,}7}{1{,}3} = 1346{,}2\,\frac{\text{kN}}{\text{m}^2} \qquad (6.123)$$

Der Nachweis der Querdruckspannung lautet somit:

$$\frac{\sigma_{c,90,d}}{f_{c,90,d}} = \frac{1732{,}7\,\frac{\text{kN}}{\text{m}^2}}{1346{,}2\,\frac{\text{kN}}{\text{m}^2}} = 1{,}29 > 1{,}0\,(\text{Nachweis nicht erfüllt}) \qquad (6.124)$$

Querdrucknachweis

Für die Kantholzgurtung der Stützenschalung gilt für ℓ_1 der lichte Abstand der senkrechten Träger:

$$\ell_1 = 17\,\text{cm} < 2 \cdot h = 2 \cdot 14\,\text{cm} = 28\,\text{cm} \qquad (6.125)$$

Der Querdruckbeiwert $k_{c,90}$ aus Tabelle 6.4 ist damit

$$k_{c,90} = 1{,}0 \qquad (6.126)$$

Die Pressfläche ergibt sich für $ü \geq 30\,\text{mm}$ nach Formel 6.91 zu

$$A_{ef} = 2 \cdot b \cdot (\ell + 2 \cdot 30\,\text{mm}) = 2 \cdot 0{,}07\,\text{m} \cdot (0{,}07\,\text{m} + 2 \cdot 0{,}03\,\text{m}) = 0{,}018\,\text{m}^2 \qquad (6.127)$$

$$A_{ef} \leq 2 \cdot b \cdot \left(ü + \ell + \frac{\ell_1}{2}\right) = 2 \cdot 0{,}07\,\text{m} \cdot (0{,}03 + 0{,}07 + 0{,}085) = 0{,}026\,\text{m}^2 \qquad (6.128)$$

Für die Holzpressung gilt damit eine rechnerische Querdruckspannung $\sigma_{c,90,d}$ von

$$\sigma_{c,90,d} = \frac{F_{c,90,d}}{A_{ef}} = \frac{16{,}98\,\text{kN}}{0{,}018\,\text{m}^2} = 943{,}3\,\frac{\text{kN}}{\text{m}^2} \qquad (6.129)$$

$$\frac{\sigma_{c,90,d}}{f_{c,90,d}} = \frac{943{,}3\,\frac{\text{kN}}{\text{m}^2}}{1346{,}2\,\frac{\text{kN}}{\text{m}^2}} = 0{,}70 < 1{,}0\,(\text{Nachweis erfüllt}) \qquad (6.130)$$

6.5 Aufgaben

Musterlösungen der Aufgaben sind im Internet unter *https://plus.hanser-fachbuch.de* zu finden. Den Zugangscode finden Sie auf der ersten Seite des Buchs.

Aufgabe 6.1

Konstruktion und Bemessung einer konventionellen Stützenschalung mit Mehrschichtplatten und Systemteilen

- Schalungshaut: Mehrschichtplatte (z. B. Fin-Ply – Birke) 21 mm
- Längsträger: Holzschalungsträger H 20
- Gurtungen: Säulenriegel 2 U 120
- Ankerung: Spannstab D+W ⌀ 15 mm

Sonst wie in den *Übungsbeispielen 6.1 bis 6.8.*

Aufgabe 6.2

Konstruktion und Bemessung einer konventionellen Stützenschalung mit Dreischichtplatten und Aussparungskörper

Für einen L-förmigen Querschnitt der Stütze ist ein Aussparungskörper über die volle Höhe zu konstruieren und zu bemessen.

- Querschnitt der Aussparung: 25 cm · 25 cm.
- Schalungshaut: Dreischichtplatte 21 mm

Sonst wie in *Übungsbeispiele 6.1 bis 6.8* bzw. *Aufgabe 6.1.*

Aufgabe 6.3

Berechnung des Frischbetondrucks auf eine Stützenschalung, Konstruktion einer konventionellen Stützenschalung mit senkrechten Brettern und Aussparungskörper

a) Frischbetondruck auf Stützenschalung

   Ermitteln Sie die Betonierdauer in Minuten, wenn die Schalung der Stütze (Bild 6.26) für einen maximalen Frischbetondruck von 110 kN/m² bemessen wird. Konsistenz F3. Verwenden Sie hierzu das Diagramm oder die Formeln aus DIN 18218 Frischbetondruck auf lotrechte Schalungen.

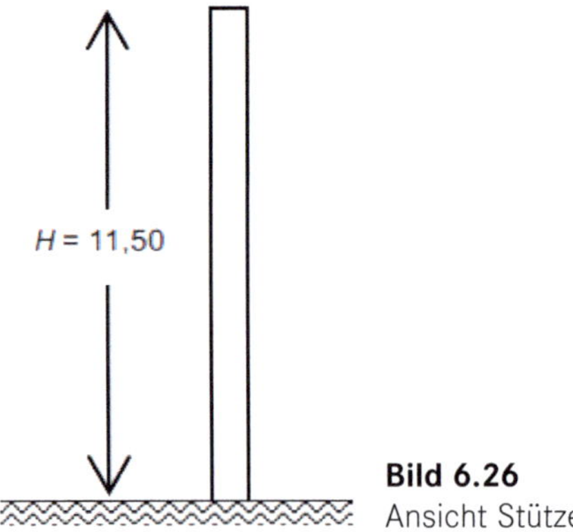

Bild 6.26
Ansicht Stütze

b) Konstruktion der Stützenschalung

Konstruieren Sie die Stützenschalung im Grundriss (Bild 6.27) im Maßstab 1:20 als Sichtbetonschalung mit einer Schalungshaut aus senkrechten, gehobelten Brettern (Nut und Feder) (ohne Bemessung).

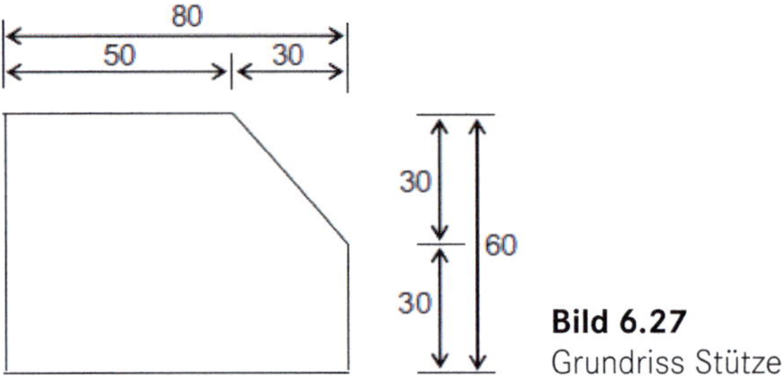

Bild 6.27
Grundriss Stütze

7 Deckenschalungen

Dieses Kapitel gibt einen Überblick über die gängigen Deckenschalungssysteme. Die Berechnung von Ausschalfristen und Bemessung von Hilfsstützen für Decken nach DIN EN 13670 und DIN 1045-3 wird anhand des DBV-Merkblatts „Betonschalungen und Ausschalfristen" mit *Übungsbeispielen* erläutert. Die Konstruktion, Bemessung und Einsatzplanung von Deckenschalungen wird mit durchgängigen Übungsbeispielen umfassend behandelt. Es schließen sich entsprechende Bemessungsbeispiele anhand von Tabellen der Schalungshersteller an. Ergänzend sind *Aufgaben* gestellt, deren Musterlösungen im Internet angeboten werden.

7.1 Konventionelle Deckenschalungen

Wie Wandschalungen auch, haben konventionelle Deckenschalungen ihren Ursprung in der traditionellen- oder klassischen Schalweise. Dabei wurden Kanthölzer als Joch- und Querträger verwendet. Als Schalungshaut dienten Bretter, die auf die Querträger aufgenagelt wurden. Unterstützt wurde die Konstruktion mit Rundhölzern, die auf das jeweils erforderliche Höhenmaß angepasst werden mussten. Zur Stabilisierung wurden kreuzweise angeordnete Bretter an die Stützkonstruktion genagelt.

Konventionelle Deckenschalungen kommen heute nur noch dort vor, wo Systemschalungen nicht eingesetzt werden können. Dies können beispielsweise Beischalbereiche oder sehr geringe Unterstützungshöhen sein.

Die heutigen Flex-Deckenschalungen (s. Abschnitt 7.2.1) bauen auf dem Prinzip der konventionellen Deckenschalung auf.

7.2 Deckenschalungssysteme

Deckenschalungen lassen sich in Träger-Deckenschalungen und Modul-Deckenschalungen einordnen. Die jeweilige Unterkonstruktion, zur Aufnahme der Schalungshaut, ähnelt denen der Trägerwandschalungen bzw. der Rahmenschalungen. Es gibt von Hand versetzbare sowie kranabhängige Systeme.

Abhängig von der Unterstützungshöhe und den abzutragenden Lasten werden Deckenschalungen entweder mit Einzelstützen oder mit Traggerüsttürmen unterstützt.

Die Entscheidung für ein bestimmtes Deckenschalungssystem hängt von Faktoren ab, die individuell sehr unterschiedlich sein können. Es gibt beispielsweise Systeme, die sich gut zum Frühausschalen eignen, was unter bestimmten Voraussetzungen ein Vorteil sein kann. Andere Systeme eignen sich besser, um hohe Lasten abzutragen.

7.2.1 Flex-Deckenschalungen

Flex-Deckenschalungen gehören zu den Trägerschalungen. Die Unterkonstruktion besteht aus Jochträgern, auf denen wiederum Querträger liegen (Bild 7.1). Auf den Querträgern werden die Schalhautplatten aufgelegt (Bild 7.2). Die Unterstützung erfolgt in der Regel durch Baustützen aus Stahl (Bild 7.3) oder Aluminium (Bild 7.4).

Bild 7.1 Eingeschalte Decke von unten, Bildquelle: Doka

Bild 7.2 Deckenschalung, Verlegen der Schalhautplatten auf den Querträgern, Bildquelle: Doka

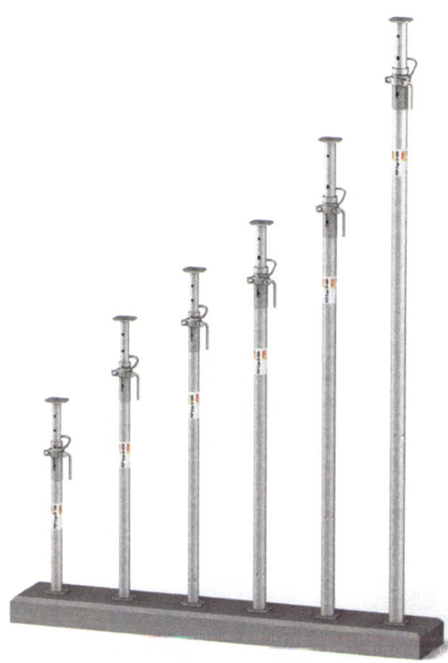

Bild 7.3
Stahlstützen mit unterschiedlichen Auszugslängen, Bildquelle: PERI

Bild 7.4
Aluminium-Deckenstütze, Bildquelle: PERI

Größtenteils werden als Joch- und Querträger Vollwand-Holzschalungsträger (Bild 7.5) verwendet. Einige Hersteller bieten aber auch zusätzlich Träger an, die höhere Lasten aufnehmen können. Dadurch kann Material eingespart werden. Bei diesen Trägern handelt es sich beispielsweise um Holz-Gitterträger (Bild 7.6), Träger aus Aluminium (Bild 7.7) oder Holzverbundträger (Bild 7.8).

Bild 7.5
Vollwand-Holzschalungsträger, Bildquelle: Doka

Bild 7.6
Holz-Gitterträger, Bildquelle: PERI

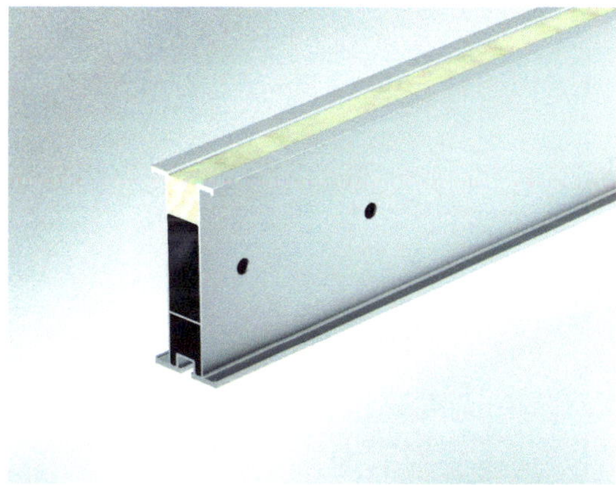

Bild 7.7
Schalungsträger aus Aluminium mit Holz-Nagelleiste, Bildquelle: Ischebeck

Bild 7.8 Holzverbundträger als Jochträger, Bildquelle: Doka

Abhängig von der Belastung können die Träger- und Stützenabstände flexibel angeordnet werden. In ihrer Längsrichtung können die Träger überlappend gestoßen werden. Dadurch ist das System bei fast jedem Grundriss und jeder Deckenstärke anwendbar.

Die maximalen Abstände für Querträger, Jochträger und Baustützen können anhand von Tabellen des Herstellers bestimmt werden (s. Abschnitt 7.5). Ebenso kann anhand der resultierenden Stützenlast eine geeignete Baustütze ausgewählt werden. Die Bemessungstabellen befinden sich üblicherweise in der Aufbau- und Verwendungsanleitung des Schalungssystems.

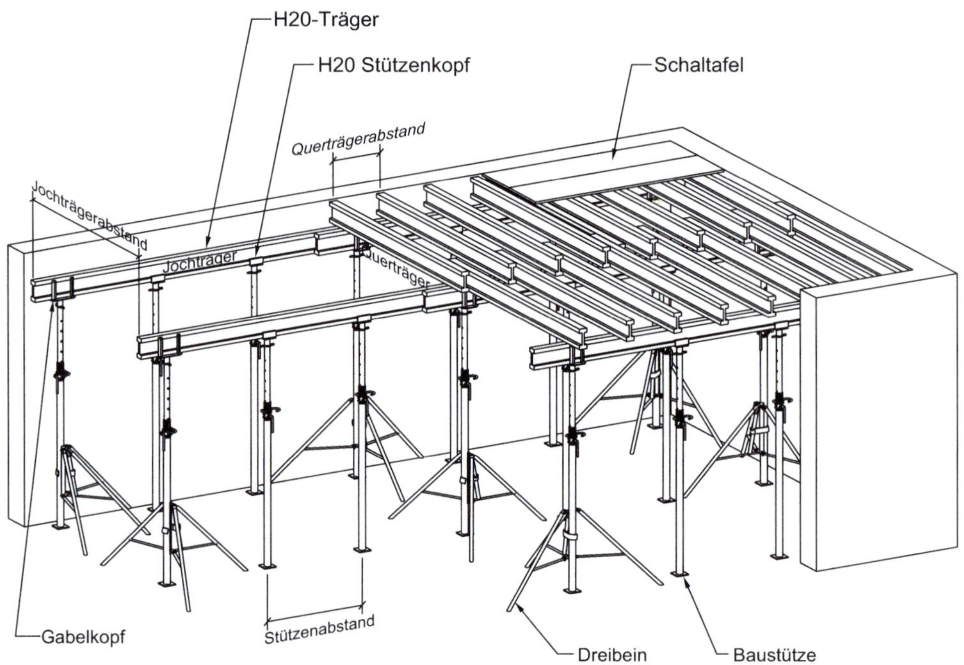

Bild 7.9 Aufbau einer Flex-Deckenschalung, Bildquelle: PASCHAL

Nachfolgend wird der Aufbau einer Flex-Deckenschalung anhand Bild 7.9 beschrieben:

- Aufstellen der Jochträgerreihen entsprechend dem gewählten Jochträgerabstand.

  Eine Stütze mit Gabelkopf und Dreibein befindet sich jeweils am Anfang, am Ende und am Stoß der Jochträgerreihe. Um zwei überlappende Jochträger aufnehmen zu können, wird der Gabelkopf (Bild 7.10) in Querrichtung gedreht. An den Trägerenden befindet er sich in Längsstellung. Die Gabelköpfe stellen zugleich eine Kippsicherung dar. Die Dreibeine dienen als Montagehilfe (Bild 7.11). Sie haben keine statische Funktion.

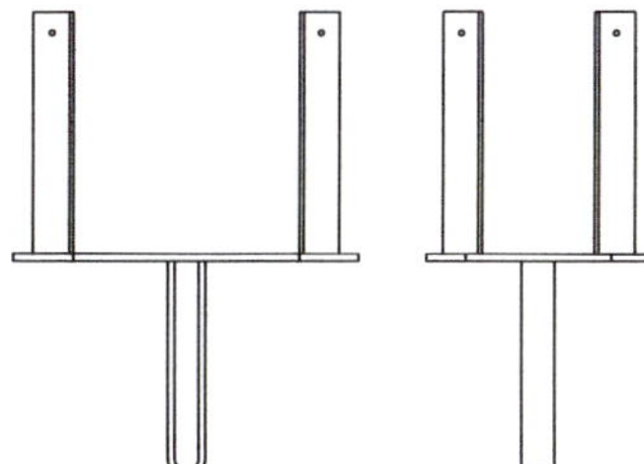

Bild 7.10
Gabelkopf in Quer- und Längsstellung, Bildquelle: PASCHAL

Bild 7.11
Stahlstütze mit Dreibein, Bildquelle: Ischebeck

- Einbau der statisch erforderlichen Zwischenstützen mit Stützenkopf.

  Die zusätzlichen Stützen können auch zum Schluss eingebaut werden, wenn die Schalung ausgerichtet und nivelliert ist.

- Auflegen der Querträger entsprechend dem gewählten Querträgerabstand.

  Um den späteren Ausschalvorgang zu erleichtern, sollten die Querträger als Einfeldträger eingebaut werden.

Unter dem späteren Schalungshautstoß müssen die Querträger entweder mittig liegen oder es müssen zwei Träger nebeneinander verlegt werden, um ein Auflager für beide Schalhautplatten zu erhalten.

- Auflegen der Schalhautplatten

Die Baustützen müssen mit Verbänden aus einfachen Schalbrettern konstruktiv ausgesteift werden. Die Befestigung der Bretter an den Baustützen erfolgt mit *Verschwertungsklammern* (Bild 7.12). Nachweise für solche Verschwertungen sind nicht möglich. Ist die Deckenschalung in der Schalungshautebene allseitig gegen seitliches Ausweichen an den Wänden gehalten, sind solche Verschwertungen entbehrlich.

Für planmäßige horizontale Lasten müssen ordnungsgemäße Aussteifungen eingebaut werden, bestehend z. B. aus Gerüstrohren und Kupplungen, für die rechnerische Nachweise geführt werden können.

Bild 7.12
Verschwertungsklammer,
Bildquelle: Ischebeck

In Tabelle 7.1 sind Flex-Deckenschalungen verschiedener Hersteller aufgeführt.

Tabelle 7.1 Flex-Deckenschalungen

Hersteller/Lieferant	System
Doka	Dokaflex, Dokaflex 30 tec
HÜNNEBECK	Topflex
Ischebeck	Alu-Flex TITAN
MEVA	MevaFlex
NOE	NOE H20 Deckenschalung
PASCHAL	PASCHAL Deck
PERI	MULTIFLEX
ULMA	Enkoflex

7.2.2 Deckentische

Die in Abschnitt 7.2.1 beschriebenen Flex-Deckenschalungen aus Schalungsträgern und Baustützen müssen für jeden Einsatz einzeln ein- und ausgeschalt werden. Danach werden die Einzelteile in Paletten gepackt und umgesetzt. Dafür ist ein verhältnismäßig hoher Lohnstundenaufwand erforderlich. Bietet eine Baustelle die Möglichkeit, die Deckenschalung unverändert in mindestens fünf bis sechs Einsätzen mehrfach zu verwenden, können vorgefertigte *Deckentische* (Bild 7.13), die aneinandergereiht aufgestellt werden, von Vorteil sein.

Bild 7.13
Vorgefertigter Deckentisch mit Einzelstützen, Bildquelle: PERI

Deckentische sind Trägerschalungen, bei denen Jochträger, Querträger und Schalungshaut zu einer kranversetzbaren Einheit zusammengesetzt werden. Je nach Hersteller werden unterschiedliche Trägerarten eingesetzt. Als Jochträger dienen mittlerweile sehr häufig Stahlriegel, was zu niedrigeren Tischaufbauten führte. Üblicherweise werden die heutigen Deckentische vom Schalungslieferanten werkseitig vormontiert und auf die Baustelle geliefert.

Weitere Voraussetzung für den Einsatz von Deckentischen ist die Geometrie des Bauwerks. In Untergeschossen und in massiven Bauteilen, wo die Räume allseitig von Wänden umschlossen sind, eignen sich Deckenschaltische in der Regel nicht, weil sie nicht oder nur mit erhöhtem Aufwand umgesetzt werden können. Stahlbeton-Skelettbauwerke eignen sich hingegen hervorragend dafür. Auch wenn Randunterzüge und Brüstungen hergestellt werden müssen, sind Deckenschaltische meistens einsetzbar (Bild 7.14).

Bild 7.14 Deckenrandtisch im Brüstungsbereich, Bildquelle: NOE

Es gibt zwei Arten von Deckentischen:

- Decken-Portaltische,
- Deckentische auf Traggerüsttürmen.

Decken-Portaltische

Decken-Portaltische zeichnen sich dadurch aus, dass sie in der Regel auf vier Einzelstützen aufgestellt werden, die einmalig fest an den Jochträgern montiert werden. Durch einen *Schwenkkopf* können die Stützen für das Umsetzen der Tische eingeklappt werden (Bild 7.15). Mithilfe einer *Umsetzgabel* können die *Portaltische* dadurch auch über Brüstungen hinweg und unter Randunterzügen hindurch ins nächste Geschoss gehoben werden (Bild 7.16).

Horizontal können die Deckentische mit *Umsetzwagen* bewegt werden. Dazu werden die Stützen eingefahren und der Tisch auf dem Umsetzwagen abgelegt (Bild 7.17).

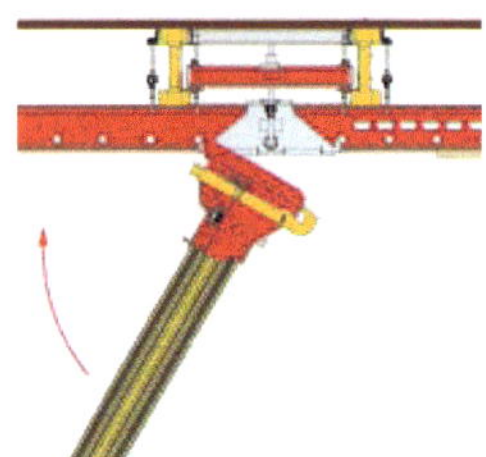

Bild 7.15
Schwenkkopf zum Einklappen der Stützen, Bildquelle: PERI

Bild 7.16
Umsetzen eines Decken-Portaltisches mit Umsetzgabel, Bildquelle: PERI

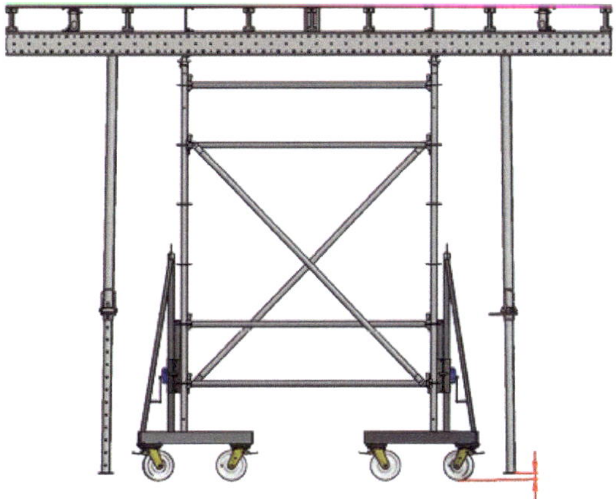

Bild 7.17
Deckentisch auf Umsetzwagen für den Horizontaltransport, Bildquelle: NOE

Deckentische auf Traggerüsttürmen

Deckentische, die durch Traggerüsttürme unterstützt werden (Bild 7.18), sind nicht so leicht umsetzbar wie Decken-Portaltische. Auch hierbei sind die Traggerüststiele fest mit den Jochträgern verbunden. Allerdings haben die Stiele nur einen begrenzten Absenkweg für das Ausschalen und können nicht eingeklappt werden. Damit ist der *Absenkweg* meist geringer als die Höhe eines Randunterzuges. Solche Deckentische müssen dann durch vorhandene Öffnungen oder über *Ausfahrbühnen* ins nächste Geschoss umgesetzt werden.

Weitere Informationen zu Traggerüsttürmen

Siehe Kapitel 10

Bild 7.18
Deckentisch auf Traggerüst, Bildquelle: Doka

Für das horizontale Umsetzen von Deckentischen auf Traggerüsttürmen gibt es zwei Möglichkeiten:

- Absenken mit *Hubwinden* auf die an der Unterstützung montierten Räder

  Hierfür müssen die Räder an allen Traggerüsten fest montiert sein und zusätzlich werden ein oder zwei Sätze von Hubwinden benötigt.

- Absenken und Verfahren mit *fahrbaren Umsetzwinden*.

  Die Umsetzwinden müssen für jeden Umsetzvorgang am Traggerüst montiert werden und können danach sofort wieder abgebaut und für den nächsten Umsetzvorgang verwendet werden. Vorteilhaft daran ist, dass hier nur ein oder zwei Sätze von Umsetzwinden erforderlich sind (Bild 7.19).

In Tabelle 7.2 sind werkseitig vormontierte Deckentische verschiedener Hersteller aufgeführt.

Tabelle 7.2 Werkseitig vormontierte Deckentische

Hersteller/Lieferant	System
Doka	Dokamatic-Tisch
HÜNNEBECK	H 20 Deckentische
NOE	NOEtable
PERI	VARIODECK
ULMA	Deckentisch MK

Bild 7.19 Deckentisch auf Traggerüst beim Umsetzvorgang mit Umsetzwinden, Bildquelle: PERI

7.2.3 Modul-Deckenschalungen

Neben den Trägerschalungen stellen die Modul-Deckenschalungen (auch Paneel-Deckenschalungen genannt) eine weitere Alternative für das Schalen von Decken dar. Sie bestehen aus einzelnen Alu-Paneelen mit integrierter Schalungshaut. Die Unterstützung erfolgt durch Einzelstützen an den durch das System vorgegebenen Punkten. Um höhere Lasten aufzunehmen, können auch Zwischenstützen gestellt werden.

Modul-Deckenschalungen sind *kranunabhängige* Systeme. Die Abmessungen der einzelnen Paneele sind je nach Hersteller und System unterschiedlich. Kleinflächige Paneele können problemlos von nur einer Arbeitskraft getragen und eingebaut werden. Bei Großflächenelementen ist jedoch eine zweite Person notwendig.

Bei geeigneten Grundrissen, mit wenigen Störstellen und großen Flächen, können mit Modul-Deckenschalungen sehr gute Schalzeiten erreicht werden. Insbesondere bei komplizierten Grundrissen sind sie allerdings nicht so flexibel einsetzbar wie Flex-Deckenschalungen.

Ein weiterer Vorteil von Modul-Deckenschalungen ist die Möglichkeit des *Frühausschalens*. Dadurch lässt sich das Material bei mehrfachen Einsätzen schnell umsetzen und die Vorhaltemenge kann reduziert werden.

Modul-Deckenschalungen können in drei Arten unterschieden werden (vgl. Schmitt, R: Schalungstechnik):

- Fallkopf-Träger-Element-Methode,
- Haupt- und Nebenträger-Methode,
- Element-Methode.

Fallkopf-Träger-Element-Methode

Das Prinzip beruht darauf, dass die Paneele unverschieblich auf *Hauptträger* auf- bzw. eingelegt werden. Die Hauptträger werden an den Enden und Stoßpunkten durch Deckenstützen unterstützt, auf die ein spezieller Fallkopf montiert ist. Das Auflegen der Paneele kann je nach System von unten (Bild 7.20) oder von oben erfolgen. Beim Verlegen von oben muss eine *persönliche Schutzausrüstung* gegen Absturz (PSAgA) verwendet werden (Bild 7.21). Bei Systemen mit integrierten Fallschutzgittern kann auf die PSAgA verzichtet werden (Bild 7.22).

Bild 7.20
Einlegen der Paneele von unten, Bildquelle: Ischebeck

Bild 7.21
Auflegen der Paneele von oben, Bildquelle: PERI

Bild 7.22
Moduldeckenschalung mit Fallschutzgitter, Bildquelle: ULMA

Zum Ausschalen wird der *Fallkopf* (Bild 7.23) durch einen Hammerschlag aktiviert. Dadurch werden Hauptträger und Paneele soweit abgesenkt, dass beide ausgeschalt werden können. Dabei bleibt die Stütze kraftschlüssig unter der betonierten Decke stehen und kann weiterhin die Lasten als *Deckenstütze* übernehmen (Bild 7.24 rechts).

Bild 7.23
Fallkopf, Bildquelle: NOE

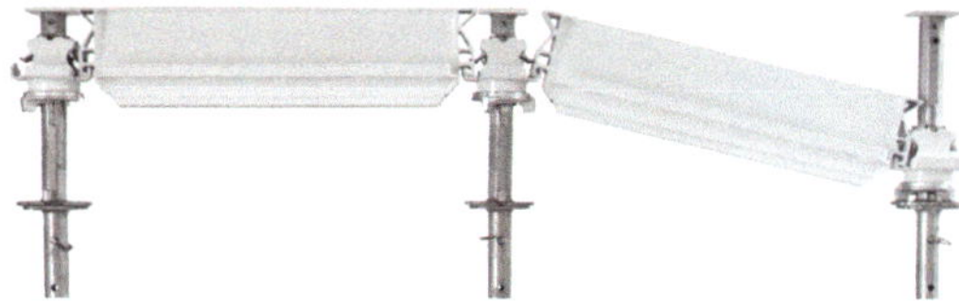

Bild 7.24
Eingeschalter Zustand (links) und aktivierter Fallkopf (rechts), Bildquelle: MEVA

Das dadurch frühzeitig frei gewordene Material kann bereits anderweitig eingesetzt werden. Die Deckenstützen (Bild 7.25) bleiben solange eingebaut, bis die Ausschalfrist erreicht ist und der Beton die notwendige Festigkeit hat.

Bild 7.25
Verbleibende Deckenstützen nach dem Ausschalen der Träger und Paneele, Bildquelle: PERI

Die Paneele haben vorgegebene Rastermaße. Der Einbau erfolgt in der Regel parallel und rechtwinklig zu den begrenzenden Wänden oder Unterzügen. Die Restmaße werden dann konventionell beigeschalt. Als Auflager für diese Passplatten dienen Nebenträger. Auch um Stützen herum (Bild 7.26) wird mit konventionellen Schalhautplatten geschalt. Als Auflager für diese Platten dienen ebenfalls Nebenträger, die an beliebiger Position in die Hauptträger eingelegt werden können.

Bild 7.26
Beischalen im Bereich von Stützen, Bildquelle: MEVA

Haupt- und Nebenträger-Methode

Auch hierbei werden die Hauptträger durch Deckenstützen mit Fallköpfen unterstützt. Anstelle der Paneele werden Nebenträger in die Hauptträger eingelegt. Dadurch entsteht ein *Trägerrost* (Bild 7.27), der mit konventionellen *Schalhautplatten* ausgelegt wird. Durch Aktivierung des Fallkopfs können Haupt- und Nebenträger sowie der größte Teil der Schalhautplatten ausgeschalt werden. Die Stützen bleiben eingebaut und können als *Deckenstützen* weiter verwendet werden.

Bild 7.27
Trägerrost aus Haupt- und Nebenträgern,
Bildquelle: Ischebeck

Element-Methode

Bei Modulschalungen nach dem Prinzip der Element-Methode werden die Paneele nicht auf einem Träger gelagert, sondern direkt durch Deckenstützen unterstützt. Ein spezieller *Stützenkopf* ermöglicht eine Unterstützung im Randbereich sowie im Stoß- bzw. Kreuzungspunkt der Paneele (Bild 7.28).

Bild 7.28
Unterstützung durch Deckenstützen
am Kreuzungspunkt der Paneele,
Bildquelle: HÜNNEBECK

Bis zu einer Unterstützungshöhe von ca. 3,50 m empfiehlt sich das Einschalen von unten. Dazu werden die Paneele in die Stützenköpfe der bereits stehenden Deckenstützen eingelegt und mit einer Montagegabel in Position gebracht (Bild 7.29). Danach erfolgt die erneute Unterstützung.

Für Beischalarbeiten im Bereich von Stützen oder bei Restmaßen stehen entsprechende Lösungsmöglichkeiten zur Verfügung.

Der Ausschalvorgang erfolgt annähernd umgekehrt zum Einschalen. Es gibt Hersteller, die zusätzlich eine Fallkopflösung zum Frühausschalen anbieten.

Bild 7.29
Anheben eines Paneels beim Einschalvorgang, Bildquelle: PERI

In Tabelle 7.3 sind Modul-Deckenschalungen verschiedener Hersteller aufgeführt.

Tabelle 7.3 Modul-Deckenschalungen

Hersteller/Lieferant	System
Doka	Dokadek 30
HÜNNEBECK	Topec
Ischebeck	Deckenschalung TITAN HV
MEVA	MevaDec
NOE	NOEdeck
PERI	SKYDECK, SKYMAX
ULMA	CC-4, Onadek

7.3 Ausschalfristen und Hilfsstützen

Betonbauteile dürfen erst dann ausgeschalt werden, wenn der Beton eine ausreichende Festigkeit erreicht hat, damit

- der Beton die Belastungen aufnehmen kann,
- ungeplante elastische und plastische Verformungen des Bauteils vermieden werden und
- die Oberflächen und Kanten des Bauteils beim Ausschalen nicht beschädigt werden. Dies ist in der Regel möglich, wenn die Betonfestigkeit des Bauteils 5 N/mm² beträgt.

Dabei ist zu berücksichtigen, dass insbesondere der noch junge Beton sehr stark zum Kriechen neigt und dass die sich daraus ergebenden plastischen Verformungen irreversibel sind. Besonders bei mehrgeschossigen Bauwerken ist zu beachten, dass der junge Beton einer vor wenigen Tagen hergestellten Decke möglicherweise seine *Endfestigkeit* noch nicht erreicht hat, wenn darüber die nächste Decke betoniert werden soll. Außerdem ist die Decke gewöhnlich nicht für die *Frischbetonlast* der darüber liegenden Decken ausgelegt.

Infolgedessen müssen bei mehrgeschossigen Bauwerken grundsätzlich in einem oder zwei darunter liegenden Geschossen *Hilfsstützen* (Bild 7.30 und Bild 7.31) eingebaut werden, um die Frischbetonlast der darüber liegenden Decke aufzunehmen. Sofern wie häufig der Fall frühzeitig ausgeschalt werden soll, muss die Unterrüstung der Deckenschalung auch durch Hilfsstützen ersetzt werden. Nur bei Paneelschalungen mit Fallkopf können die Deckenstützen beim *Frühausschalen* stehen bleiben. Alle Hilfsstützen dürfen erst nach dem Abklingen der Ausschalfrist ausgebaut werden.

Die Bestimmung des *Ausschalzeitpunktes* bedarf ausreichender Erfahrung der Bauleitung, die hierfür grundsätzlich die volle Verantwortung trägt. In der zurückgezogenen Norm DIN 1045:1988 wurden Anhaltswerte für Ausschalfristen in Abhängigkeit der Zementfestigkeit angegeben (Tabelle 7.4). Ausschalfristen gelten gleichzeitig für Schalung, Unterrüstung und Hilfsstützen.

Tabelle 7.4 Empfohlene Anhaltswerte für Ausschalfristen aus DIN 1045:1988 (zurückgezogen)

Festigkeitsklasse des Zements	32,5	32,5 R; 42,5	42,5 R; 52,5; 52,5 R
Seitliche Schalung von Fundamenten, Balken, Wänden und Stützen	3 Tage	2 Tage	1 Tage
Schalung weitgespannter Platten, Balken und Rahmen	20 Tage	10 Tage	6 Tage
Schalung von Deckenplatten	8 Tage	5 Tage	3 Tage

Aktuelle Normen enthalten nur allgemeine Angaben zur Festlegung des Ausschalzeitpunkts und verweisen auf das Merkblatt Betonschalungen und Ausschalfristen des DBV.

DIN 1045-3: Tragwerke aus Beton, Stahlbeton und Spannbeton, Teil 3: Bauausführung, Ausgabe 2005-01 (zurückgezogen)

5.6.1 Ausschalfristen

5.6.2 Hilfsstützen

Merkblatt Betonschalungen und Ausschalfristen

Deutscher Beton- und Bautechnik-Verein e. V. (DBV), 2013-06

Im DBV-Merkblatt Betonschalungen und Ausschalfristen werden Ausschalfristen t_0 in Abhängigkeit von *Bauteiltemperatur* und *Festigkeitsentwicklung* festgelegt (Tabelle 7.5). Dabei wird die Festigkeitsentwicklung r durch das Verhältnis der Mittelwerte der Druckfestigkeiten nach 2 Tagen und nach 28 Tagen beschrieben.

Tabelle 7.5 Empfohlene Anhaltswerte für Ausschalfristen t_0 nach Merkblatt Betonschalungen und Ausschalfristen

	Festigkeitsentwicklung des Betons $r = f_{cm2}/f_{cm28}$		
Bauteiltemperatur δ in °C	schnell $r \geq 0{,}50$	mittel $r \geq 0{,}30$	langsam $r \geq 0{,}15$
$\delta \geq 15$	4 Tage	8 Tage	14 Tage
$15 > \delta \geq 5$	6 Tage	12 Tage	20 Tage

Die tatsächliche Bauteiltemperatur ist während des Abbindevorgangs im Beton in der Regel höher als die Lufttemperatur. Anstelle der Temperatur des Bauteils δ darf vereinfachend die *mittlere Lufttemperatur* δ_m angesetzt werden, berechnet aus dem Tagesmittel der höchsten und niedrigsten Lufttemperatur. Liegen die mittleren Lufttemperaturen unter +5 °C, ist die Ausschalfrist um die Tage zu verlängern, an denen die Bauteiltemperatur unter 5 °C lag.

Die Ausschalfristen t_0 in Tabelle 7.5 gelten für Balken und Platten bis 6 m Spannweite sowie für Stürze und Ringbalken im üblichen Hochbau, wenn auf einen Nachweis der Ausschalfestigkeit verzichtet werden soll. Sie gelten nicht für Gleitschalungen.

Die Ausschalfristen t_0 gelten für einen *Lastausnutzungsfaktor* $\alpha_0 = 0{,}70$. Damit wird für den Ausschalzeitpunkt t_0 angenommen, dass die Einwirkungen sich überwiegend aus Eigenlasten und lotrechten Nutzlasten zusammensetzen. Über den üblichen Baubetrieb hinausgehende Belastungen wie Baumaterial oder schwere Fahrzeuge müssen ausgeschlossen werden können. Vereinfachend kann dann zum Ausschalzeitpunkt erfahrungsgemäß von einer Lastausnutzung von 70 % des Endzustandes ausgegangen werden.

$$E_{d0} \approx 0{,}70 \cdot E_{d28} \tag{7.1}$$

Wird bei der Lastermittlung ein höherer Lastausnutzungsfaktor als 0,7 ermittelt, muss die erforderliche *Ausschalfestigkeit* in Abstimmung mit dem Tragwerksplaner nachgewiesen werden.

Die Anhaltswerte in Tabelle 7.5 gelten auch für die Ausschalfristen der *Montageunterstützungen* von Halbfertigteilen wie auch und ganz besonders für die Ausschalfristen von *Hilfsstützen*.

Einbau von Deckenschalung und Hilfsstützen

- Bevor eine Decke im nächsten, darüber liegenden Geschoss betoniert werden darf, müssen sowohl die Deckenschalung einschließlich Unterrüstung als auch alle Hilfsstützen darunter ausgebaut oder mindestens entspannt worden sein, sodass das Eigengewicht der fertigen Decke über die bereits vorhandene Stahlbeton-Konstruktion abgetragen werden kann.
- Daraus folgt, dass die Ausschalfrist der jeweils darunter liegenden Decke abgeklungen sein muss, bevor die nächste Decke betoniert werden kann. Dies hat direkten Einfluss auf die Abfolge des Bauablaufs und stellt möglicherweise einen kritischen Weg hinsichtlich der Bauzeit dar.
- Es dürfen grundsätzlich niemals die Lasten zweier oder mehrerer Decken durch mehrere Geschosse hindurch gesprießt werden. Dies würde zur Kumulierung der Lasten und zum Versagen der Deckenstützen durch Überlastung führen.

Unter Berücksichtigung der Tatsache, dass die *Frischbetonlast* einer Decke deutlich über den üblichen *Nutzlasten* liegt, müssen diese Lasten in der Regel mithilfe von Hilfsstützen auf zwei bis drei Decken verteilt werden. Dabei werden die übereinander liegenden Bauteile durch die Hilfsstützen statisch miteinander gekoppelt.

Ausbau von Deckenschalung und Hilfsstützen

- Die Tragfähigkeit der fertiggestellten und voll tragfähigen Bauteile kann nur aktiviert werden, wenn sich das Bauteil frei durchbiegen kann. Dies ist nur möglich, wenn alle Stützen und Hilfsstützen einer Decke vollständig entspannt und danach wieder angelegt worden sind.
- Die Deckenschalung einschließlich Unterrüstung sowie die Hilfsstützen in den Geschossen darunter dürfen grundsätzlich nur in der Reihenfolge von oben nach unten ausgebaut werden, um ein Versagen der Hilfsstützen durch Kumulierung der Lasten zu vermeiden.

Die Hilfsstützen sind nach Merkblatt Betonschalungen und Ausschalfristen bei Platten und Balken mit Spannweiten bis 8 m mindestens in der Mitte (Bild 7.30) der Stützweiten anzuordnen, bei größeren Spannweiten mindestens in den Drittelpunkten (Bild 7.31). Eine Unterstützung in den Drittelpunkten ist bezüglich der Stützmomente und der Querkräfte günstiger als eine mittige Unterstützung. Die Anzahl der Hilfsstützen bleibt bei einachsig gespannten Decken nahezu gleich, da sich die Einflussfläche je Stütze nicht ändert. Bei kreuzweise gespannten Decken kann die Anzahl der erforderlichen Hilfsstützen deutlich größer sein. Bei Spannweiten bis 3 m kann auf eine Hilfsunterstützung verzichtet werden.

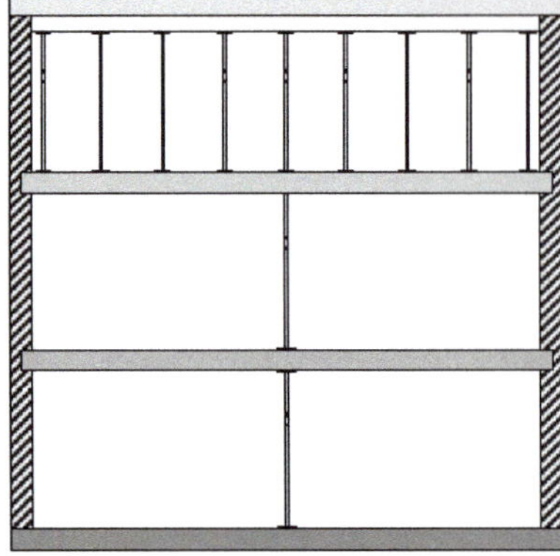

Bild 7.30
Hilfsstützen in der Mitte bei Spannweiten zwischen 3 m und 8 m

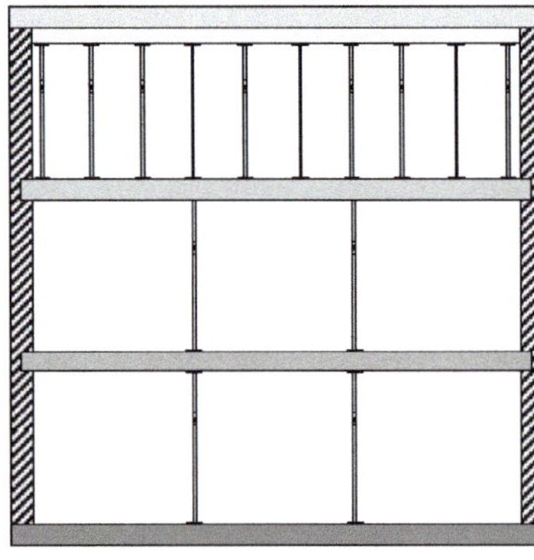

Bild 7.31
Hilfsstützen in den Drittelpunkten bei Spannweiten über 8 m

Tabelle 7.6 Anordnung von Hilfsstützen in Abhängigkeit der Spannweiten von Platten und Balken

Spannweite	Hilfsstützen
bis 3 m	Keine Hilfsstützen erforderlich
bis 8 m	Mindestens in der Mitte der Stützweite, besser in den Drittelpunkten
über 8 m	Mindestens in den Drittelpunkten

Übungsbeispiel 7.1

Bemessung der Ausschalfrist für die Decke eines Einfamilienhauses

Deckenstärke $d = 18$ cm, Beton C20/25, Spannweite 6 m

a) Standardfall

Festigkeitsentwicklung: mittel

Jahreszeit: Sommer

Lufttemperatur:	Tagesmittel in einem Zeitraum von 10 Tagen $\delta_m = 10\ °C$ bis $12\ °C$
Belastung im Bauzustand:	Baubetrieb mit Personal
Lastausnutzungfaktor:	geschätzt $\alpha_0 \approx 0{,}70$

Ausschalfrist t_0 aus Tabelle 7.5 für $\delta < 15\ °C$: 12 Tage. Ein früheres Ausschalen der Decke ist nur mit Umsteifen zulässig. Die Hilfsstützen müssen vor dem Ausschalen eingebaut werden oder die Deckenstützen der Schalung müssen als Hilfsstützen stehen bleiben. Die verbleibenden Hilfsstützen sind dann mindestens bis zum Ende der Ausschalfrist von 12 Tagen erforderlich, erst danach können sie ausgerüstet werden.

b) Standardfall, jedoch mit verschiedenen Lufttemperaturen und anderer Betonsorte

Festigkeitsentwicklung des Betons: langsam

Jahreszeit:	Herbst
Lufttemperatur (Tagesmittel):	$\delta_m = 13\ °C$ (6 Tage lang)
	$\delta_m = 19\ °C$ (8 Tage lang)
	$\delta_m = 12\ °C$ (9 Tage lang)
Belastung im Bauzustand:	Baubetrieb mit Personal
Lastausnutzungsfaktor:	geschätzt $\alpha_0 \approx 0{,}70$

Für diese Ausnutzung und die zugehörige Ausschalfestigkeit von $70\,\% \cdot f_{ck}$ könnte vereinfacht die *geringste Tagestemperatur* zugrunde gelegt werden.

Ausschalfrist t_0 aus Tabelle 7.5 für $\delta < 15\ °C$: 20 Tage, sonst wie oben.

c) Standardfall, jedoch mit verschiedenen Lufttemperaturen und anderer Betonsorte, mit differenzierter Berücksichtigung der verschiedenen Lufttemperaturen

Eine differenzierte Ermittlung der Ausschalfrist kann durch eine *gewichtete Mittelbildung der Lufttemperatur* über die Zeit *t* (Tage d) erreicht werden:

Nach 5 Tagen:	Mittelwert $\delta_{m,t} = 13\ °C$
Erforderliche Ausschalfrist:	$t_0 = 20\ d > t_{vorh} = 5\ d$ (nicht erreicht)

Nach 6 + 8 = 14 Tagen: Mittelwert $\delta_{m,t}$:

$$\delta_{m,t} = \frac{(13°C \cdot 6\ d + 19°C \cdot 8\ d)}{14} = 16{,}4°C > 15°C \tag{7.2}$$

Erforderliche Ausschalfrist: $t_0 = 14\ d = t_{vorh}$ (erreicht)

Ein früheres Ausschalen der Decke ist nur mit Umsteifen zulässig. Die nach einem vorzeitigen Ausschalen verbleibenden bzw. unmittelbar vorher einzubauenden Hilfsstützen müssen bis zum Ausrüstzeitpunkt von mindestens 14 Tagen stehen bleiben.

d) Genauere *Berechnung des Lastausnutzungsfaktors* α_0

Tabelle 7.7 Berechnung von E_{d28} für den Endzustand nach Angaben des Tragwerkplaners

Einwirkungen		Charakter. Wert	Bemessungswert
Eigenlasten:			
18 cm Stahlbetonplatte	0,18 · 25 kN/m²	4,50 kN/m²	
5 cm Trittschalldämmung	0,05 · 1 kN/m²	0,05 kN/m²	
7 cm Zementestrich	0,07 · 22 kN/m²	1,54 kN/m²	
2 cm Kunststoffboden	0,02 · 15 kN/m²	0,30 kN/m²	
Summe Eigenlasten *G*		g_k = 6,39 kN/m²	g_{d28} = 8,63 kN/m²
Veränderliche Nutzlasten (Wohnen) *Q*		q_k = 1,50 kN/m²	q_{d28} = 2,25 kN/m²
Gesamt			E_{d28} = 10,88 kN/m²

Tabelle 7.8 Berechnung von E_{d28} im Bauzustand

Einwirkungen	Charakter. Wert	Bemessungswert
Eigenlasten:		
18 cm Stahlbetonplatte 0,18 · 25 kN/m²	4,50 kN/m²	g_{d0} = 6,08 kN/m²
Summe Eigenlasten *G*	g_k = 4,50 kN/m²	
Baubetrieb: Personal ohne Material *Q*	q_{ca} = 1,00 kN/m²	$q_{ca,d0}$ = 1,50 kN/m²
Gesamt		E_{d0} = 7,58 kN/m²

Lastausnutzungsfaktor α_0:

$$\alpha_0 = \frac{E_{d0}}{E_{d28}} = \frac{7{,}58\,\frac{\text{kN}}{\text{m}^2}}{10{,}88\,\frac{\text{kN}}{\text{m}^2}} \approx 0{,}70 \tag{7.3}$$

Ausschalfrist t_0 aus Tabelle 7.5 für $\delta < 15\,°\text{C}$: 12 Tage, sonst wie oben.

e) Genauere Berechnung des *Lastausnutzungsfaktors* α_0, jedoch mit geringerer Belastung im Bauzustand

Die Bauleitung stellt sicher, dass die Decke nach dem Ausschalen lastfrei bleibt, indem die Decke für den Baubetrieb gesperrt wird. Zum Ausschalzeitpunkt t_0 ist dann nur die Eigenlast der Stahlbetonplatte $g_{d0} = 6{,}08$ kN/m²zu berücksichtigen, da $q_{ca} = 0$ ist:

Lastausnutzungsfaktor α_0:

$$\alpha_0 = \frac{E_{d0}}{E_{d28}} = \frac{6{,}08\,\frac{\text{kN}}{\text{m}^2}}{10{,}88\,\frac{\text{kN}}{\text{m}^2}} \approx 0{,}56 \tag{7.4}$$

Die Ausschalfrist t_0 = 12 Tage nach Tabelle 7.5 könnte verringert werden, wenn die vorhandene Ausschalfestigkeit mit 56 % der geplanten Endfestigkeit nachgewiesen wird.

Übungsbeispiel 7.2

Hilfsstützen für die Decke eines Einfamilienhauses

Deckenstärke d = 18 cm, Beton C20/25

Spannweite 6 m, lichte Höhe 2,60 m

Belastung im Bauzustand: Baubetrieb mit Personal

a) Bemessung mit charakteristischen Tragfähigkeiten $R_{y,k}$ der Baustützen

Tabelle 7.9 Bemessung des Bauzustands zum Zeitpunkt $t = 0$

Einwirkungen	Charakter. Wert	Bemessungswert
Eigenlasten: 18 cm Stahlbetonplatte 0,18 · 25 kN/m² Summe Eigenlasten G	 4,50 kN/m² g_k = 4,50 kN/m²	 g_{d0} = 6,08 kN/m²
Baubetrieb: Personal ohne Material Q	q_{ca} = 1,00 kN/m²	$q_{ca,d0}$ = 1,50 kN/m²
Gesamt	E_0 = 5,50 kN/m²	E_{d0} = 7,58 kN/m²

Gewählt wird eine Baustütze B 30 (ℓ_{max} = 3,00 m) mit $R_{y,k}$ = 51,0 kN (Tabelle 2.21). Die zulässige Traglast kann nach Formel 2.46 vergrößert werden, da die Baustütze mit ℓ = 2,60 m nicht auf die maximale Länge ℓ_{max} ausgezogen werden muss.

B-Stützen:

$$R_{B,k} = 68\,kN \cdot \frac{\ell_{max}}{\ell^2} = 68\text{ kN} \cdot \frac{3{,}0}{2{,}6^2} = 30{,}2\text{ kN} < 51\text{ kN} \tag{7.5}$$

Der Bemessungswert der Stützentragfähigkeit ist dann

$$R_{B,d} = \frac{R_{B,k}}{\gamma_M} = \frac{30{,}2\text{ kN}}{1{,}1} = 27{,}4\text{ kN} \tag{7.6}$$

Für die Hilfsunterstützung mit einer Baustütze B 30 mit $R_{B,d}$ = 27,4 kN Traglast kann für die Deckenlast im Bauzustand folgende Einflussfläche A_E je Stütze erreicht werden:

$$A_{E,B} = \frac{R_{B,d}}{E_{d0}} = \frac{27{,}4\ \text{kN}}{7{,}58\ \frac{\text{kN}}{\text{m}^2}} = 3{,}6\ \text{m}^2 \tag{7.7}$$

Die Stellfristen für diese Baustützen als Hilfsstützen wurden in *Übungsbeispiel 7.1* ermittelt.

b) Bemessung mit zulässigen Traglasten $F_{N,zul}$ der Baustützen

Gewählt wird eine Baustütze B 30 (ℓ_{max} = 3,00 m) mit $F_{N,zul}$ = 13,4 kN (Tabelle 2.23). Die zulässige Traglast kann nach Formel 2.57 vergrößert werden, da die Baustütze mit ℓ = 2,60 m nicht auf die maximale Länge ℓ_{max} ausgezogen werden muss.

B-Stützen:

$$F_{N,zul} = 40 kN \cdot \frac{\ell_{max}}{\ell^2} = 40\,\text{kN} \cdot \frac{3{,}0}{2{,}6^2} = 17{,}7\ \text{kN} < 30\ \text{kN} \tag{7.8}$$

Für die Hilfsunterstützung mit einer Baustütze B 30 mit $F_{N,zul}$ = 17,7 kN Traglast kann für die Deckenlast im Bauzustand folgende Einflussfläche A_E je Stütze erreicht werden:

$$A_{E,B} = \frac{F_{N,zul}}{E_0} = \frac{17{,}7\ \text{kN}}{5{,}0\ \frac{\text{kN}}{\text{m}^2}} = 3{,}5\ \text{m}^2 \tag{7.9}$$

7.4 Konstruktion und Bemessung einer Deckenschalung

Eine überschlägige Bemessung einer Flex-Deckenschalung ist mit Bemessungstabellen der Schalungshersteller möglich (s. Abschnitt 7.5). Diese Tabellen eignen sich bei Deckenschalungen insbesondere für die Auswahl der Träger- und Stützenabstände und der Deckenstützen. Im Folgenden wird zunächst ein ausführliches Beispiel für die Bemessung einer Flex-Deckenschalung dargestellt. Danach folgen Bemessungsbeispiele mit Tabellen.

Konstruktion und Bemessung einer Flex-Deckenschalung

In Abschnitt 7.4 wird eine Deckenschalung ganzheitlich im Zusammenhang in den *Übungsbeispielen 7.3 bis 7.8* behandelt.

Übungsbeispiel 7.3

Grundriss-Entwurf und Aufbau der Schalung, Materialauswahl, Belastung

In diesem Beispiel soll die Deckenschalung für den Grundriss eines Raumes mit den lichten Maßen 4,00 m · 4,70 m geplant werden.

Bei der Auswahl der Holzschalungsträger muss geklärt werden, ob die Jochträger in Längs- oder Querrichtung angeordnet werden sollen. Bei dem kleinen Beispielgrundriss ist diese Auswahl unerheblich, jedoch bei großflächigen Grundrissen, wie beispielsweise von großen Stahlbeton-Skelettbauten mit mehreren Bauteilen und Geschossen, ist die Optimierung der Schalung durchaus sinnvoll, da nicht nur Anzahl und Längen der Träger, sondern auch die Anzahl der Stützen und deren Auslastung optimiert und damit nicht nur Material-, sondern vor allem Lohnkosten eingespart werden können. Bei rechteckigen Räumen erzielt man in den überwiegenden Fällen die wirtschaftlichere Schalungslösung, wenn die Jochträger parallel zur längsten Wand im Raum angeordnet werden. Der erfahrene Anwender der Schalungssysteme kann mithilfe von Software der Schalungshersteller durch Ausprobieren mehrerer Varianten den Materialeinsatz optimieren.

Für den *Entwurf der Deckenschalung* (Bild 7.32) sind folgende Kriterien wichtig:

- In einem geschlossenen Raum werden immer mindestens zwei Träger hintereinander verlegt und ungefähr mittig überlappend gestoßen. Dies gilt sowohl für Jochträger als auch für Querträger. Daraus ergeben sich immer zwei Randjoche und mindestens ein Mitteljoch.
- Die Querträger sollten nach Möglichkeit als Einfeldträger eingebaut werden, um das Ausschalen zu erleichtern.
- Am Trägerende und am Trägerstoß müssen Stützen mit Stützbein und Gabelkopf aufgestellt werden.
- Der Abstand der Randjoche und der Stützen am Jochträgerende ist von den Konstruktionsmaßen der Stützbeine abhängig. Hier wurde ein erforderlicher Abstand zur Wand von 45 cm gewählt.
- Als Jochträger wurden exemplarisch zweierlei Träger gewählt, da die Träger sich auf den Gabelköpfen um mindestens 30 cm überlappen müssen, um die Kippsicherung der Träger zu gewährleisten.
- Da die Randträger eine geringere Einflussfläche und damit eine geringere Belastung haben, werden dort zunächst keine zusätzlichen Deckenstützen vorgesehen.

Grundriss-Entwurf der Schalung

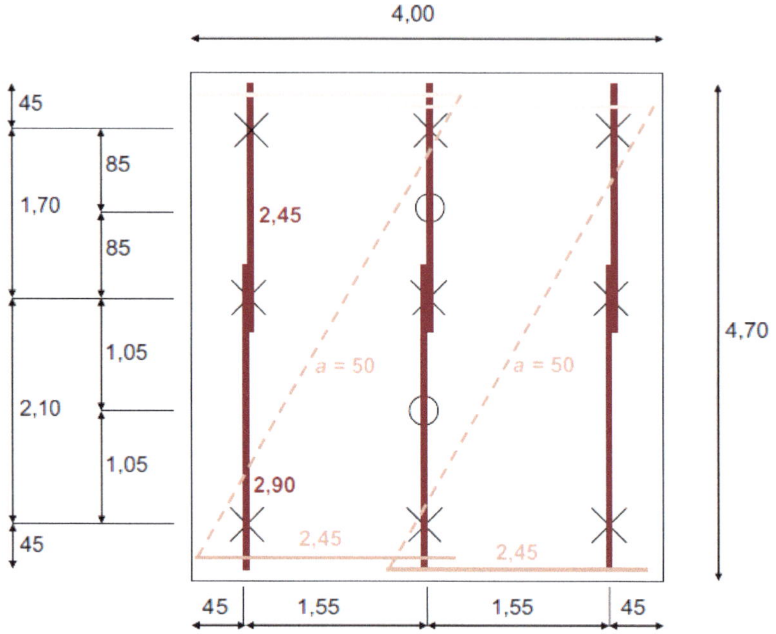

╳ Deckenstützen mit Stützbein und Gabelkopf

◯ Zusätzliche Deckenstützen

▬ Jochträger H 20, Längen *L* = 2,90 m; 2,45 m

▬ Querträger H 20, Abstand *a* = 0,50 m, Länge *L* = 2,45 m

Bild 7.32 Grundriss Deckenschalung

Eigengewicht Deckenschalung

Das Eigengewicht wird für Deckenschalungen

- mit Holzschalungsträgern H 20 zu $g = 0{,}30$ kN/m² (System: Doka Dokaflex)
- mit Holzschalungsträger GT 24 zu $g = 0{,}40$ kN/m² (System: PERI MULTIFLEX)

angegeben.

Schalungsaufbau

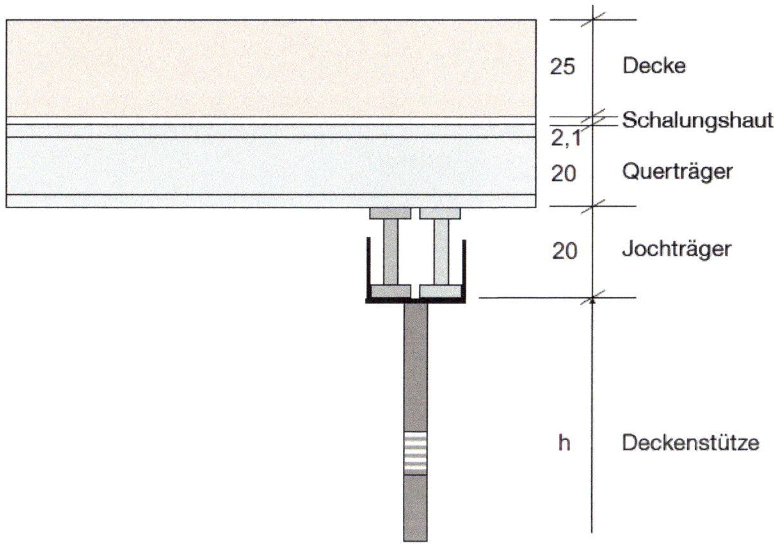

Bild 7.33 Querschnitt Deckenschalung

Materialauswahl

Zur Verfügung stehendes Material:

- Schalungshaut: Dreischichtplatte $d = 21$ mm
- Träger: Holzschalungsträger H 20, $V_d = 16{,}5$ kN, $M_d = 7{,}5$ kNm und $E \cdot I = 450$ kNm²
- Deckenstützen: nach Wahl

Belastung

Ständige Lasten: Eigengewicht der Schalung

Schalung g	= 0,30 kN/m²
Zwischensumme ständige Lasten $g_k = Q_1$	= 0,30 kN/m²

Veränderliche Lasten: Verkehrslasten nach DIN EN 12812

Decke, Frischbeton $q_{k,1} = Q_{2,b} = 0{,}25\ \text{m} \cdot 26\ \text{kN/m}^3$	= 6,50 kN/m²
Bauarbeiten, Arbeitskräfte $q_{k,2} = Q_{2,p}$	= 0,75 kN/m²
Zusatzlast Ortbeton min. 0,75 kN/m², max. 1,75 kN/m²	
$q_{k,3} = Q_4 = 6{,}5\ \text{kN/m}^2 \cdot 0{,}1 = 0{,}65\ \text{kN/m}^2$	< 0,75 kN/m²
Zwischensumme veränderliche Lasten $q_k = Q_{2,b} + Q_{2,p} + Q_4$	= 8,00 kN/m²

Verkehrslast nach DIN 4421 (zurückgezogen)

auf eine quadratische Einflussfläche von 3 m × 3 m Grundfläche 20 % der Betoneigenlast, mindestens jedoch 1,5 kN/m², maximal 5,0 kN/m², hier gilt mit 6,5 kN/m² · 0,2 = 1,30 kN/m²:

- q_k = 1,50 kN/m² > 1,30 kN/m² und
- q_k = 0,75 kN/m² auf die restlichen Betonierflächen.

Summe der Einwirkungen

$r_k = g_k + q_k = 0{,}30\ \text{kN/m}^2 + 8{,}00\ \text{kN/m}^2 = 8{,}30\ \text{kN/m}^2$ (Formel 2.5),

$E_d = 1{,}35 \cdot 0{,}3\ \text{kN/m}^2 + 1{,}5 \cdot 8{,}00\ \text{kN/m}^2 = 12{,}41\ \text{kN/m}^2$

mit den Teilsicherheitsbeiwerten $\gamma_G = 1{,}35$ für ständige Einwirkungen und $\gamma_Q = 1{,}5$ für veränderliche Einwirkungen (Formel 2.9).

Einflussfläche der Verkehrslasten

Die quadratische Einflussfläche von 3 m × 3 m Grundfläche für die Verkehrslasten nach DIN EN 12812 oder DIN 4421 (zurückgezogen) ist im Allgemeinen größer als die Einflussfläche aller Konstruktionselemente wie Träger und Stützen. Die Lastannahmen bezogen auf diese Einflussfläche werden daher bei Deckenschalungen in der Regel maßgebend.

Übungsbeispiel 7.4

Nachweis der Schalungshaut

Statisches System: Einfeldträger

Der Querträgerabstand wird mit $\ell = 50$ cm angenommen.

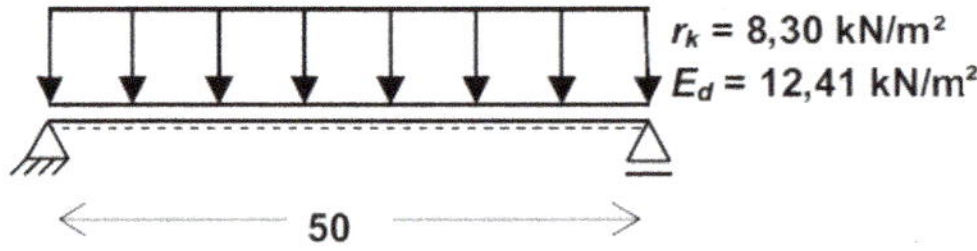

Statisches System: Zweifeldträger

für die Schubbemessung:

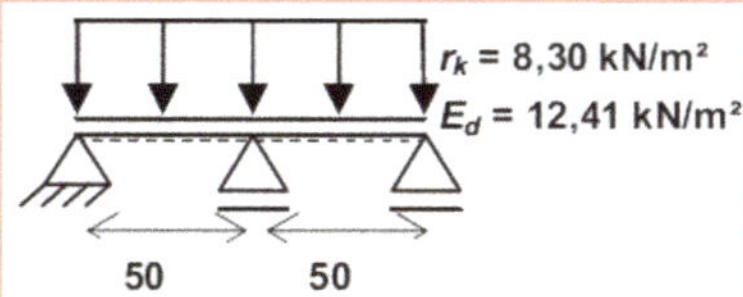

Prinzipiell wird der Bemessung das statische System des Einfeldträgers zugrunde gelegt, solange es auf der sicheren Seite liegt.

Für die Schubbemessung ist jedoch der Zweifeldträger das ungünstigere statische System und wird hier immer dann vorausgesetzt, wenn dieser Fall nicht ausgeschlossen werden kann.

Schubbemessung

Maximale Querkraft $V_{r,d}$ nach Formel 2.17:

$$V_{r,d} = 1{,}25 \cdot \frac{E \cdot \ell}{2} = 1{,}25 \cdot \frac{12{,}41 \frac{\text{kN}}{\text{m}^2} \cdot 0{,}5 \text{ m}}{2} = 3{,}88 \frac{\text{kN}}{\text{m}} \tag{7.10}$$

Maximale Schubspannung τ_d mit Formel 2.12:

$$\tau_d = \frac{1{,}5 \cdot V_{r,d}}{A_{ef}} = \frac{1{,}5 \cdot 3{,}88 \frac{\text{kN}}{\text{m}}}{0{,}021 \text{ m} \cdot 1{,}0 \frac{\text{m}}{\text{m}}} = 277{,}1 \frac{\text{kN}}{\text{m}^2} \tag{7.11}$$

mit Querschnittsfläche A_{ef}

$$A_{ef} = h \cdot b_{ef} = 0{,}021 \text{ m} \cdot 1{,}0 \frac{\text{m}}{\text{m}} \tag{7.12}$$

und effektiver Breite b_{ef}

$$b_{ef} = k_{cr} \cdot b = 1{,}0 \cdot 1 \frac{\text{m}}{\text{m}} = 1{,}0 \frac{\text{m}}{\text{m}} \tag{7.13}$$

sowie Beiwert $k_{cr} = 1{,}0$ nach DIN EN 1995-1-1 gemäß Tabelle 2.3 für Brettsperrholz.

Als charakteristischer Wert $f_{v,k}$ wird hier exemplarisch die Schubspannung für Dreischichtplatten 21 mm nach Dold (s. Abschnitt 2.6.1) zugrunde gelegt. Herstellerangaben über die Schubfestigkeit von Dreischichtplatten liegen nicht vor.

$$f_{v,k} = 1600 \frac{\text{kN}}{\text{m}^2} = 1{,}6 \frac{\text{N}}{\text{mm}^2} \tag{7.14}$$

Bemessungswert der Schubspannung:

$$f_{v,d} = f_{v,k} \cdot \frac{k_{mod}}{\gamma_M} = 1600 \frac{\text{kN}}{\text{m}^2} \cdot \frac{0{,}7}{1{,}3} = 861{,}5 \frac{\text{kN}}{\text{m}^2} \tag{7.15}$$

Der Nachweis der Schubspannung lautet somit

$$\frac{\tau_d}{f_{v,d}} = \frac{277{,}1 \frac{\text{kN}}{\text{m}^2}}{861{,}5 \frac{\text{kN}}{\text{m}^2}} = 0{,}32 < 1{,}0 \tag{7.16}$$

Biegebemessung

Maximales Moment $M_{r,d}$:

$$M_{r,d} = \frac{E_d \cdot l^2}{8} = \frac{12{,}41 \frac{\text{kN}}{\text{m}^2} \cdot 0{,}5^2 \ \text{m}^2}{8} = 0{,}39 \frac{\text{kNm}}{\text{m}} \tag{7.17}$$

Vorhandene Biegespannung $\sigma_{m,d}$ nach Formel 2.10:

$$\sigma_{m,d} = \frac{M_{r,d}}{W_n} = \frac{0{,}39 \frac{\text{kNm}}{\text{m}} \cdot 6}{0{,}021^2 \ \text{m}^2 \cdot 1 \frac{\text{m}}{\text{m}}} = 5306{,}1 \frac{\text{kN}}{\text{m}^2} \tag{7.18}$$

Für eine Dreischichtplatte (3-S-Platte Fichte) mit der Nenndicke von 21 mm nach Tabelle 2.9 gilt als Mindestwert $f_{r,k} = 22{,}0\ \text{N/mm}^2 = 22.000\ \text{kN/m}^2$. Der Bemessungswert ergibt sich dann aus Formel 2.38 zu:

$$f_{m,d,20\%} = 0{,}875 \cdot f_{r,k} \cdot \frac{k_{mod}}{\gamma_M} = 0{,}875 \cdot 22.000{,}0 \frac{\text{kN}}{\text{m}^2} \cdot \frac{0{,}9}{1{,}2} = 14.437{,}5 \frac{\text{kN}}{\text{m}^2} \tag{7.19}$$

Der Nachweis der Biegespannung ergibt sich nach Formel 2.9 zu

$$\frac{\sigma_{m,d}}{f_{m,d}} = \frac{5306{,}1 \frac{\text{kN}}{\text{m}^2}}{14.437{,}50 \frac{\text{kN}}{\text{m}^2}} = 0{,}37 < 1{,}0 \tag{7.20}$$

Berechnung der Durchbiegung

Nach Formel 2.16 wird die Durchbiegung w mit der charakteristischen Einwirkung ohne Teilsicherheitsbeiwert berechnet:

$$w = \frac{5 \cdot r_k \cdot \ell^4}{384 \cdot E \cdot I} \tag{7.21}$$

Dreischichtplatte (Fichte)

E-Modul längs (parallel zur Faser) nach Tabelle 2.9 (Mindestwerte):

- Holzfeuchte 15 %: $E_{mean} = 0{,}8 \cdot 10^7$ kN/m²
- Holzfeuchte 20 %: $E_{mean} = 0{,}9167 \cdot 0{,}8 \cdot 10^7$ kN/m² $= 0{,}7334 \cdot 10^7$ kN/m²

E-Modul quer (senkrecht zur Faser) nach Tabelle 2.9 (Mindestwerte):

- Holzfeuchte 15 %: $E_{mean} = 0{,}107 \cdot 10^7$ kN/m²
- Holzfeuchte 20 %: $E_{mean} = 0{,}107 \cdot 0{,}9167 \cdot 10^7$ kN/m² $= 0{,}0981 \cdot 10^7$ kN/m²

Biegesteifigkeit:

- In Längsrichtung $E \cdot I = 7{,}82$ kNmm²/m (Mittelwert, Quelle: Doka)

Für eine Dreischichtplatte (3-S-Platte Fichte) mit der Nenndicke von 21 mm nach Tabelle 2.9 gilt $E_{mean} = 8000$ N/mm² $= 0{,}8 \cdot 10^7$ kN/m². Für eine Holzfeuchtigkeit von 20 % ergibt sich der Bemessungswert dann aus Formel 2.37 zu:

$$E_{20\%} = 0{,}9167 \cdot E_{mean} = 0{,}9167 \cdot 0{,}8 \cdot 10^7 \frac{\text{kN}}{\text{m}^2} = 0{,}7334 \cdot 10^7 \frac{\text{kN}}{\text{m}^2} \quad (7.22)$$

$$w = \frac{5 \cdot 8{,}3 \frac{\text{kN}}{\text{m}^2} \cdot 0{,}5^4 \text{ m}^4 \cdot 12}{384 \cdot 0{,}7334 \cdot 10^7 \frac{\text{kN}}{\text{m}^2} \cdot 0{,}021^3 \text{ m}^3 \cdot 1 \frac{\text{m}}{\text{m}}} = 0{,}0012 \text{ m} = 1{,}2 \text{ mm} \quad (7.23)$$

Die Ebenheitstoleranzen nach DIN 18202 werden für die Gesamtkonstruktion nachgewiesen (s. *Übungsbeispiel 7.7*).

Übungsbeispiel 7.5

Nachweis der Querträger

Statisches System: Einfeldträger

Der Jochträgerabstand beträgt $\ell = 1{,}55$ m.

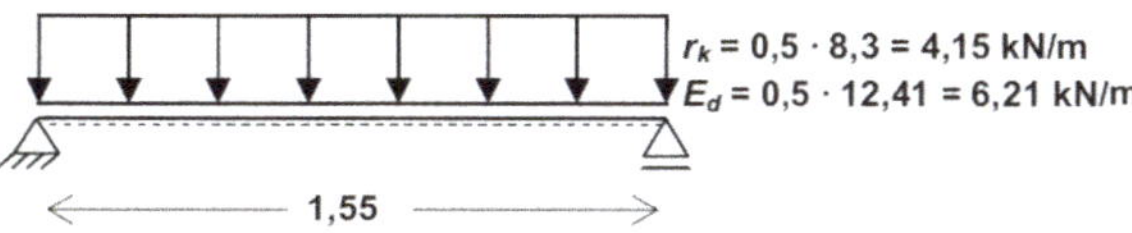

Schubbemessung

Die Querträger werden als Einfeldträger verlegt. Als ungünstigster Fall wird daher hier der Einfeldträger der Schubbemessung zugrunde gelegt.

Maximale Querkraft $V_{r,d}$:

$$V_{r,d} = \frac{E_d \cdot \ell}{2} = \frac{6{,}21 \frac{\text{kN}}{\text{m}} \cdot 1{,}55 \text{ m}}{2} = 4{,}81 \text{ kN} \tag{7.24}$$

Der Bemessungswert nach Tabelle 2.18 für Holzschalungsträger H 20 beträgt V_d = 16,5 kN.

$$\frac{V_{r,d}}{V_d} = \frac{4{,}81 \text{ kN}}{16{,}5 \text{ kN}} = 0{,}29 < 1{,}0 \tag{7.25}$$

Tabelle 7.10 Bemessungswerte für Holzschalungsträger H 20

Bemessungswerte	Zulässige Lasten
V_d = 16,5 kN	zul Q = 11 kN
M_d = 7,5 kNm	zul M = 5 kNm
$E \cdot I$ = 450 kNm²	

Biegebemessung

Maximales Moment $M_{r,d}$:

$$M_{r,d} = \frac{E_d \cdot \ell^2}{8} = \frac{6{,}21 \frac{\text{kN}}{\text{m}} \cdot 1{,}55^2 \text{ m}^2}{8} = 1{,}86 \text{ kNm} \tag{7.26}$$

Der Bemessungswert nach Tabelle 2.18 für Holzschalungsträger H 20 beträgt M_d = 7,5 kNm:

$$\frac{M_{r,d}}{M_d} = \frac{1{,}86 \text{ kNm}}{7{,}5 \text{ kNm}} = 0{,}25 < 1{,}0 \tag{7.27}$$

Berechnung der Durchbiegung

Nach Formel 2.16 wird die Durchbiegung w mit der charakteristischen Einwirkung ohne Teilsicherheitsbeiwert berechnet. Der Bemessungswert nach Tabelle 2.18 für Holzschalungsträger H 20 beträgt $E \cdot I$ = 450 kNm².

$$w = \frac{5 \cdot r_k \cdot \ell^4}{384 \cdot E \cdot I} = \frac{5 \cdot 4{,}15 \frac{\text{kN}}{\text{m}} \cdot 1{,}55^4 \text{ m}^4}{384 \cdot 450 \text{ kNm}^2} = 0{,}0007 \text{ m} = 0{,}7 \text{ mm} \tag{7.28}$$

Die Ebenheitstoleranzen nach DIN 18202 werden für die Gesamtkonstruktion nachgewiesen (s. *Übungsbeispiel 7.7*).

Übungsbeispiel 7.6

Nachweis der Jochträger

Nachweis der Mittelträger

Der jeweils größte Stützenabstand beträgt $\ell = 1{,}05\,\text{m}$ für die Mittelträger und $\ell = 2{,}10\,\text{m}$ für die Randträger.

Statisches System für die Mittelträger: Einfeldträger

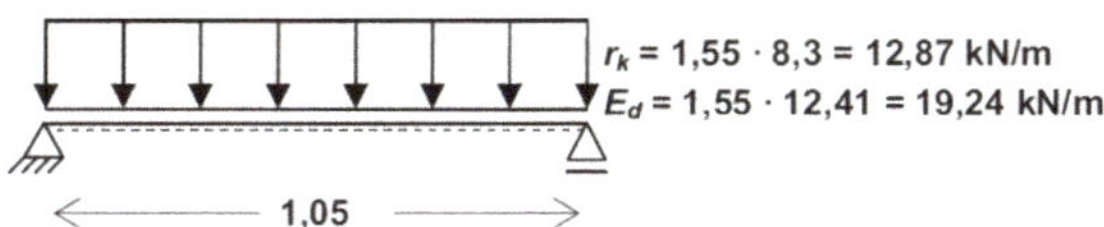

Statisches System: Zweifeldträger

für die Schubbemessung:

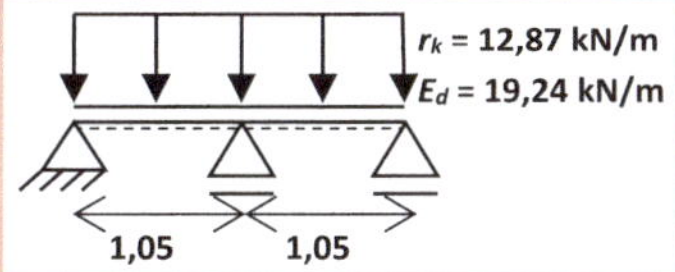

Für die Schubbemessung ist hier der Zweifeldträger das ungünstigere statische System.

Schubbemessung

Maximale Querkraft $V_{r,d}$ nach Formel 2.17:

$$V_{r,d} = 1{,}25 \cdot \frac{E_d \cdot \ell}{2} = 1{,}25 \cdot \frac{19{,}24\,\frac{\text{kN}}{\text{m}} \cdot 1{,}05\ \text{m}}{2} = 12{,}63\ \text{kN} \tag{7.29}$$

$$\frac{V_{r,d}}{V_d} = \frac{12{,}63\ \text{kN}}{16{,}5\ \text{kN}} = 0{,}77 < 1{,}0 \tag{7.30}$$

Querkraft $V_{r,k}$ aufgrund der Einwirkungen r_k zum Vergleich:

$$V_{r,k} = 1{,}25 \cdot \frac{E_d \cdot \ell}{2} = 1{,}25 \cdot \frac{12{,}87\,\frac{\text{kN}}{\text{m}} \cdot 1{,}05\ \text{m}}{2} = 8{,}45\ \text{kN} \tag{7.31}$$

$$\frac{V_{r,k}}{zul\,Q} = \frac{8{,}45\ \text{kN}}{11{,}0\ \text{kN}} = 0{,}77 < 1{,}0 \tag{7.32}$$

Biegebemessung

Maximales Moment $M_{r,d}$:

$$M_{r,d} = \frac{E_d \cdot \ell^2}{8} = \frac{19{,}24 \frac{\text{kN}}{\text{m}} \cdot 1{,}05^2 \text{ m}^2}{8} = 2{,}65 \text{ kNm} \tag{7.33}$$

$$\frac{M_{r,d}}{M_d} = \frac{2{,}65 \text{ kNm}}{7{,}5 \text{ kNm}} = 0{,}35 < 1{,}0 \tag{7.34}$$

Moment $M_{r,k}$ aufgrund der Einwirkungen r_k zum Vergleich:

$$M_{r,k} = \frac{E_d \cdot \ell^2}{8} = \frac{12{,}87 \frac{\text{kN}}{\text{m}} \cdot 1{,}05^2 \text{ m}^2}{8} = 1{,}77 \text{ kNm} \tag{7.35}$$

$$\frac{M_{r,k}}{zul\, M} = \frac{1{,}77 \text{kNm}}{5{,}0 \text{kNm}} = 0{,}35 < 1{,}0 \tag{7.36}$$

Berechnung der Durchbiegung

Nach Formel 2.16 wird die Durchbiegung w mit der charakteristischen Einwirkung ohne Teilsicherheitsbeiwert berechnet.

$$w = \frac{5 \cdot r_k \cdot \ell^4}{384 \cdot E \cdot I} = \frac{5 \cdot 12{,}87 \frac{\text{kN}}{\text{m}} \cdot 1{,}05^4 \text{ m}^4}{384 \cdot 450 \text{ kNm}^2} = 0{,}0005 \text{ m} = 0{,}5 \text{mm} \tag{7.37}$$

Für die Betrachtung der Ebenheitstoleranzen wird auch die Durchbiegung in den kleineren Feldern mit der Spannweite $\ell = 0{,}85$ m berechnet:

$$w = \frac{5 \cdot r_k \cdot \ell^4}{384 \cdot E \cdot I} = \frac{5 \cdot 12{,}87 \frac{\text{kN}}{\text{m}} \cdot 0{,}85^4 \text{ m}^4}{384 \cdot 450 \text{ kNm}^2} = 0{,}0002 \text{ m} = 0{,}2 \text{mm} \tag{7.38}$$

Die Ebenheitstoleranzen nach DIN 18202 werden für die Gesamtkonstruktion nachgewiesen (s. *Übungsbeispiel 7.7*).

Nachweis der Randträger

Statisches System für die Randträger

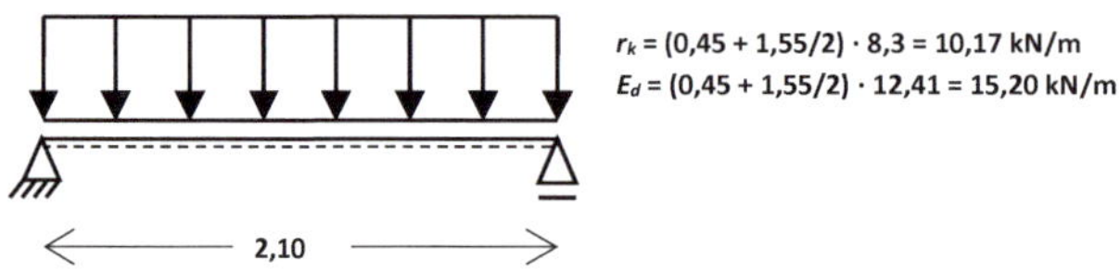

Schubbemessung

Maximale Querkraft $V_{r,d}$:

$$V_{r,d} = \frac{E_d \cdot \ell}{2} = \frac{15{,}20\,\frac{\text{kN}}{\text{m}} \cdot 2{,}10\ \text{m}}{2} = 15{,}96\ \text{kN} \tag{7.39}$$

$$\frac{V_{r,d}}{V_d} = \frac{15{,}96\ \text{kN}}{16{,}5\ \text{kN}} = 0{,}97 < 1{,}0 \tag{7.40}$$

Biegebemessung

Maximales Moment $M_{r,d}$:

$$M_{r,d} = \frac{E_d \cdot l\ell^2}{8} = \frac{15{,}20\,\frac{\text{kN}}{\text{m}} \cdot 2{,}10^2\ \text{m}^2}{8} = 8{,}38\ \text{kNm} \tag{7.41}$$

$$\frac{M_{r,d}}{M_d} = \frac{8{,}38\ \text{kNm}}{7{,}5\ \text{kNm}} = 1{,}12 > 1{,}0\ (\text{Nachweis nicht erfüllt}) \tag{7.42}$$

Es sind zusätzliche Stützen erforderlich. Damit wird die größte Spannweite der Randträger $\ell = 1{,}70\,\text{m}$ (Bild 7.34).

Berechnung der Durchbiegung

Wie die nachfolgende Berechnung zeigt, wäre die Durchbiegung der Randträger bei einer Spannweite von $\ell = 2{,}10\,\text{m}$ verhältnismäßig groß, sodass die Ebenheitstoleranzen nicht eingehalten werden könnten. Die Berechnung der Durchbiegung erfolgt hier der Vollständigkeit halber, sie ist jedoch nicht maßgebend.

$$w = \frac{5 \cdot r_k \cdot \ell^4}{384 \cdot E \cdot I} = \frac{5 \cdot 10{,}17\,\frac{\text{kN}}{\text{m}} \cdot 2{,}10^4\ \text{m}^4}{384 \cdot 450\ \text{kNm}^2} = 0{,}006\ \text{m} = 6{,}0\,\text{mm} \tag{7.43}$$

Randträger mit zusätzlichen Deckenstützen in den großen Feldern

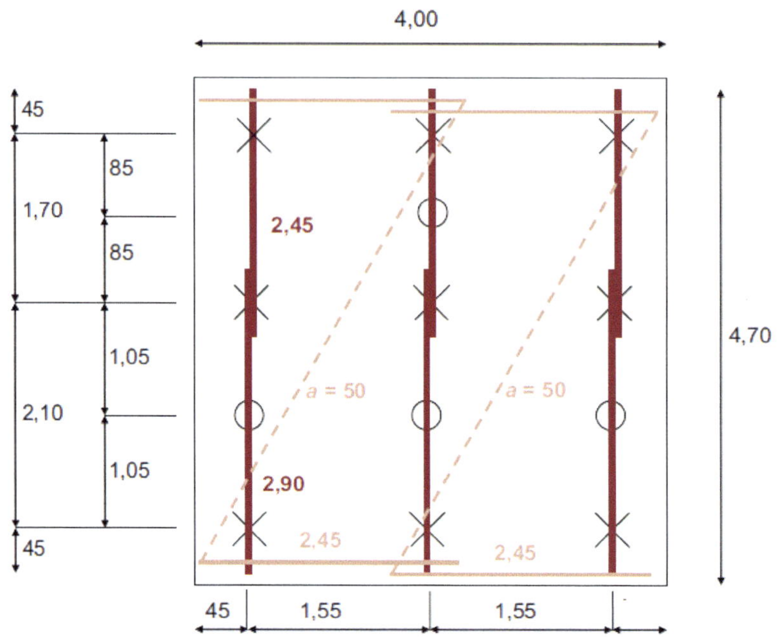

Bild 7.34 Grundriss Deckenschalung

Statisches System für die Randträger in den großen Feldern (Einfeldträger)

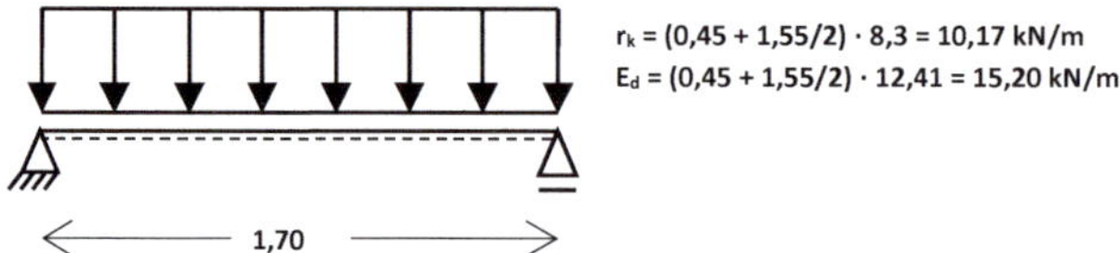

Schubbemessung

Maximale Querkraft $V_{r,d}$:

$$V_{r,d} = \frac{E_d \cdot \ell}{2} = \frac{15{,}20\,\frac{\text{kN}}{\text{m}} \cdot 1{,}70\ \text{m}}{2} = 12{,}92\ \text{kN} \tag{7.44}$$

$$\frac{V_{r,d}}{V_d} = \frac{12{,}92 \text{ kN}}{16{,}5 \text{ kN}} = 0{,}78 < 1{,}0 \qquad (7.45)$$

Querkraft $V_{r,k}$ aufgrund der Einwirkungen r_k zum Vergleich:

$$V_{r,k} = \frac{E_d \cdot \ell}{2} = \frac{10{,}17 \frac{\text{kN}}{\text{m}} \cdot 1{,}70 \text{ m}}{2} = 8{,}64 \text{ kN} \qquad (7.46)$$

$$\frac{V_{r,k}}{zul\,Q} = \frac{8{,}64 \text{ kN}}{11{,}0 \text{ kN}} = 0{,}79 < 1{,}0 \qquad (7.47)$$

Biegebemessung

Maximales Moment $M_{r,d}$:

$$M_{r,d} = \frac{E_d \cdot \ell^2}{8} = \frac{15{,}20 \frac{\text{kN}}{\text{m}} \cdot 1{,}70^2 \text{ m}^2}{8} = 5{,}49 \text{ kNm} \qquad (7.48)$$

$$\frac{M_{r,d}}{M_d} = \frac{5{,}49 \text{ kNm}}{7{,}5 \text{ kNm}} = 0{,}73 < 1{,}0 \qquad (7.49)$$

Moment $M_{r,k}$ aufgrund der Einwirkungen r_k zum Vergleich:

$$M_{r,k} = \frac{E_d \cdot \ell^2}{8} = \frac{10{,}17 \frac{\text{kN}}{\text{m}} \cdot 1{,}70^2\, m^2}{8} = 3{,}67 \text{ kNm} \qquad (7.50)$$

$$\frac{M_{r,k}}{zul\,M} = \frac{3{,}67 \text{ kNm}}{5{,}0 \text{ kNm}} = 0{,}73 < 1{,}0 \qquad (7.51)$$

Berechnung der Durchbiegung

Nach Formel 2.16 wird die Durchbiegung w mit der charakteristischen Einwirkung ohne Teilsicherheitsbeiwert berechnet.

$$w = \frac{5 \cdot r_k \cdot \ell^4}{384 \cdot E \cdot I} = \frac{5 \cdot 10{,}17 \frac{\text{kN}}{\text{m}} \cdot 1{,}70^4 \text{ m}^4}{384 \cdot 450 \text{ kNm}^2} = 0{,}0025 \text{ m} = 2{,}5 \text{ mm} \qquad (7.52)$$

Die Ebenheitstoleranzen nach DIN 18202 werden für die Gesamtkonstruktion nachgewiesen (s. *Übungsbeispiel 7.7*).

Der Nachweis der Randträger in den kleineren Feldern als Zweifeldträger entspricht dem Nachweis der Jochträger, jedoch mit geringerer Belastung.

Der Nachweis ist daher entbehrlich. Der Vollständigkeit halber wird der Nachweis geführt, nicht zuletzt, um die Auflagerkräfte und Durchbiegungen zu bekommen.

Statisches System für die Randträger in den kleinen Feldern (Einfeldträger)

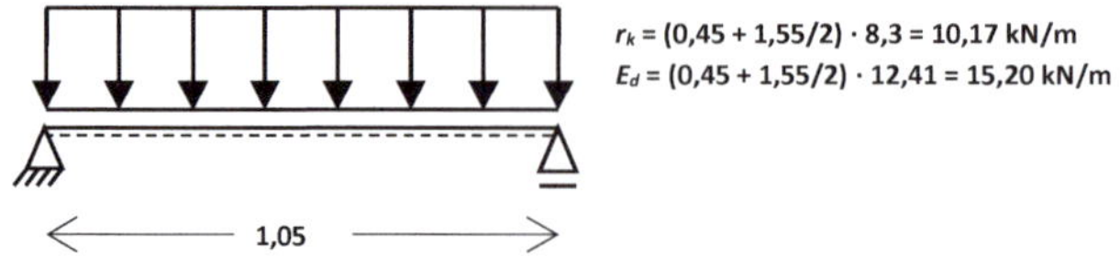

Statisches System: Zweifeldträger

für die Schubbemessung

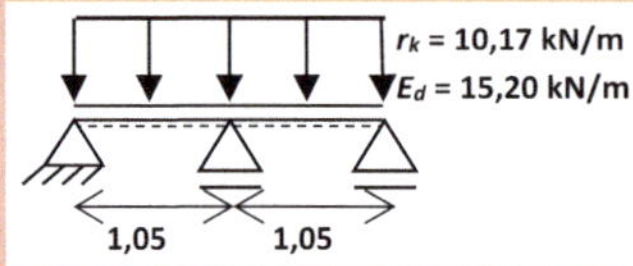

Für die Schubbemessung ist hier der Zweifeldträger das ungünstigere statische System.

Schubbemessung

Maximale Querkraft $V_{r,d}$ nach Formel 2.17:

$$V_{r,d} = 1{,}25 \cdot \frac{E_d \cdot \ell}{2} = 1{,}25 \cdot \frac{15{,}20 \frac{\text{kN}}{\text{m}} \cdot 1{,}05 \text{ m}}{2} = 9{,}98 \text{ kN} \tag{7.53}$$

$$\frac{V_{r,d}}{V_d} = \frac{9{,}98 \text{ kN}}{16{,}5 \text{ kN}} = 0{,}60 < 1{,}0 \tag{7.54}$$

Querkraft $V_{r,k}$ aufgrund der Einwirkungen r_k zum Vergleich:

$$V_{r,k} = 1{,}25 \cdot \frac{E_d \cdot \ell}{2} = 1{,}25 \cdot \frac{10{,}17 \frac{\text{kN}}{\text{m}} \cdot 1{,}05 \text{ m}}{2} = 6{,}67 \text{ kN} \tag{7.55}$$

$$\frac{V_{r,k}}{zul Q} = \frac{6{,}67 \text{ kN}}{11{,}0 \text{ kN}} = 0{,}61 < 1{,}0 \tag{7.56}$$

Biegebemessung

Maximales Moment $M_{r,d}$:

$$M_{r,d} = \frac{E_d \cdot \ell^2}{8} = \frac{15{,}20 \frac{\text{kN}}{\text{m}} \cdot 1{,}05^2 \text{ m}^2}{8} = 2{,}09 \text{ kNm} \tag{7.57}$$

$$\frac{M_{r,d}}{M_d} = \frac{2{,}09 \text{ kNm}}{7{,}5 \text{ kNm}} = 0{,}28 < 1{,}0 \tag{7.58}$$

Moment $M_{r,k}$ aufgrund der Einwirkungen r_k zum Vergleich:

$$M_{r,k} = \frac{E_d \cdot \ell^2}{8} = \frac{10{,}17\,\frac{\text{kN}}{\text{m}} \cdot 1{,}05^2\ \text{m}^2}{8} = 1{,}40\ \text{kNm} \tag{7.59}$$

$$\frac{M_{r,k}}{zul\,M} = \frac{1{,}40\ \text{kNm}}{5{,}0\ \text{kNm}} = 0{,}28 < 1{,}0 \tag{7.60}$$

Berechnung der Durchbiegung

Nach Formel 2.16 wird die Durchbiegung w mit der charakteristischen Einwirkung ohne Teilsicherheitsbeiwert berechnet.

$$w = \frac{5 \cdot r_k \cdot \ell^4}{384 \cdot E \cdot I} = \frac{5 \cdot 10{,}17\,\frac{\text{kN}}{\text{m}} \cdot 1{,}05^4\ \text{m}^4}{384 \cdot 450\ \text{kNm}^2} = 0{,}0003\ \text{m} = 0{,}3\,\text{mm} \tag{7.61}$$

Die Ebenheitstoleranzen nach DIN 18202 werden für die Gesamtkonstruktion nachgewiesen (s. *Übungsbeispiel 7.7*).

Übungsbeispiel 7.7

Nachweis der Ebenheitstoleranzen

Zunächst muss die Summe der größten Durchbiegungen an der jeweils ungünstigsten Stelle berechnet werden. Als größte Durchbiegungen wurden berechnet:

- für die Schalungshaut $w = 1{,}2$ mm,
- für die Querträger $w = 0{,}7$ mm,
- für die Jochträger bei Spannweite $\ell = 1{,}70$ m bzw. 0,85 m:

  Randträger: $w = 2{,}5$ mm;

  Mittelträger: $w = 0{,}2$ mm;

  aus beiden Durchbiegungen wird eine mittlere Durchbiegung berechnet:

  $$w = \frac{2{,}5\,\text{mm} + 0{,}2\,\text{mm}}{2} = 1{,}35\,\text{mm} \tag{7.62}$$

- für die Jochträger bei Spannweite $\ell = 1{,}05$ m:

  Mittelträger: $w = 0{,}5$ mm;

  Randträger: $w = 0{,}3$ mm;

  aus beiden Durchbiegungen wird eine mittlere Durchbiegung berechnet:

  $$w = \frac{0{,}5\,\text{mm} + 0{,}3\,\text{mm}}{2} = 0{,}4\,\text{mm} \tag{7.63}$$

Berechnung des Messpunktabstands m_1 für die Spannweiten $\ell = 1{,}70$ m bzw. 0,85 m

Für die Jochträger mit Spannweiten von $\ell = 1{,}70$ m bzw. 0,85 m ist der Messpunktabstand m_1 nach Formel 2.31:

$$m_1 = \sqrt{\ell_1^2 + \ell_2^2} = \sqrt{1{,}70^2 \text{ m}^2 + 1{,}55^2 \text{ m}^2} = 2{,}30 \text{ m} > 2{,}00 \text{ m} \tag{7.64}$$

mit den Spannweiten

- der Querträger $\ell_1 = 1{,}55$ m (Jochträgerabstand) und
- der Jochträger $\ell_2 = 1{,}70$ m (Stützenabstand).

Nachweis der Ebenheitstoleranzen für die Spannweiten $\ell = 1{,}70$ m bzw. 0,85 m

Die Summe der Durchbiegungen $\Sigma\, w_1$ für den Messpunktabstand $m_1 = 2{,}30$ m ergibt sich zu:

$$\sum w = \sum \left(w_{Jochträger} + w_{Querträger} + w_{Schalungshaut} \right) \tag{7.65}$$

$$\sum w_1 = 1{,}35\,\text{mm} + 0{,}7\,\text{mm} + 1{,}2\,\text{mm} = 3{,}25\,\text{mm} \tag{7.66}$$

Nach Zeile 7 der Tabelle 2.8 gilt für den ungünstigeren Messpunktabstand von $m = 2{,}00$ m ein maximales Stichmaß von zul $s \leq 5$ mm. Der genaue Wert für zul s für den Messpunktabstand $m_1 = 2{,}30$ m kann nach Tabelle 2.8 interpoliert werden. Damit ist nach Formel 2.33 mit

$$\sum w_1 = 3{,}25\,\text{mm} < 5\,\text{mm} = \text{zul}\, s \tag{7.67}$$

der Nachweis der Ebenheitstoleranzen gemäß Zeile 7 erbracht. Die Anforderungen der Zeilen 5 und 6 sind ebenso eingehalten.

Da Randträger und Mittelträger unterschiedliche Stützenabstände haben, müssen die Ebenheitstoleranzen auch für den Messpunktabstand m_2 nachgewiesen werden (Bild 7.35).

Berechnung des Messpunktabstands m_2 für die Spannweite $\ell_3 = 1{,}05$ m

Für die Jochträger mit Spannweiten von $l_3 = 1{,}05$ m ist der Messpunktabstand m_2 nach Formel 2.31:

$$m_2 = \sqrt{\ell_1^2 + \ell_3^2} = \sqrt{1{,}55^2 \text{ m}^2 + 1{,}05^2 \text{ m}^2} = 1{,}87 \text{ m} > 1{,}50 \text{ m} \tag{7.68}$$

mit den Spannweiten

- der Querträger $\ell_1 = 1{,}55$ m (Jochträgerabstand) und
- der Jochträger $\ell_3 = 1{,}05$ m (Stützenabstand).

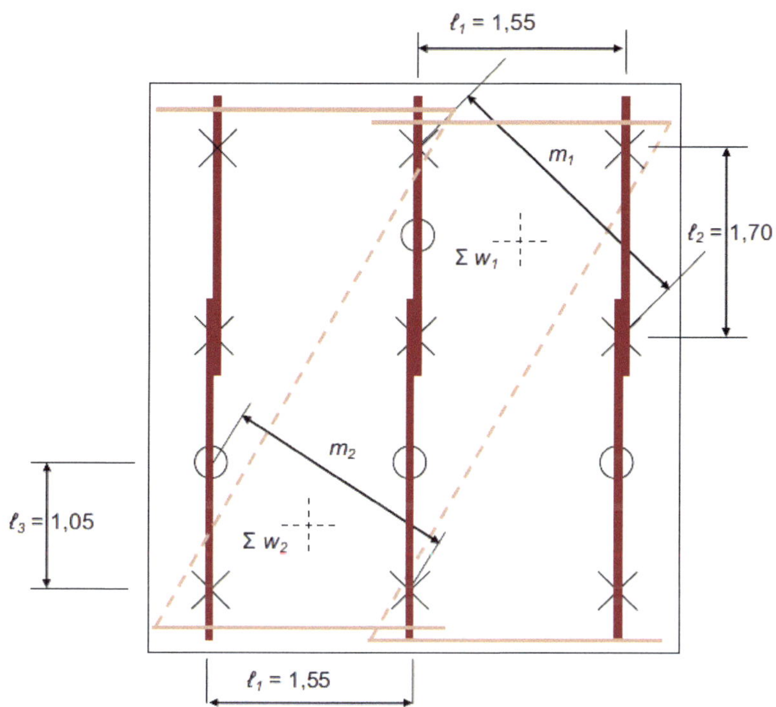

Bild 7.35 Messpunktabstand *m* und Summe der Durchbiegungen Σ *w* an ungünstigster Stelle

Nachweis der Ebenheitstoleranzen für die Spannweite ℓ_3=1,05 m

Die Summe der Durchbiegungen für den Messpunktabstand m_2 = 1,87 m ergibt:

$$\sum w = \sum\left(w_{Jochträger} + w_{Querträger} + w_{Schalungshaut}\right) \tag{7.69}$$

$$\sum w_2 = 0{,}4\,\text{mm} + 0{,}7\,\text{mm} + 1{,}2\,\text{mm} = 2{,}3\,\text{mm} \tag{7.70}$$

Nach Zeile 7 der Tabelle 2.8 gilt für den ungünstigeren Messpunktabstand von m = 1,50 m ein maximales Stichmaß von zul $s \leq 4$ mm. Der genaue Wert für zul s für den Messpunktabstand m_2 = 1,87 m kann nach Tabelle 2.8 interpoliert werden. Damit ist nach Formel 2.33 mit

$$\sum w_2 = 2{,}3\,\text{mm} < 4\,\text{mm} = \text{zul}\, s \tag{7.71}$$

der Nachweis der Ebenheitstoleranzen gemäß Zeile 7 erbracht. Die Anforderungen der Zeilen 5 und 6 sind ebenso eingehalten.

Übungsbeispiel 7.8

Nachweis der Deckenstützen

Die vorhandene Belastung F_N der Deckenstützen lässt sich berechnen aus:

$$F_N = V_{r,d,links} + V_{r,d,rechts} \tag{7.72}$$

Damit ergibt sich

- für die mittleren Stützen des Mitteljochs:

$$F_N = 2 \cdot V_{r,d} = 2 \cdot 12{,}63 \text{ kN} = 25{,}26 \text{ kN} \tag{7.73}$$

- für die Stützen zwischen großem und kleinem Feld des Randjochs:

$$F_N = V_{r,d,links} + V_{r,d,rechts} = 12{,}92 \text{kN} + 9{,}98 \text{ kN} = 22{,}90 \text{ kN} \tag{7.74}$$

- für die Stützen zwischen den kleinen Feldern des Randjochs:

$$F_N = 2 \cdot V_{r,d} = 2 \cdot 9{,}98 \text{ kN} = 19{,}96 \text{ kN} \tag{7.75}$$

Zum Vergleich

- für die mittleren Stützen des Mitteljochs

$$F_{r,k} = 2 \cdot V_{r,k} = 2 \cdot 8{,}45 \text{kN} = 16{,}90 \text{ kN} \tag{7.76}$$

- für die Stützen zwischen großem und kleinem Feld des Randjochs:

$$F_{r,k} = V_{r,k,links} + V_{r,k,rechts} = 8{,}64 \text{ kN} + 6{,}67 \text{ kN} = 15{,}31 \text{ kN} \tag{7.77}$$

- für die Stützen zwischen den kleinen Feldern des Randjochs:

$$F_{r,k} = 2 \cdot V_{r,k} = 2 \cdot 6{,}67 \text{kN} = 13{,}34 \text{ kN} \tag{7.78}$$

Bemessung für lichte Raumhöhe h_{li} = 2,50 m

Bei einer lichten Raumhöhe von h_{li} = 2,50 m ergibt sich nach Abzug der Höhen für Schalungshaut, Quer- und Jochträger eine tatsächliche Auszugslänge von $\ell = h$ = 2,50 m - 0,42 m = 2,08 m.

Eine herkömmliche Deckenstütze der ehemaligen Größenklasse 1 nach DIN 4424 (z.B. die Deckenstütze A 260 von HÜNNEBECK) hat einen Auszugsbereich von ℓ = 1,54 m bis 2,60 m und wird nach DIN EN 1065 der Stützenklasse B 25 zugeordnet.

Für die tatsächliche Auszuglänge ℓ der Deckenstütze wird der nutzbare Widerstand $R_{y,d}$ in Abhängigkeit von der Belastungsklasse und der maximalen Auszugslänge ℓ_{max} als Bemessungswert nach Formel 2.52 berechnet:

$$R_{B,d} = 61{,}8 \cdot \frac{\ell_{max}}{\ell^2} = 61{,}8 \cdot \frac{2{,}60}{2{,}08^2} = 37{,}1 \text{ kN} \leq 46{,}3 \text{ kN} \tag{7.79}$$

Somit ist die größte Stützenlast nachgewiesen:

$$F_N = 25{,}26 \text{kN} < 37{,}1 \text{ kN} = R_{B,d} \tag{7.80}$$

Für andere Stützen ergeben sich folgende Tragfähigkeiten:

- Stützengröße 2 (Stützenklasse B 30, z. B. A 300 von HÜNNEBECK)

$$R_{B,d} = 61{,}8 \cdot \frac{\ell_{max}}{\ell^2} = 61{,}8 \cdot \frac{3{,}00}{2{,}08^2} = 42{,}8 \text{ kN} \leq 46{,}3 \text{ kN} \tag{7.81}$$

- Stützengröße 3 (Stützenklasse B 35, z. B. A 350 von HÜNNEBECK):

$$R_{B,d} = 61{,}8 \cdot \frac{\ell_{max}}{\ell^2} = 61{,}8 \cdot \frac{3{,}50}{2{,}08^2} = 50{,}0 \text{ kN} > 46{,}3 \text{ kN} \tag{7.82}$$

Die minimale Auszugslänge der Stützengröße 4 ist zu groß. Diese Stützen sind für diese Höhe zu lang und können deshalb hier nicht eingesetzt werden.

Tabelle 7.11 Bemessungswerte und zulässige Lasten für Normalstützen bei Auszugslänge $\ell = 2{,}08$ m

Stützengröße, Stützenklasse [DIN 4424, DIN EN 1065]	Auszugsbereich [m]	$R_{y,d} > F_N$ [$F_N = 25{,}26$ kN]	$F_{B,zul} > F_{r,k}$ [$F_{r,k} = 16{,}90$ kN]
Größe 1 (A 260), B 25	1,54 - 2,60	37,1 kN	24,0 kN
Größe 2 (A 300), B 30	1,76 - 3,00	42,8 kN	27,7 kN
Größe 3 (A 350), B 35	1,98 - 3,50	46,3 kN	30,0 kN
Größe 4 (A 410), B 40	2,30 - 4,10	-	-

Bei der Bemessung nach dem neuen Sicherheitskonzept der europäischen Normen werden die mit dem Teilsicherheitsbeiwert γ_F multiplizierten Einwirkungen dem nutzbaren Widerstand $R_{y,d}$ nach DIN EN 12812 und DIN EN 1065 gegenübergestellt.

Bei der Bemessung mit zulässigen Traglasten nach DIN 4421 und DIN 4424 (beide zurückgezogen) werden die sich aufgrund der Einwirkungen r_k ergebenden Stützenlasten den zulässigen Traglasten gegenübergestellt.

Für die tatsächliche Auszuglänge ℓ der Deckenstütze wird dann die zulässige Traglast $F_{N,zul}$ der Baustütze in Abhängigkeit von der Belastungsklasse und der maximalen Auszugslänge ℓ_{max} nach Formel 2.57 berechnet:

- für Normalstützen (N-Stützen):

$$F_{B,zul} = 40{,}0 \cdot \frac{\ell_{max}}{\ell^2} = 40{,}0 \cdot \frac{2{,}60}{2{,}08^2} = 24{,}0 \text{ kN} \leq 30{,}0 \text{ kN} \tag{7.83}$$

Somit ist die größte Stützenlast nachgewiesen:

$$F_{r,k} = 16{,}90 \text{ kN} < 24{,}0 \text{ kN} = F_{B,zul} \tag{7.84}$$

Für andere Stützen ergeben sich folgende Tragfähigkeiten:

- Stützengröße 2 (Stützenklasse B 30; z. B. A 300 von HÜNNEBECK):

$$R_{B,zul} = 40{,}0 \cdot \frac{\ell_{max}}{\ell^2} = 40{,}0 \cdot \frac{3{,}00}{2{,}08^2} = 27{,}7 \text{ kN} \leq 30{,}0 \text{ kN} \tag{7.85}$$

- Stützengröße 3 (Stützenklasse B 35, z. B. A 350 von HÜNNEBECK):

$$R_{B,zul} = 40{,}0 \cdot \frac{\ell_{max}}{\ell^2} = 40{,}0 \cdot \frac{3{,}50}{2{,}08^2} = 32{,}3 \text{ kN} > 30{,}0 \text{ kN} \tag{7.86}$$

Bemessung für lichte Raumhöhe h_{li} = 3,25 m

Bei einer lichten Raumhöhe von h_{li} = 3,25 m ergibt sich nach Abzug der Höhen für Schalungshaut, Quer- und Jochträger eine tatsächliche Auszugslänge von $\ell = h$ = 3,25 m - 0,42 m = 2,83 m.

Eine Deckenstütze der Größenklasse 1 nach DIN 4424 (Stützenklasse B 25, z. B. die Deckenstütze A 260 von HÜNNEBECK) hat einen Auszugsbereich von ℓ = 1,54 m bis 2,60 m und ist aufgrund ihrer zu kurzen Länge für den Einsatz hier nicht geeignet.

Eine herkömmliche Deckenstütze der ehemaligen Größenklasse 2 nach DIN 4424 (z. B. die Deckenstütze A 300 von HÜNNEBECK) hat einen Auszugsbereich von ℓ = 1,76 m bis 3,00 m und wird nach DIN EN 1065 der Stützenklasse B 30 zugeordnet.

Für die tatsächliche Auszuglänge ℓ der Deckenstütze wird der nutzbare Widerstand $R_{y,d}$ in Abhängigkeit von der Belastungsklasse und der maximalen Auszugslänge ℓ_{max} als Bemessungswert nach Formel 2.52 berechnet:

$$R_{B,d} = 61{,}8 \cdot \frac{\ell_{max}}{\ell^2} = 61{,}8 \cdot \frac{3{,}00}{2{,}83^2} = 23{,}15 \text{ kN} \leq 46{,}3 \text{ kN} \tag{7.87}$$

Somit ist die größte Stützenlast *nicht* nachgewiesen:

$$F_N = 23{,}26 \text{ kN} > 23{,}15 \text{ kN} = R_{B,d} \tag{7.88}$$

Für andere Stützen ergeben sich folgende Tragfähigkeiten:

- Stützengröße 3 (Stützenklasse B 35, z.B. A 350 von HÜNNEBECK):

$$R_{B,d} = 61{,}8 \cdot \frac{\ell_{max}}{\ell^2} = 61{,}8 \cdot \frac{3{,}50}{2{,}83^2} = 27{,}0\,\text{kN} < 46{,}3\ \text{kN} \tag{7.89}$$

- Stützengröße 4 (Stützenklasse B 40, z.B. A 410 von HÜNNEBECK):

$$R_{B,d} = 61{,}8 \cdot \frac{\ell_{max}}{\ell^2} = 61{,}8 \cdot \frac{4{,}10}{2{,}83^2} = 31{,}6\ \text{kN} < 46{,}3\ \text{kN} \tag{7.90}$$

Schwerlaststützen nach Formel 2.53.

- Stützengröße 4 (Stützenklasse C 40, z.B. AS 410 von HÜNNEBECK):

$$R_{C,d} = 92{,}7 \cdot \frac{\ell_{max}}{\ell^2} = 92{,}7 \cdot \frac{4{,}10}{2{,}83^2} = 47{,}5\ \text{kN} \leq 54{,}0\ \text{kN} \tag{7.91}$$

- Stützengröße 5 (Stützenklasse C 50, z.B. AS 490 von HÜNNEBECK):

$$R_{C,d} = 92{,}7 \cdot \frac{\ell_{max}}{\ell^2} = 92{,}7 \cdot \frac{4{,}90}{2{,}83^2} = 56{,}7\,\text{kN} > 54{,}0\ \text{kN} \tag{7.92}$$

Die minimale Auszugslänge der Stützengröße 6 (Stützenklasse C 55, z.B. AS 550 von HÜNNEBECK) ist zu groß. Diese Stützen sind für diese Höhe zu lang und können deshalb hier nicht eingesetzt werden.

Tabelle 7.12 Bemessungswerte und zulässige Lasten für Normal- und Schwerlaststützen bei Auszugslänge $\ell = 2{,}83$ m

Stützengröße, Stützenklasse [DIN 4424, DIN EN 1065]	Auszugsbereich [m]	$R_{y,d} > F_N$ [$F_N = 25{,}26$ kN]	$F_{B,zul} > F_{r,k}$ [$F_{r,k} = 16{,}90$ kN]
Größe 1 (A 260), B 25	1,54 - 2,60	-	-
Größe 2 (A 300), B 30	1,76 - 3,00	-	-
Größe 3 (A 350), B 35	1,98 - 3,50	27,0 kN	17,5 kN
Größe 4 (A 410) B 40	2,30 - 4,10	31,6 kN	20,5 kN
Größe 4 (AS 410), C 40	2,34 - 4,10	47,5 kN	30,7 kN
Größe 5 (AS 490), C 50	2,74 - 4,90	56,7 kN	35,0 kN
Größe 6 (AS 550), C 55	3,08 - 5,50	-	-

Bei der Bemessung nach dem neuen Sicherheitskonzept der europäischen Normen werden die mit dem Teilsicherheitsbeiwert γ_F multiplizierten Einwirkungen dem nutzbaren Widerstand $R_{y,d}$ nach DIN EN 12812 und DIN 1065 gegenübergestellt.

Bei der Bemessung mit zulässigen Traglasten nach DIN 4421 und DIN 4424 (beide zurückgezogen) werden die sich aufgrund der Einwirkungen r_k ergebenden Stützenlasten den zulässigen Traglasten gegenübergestellt.

Für die tatsächliche Auszugslänge ℓ der Deckenstütze wird dann die zulässige Traglast $F_{N,zul}$ der Baustütze in Abhängigkeit von der Belastungsklasse und der maximalen Auszugslänge ℓ_{max} nach Formel 2.57 berechnet:

- für Normalstützen (N-Stützen)

$$F_{B,zul} = 40{,}0 \cdot \frac{\ell_{max}}{\ell^2} = 40{,}0 \cdot \frac{3{,}50}{2{,}83^2} = 17{,}5\,\text{kN} \leq 30{,}0\ \text{kN} \tag{7.93}$$

Somit ist die größte Stützenlast nachgewiesen:

$$F_{r,k} = 16{,}90\,\text{kN} < 17{,}5\ \text{kN} = F_{B,zul} \tag{7.94}$$

Für andere Stützen ergeben sich folgende Tragfähigkeiten:

- Stützengröße 4 (z. B. A 410 von HÜNNEBECK):

$$F_{B,zul} = 40{,}0 \cdot \frac{\ell_{max}}{\ell^2} = 40{,}0 \cdot \frac{4{,}10}{2{,}83^2} = 20{,}5\ \text{kN} \leq 30{,}0\ \text{kN} \tag{7.95}$$

Schwerlaststützen nach Formel 2.58.

- Stützengröße 4 (Stützenklasse C 40, z. B. AS 410 von HÜNNEBECK):

$$F_{C,zul} = 60{,}0 \cdot \frac{\ell_{max}}{\ell^2} = 60{,}0 \cdot \frac{4{,}10}{2{,}83^2} = 30{,}7\ \text{kN} \leq 35{,}0\ \text{kN} \tag{7.96}$$

- Stützengröße 5 (Stützenklasse C 50, z. B. AS 490 von HÜNNEBECK):

$$F_{C,zul} = 60{,}0 \cdot \frac{\ell_{max}}{\ell^2} = 60{,}0 \cdot \frac{4{,}90}{2{,}83^2} = 36{,}7\ \text{kN} \leq 35{,}0\ \text{kN} \tag{7.97}$$

Aus baupraktischen Gründen sind die Stützen einheitlich zu stellen. Je Größenklasse sollten die Stützen farblich markiert werden. Es ist auch darauf zu achten, dass eine Unterscheidung zwischen Normal- und Schwerlaststützen (z. B. Stützenklasse B 40, Größe 4 (A 410),/Größe 4 (AS 410), Stützenklasse C 40) möglich ist.

7.5 Bemessung einer Deckenschalung nach Tabellen

In diesem Abschnitt wird die Bemessung von Deckenschalungen exemplarisch an zwei Beispielen durchgeführt, in *Übungsbeispiel 7.9* die Bemessung mit Tabellen des Schalungsherstellers PERI und in *Übungsbeispiel 7.10* mit Tabellen des Schalungsherstellers Doka.

Übungsbeispiel 7.9

Bemessung einer Deckenschalung mit PERI-Tabellen

Die angegebene Belastung wird nach DIN 12812 berechnet. Die Eigenlast Q_1 der Schalung mit Holzschalungsträgern GT 24 wird mit

$$Q_1 = 0{,}40 \frac{kN}{m^2} \tag{7.98}$$

angenommen. Die Betonlast $Q_{2,b}$ für die Decke mit der Dicke $d = 25\,cm$ und $\gamma_c = 24{,}5\,kN/m^3$ (Ansatz PERI) beträgt:

$$Q_{2,b} = \gamma_c \cdot d = 24{,}5 \frac{kN}{m^3} \cdot 0{,}25\ m = 6{,}1 \frac{kN}{m^2} \tag{7.99}$$

Die Ersatzlast Arbeitsbetrieb $Q_{2,p}$ beträgt 0,75 kN/m².

Die Ersatzlast Betonieren Verkehrslast Q_4 wird nach DIN EN 12812 zu 10 % der Betonlast, mindestens jedoch 0,75 kN/m², maximal 1,75 kN/m² berechnet, hier also:

$$Q_4 = 0{,}1 \cdot Q_{2,b} = 0{,}1 \cdot 6{,}1 \frac{kN}{m^2} = 0{,}6 \frac{kN}{m^2} < 0{,}75 \frac{kN}{m^2}; < 1{,}75 \frac{kN}{m^2} \tag{7.100}$$

Damit ergibt sich gemäß Tabelle 2.1 eine Gesamtlast Q von:

$$Q = Q_1 + Q_{2.b} + Q_{2,p} + Q_4 = (0{,}4 + 6{,}1 + 0{,}75 + 0{,}75) \frac{kN}{m^2} = 8{,}0 \frac{kN}{m^2} \tag{7.101}$$

Tabelle 7.13 Zulässiger Jochträgerabstand zul ℓ (m) und zugehörige Stützenlast $F_{r,k}$ (kN) für Deckenschalung mit Holzschalungsträger GT 24

Deckenstärke d (m)			0,25			0,30		
Belastung r_k (kN/m²)			8,0			9,3		
Querträgerabstand a (m)			0,625	0,50	0,40	0,625	0,50	0,40
Stützenabstand	0,90	zul ℓ (m)	3,22	3,47	3,69	3,04	3,20	3,20
		F_{rk} (kN)	24,4	26,3	28,0	26,6	28,0	28,0
c (m)	1,20	zul ℓ (m)	2,77	2,77	2,77	2,40	2,40	2,40
		F_{rk} (kN)	28,0	28,0	28,0	28,0	28,0	28,0

Auszug aus Tabelle PERI-System MULTIFLEX

Die Durchbiegung wird auf $\ell/500$ beschränkt. Es wird angenommen, dass die Jochträger im Trägerknoten unterstützt und die Querträger als Einfeldträger eingesetzt werden.

Aus Tabelle 7.13 ergeben sich für Deckenstärke $d = 25\,cm$ mit einer Belastung von $Q = 8{,}0\,kN/m^2$ und einem gewählten Querträgerabstand von $a = 0{,}50\ m$ folgende Werte:

Stützenabstand c=1,20 m

Bei einem Stützenabstand von c=1,20 m ergibt sich ein zulässiger Jochträgerabstand von zul ℓ=2,77 m bei einer vorhandenen Stützenlast von $F_{r,k}$=28 kN.

Für den maximal zulässigen Jochträgerabstand zul ℓ gilt damit

$$\text{zul}\,\ell = 2{,}77\,\text{m} > 1{,}55\ \text{m} = \text{vorh}\,\ell \tag{7.102}$$

Der gewählte Jochträgerabstand ist deutlich kleiner als möglich.

Die zugehörige Stützenlast wird aus der Belastung und der Einflussfläche einer Stütze berechnet.

$$F_{r,k} = 8{,}0\frac{\text{kN}}{\text{m}^2}\cdot 2{,}77\ \text{m}\cdot 1{,}20\ \text{m} = 26{,}6\ \text{kN} < 28{,}0\ \text{kN} \tag{7.103}$$

Der Vergleichswert (28,0 kN) aus Tabelle 7.13 ist für das statische System eines Mehrfeldträgers gerechnet und liegt daher etwas höher das Ergebnis (26,6 kN) in Formel 7.103, Quelle: PERI

Stützenabstand c=0,90 m

Bei einem Stützenabstand von c=0,90 m ergibt sich ein zulässiger Jochträgerabstand von zul ℓ=3,47 m bei einer vorhandenen Stützenlast von $F_{r,k}$=26,3 kN.

Für den maximal zulässigen Jochträgerabstand zul ℓ gilt damit

$$\text{zul}\,\ell = 3{,}47\ \text{m} > 1{,}55\ \text{m} = \text{vorh}\,\ell \tag{7.104}$$

Der gewählte Jochträgerabstand ist deutlich kleiner als möglich.

Die zugehörige Stützenlast wird aus der Belastung und der Einflussfläche einer Stütze berechnet.

$$F_{r,k} = 8{,}0\frac{\text{kN}}{\text{m}^2}\cdot 3{,}47\ \text{m}\cdot 0{,}90\ \text{m} = 25{,}0\ \text{kN} < 26{,}3\ \text{kN} \tag{7.105}$$

Der Vergleichswert (26,3 kN) aus Tabelle 7.13 ist für das statische System eines Mehrfeldträgers gerechnet und liegt daher etwas höher das Ergebnis (25,0 kN) in Formel 7.105, Quelle: PERI

Übungsbeispiel 7.10

Bemessung einer Deckenschalung mit Doka-Tabellen

Die in Tabelle 7.14 angegebene Belastung wird nach DIN EN 18218 berechnet. Die Eigenlast Q_1 der Schalung mit Holzschalungsträgern H 20 wird mit

$$Q_1 = 0{,}30\frac{\text{kN}}{\text{m}^2} \tag{7.106}$$

angenommen. Die Betonlast $Q_{2,b}$ für die Decke mit der Dicke d=25 cm und γ_c=25 kN/m³ (Ansatz Doka) beträgt:

$$Q_{2,b} = \gamma_c \cdot d = 25\,\frac{\text{kN}}{\text{m}^3} \cdot 0{,}25\ \text{m} = 6{,}25\,\frac{\text{kN}}{\text{m}^2} \tag{7.107}$$

Die Ersatzlast Arbeitsbetrieb $Q_{2,p}$ beträgt 0,75 kN/m².

Die Ersatzlast Betonieren Verkehrslast Q_4 wird nach DIN EN 12812 zu 10 % der Betonlast, mindestens jedoch 0,75 kN/m², maximal 1,75 kN/m² berechnet, hier also:

$$Q_4 = 0{,}1 \cdot Q_{2,b} = 0{,}1 \cdot 6{,}1\,\frac{\text{kN}}{\text{m}^2} = 0{,}6\,\frac{\text{kN}}{\text{m}^2} < 0{,}75\,\frac{\text{kN}}{\text{m}^2} < 1{,}75\,\frac{\text{kN}}{\text{m}^2} \tag{7.108}$$

Damit ergibt sich gemäß Tabelle 2.1 eine Gesamtlast Q von:

$$Q = Q_1 + Q_{2,b} + Q_{2,p} + Q_4 = (0{,}30 + 6{,}25 + 0{,}75 + 0{,}75)\,\frac{\text{kN}}{\text{m}^2} = 8{,}0\,\frac{\text{kN}}{\text{m}^2} \tag{7.109}$$

Da für die Deckenstärke $d = 25$ cm in der Tabelle keine Werte angegeben sind, müssen die Werte zwischen den Deckenstärken $d = 24$ und 26 cm gemittelt bzw. interpoliert werden. Die Durchbiegung wird auf $\ell/500$ beschränkt. Es wird angenommen, dass die Querträger als Einfeldträger eingesetzt werden.

Tabelle 7.14 Maximal zulässiger Jöchträgerabstand zul ℓ und Stützenabstand zul c für Deckenschalung mit Holzschalungsträger H 20

		Zul. Jochträgerabstand zul ℓ (m)			Zul. Stützenabstand zul c (m)				
Deckenstärke	Gesamtlast	für Querträgerabstand *a* von (m)			für gewählten Jochträgerabstand vorh ℓ von (m)				
(cm)	(kN/m²)	0,50	0,625	0,75	1,00	1,25	1,50	1,75	2,75
24*	7,69	2,82	2,61	2,46	2,24	2,04	1,73	1,49	0,95
25	7,94 (≈ 8,0)	2,78	2,58	2,43	2,21	2,00	1,68	1,44	0,92
26*	8,18	2,75	2,55	2,40	2,18	1,96	1,63	1,40	0,89

*Auszug aus Tabelle Doka-System Dokaflex 20; die Werte für Deckenstärke 25 cm sind interpoliert.

Aus Tabelle 7.14 ergibt sich dann für Deckenstärke $d = 25$ cm mit einer Belastung von $Q = 8{,}0$ kN/m² und einem gewählten Querträgerabstand von $a = 0{,}50$ m im ersten Schritt ein zulässiger Jochträgerabstand von zul $\ell = 2{,}78$ m.

Im zweiten Schritt kann jetzt mit einem gewählten Jochträgerabstand von vorh $\ell = 2{,}75$ m der maximal zulässige Stützenabstand von zul $c = 0{,}92$ m abgelesen werden. Die zugehörige Stützenlast wird nicht angegeben. Diese muss dann aus der Belastung und der Einflussfläche einer Stütze berechnet werden.

$$F_{r,k} = 8{,}0\,\frac{\text{kN}}{\text{m}^2} \cdot 2{,}78\ \text{m} \cdot 0{,}92\ \text{m} = 20{,}46\ \text{kN} \tag{7.110}$$

Jochträgerabstand $\ell = 1{,}55$ m

Wählt man im zweiten Schritt stattdessen einen Jochträgerabstand von vorh $\ell = 1{,}55$ m wie für das Mitteljoch in *Übungsbeispiel 7.6*, kann man durch Interpolieren den maximal zulässigen Stützenabstand von zul $c = 1{,}63$ m ablesen.

Zum Vergleich mit dem Jochträgerabstand bzw. der Einflussbreite des Mitteljochs in *Übungsbeispiel 7.6* gilt für den maximal zulässigen Stützenabstand

$$\text{zul}\,c = 1{,}63\ \text{m} > 1{,}05\ \text{m} = \text{vorh}\,c \tag{7.111}$$

Der maximale Stützenabstand im Mitteljoch *(Übungsbeispiel 7.6)* ist damit kleiner als möglich.

Die zugehörige Stützenlast kann nicht abgelesen werden. Diese muss dann aus der Belastung und der Einflussfläche einer Stütze berechnet werden.

$$F_{r,k} = 8{,}0\frac{\text{kN}}{\text{m}^2}\cdot 1{,}55\ \text{m}\cdot 1{,}63\ \text{m} = 20{,}21\ \text{kN} \tag{7.112}$$

Jochträgerabstand $\ell = 1{,}225$ m

Setzt man für den Jochträgerabstand des Mitteljochs die Einflussbreite vorh $\ell = 1{,}225$ m für das Randjoch in *Übungsbeispiel 7.6* ein, erhält man durch Interpolieren den maximal zulässigen Stützenabstand von zul $c = 2{,}02$ m.

Zum Vergleich mit dem Jochträgerabstand bzw. der Einflussbreite des Randjochs in *Übungsbeispiel 7.6* gilt für den maximal zulässigen Stützenabstand

$$\textit{zul}\,c = 2{,}02\ \text{m} > 1{,}70\ \text{m} = \text{vorh}\,c \tag{7.113}$$

Der maximale Stützenabstand im Randjoch (*Übungsbeispiel 7.6*) ist damit kleiner als möglich.

Die zugehörige Stützenlast kann nicht abgelesen werden. Diese muss dann aus der Belastung und der Einflussfläche einer Stütze berechnet werden.

$$F_{r,k} = 8{,}0\frac{\text{kN}}{\text{m}^2}\cdot 1{,}225\ \text{m}\cdot 2{,}02\ \text{m} = 19{,}80\ \text{kN} \tag{7.114}$$

7.6 Auswahl der Deckenstützen

Übungsbeispiel 7.11

Auswahl der Deckenstützen

Dieses Übungsbeispiel bezieht sich auf das Beispielprojekt eines Bürogebäudes in Kapitel 15. In Vorbereitung der Angebotskalkulation (Kapitel 18) und der Schalungsausschreibung (Kapitel 19) wird hier exemplarisch die Vorgehensweise bei der Auswahl der Deckenstützen beschrieben.

In Tabelle 7.15 sind die unterschiedlichen Unterstützungshöhen der Deckenschalungen und Hilfsstützen in den einzelnen Geschossen aufgeführt. Für diese Höhen sind Deckenstützen mit den passenden Auszugslängen auszuwählen.

Tabelle 7.15 Unterschiedliche Unterstützungshöhen der Deckenstützen

	UG	EG	1.-3. OG
Auszugslängen der Deckenstützen bei Flex-Deckenschalungen mit Holzschalungsträgern GT 24 oder H 20 [a] [b]	2,15 m bis 2,23 m	3,45 m bis 3,53 m	2,75 m bis 2,83 m
Auszugslängen der Deckenstützen bei Paneel-Schalungen mit oder ohne Träger je nach System [a]	2,35 m bis 2,53 m	3,65 m bis 3,83 m	2,95 m bis 3,13 m
Auszugslängen der Deckenstützen als Hilfsstützen	2,65 m	3,95 m	3,25 m

[a] Die Deckenstärke beträgt in diesem Beispielprojekt 25 cm

[b] ca. Werte bei Verwendung von Schalungshaut mit 21 mm Dicke

In Tabelle 7.16 sind die möglichen Auszugslängen und minimal zulässigen Traglasten gängiger Deckenstützen aufgeführt. Dabei ist zu berücksichtigen, dass die Tragfähigkeit der Deckenstützen in den Klassen B und C von der tatsächlichen Auszuglänge abhängig ist und bei kleinerer Auszugslänge dementsprechend höher ausfällt (s. Abschnitt 2.8).

Tabelle 7.16 Auszugslängen und minimal zulässige Traglasten $F_{N,zul}$ gängiger Deckenstützen

Baustützen-Klassen	Auszugslängen $\ell_{min} - \ell_{max}$	B	C	D	E
B, D, E 25	1,46 (1,55) - 2,50 (2,60) m	16,0 kN		20 kN	30 kN
B, D, E 30	1,71 (1,76) - 3,00 m	13,4 kN			
B, D, E 35	1,96 (1,98) - 3,50 m	11,4 kN			
B, C, D, E 40	2,21 (2,34) - 4,00 (4,10) m	10,0 kN	15,0 kN		
C, D, E 50	2,71 (2,74) - (4,90) 5,00 m		12,0 kN		
C, D, E 55	2,97 (3,08) - 5,50 m		10,9 kN		

In Tabelle 7.17 werden die erforderlichen und möglichen Auszugslängen von Deckenstützen gegenübergestellt. Mithilfe dieser Tabelle können die passenden Stützengrößen ausgewählt werden.

Tabelle 7.17 Gegenüberstellung erforderlicher und möglicher Auszugslängen von Deckenstützen

	UG	EG	OGs
Erforderliche Auszugslängen	2,15 m - 2,65 m	3,45 m - 3,95 m	2,75 m - 3,25 m
Mögliche Auszugslängen der Baustützen-Klassen:			
B, D, E 30	1,71 (1,76) - 3,00 m		
B, D, E 35	1,96 (1,98) - 3,50 m		1,96 (1,98) - 3,50 m
B, C, D, E 40		2,21 (2,34) - 4,00 (4,10) m	2,21 (2,34) - 4,00 (4,10) m
C, D, E 50		2,71 (2,74) - (4,90) 5,00 m	
C, D, E 55		2,97 (3,08) - 5,50 m	

Es stellt sich hier heraus, dass im UG die Stützenklassen 30 und 35 möglich sind, im EG die Stützenklassen 40, 50 oder 55 sowie in den OGs die Stützenklassen 35 und 40.

Es ist somit möglich, im EG und den OGs die gleiche Stützenklasse zu verwenden, also Klasse 40. Für das UG kann die Entscheidung dann für Klasse 30 fallen, da die kleineren Stützen in der Regel geringfügig kostengünstiger sind (Formel 7.115). Falls die Stützenklasse B gewählt wird, ist allerdings die Tragfähigkeit der Stützen in Klasse 35 etwas höher (Formel 7.117).

Es kann aber auch sinnvoll sein, im UG und den OGs die gleiche Stützenklasse zu verwenden, also Klasse 35. Für das EG kann die Entscheidung für Klasse 30 fallen, da die kleineren Stützen in der Regel geringfügig kostengünstiger sind (Formel 7.115). Falls die Stützenklasse B gewählt wird, ist allerdings die Tragfähigkeit der Stützen in Klasse 35 etwas höher (Formel 7.117). Die Auswahl der Deckenstützen muss nicht zuletzt auch mit dem Einsatz der *Holzschalungsträger* abgestimmt werden.

Für Holzschalungsträger H 20 gilt die zulässige Querkraft zul $V = 11\,\text{kN}$ und max. Stützenlast $N = 22\,\text{kN}$. Dazu ist die Stützenklasse D mit max $N = 20\,\text{kN} > 22\,\text{kN}$ ganz gut passend, die Holzschalungsträger H 20 können jedoch nicht voll ausgenutzt werden.

Bei Holzschalungsträgern GT 24 liegt die zulässige Querkraft allgemein bei zul $V = 13\,\text{kN}$ und somit die max. Stützenlast bei $N = 26\,\text{kN}$ (bei Auflagerung am Knoten des Trägers zul $V = 14\,\text{kN}$, max $N = 28\,\text{kN}$). Dann wird die Stützenklasse E mit max $N = 30\,\text{kN} > 26\,\text{kN}$ sinnvoll, kann hier aber auch nicht voll ausgenutzt werden.

Bei den herkömmlichen Deckenstützen der Stützenklassen B und C ist die Berechnung differenzierter von der tatsächlichen Auszugslänge im Sinne der Knicklänge abhängig.

Im UG gilt für die Deckenstütze Klasse B 30, max $\ell = 3{,}00$ m, Normalstütze Gr. 2 mit Holzschalungsträgern H 20:

$$\text{zul}\,N = 40 \cdot \frac{3{,}00}{2{,}23^2} = 24{,}1\ \text{kN} > 22\ \text{kN};\ < 26\ \text{kN} \tag{7.115}$$

Beim Einsatz dieser Deckenstützen können die Holzschalungsträger H 20 voll ausgenutzt werden. Beim Einsatz von Holzschalungsträgern GT 24 verringert sich die Auszugslänge. Wie Formel 7.116 zeigt, können auch die Holzschalungsträger GT 24 hier voll ausgenutzt werden.

$$\text{zul}\,N = 40 \cdot \frac{3{,}00}{2{,}15^2} = 25{,}96\ \text{kN} > 22\ \text{kN};\ \approx 26\ \text{kN} \tag{7.116}$$

Für die Deckenstütze Klasse B 35, max $\ell = 3{,}50$ m, Normalstütze Gr. 3 gilt im UG mit Holzschalungsträgern H 20:

$$\text{zul}\,N = 40 \cdot \frac{3{,}50}{2{,}23^2} = 28{,}1\ \text{kN} > 22\ \text{kN};\ > 26\ \text{kN} \tag{7.117}$$

Mit diesen Deckenstützen kann dementsprechend die Tragfähigkeit beider Holzschalungsträger voll ausgeschöpft werden. Diese Deckenstütze B 35 würde demnach im UG sehr gut passen.

In den OGs gilt für die Deckenstütze Klasse B 35, max $\ell = 3{,}50$ m, Normalstütze Gr. 3 mit Holzschalungsträgern H 20:

$$\text{zul}\,N = 40 \cdot \frac{3{,}50}{2{,}83^2} = 17{,}5\ \text{kN} < 22\ \text{kN};\ < 26\ \text{kN} \tag{7.118}$$

Beim Einsatz dieser Deckenstützen können die Holzschalungsträger H 20 *nicht* voll ausgenutzt werden. Beim Einsatz von Holzschalungsträgern GT 24 verringert sich die Auszugslänge. Wie Formel 7.119 zeigt, können auch die Holzschalungsträger GT 24 hier *nicht* voll ausgenutzt werden.

$$\text{zul}\,N = 40 \cdot \frac{3{,}50}{2{,}75^2} = 18{,}5\ \text{kN} < 22\ \text{kN};\ < 26\ \text{kN} \tag{7.119}$$

Im EG gilt für die Deckenstütze Klasse C 40, max $\ell = 4{,}00$ m, Schwerlaststütze Gr. 4 mit Holzschalungsträgern H 20:

$$\text{zul}\,N = 60 \cdot \frac{4{,}00}{3{,}53^2} = 19{,}2\ \text{kN} < 22\ \text{kN};< 26\ \text{kN} \tag{7.120}$$

Beim Einsatz dieser Deckenstützen können die Holzschalungsträger H 20 *nicht* voll ausgenutzt werden. Beim Einsatz von Holzschalungsträgern GT 24 verringert sich die Auszugslänge. Wie Formel 7.121 zeigt, können auch die Holzschalungsträger GT 24 hier *nicht* ausgenutzt werden.

$$\text{zul}\,N = 60 \cdot \frac{4{,}00}{3{,}45^2} = 20{,}1\ \text{kN} < 22\ \text{kN}; < 26\ \text{kN} \tag{7.121}$$

Diese Deckenstütze würde demnach im Erdgeschoss zum Einsatz von Holzschalungsträgern H 20 passen. Generell können die Traglasten der Holzschalungsträger mit den herkömmlichen Deckenstützen nicht immer optimal ausgenutzt werden. Durch eine größere Dichte an Deckenstützen ergibt sich ein höherer Lohn- und Materialaufwand.

In den OGs gilt für die Deckenstütze Klasse C 40, max $\ell = 4{,}00$ m, Schwerlaststütze Gr. 4:

$$\text{zul}\,N = 60 \cdot \frac{4{,}00}{2{,}83^2} = 29{,}9\ \text{kN} > 22\ \text{kN}; > 26\ \text{kN} \tag{7.122}$$

Mit diesen Deckenstützen kann dementsprechend die Tragfähigkeit beider Holzschalungsträger voll ausgeschöpft werden. Diese Deckenstütze C 40 würde demnach in den OGs sehr gut passen.

Grundsätzlich können die Deckenstützen beim Einsatz aller Holzschalungsträger verwendet werden. Die Auswahl der Deckenstützen sollte jedoch passend zur Wahl der Holzschalungsträger getroffen werden.

Deckenstützen bei Paneel-Schalungen

Bei Paneel-Schalungen sind die erforderlichen Traglasten infolge der Rasterung des Schalsystems von der Einflussfläche einer Deckenstütze abhängig.

Deckenbelastung überschlägig:

Decke d = 25 cm	$0{,}25 \cdot 25 \cdot 1{,}2 = 7{,}5\ \text{kN/m}^2$
Zuzüglich Schalung	min. 0,3 bis max. 0,5 kN/m^2
Deckenbelastung gesamt	ca. 6,5 bis 8,0 kN/m^2

Bei einem Stützenabstand von 1,5 m × 1,5 m ergibt sich die Einflussfläche zu 2,25 m^2.

Die erforderliche Stützenlast beträgt dann ca. $2{,}25\ \text{m}^2 \cdot 8\ \text{kN/m}^2 = 18\ \text{kN}$

Für eine Vorhaltemenge von 1200 m^2 Paneel-Deckenschalung ergibt sich die erforderliche Anzahl an Deckenstützen gemäß Formel 7.123 zu

$$\frac{1200\ \text{m}^2}{2{,}25\,\frac{\text{m}^2}{\text{Stck}}} = 533\ \text{Stck} \tag{7.123}$$

Hilfsstützen

Die maximale Einflussfläche einer Deckenstütze als Hilfsstütze wird hier mit 16 m²/Stück angenommen (vgl. Abschnitt 17.5.4). Für eine Vorhaltemenge von 1200 m² Deckenschalung ergibt sich die erforderliche Anzahl an Hilfsstützen gemäß Formel 7.124 zu

$$\frac{1200\ \text{m}^2}{16\,\frac{\text{m}^2}{\text{Stck}}} = 75\ \text{Stck} \tag{7.124}$$

7.7 Aufgaben

Musterlösungen der Aufgaben sind im Internet unter *https://plus.hanser-fachbuch.de* zu finden. Den Zugangscode finden Sie auf der ersten Seite des Buchs.

Aufgabe 7.1

Schalung und Unterrüstung für ein Tunnelbauwerk

Gegeben sind Querschnitte (Bild 7.36 und Bild 7.38) und Grundrisse (Bild 7.39) eines Tunnelabschnittes, der in offener Bauweise für eine Straßenunterführung unter einer Bahnlinie hergestellt werden soll. Wände und Decke des Tunnelabschnittes sollen in einem Arbeitsgang betoniert werden. Hierfür sind die Schalungen und Gerüste zu planen. Die Länge eines Abschnittes beträgt $L = 15$ m.

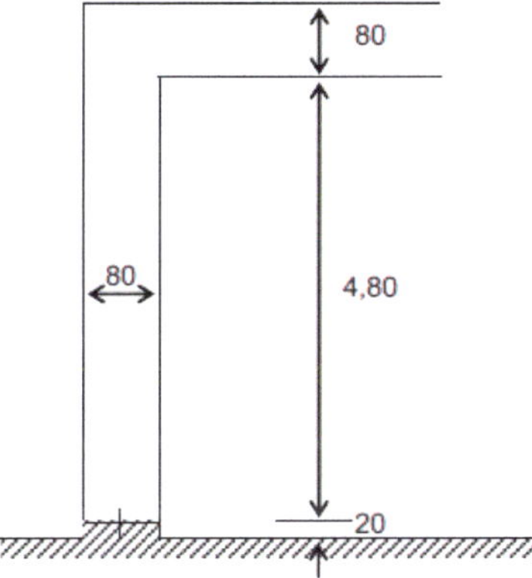

Bild 7.36
Querschnitt A: Konstruktion der Wandschalung

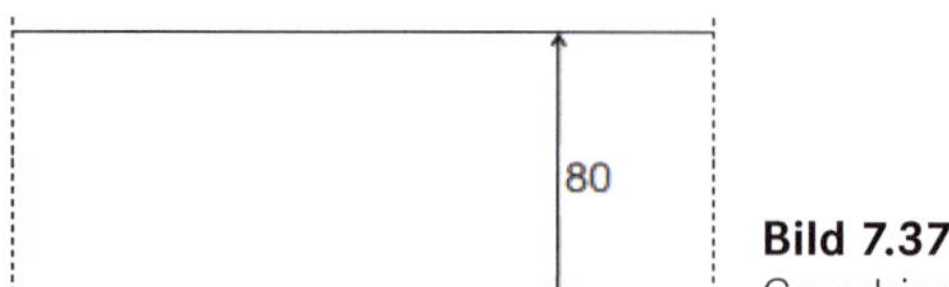

Bild 7.37
Grundriss B: Konstruktion der Wandschalung

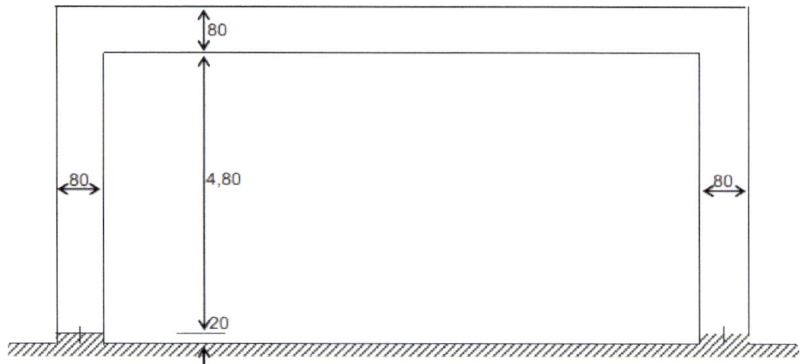

Bild 7.38 Querschnitt D: Konstruktion der Deckenschalung

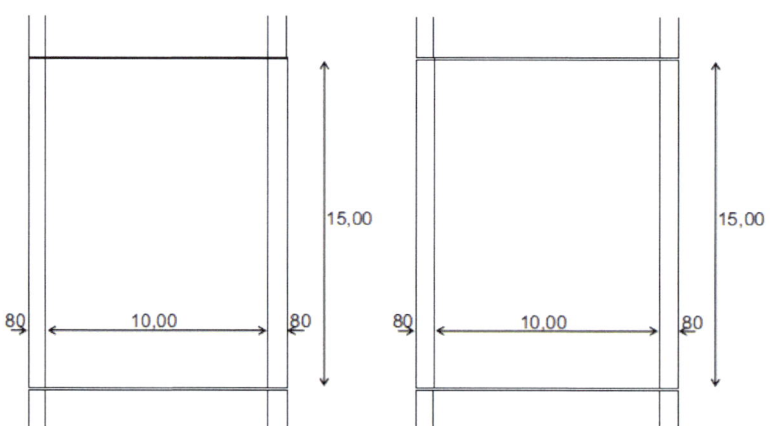

Bild 7.39 Grundrisse C und E: Elemente-Einsatzpläne der Wandschalung (links) und der Deckenschalung (rechts)

a) Frischbetondruck

Ermitteln Sie die Betondruckverteilung auf die äußere Wandschalung bis OK Decke für eine Betonierleistung von $Q_b = 50\,m^3/h$. Die Wände werden gleichzeitig auf beiden Seiten betoniert.

b) Wandschalung: Bemessung, Nachweis der Ebenheitstoleranzen und der Holzpressung, Konstruktion und Einsatzplanung.

Die Wandschalung ist zu bemessen. Weisen Sie die Ebenheitstoleranzen und die maximale Holzpressung nach. Im Querschnitt A (Bild 7.36) sind im Maßstab 1:25 die Wandschalungen zu konstruieren. Im Grundriss B (Bild 7.37) sind im Maßstab 1:25 zwei gegenüber liegende Elemente als vorgefertigte, umsetzbare Elemente zu konstruieren und im Grundriss C (Bild 7.39) ist im Maßstab 1:100 der Elemente-Einsatz zu planen.

c) Deckenschalung: Konstruktion, Einsatzplanung, Bemessung und Nachweis der Ebenheitstoleranzen.

Die Deckenschalung ist im Querschnitt D (Bild 7.38) im Maßstab 1:50 zu konstruieren. Im Grundriss E (Bild 7.39) ist im Maßstab 1:100 der Einsatz der Stützen und Träger als Einsatzplan darzustellen. Die Deckenschalung ist einschließlich der Unterstützungen zu bemessen und die Ebenheitstoleranzen nach DIN 18202, Tabelle 3, Zeile 6 nachzuweisen. Alle Konstruktionselemente sind zu bezeichnen.

- Betonkonsistenz: F2
- Schalungshaut: Dreischichtplatte 21 mm
- Träger: Holzschalungsträger H 20
- Gurtung: 2 U 100, S 235 (St 37)
- Anker: D+W, $d = 15$ mm
- Stützen: Deckenstützen aller Größen
- Zubehör

8 Unterzugschalungen

Dieses Kapitel präsentiert einige Konstruktionsbeispiele konventioneller Unterzugschalungen und stellt das Prinzip gängiger Systeme dar, die das Schalen von Unterzügen erleichtern. Ergänzend sind *Aufgaben* gestellt, deren Musterlösungen im Internet angeboten werden.

Betrachtet man die Gebäude-Querschnitte von üblichen Stahlbeton-Skelettbauten, findet man meist ähnliche Tragkonstruktionen vor, bestehend aus einachsig gespannten Deckenplatten, die zwischen längs verlaufenden Rand- und Mittelunterzügen gespannt sind (Bild 8.1).

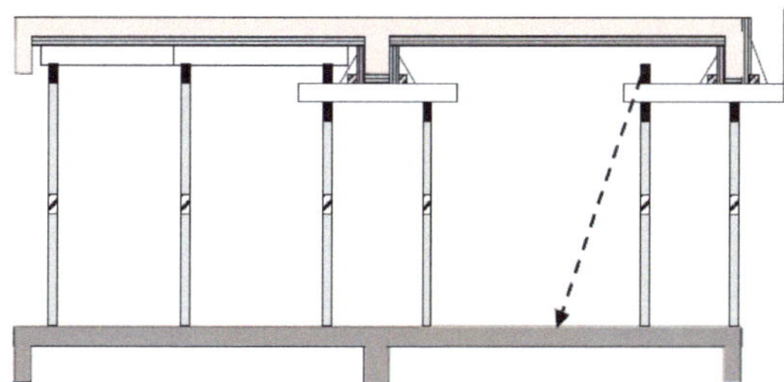

Bild 8.1
Querschnitt: einachsig gespannte Decke mit Unterzügen

Werden die Deckenplatten und Unterzüge in Ortbeton hergestellt, müssen sie geschalt werden. Die Schalung der Deckenplatten kann auch durch den Einsatz von *Halbfertigteil-Deckenplatten* ersetzt werden (s. Kapitel 9).

Unterzüge können entweder gemeinsam mit der Decke oder auch vorab hergestellt werden. Ein Vorteil bei vorbetonierten Unterzügen ist, dass die Seitenschalung nach oben überstehen kann und nicht in die Deckenschalung integriert werden muss, da sie vorher ausgeschalt wird. Dies führt zu einem deutlich geringeren Schalaufwand.

Die *Arbeitsfugen* zwischen Unterzug und Decke sind mit besonderer Sorgfalt auszuführen. Besonders bei Trägern mit hoher Schubbeanspruchung werden an die Qualität der Arbeitsfugen hohe Anforderungen gestellt, die auch mit einem hohen Arbeitsaufwand verbunden sind (Heft 400, DAfStb).

Arbeitsfugen Unterzug-Decke und Halbfertigteilplatte-Ortbeton

An die Ausführung der Arbeitsfuge zwischen vorab hergestelltem Unterzug und Ortbetondecke gelten dieselben Anforderungen wie für eine Arbeitsfuge zwischen Unterzug-Fertigteil und Ortbetondecke bzw. Halbfertigteil-Deckenplatte und *Aufbeton* gemäß Heft 400, DAfStb.

Heft 400, DAfStb (1989), Erläuterungen zu den Kapiteln 19.7.2 und 19.7.3 der DIN 1045:1988

Nach Heft 400 müssen diese Arbeitsfugen rau oder ausreichend profiliert ausgeführt werden. Dies gilt als erfüllt, wenn

- die Fuge mit *Stahlrechen* mindestens 3 mm tief aufgeraut ist, bei einem Zinkenabstand ≤ 40 mm, oder
- wenn nach dem Verdichten die fest in die Zementstein-Matrix eingebundenen Zuschlagkörner deutlich herausstehen.

Die Fuge ist vor Aufbringen des Ortbetons von Verschmutzungen zu säubern.

8.1 Konventionelle Unterzugschalungen

Gewöhnliche Unterzüge werden auch heute noch sehr häufig konventionell geschalt. Insbesondere dann, wenn Decke und Unterzug gemeinsam hergestellt werden.

Die Unterkonstruktion, auf der die Schalung aufgebaut wird, besteht dabei aus Quer- und Jochträgern. Als Querträger werden häufig kurze Kanthölzer oder Schalungsträger verwendet. Als Jochträger kommen fast ausschließlich Schalungsträger zum Einsatz. Die Unterstützung erfolgt durch Schalungsstützen oder bei größeren Höhen durch Traggerüsttürme (Kapitel 10).

Abhängig von der Herstellhöhe des Unterzugs einschließlich Decke und der damit verbundenen Belastung aus dem Frischbetondruck sind konstruktiv unterschiedliche Ausführungen nötig, die im Folgenden als prinzipielle Konstruktionen dargestellt sind.

Die Schalungshaut der Decke wird entweder auf der Schalungshaut der Seitenschilder aufgelegt oder seitlich dagegen geführt. Beide Varianten sind in Bild 8.2 dargestellt. Soll im Bauablauf die Decke zuerst ausgeschalt werden, ist die letztere Variante sinnvoller, weil die Deckenschalungshaut nicht eingeklemmt ist und leichter ohne Beschädigungen ausgebaut werden kann. Soll jedoch statisch ein Teil der Frischbetonlast aus der Decke über das Seitenschild abgetragen werden, ist die Lastaufnahme leichter zu erzielen, wenn die Deckenschalungshaut auf dem Seitenschild aufliegt, wie in Bild 8.2 links dargestellt.

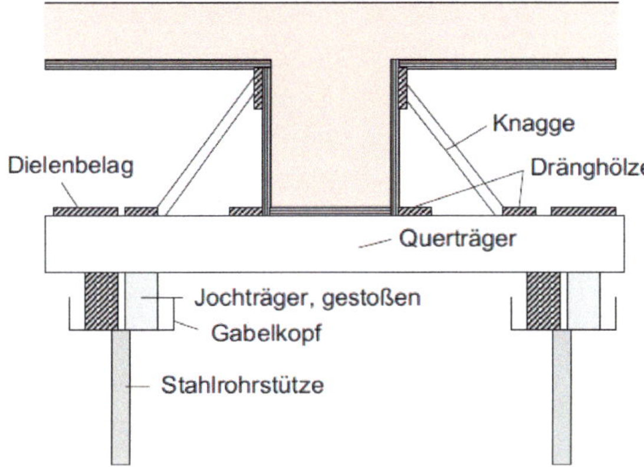

Bild 8.2
Unterzugschalung bei Gesamthöhe von UZ und Decke von $h < 75$ cm

Der Schalboden des Unterzugs wird zwischen die Seitenschilder verlegt und dient damit gleichzeitig als Abstandhalter, der die Maßhaltigkeit bezüglich der Dicke des Unterzugs gewährleistet. Der horizontale Frischbetondruck wird hier über genagelte *Knaggen* und *Dränghölzer* abgetragen. Für die Nagelung auf den bis zu 8 cm schmalen Querträgern steht nur wenig Fläche zur Verfügung. Daher ist die über die Nägel übertragbare Kraft begrenzt.

Bei größerer Höhe von Unterzug und Decke über 75 cm < h < 100 cm können die Kräfte aus dem Frischbetondruck nicht mehr mit Nägeln allein übertragen werden, sondern es werden *Ankerungen* in einer Gurtungsebene erforderlich (Bild 8.3). Hier empfiehlt sich eine *horizontale Gurtung* beidseitig mit Ankerungen etwa in der Mitte bis zum oberen Drittel der Unterzugshöhe. Die Anker werden im Beton durch *Hüllrohre* mit *Konen* geführt. Wird eine Schalungshaut mit horizontaler Tragrichtung verwendet, wie z. B. Dreischichtplatten, muss diese auf einer *Sparschalung* mit vertikaler Tragrichtung angebracht sein, welche die Lasten zum Drängholz und zur Gurtung ableitet.

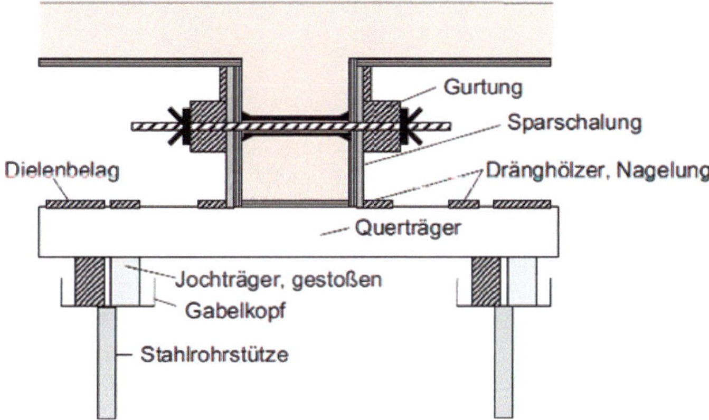

Bild 8.3 Unterzugschalung mit einer Ankerebene bei Gesamthöhe von Unterzug und Decke von 75 cm < h < 100 cm

Bei Unterzügen und Decken mit Höhen über $h > 100$ cm ist eine Ankerungsebene nicht mehr ausreichend. Während die obere Ankerungsebene problemlos im oberen Drittel des Unterzugs angebracht werden kann, ist es meist schwierig, die zweite Ankerung im unteren Bereich des Unterzugs anzuordnen, da dort in der Regel eine dichte Bewehrung vorliegt und daher für die Ankerung kein Platz vorhanden ist.

In diesen Fällen wird die untere Ankerung unter dem Unterzug hindurchgeführt, indem man sie durch eine Sparschalung führt, auf welcher der *Schalboden* aufliegt (Bild 8.4). Die Sparschalung muss darüber hinaus auf Längshölzern aufgelegt werden, um seitlich genügend Platz zu gewinnen für die Anordnung der Ankerplatten. Die Längshölzer können auch als *Überhöhungsleisten* mit veränderlichen Höhen eingesetzt werden. Dies geschieht meist bei weitgespannten Trägern, um deren planmäßige Verformung auszugleichen.

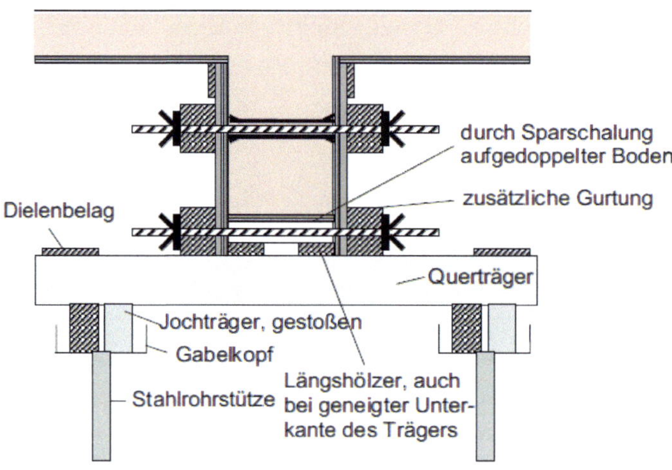

Bild 8.4 Unterzug und Decke mit Höhe $h > 100$ cm

■ 8.2 Schalungssysteme für Unterzüge

Von den Schalungsherstellern werden auch für die Herstellung von Unterzügen entsprechende Lösungen angeboten. Dabei handelt es sich häufig um Systeme, die in Kombination mit konventionellen Unterzugschalungen eingesetzt werden. Eine zusätzliche Alternative stellt die Verwendung von Kleinflächenschalungen dar.

Im Vergleich zu den rein konventionellen Unterzugschalungen kann dadurch eine deutliche Reduzierung des Schalaufwands erreicht werden.

8.2.1 Abschalböcke

Abschalböcke beruhen in der Regel auf dem Prinzip, den Unterzug möglichst ohne Ankerung herzustellen. Hierzu werden sie anstelle von Knaggen und Dielen auf beiden Seiten der Schalung angebracht, um den Frischbetondruck aufzunehmen. Zur Aussteifung verlaufen zwischen Schalungshaut und Abschalbock Holzträger in horizontaler Richtung.

Die Verankerung der *Abschalböcke* kann je nach Hersteller und System unterschiedlich sein. Es gibt beispielsweise Abschalböcke, die durch eine Lochschiene unter der Bodenschalung des Unterzugs miteinander verbunden werden (Bild 8.5). Andere wiederum werden direkt auf den Querträgern aufgesetzt und festgeklemmt (Bild 8.6). Dadurch können sie zusätzlich auch als *Deckenrandabschalung* eingesetzt werden (Bild 8.7). Um höhere Unterzüge herstellen zu können, stehen bei den meisten Systemen Verlängerungsträger zur Verfügung.

Abschalböcke eignen sich für Unterzüge, die gemeinsam mit der Decke hergestellt werden, sowie für Unterzüge die vorbetoniert werden.

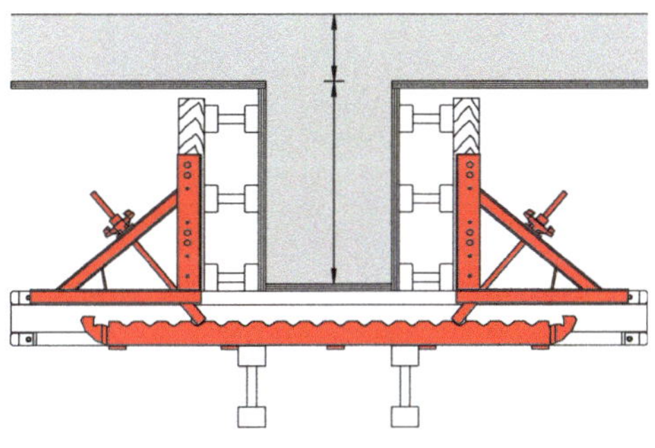

Bild 8.5 Abschalbock mit Lochschiene, Bildquelle: PERI

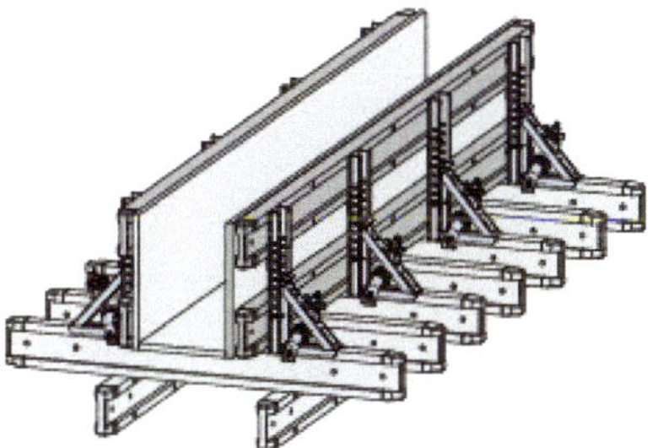

Bild 8.6
Abschalbock auf Querträger geklemmt, Bildquelle: Doka

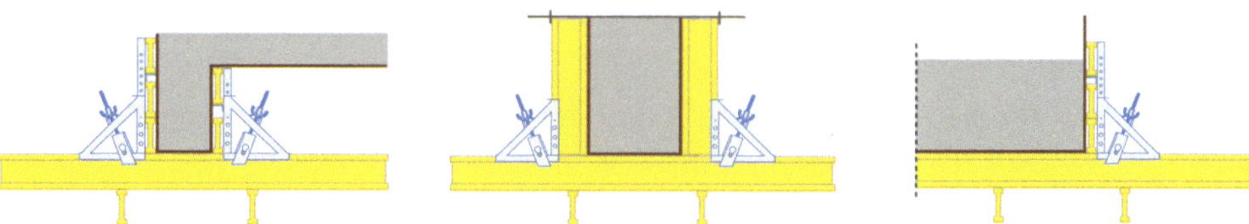

Bild 8.7 Verschiedene Einsatzmöglichkeiten von klemmbaren Abschalböcken, Bildquelle: Elvermann

8.2.2 Kleinflächenschalungen

Anstelle konventioneller Schalhautplatten können auch Kleinflächenschalungen (Bild 8.8) oder Rahmenelemente aus den Wandschalungssystemen für die Seitenschalung der Unterzüge verwendet werden. Ähnlich wie bei Streifenfundamenten können sie dazu stehend oder liegend eingesetzt werden. Die Elemente können entweder herkömmlich geankert oder konventionell abgestützt werden. Es ist aber auch eine Kombination mit den in Abschnitt 8.2.1 beschriebenen Abschalböcken möglich.

Weitere Informationen zu Rahmenschalungen

Siehe Abschnitt 5.2.2

Wenn Unterzug und Decke gemeinsam hergestellt werden sollen, ist die Verwendung von Elementschalungen schwierig, da sie in der Höhenanpassung deutlich unflexibler sind als konventionelle Seitenschalungen. Zum Vorbetonieren von Unterzügen sind sie dagegen gut geeignet.

Bild 8.8 Kleinflächenschalung für Unterzüge, die vorbetoniert werden, Bildquelle: PASCHAL

8.3 Aufgaben

Musterlösungen der Aufgaben sind im Internet unter *https://plus.hanser-fachbuch.de* zu finden. Den Zugangscode finden Sie auf der ersten Seite des Buches.

Aufgabe 8.1

Unterzugschalung: Konstruktion und Frischbetondruck

a) Frischbetondruck auf Unterzugschalung

Der Unterzug (Bild 8.9) wird vorab (ohne Decke) betoniert. Die Gesamtlänge des Trägers beträgt 30 m, die Betonierleistung 50 m³/h. Konsistenz F1. Geben Sie den Betondruckverlauf auf die UZ-Schalung an. Verwenden Sie hierzu das Diagramm oder die entsprechende Formel aus DIN 18218, Frischbetondruck auf lotrechte Schalungen.

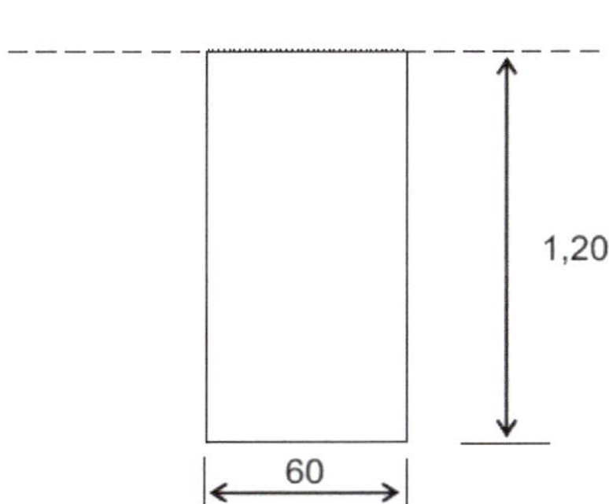

Bild 8.9
Querschnitt Unterzug

b) Konstruktion der Unterzugschalung

Konstruieren Sie im Querschnitt (Bild 8.9) im Maßstab 1 : 20 die Unterzugschalung mit einer Stahl-Rahmenschalung als Seitenschilder (ohne Bemessung). Der Unterzug soll bei einer Spannweite von 15 m jeweils in Feldmitte um 3 cm überhöht hergestellt werden.

Aufgabe 8.2

Kreuzweise gespannte Decke mit Unterzügen

Gegeben sind der Grundriss (Bild 8.10) sowie die Schnitte A-A (Bild 8.11) und B-B (Bild 8.12) einer Ortbetondecke mit kreuzweise gespannten Unterzügen im Bereich einer Randstütze eines Stahlbeton-Skelettbaus.

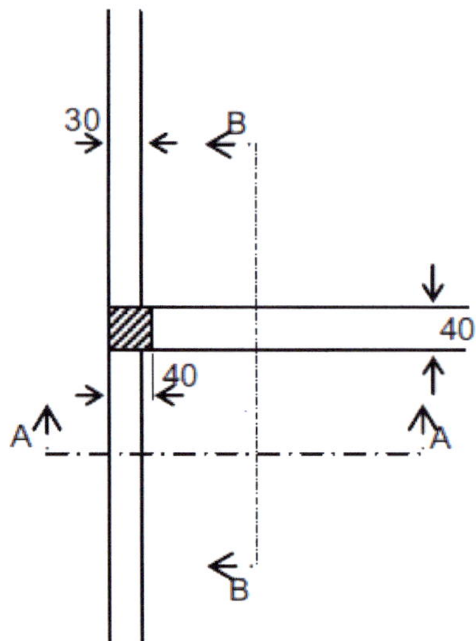

Bild 8.10
Grundriss Deckenuntersicht

a) Konstruktion der Unterzugschalungen

Konstruieren Sie in beiden Schnitten A-A (Bild 8.11) und B-B (Bild 8.12) im Maßstab 1:20 die Unterzugschalungen einschließlich der Unterrüstung. Alle für die Herstellung des Unterzuges erforderlichen Konstruktionselemente sind darzustellen und zu bezeichnen. Geben Sie die Arbeitsfuge Stütze-Unterzug an. (Konstruktion ohne Bemessung).

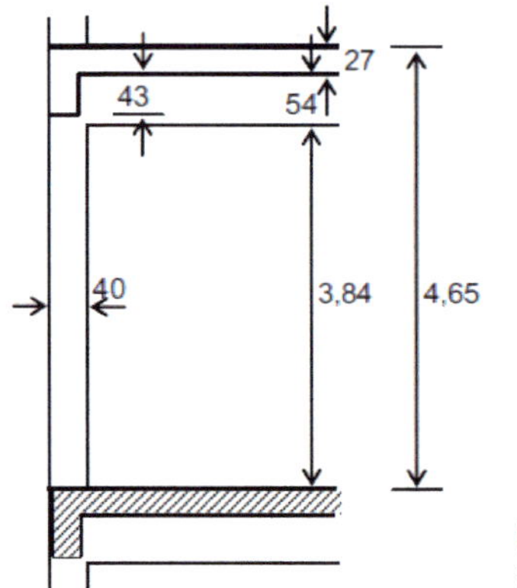

Bild 8.11
Schnitt A-A

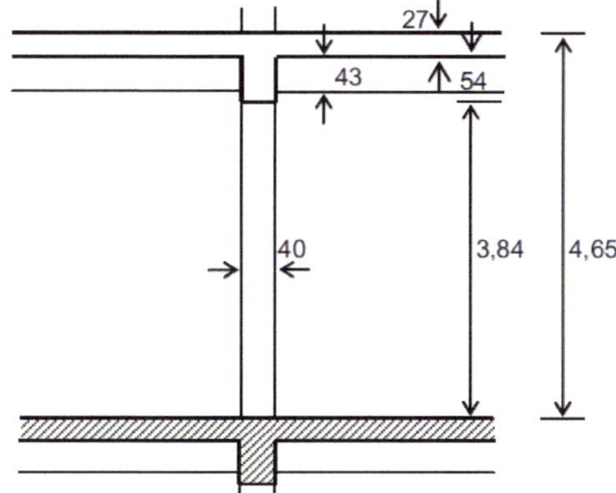

Bild 8.12
Schnitt B-B

b) Einsatzplanung der Unterrüstung für die Unterzüge

Zeichnen Sie im Grundriss (Bild 8.10) im Maßstab 1:20 einen Einsatzplan für die Unterrüstung der Unterzüge im dargestellten Bereich des Gebäudes. Alle erforderlichen Träger und Stützen sind anzugeben und zu bezeichnen (ohne Bemessung).

c) Arbeitsfugen und Betondruckverteilung

Geben Sie die Arbeitsfugen Unterzug-Decke und die Betondruckverteilung gemäß DIN 18218 auf die Unterzug- und Deckenschalungen an, wenn

- die Decke in einem Arbeitsgang mit den Unterzügen betoniert wird,
- die Unterzüge vorab hergestellt werden.

d) Bemessung des Schalbodens und der Unterrüstung

Weisen Sie für den größeren Betondruck aus c) den Schalboden und die Unterrüstung des Randunterzuges einschließlich der Ebenheitstoleranzen nach DIN 18202, Tabelle 3, Zeile 6 nach, Betonkonsistenz F2.

e) Konstruktion der Stützenschalung

Konstruieren Sie die Schalung der Stütze als Holzträgerschalung mit Säulenriegeln jeweils in einem weiteren Grundriss und Querschnitt im Maßstab 1:20 (ohne Bemessung).

f) Bemessung der Stützenschalung

Bemessen Sie den Trägerabstand, den Gurtungsabstand und die Ankerkraft der Spannanker für Ihre Konstruktion bei einer Betonierdauer von 40 Minuten und einer Betonkonsistenz F3.

g) Konstruktion eines Auslegergerüstes

Konstruieren Sie ein Arbeits- und Schutzgerüst zur Herstellung der Randstütze in Grundriss und Querschnitt (ohne Bemessung). Folgende Materialien stehen zur Verfügung:

- Schalungshaut: Dreischichtplatte $d = 21$ mm, 250/50 cm oder Mehrschichtplatte $d = 21$ mm, 250/125 cm
- Schalbretter 2/10 cm, Planlatten 3/12 cm, Kantholz 7/14 cm, Bohlen 5/28 cm
- Holzschalungsträger H 20
- Säulenriegel 2 U 120, S 235 (St 37)
- Deckenstützen aller Größen
- sonstiges Zubehör

9 Halbfertigteile

Dieses Kapitel gibt einen Überblick über den Einsatz von *Halbfertigteilen* und deren Montage. Behandelt werden Konstruktion und Ausführung von Decken und Wänden aus Halbfertigteil-Elementen. In einem *Übungsbeispiel* wird der baubetriebliche Zusammenhang von Konstruktionsplanung der Gitterträger in *Halbfertigteil-Deckenplatten* und deren *Montageunterstützungen* auf der Baustelle hinsichtlich wirtschaftlicher Gesichtspunkte erläutert. Ergänzend sind *Aufgaben* gestellt, deren Musterlösungen im Internet angeboten werden.

9.1 Halbfertigteil-Decken

Beim Einsatz von Halbfertigteil-Deckenplatten werden Schalhaut und Querträger nicht benötigt. Die Halbfertigteil-Deckenplatten werden mit *Montagejochen* unterrüstet, bestehend aus Deckenstützen, Stützenköpfen und Jochträgern. Die Montagejoche sind als Linienauflager quer zur Tragrichtung der Halbfertigteilplatte auszubilden. Die Ausrichtung der Gitterträger entspricht der *Tragrichtung* der Halbfertigteilplatten.

Werden Unterzüge und Decke gleichzeitig betoniert, kann die Unterzugschalung als *Randjoch* verwendet werden (Bild 9.1). Bei Unterzug-Fertigteilen oder nach Vorabherstellung von Ortbeton-Unterzügen können die Halbfertigteilplatten auf den Unterzügen aufgelegt werden. Bei vorab hergestellten Trägern und bei Halbfertigteilen sind in Abhängigkeit der Schubbeanspruchung hohe Anforderungen an die Ausführung der Arbeitsfuge zwischen Träger und Decke bzw. zwischen Halbfertigteil und Aufbeton zu stellen (s. Heft 400, DAfStb (1989), Erläuterungen zur DIN 1045:1988).

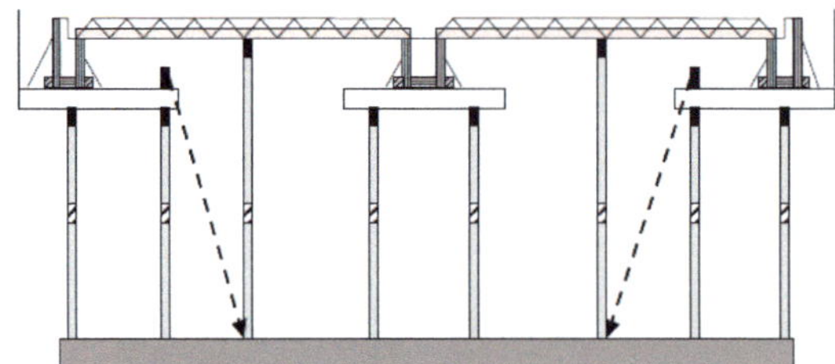

Bild 9.1
Querschnitt Halbfertigteil-Decke

Arbeitsfugen Unterzug-Decke und Halbfertigteilplatte-Ortbeton

An die Ausführung einer Arbeitsfuge zwischen vorab hergestelltem Unterzug und Ortbetondecke sowie für eine Arbeitsfuge zwischen Unterzug-Fertigteil und Ortbetondecke bzw. Halbfertigteil-Deckenplatte und Aufbeton gelten die Anforderungen gemäß Heft 400, DAfStb.

Heft 400, DAfStb (1989), Erläuterungen zu den Kapiteln 19.7.2 und 19.7.3 der DIN 1045:1988

Nach Heft 400 müssen diese Arbeitsfugen rau oder ausreichend profiliert ausgeführt werden. Dies gilt als erfüllt, wenn

- die Fuge mit Stahlrechen mindestens 3 mm tief aufgeraut ist, bei einem Zinkenabstand ≤ 40 mm, oder
- wenn nach dem Verdichten die fest in die Zementstein-Matrix eingebundenen Zuschlagkörner deutlich herausstehen.

Die Fuge ist vor Aufbringen des Ortbetons von Verschmutzungen zu säubern.

9.2 Halbfertigteilträger

Werden Unterzüge oder Träger allgemein als *Halbfertigteilträger* montiert, muss berücksichtigt werden, dass die Knotenpunkte über den Stützenauflagern geschalt und betoniert werden müssen (Bild 9.2). Der Aufwand für Schalungen und Arbeitsgerüste ist beträchtlich. Vorteile durch die Verwendung von Fertigteilen statt Ortbeton werden hierdurch mindestens teilweise wieder amortisiert.

Wie beim Transport mit entsprechenden Traversen ist bei der *Montageunterstützung* der Halbfertigteil-Träger auf die statische Auslegung der Träger zu achten. Insbesondere die durch die Auflagerung entstehenden Biegemomente müssen durch die Bewehrung aufgenommen werden können.

Die Anordnung der Auflagerjoche muss so erfolgen, dass die Stiele der Rüsttürme gleichmäßig belastet werden und keine *Exzentrizitäten* entstehen. *Zentrierte Aufla-*

ger mit Verteilträgern auf den Rüsttürmen sind in der Regel vorteilhaft (rechts in Bild 9.2). Je nach Spannweite der Träger muss mit entsprechenden Verformungen gerechnet werden.

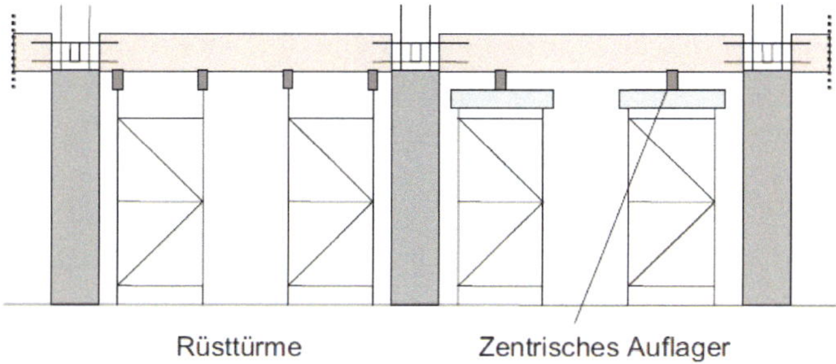

Bild 9.2 Ansicht Träger-Halbfertigteile

9.3 Voll-Fertigteil-Konstruktionen

Reine *Fertigteil-Konstruktionen* machen Schalung ganz entbehrlich. Die Konsolen der Fertigteilstützen dienen als Auflager für die Fertigteilträger (Bild 9.3). Auf den Hauptträgern können sowohl Querträger als auch Deckenplatten oder andere Dachkonstruktionen wie Trapezbleche o.ä. aufgelegt werden. Träger und Konsolen sind durch Dollen verbunden, die vergossen werden. Zwischen Träger und Konsole wird ein Lager eingebaut. Für die Montage erforderliche Montagehilfen können erst entfernt werden, wenn die Träger kippsicher unten und oben gehalten sind, z.B. durch Dollen unten und Ortbetondecke oben.

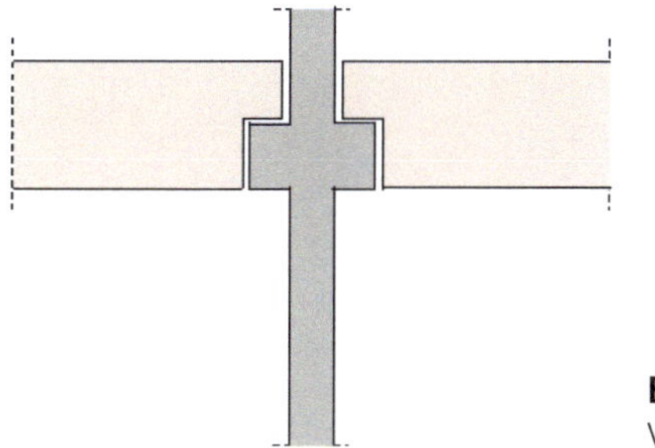

Bild 9.3
Voll-Fertigteile

9.4 Halbfertigteil-Deckenplatten

Die Schalung von Ortbetondecken wird bei Halbfertigteildecken durch die *Halbfertigteil-Deckenplatten* ersetzt (Bild 9.4). Diese werden im Fertigteilwerk hergestellt, von dort meist just-in-time auf die Baustelle transportiert und dort direkt vom Lkw auf die vorbereiteten Montagejoche verlegt. Auf der Baustelle müssen im Wesentlichen nur noch die obere Bewehrungslage eingebaut und der *Aufbeton* betoniert werden.

Bild 9.4
Halbfertigteil-Deckenplatte mit Gitterträgern, Bildquelle: FILIGRAN

9.4.1 Gitterträger in Halbfertigteilplatten

Kernstück von Halbfertigteil-Deckenplatten ist der *Gitterträger*. Der Gitterträger besteht aus einem Obergurtstab, zwei Untergurtstäben und den beidseitigen Diagonalen (Bild 9.5 und Bild 9.7). Die *Obergurtstäbe* können gewöhnlich als Teil der statisch erforderlichen oberen Bewehrungslage, auch für Brandschutz und Rissesicherung angerechnet werden.

Bild 9.5
Gitterträger für Halbfertigteilplatten, Bildquelle: FILIGRAN

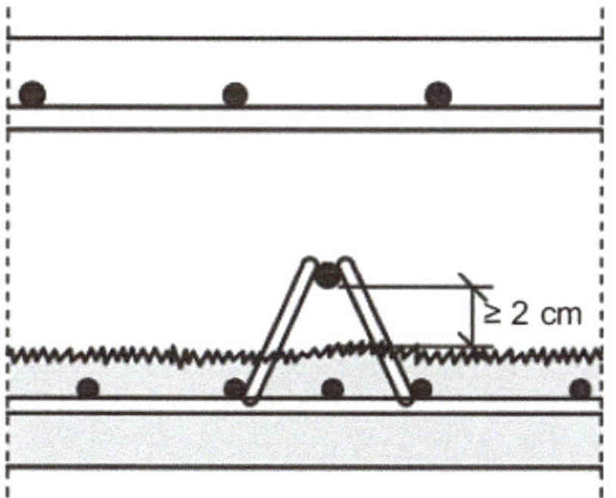

Bild 9.6
Mindesthöhe von Gitterträgern,
Bildquelle: FILIGRAN

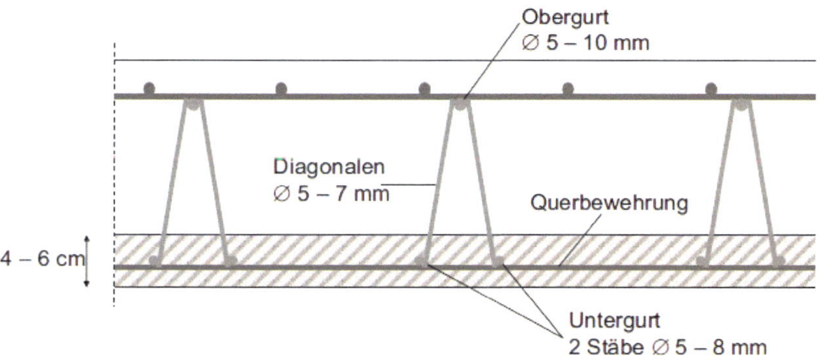

Bild 9.7 Halbfertigteildecke mit Gitterträgern (Schnitt)

Die Höhe der Gitterträger muss mindestens so groß gewählt werden, dass zwischen Oberkante der Betonplatte und Unterkante des Obergurtstabes eine lichte Höhe von mindestens 2 cm besteht (Bild 9.6). Die Trägerhöhe kann jedoch so gewählt werden, dass der Gitterträger gleichzeitig als *Abstandhalter* und Auflager für die obere Bewehrungslage dient. Die Höhe der Gitterträger (6 bis 26 cm) ergibt sich dabei aus der Deckenstärke, dem Durchmesser der oberen Bewehrung in Quer- und Längsrichtung (Stabstahl oder Betonstahlmatten), der Querbewehrung unten sowie der Betondeckung oben und unten (Bild 9.10).

Gitterträger können statisch auch als *Schubbewehrung* angesetzt werden. Bei geringer Schubbeanspruchung kann die obere Bewehrungslage auf der oberen Querbewehrung aufgelegt werden (Bild 9.8). Haben Decken eine hohe Schubbeanspruchung, müssen die Obergurtstäbe der Gitterträger in der gleichen Höhe verlegt werden wie die obere Bewehrung in Tragrichtung der Deckenplatte (Bild 9.9).

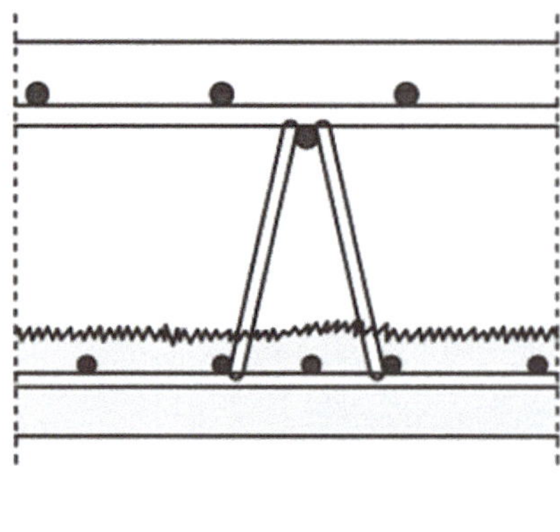

Bild 9.8
Gitterträger als Abstandhalter für die obere Bewehrungslage bei geringer Schubbeanspruchung der Deckenplatte, Bildquelle: FILIGRAN

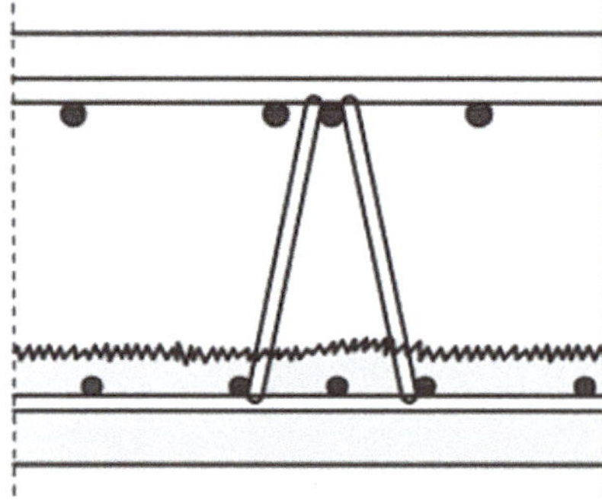

Bild 9.9
Gitterträger als Querkraftbewehrung bei hoher Schubbeanspruchung der Deckenplatte, Bildquelle: FILIGRAN

Die *Untergurtstäbe* sind Teil der Biegezugbewehrung im Deckenfeld und können nötigenfalls durch weitere Bewehrungsstäbe ergänzt werden, die wie die Untergurtstäbe in der Betonplatte liegen (Bild 9.10).

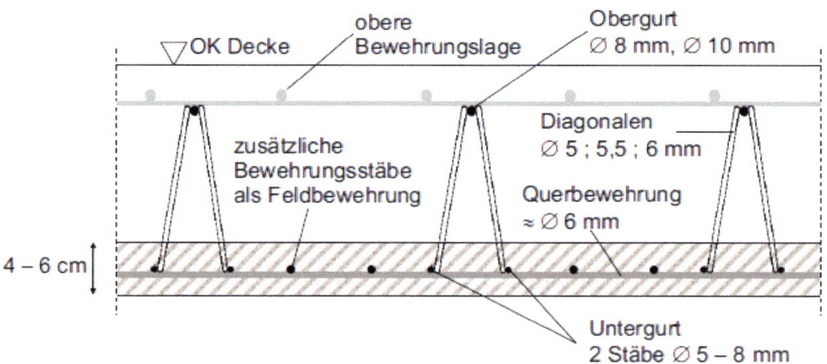

Bild 9.10 Querschnitt: Halbfertigteil-Deckenplatte mit zusätzlicher Feldbewehrung in der Platte und auf den Gitterträgern aufliegender oberer Bewehrungslage

Der Gitterträger gibt der Halbfertigteil-Deckenplatte eine statische Höhe mit Zugzone in der Platte und Druckzone im Obergurt. Die Fachwerkwirkung des Gitterträgers ermöglicht die Lastabtragung beim Transport und im Montagezustand bis zum Betonieren. Der Gitterträger verläuft bei einachsig gespannten Decken grundsätzlich in Tragrichtung der Deckenplatte.

9.4.2 Zulagebewehrung

Der Einsatz von Halbfertigteil-Deckenplatten bietet sich hauptsächlich bei einachsig gespannten Decken an. Halbfertigteil-Deckenplatten werden üblicherweise mit einer maximalen Transportbreite von 2,5 m hergestellt. Daher muss die konstruktiv erforderliche *Querbewehrung* in der Platte bei jedem Plattenstoß durch *Zulagestäbe* gestoßen werden (Bild 9.11).

Bild 9.11 Zulagestoß der konstruktiven Querbewehrung, Bildquelle: FILIGRAN

Literatur

Furche; Bauermeister (2009): Elementbauweise mit Gitterträgern. Betonkalender 2009. Verlag Ernst & Sohn.

Bei raumgroßen und auch kleineren Platten kann unter besonderen Bedingungen die Querbewehrung in der Fertigteilplatte als tragende Bewehrung in der zweiten Richtung eingebaut werden. In solchen Fällen muss die Bewehrung an den *Plattenstößen* kraftschlüssig gestoßen werden (Bild 9.12).

Bild 9.12 Statische Stoßbewehrung, Bildquelle: FILIGRAN

Im Regelfall muss bei *kreuzweise gespannten Decken* jedoch die tragende Feldbewehrung in Querrichtung als durchgehende Stäbe durch die Gitterträger hindurch gefädelt werden (Bild 9.13 und Bild 9.14).

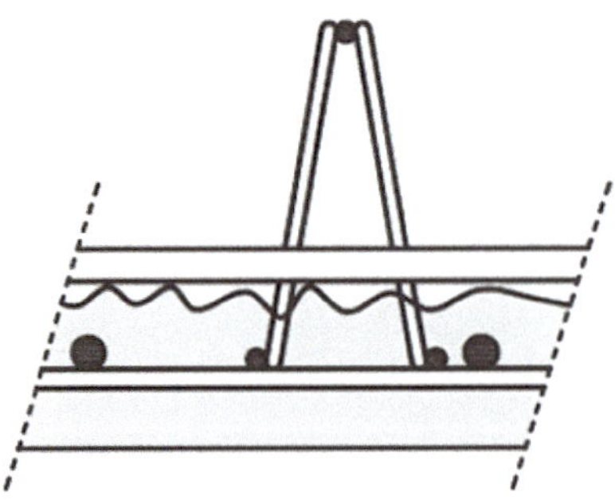

Bild 9.13
Abstand Querbewehrung, Bildquelle: FILIGRAN

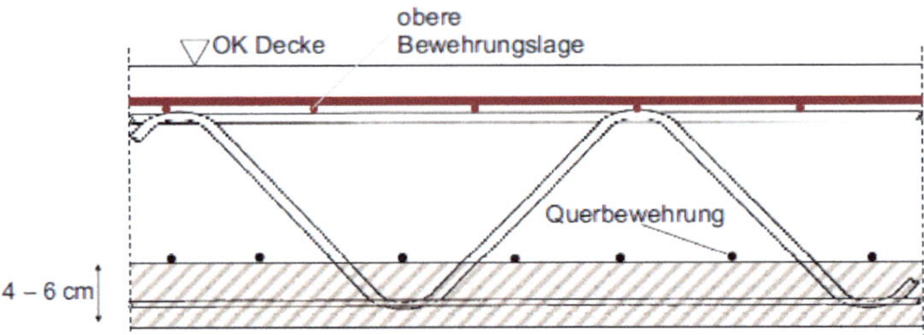

Bild 9.14 Längsschnitt: Halbfertigteil-Deckenplatten mit eingefädelter Querbewehrung bei kreuzweise gespannten Decken

Da diese Stäbe nicht direkt von oben verlegt werden können, bedeutet dies einen deutlich höheren Aufwand beim Bewehren (Bild 9.15 und Bild 9.16).

Bild 9.15 Durchgehende Querbewehrung, Bildquelle: FILIGRAN

Bild 9.16
Einbau durchlaufender Querbewehrung auf den Halbfertigteilplatten, Bildquelle: FILIGRAN

Der wirtschaftliche Vorteil durch den Einsatz von Halbfertigteilen wird durch den höheren Aufwand beim Bewehren mindestens teilweise wieder amortisiert.

9.4.3 Deckenränder

Auch die Herstellung von *Kragplatten* am *Deckenrand* ist mit Halbfertigteil-Deckenplatten möglich (Bild 9.17). Um eine zusätzliche Randabschalung der Decke einsparen zu können, empfiehlt sich eine *Aufkantung* des Halbfertigteils mit integrierten Hülsen für die Geländerpfosten der späteren Absturzsicherung. Die Gitterträger verlaufen auch hier grundsätzlich in Tragrichtung der Decke, die Montagejoche in Querrichtung dazu.

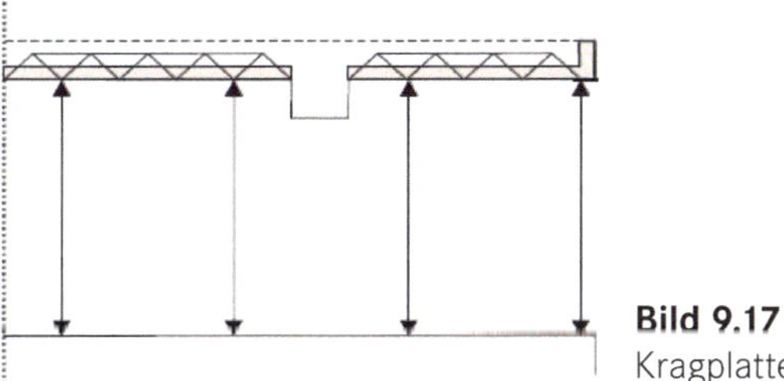

Bild 9.17
Kragplatte

9.4.4 Deckengleiche Träger

Die Herstellung von *deckengleichen Trägern* ist ebenfalls mit Halbfertigteil-Deckenplatten möglich (Bild 9.18). Dabei wird idealerweise die Schalhaut auf Querträgern aufgelegt, die gleichzeitig als *Linienauflager* der Deckenplatte in Querrichtung zu den Gitterträgern dienen.

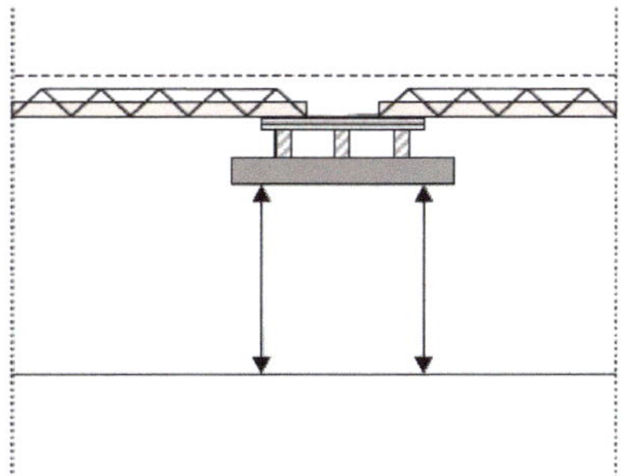

Bild 9.18
Deckengleicher Träger

9.4.5 Montageunterstützung

Die Planung der Halbfertigteil-Deckenplatten einschließlich der Verlegepläne sowie Fertigung und Transport werden gewöhnlich vom Fertigteilwerk erledigt. Die Unterrüstung durch die Montagejoche, das Verlegen der Platten, der Einbau der oberen Bewehrungslage und das Betonieren des Aufbetons erfolgen auf der Baustelle.

Als *Montageunterstützung* für Halbfertigteil-Deckenplatten verwendet man *Baustützen* und Holzschalungsträger oder Kanthölzer als *Jochträger*. Der Abstand der Montageunterstützungen muss bemessen werden und hat wesentlichen Einfluss auf die Kosten. Die *Montagestützweite* ist von folgenden Parametern abhängig:

- Belastung entsprechend der Deckenstärke,
- Höhe der Gitterträger,
- Abstand der Gitterträger,
- Durchmesser des Obergurtstabes im Gitterträger.

Durch die Wahl eines *Gitterträgers* mit entsprechendem Abstand kann die Montagestützweite festgelegt werden. Dies sollte so erfolgen, dass sich für die Baustelle günstige Abstände für Joche und Stützen ergeben, vor allem um die Anzahl der Baustützen zu optimieren (Bild 9.19). Der bei Halbfertigteildecken verbleibende Lohnaufwand der Schalarbeiten für die Montageunterstützung besteht nämlich wesentlich im Ein- und Ausbauen der Deckenstützen.

Bild 9.19
Montageunterstützung einer Halbfertigteildecke, Bildquelle: NOE

Die Bemessung der Halbfertigteildecken und damit auch die Festlegung der Montagestützweiten werden in der Regel vom Fertigteilwerk vorgenommen. Die Baustelle sollte jedoch möglichst die für sie günstigen Montagestützweiten vorgeben können, weil diese nicht nur allein von der Geometrie des Bauwerks abhängig sind, sondern auch vom System der Montageunterrüstung.

Als *Randauflager* von Halbfertigteilplatten können entweder Randjoche aufgestellt werden (Bild 9.21) oder die Platten werden direkt auf dem tragenden Bauteil aufgelegt (Bild 9.20). Dabei muss die Auflagerbreite mindestens 3,5 cm betragen. Die Auflagerung von Halbfertigteilplatten auf Mauerwerkswänden ist unproblematisch, sofern das Auflager maßgenau und eben ist. Bei Betonbauteilen wie Wänden und Unterzügen kollidiert die Forderung nach 3,5 cm Auflagerbreite häufig mit der zu wählenden Betondeckung, welche aus betontechnologischen Gründen nicht größer gewählt werden sollte als erforderlich.

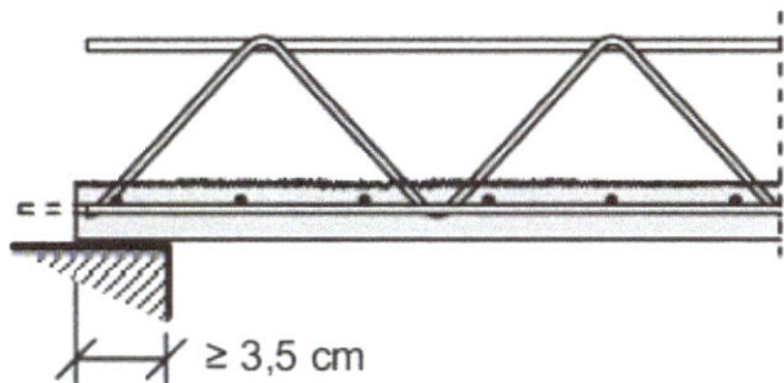

Bild 9.20
Auflagerung von Halbfertigteilplatten ohne Montageunterstützung am Endauflager, Auflagerbreite mind. 3,5 cm, Bildquelle: FILIGRAN

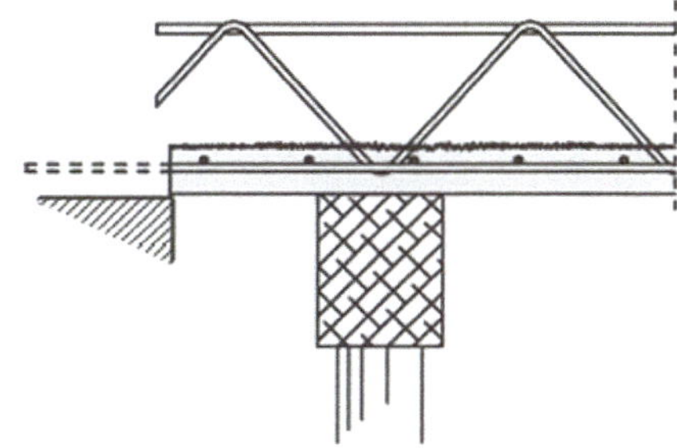

Bild 9.21
Auflagerung von Halbfertigteilplatten mit Randjoch, Bildquelle: FILIGRAN

Übungsbeispiel 9.1

Montagestützweiten von Halbfertigteil-Deckenplatten

Die *Tragrichtung* der Halbfertigteil-Decke verläuft in der Regel in Querrichtung, also über die kurze Länge eines Raumes, in Bild 9.22 entsprechend der lichten Weite von 4,00 m. Die Einwirkungen ergeben sich aus den ständigen Lasten des Deckeneigengewichts g und den veränderlichen oder Verkehrslasten q.

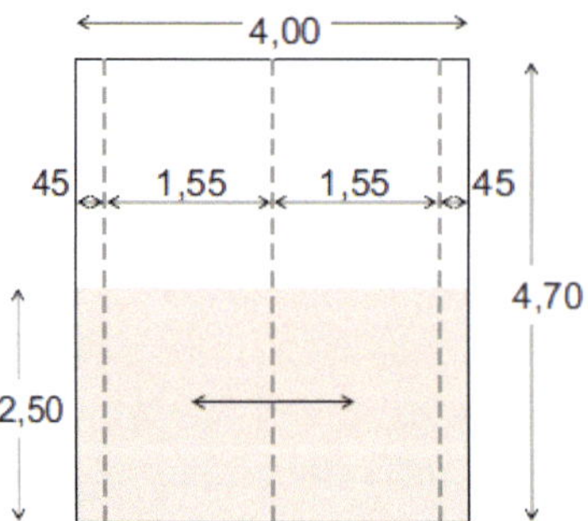

Bild 9.22
Grundriss eines Raumes: Montageunterstützung (Variante 1)

Die Montageunterstützungen sollten gleichmäßig auf die gesamte Plattenbreite verteilt werden, die Randunterstützungen müssen in der Nähe des Deckenauflagers sein. Die betrachtete Deckenfläche hat eine Größe von

$$A = 4{,}00\,\text{m} \cdot 4{,}70\ \text{m} = 18{,}8\ \text{m}^2 \tag{9.1}$$

Der Grundriss in Bild 9.22 zeigt eine Montagestützweite von 1,55 m bei einem Mittel- und zwei Randjochen (Variante 1). In Bild 9.23 sind alternativ zwei Mitteljoche bei zwei Randauflagern gewählt (Variante 2). Als Randauflager können Holzschalungsträger von Randjochen, Wandschalungen und Seitenschilder von Unterzugschalungen oder auch die Wand oder der Unterzug selbst herangezogen werden. Werden die Halbfertigteil-Deckenplatten auf Beton oder Mauerwerk aufgelegt, bedarf dies einer Auflagerbreite von mindestens 3,5 cm. Das Auflager muss sehr genau und eben sein. Die Halbfertigteile werden dann in der Regel in einem Mörtelbett verlegt.

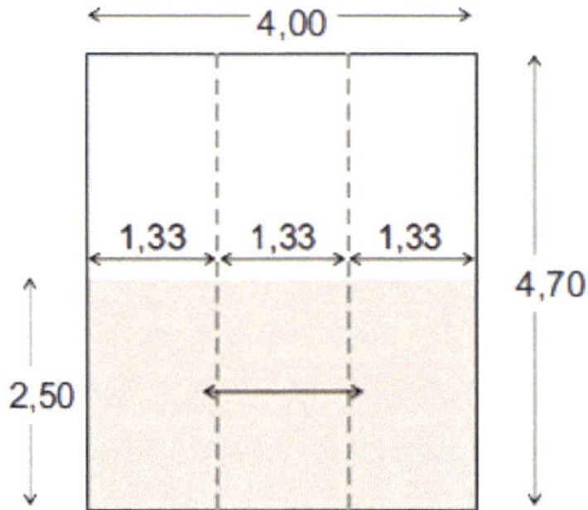

Bild 9.23
Grundriss eines Raumes: Montageunterstützung (Variante 2)

Je größer die *Abstände der Gitterträger* sind, desto geringer werden die maximalen Montagestützweiten. Der Gitterträger wird auf die statisch erforderliche Bewehrung angerechnet. Die übliche Plattenbreite liegt bei maximal 2,40 m bis 2,50 m. Die Kosten sind von den Abständen der Gitterträger abhängig.

Das Gewicht eines Gitterträgers beträgt etwa 2 kg/m. Je nach Wahl der Ober- und Untergurtstäbe sind die Gewichte etwas unterschiedlich. Bei einem exemplarisch angenommenen Stahlpreis von 1,00 €/kg ergeben sich Kosten in Höhe von etwa

$$2\,\frac{\text{kg}}{\text{m}}\cdot 1{,}00\,\frac{€}{\text{kg}} = 2{,}00\,\frac{€}{\text{m}} \tag{9.2}$$

Für unterschiedliche Gitterträgerabstände ergeben sich vergleichbare Kosten gemäß Tabelle 9.1. Da die Halbfertigteile meistens im Fertigteilwerk geplant werden, bedarf es einer Abstimmung mit der Baustelle.

Tabelle 9.1 Kosten von Gitterträgern in Abhängigkeit unterschiedlicher Abstände

Abstand a [cm]	Erforderliche Anzahl Gitterträger [m]	Gesamtpreis [€]	Preis/Fläche [€/m²]
75	18,8 / 0,75 = 25,07	25,07 · 2,00 = 50,14	50,14 / 18,8 = 2,67
62,5	18,8 / 0,625 = 30,08	30,08 · 2,00 = 60,16	60,16 / 18,8 = 3,20
50	18,8 / 0,5 = 37,60	37,60 · 2,00 = 75,20	75,20 / 18,8 = 4,00

Dabei ist anzustreben, die Montagekosten auf der Baustelle durch die Montagestützweite der Gitterträger zu optimieren. Dafür müssen verschiedene Parameter aufeinander abgestimmt werden (Tabelle 9.2).

Tabelle 9.2 Exemplarische Montagestützweiten (Trägerhöhe 13 cm), Quelle: FILIGRAN

Obergurt ⌀ [mm]	Gitterträgerabstand [cm]	Maximal zulässige Montagestützweite [m]
8	75	1,40
	62,5	1,54
	50	1,77
10	75	1,78
	62,5	2,03
	50	2,27
12	75	2,40
	62,5	2,63
	50	2,90
16	75	2,82
	62,5	2,97
	50	3,16

Seitens des Fertigteilwerks sind zu wählen:

- Höhe der *Gitterträger,*
- Abstand der Gitterträger,
- Durchmesser der Obergurtstäbe in den Gitterträgern.

Für die Baustelle ist die

- Montagestützweite

von Bedeutung, weil mit dem Ein- und Ausbauen der Montageunterstützungen ein entsprechender Lohnaufwand einhergeht.

Angenommen werden eine Deckenstärke von 20 cm und eine Betondeckung von 2,5 cm. Für einen Gitterträger mit einer Höhe *h* von 13 cm bleibt ein Restmaß von 13,3 cm. Nach Umdrehen der gewählten Matte R 377 als Oberbewehrung würde sich ein Restmaß von 13,9 cm ergeben (Bild 9.24).

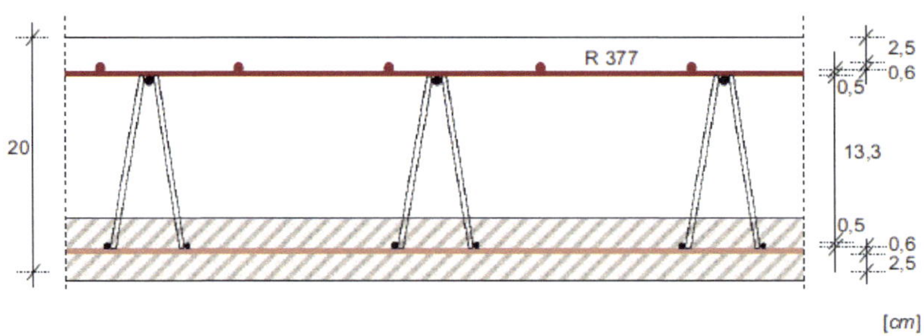

Bild 9.24 Schnitt zur Ermittlung der Gitterträgerhöhe

In Abhängigkeit vom Obergurtdurchmesser und dem Gitterträgerabstand sind in Tabelle 9.2 für eine Gitterträgerhöhe von 13 cm die maximalen Montagestützweiten angegeben.

Für andere Trägerhöhen und weitere Trägerabstände stehen Bemessungstabellen der Fertigteilwerke zur Verfügung.

Für Variante 1 mit einer Montagestützweite von 1,55 m kommen Gitterträger mit folgenden Obergurt-Durchmessern und Trägerabständen infrage:

- Ø 8 mm, Gitterträgerabstand 62,5 cm: max. Montagestützweite 1,54 m,
- Ø 10 mm, Gitterträgerabstand 75 cm: max. Montagestützweite 1,78 m.

Gitterträger mit Obergurt-Ø 12 mm und 16 mm wären überbemessen und kommen daher hier nicht in Frage.

Für Variante 2 mit einer Montagestützweite von 1,33 m kommen Gitterträger mit folgenden Obergurt-Durchmessern und Trägerabständen infrage:

- Ø 8 mm, Gitterträgerabstand 75 cm: max. Montagestützweite 1,40 m.

Gitterträger mit Obergurt-Ø 10 mm, 12 mm und 16 mm wären überbemessen und kommen daher hier nicht in Frage.

9.4.6 Sonderkonstruktionen

„Montaquick"-Decken

„Montaquick" ist eine *unterstützungsfreie* Stahlbetonplatte für Teilfertigdecken (Bild 9.25 und Bild 9.26). Anders als bei herkömmlichen *Halbfertigteildecken* sorgt der Gitterträger mit profiliertem *Bandstahlobergurt* für eine große Montagesteifigkeit.

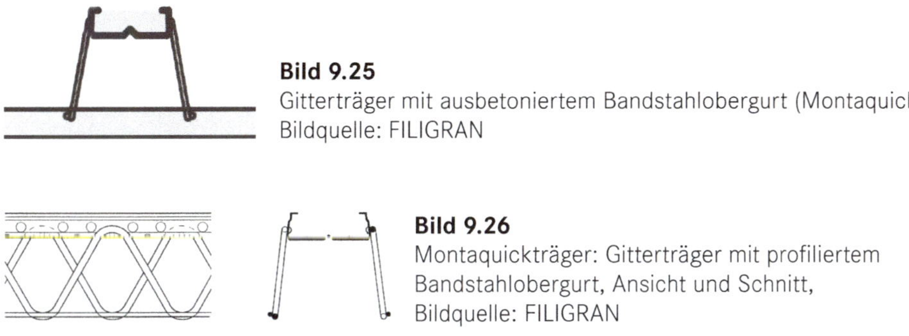

Bild 9.25
Gitterträger mit ausbetoniertem Bandstahlobergurt (Montaquick), Bildquelle: FILIGRAN

Bild 9.26
Montaquickträger: Gitterträger mit profiliertem Bandstahlobergurt, Ansicht und Schnitt, Bildquelle: FILIGRAN

Bei den *Montaquick-Decken* ist der Obergurt des Gitterträgers als nach oben offenes U-Profil ausgebildet, welches ausbetoniert werden kann. Dadurch erhöht sich die Tragfähigkeit des Gitterträgers erheblich und es können etwa doppelt so große Spannweiten unterstützungsfrei überbrückt werden. Speziell bei großen Höhen kann dies von Vorteil sein.

Mit Montaquickträgern können Deckenplatten mit Montagestützweiten bis zu 5,25 m unterstützungsfrei verlegt werden. Ähnliche Werte werden auch mit den anderen Sonderkonstruktionen erreicht.

Die Obergurte können ebenso als Abziehschiene beim Betonieren oder als Auflager für die obere Bewehrung dienen. Montaquick-Deckenplatten werden z. B. auf Stahlbeton-Fertigteil-Trägern mit Montaquick-Decke oder in Stahl-Verbund-Decken unterstützungsfrei eingesetzt (Bild 9.27). Für die Bemessung der Montaquick-Deckenplatten stehen Tabellen der Hersteller zur Verfügung.

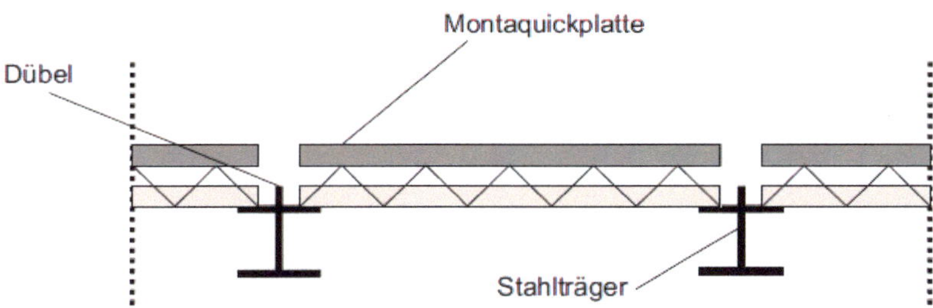

Bild 9.27 Stahl-Verbund-Decken

„Höckerdecke“ mit Gitterträgern

Bei Höckerdecken wird zwischen zwei Gitterträgern ein *Betonsteg* betoniert (Bild 9.28 rechts), welcher die Halbfertigteilplatte für den Montagezustand aussteift. Bei der Herstellung wird der Betonsteg (Höcker) entlang der *Gitterträger* mit *Streckmetall* abgeschalt.

Bild 9.28 Unterstützungsfreie Montage einer Höckerdecke (links), Querschnitt Höckerdecke mit Gitterträgern (rechts), Bildquelle: FILIGRAN

Mit Höckerdecken werden in Abhängigkeit von der Deckenstärke bis 30 cm Montagestützweiten zwischen 3 und 6 m erreicht (Bild 9.28 links) bei zwei bis vier Gitterträgern je Betonsteg. Halbfertigteilplatten mit Breiten von 2,50 m benötigen zwei solcher Betonstege mit je 45 cm Breite.

Gitterträger mit Betonobergurt

Für die Herstellung von Halbfertigteilen mit *Gitterträgern mit Betonobergurt* sind im Fertigteilwerk mehrere Arbeitsgänge erforderlich. Der Betonobergurt wird zuerst mit den Untergurten zweier Gitterträger als etwa 18 cm breite und 5 cm dicke Betonplatte hergestellt. In einem zweiten Arbeitsgang wird der erhärtete Träger kopfüber in den Frischbeton einer Halbfertigteilplatte eingedrückt (Bild 9.29 rechts). Der Betonobergurt liegt beim Transport und im Montagezustand in der Druckzone. Halbfertigteilplatten mit Breiten von 2,50 m benötigen vier solcher Betonobergurte (Bild 9.29 links).

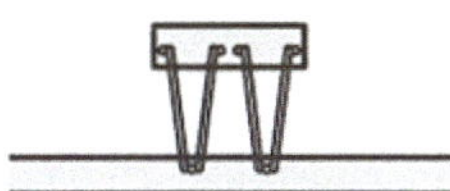

Bild 9.29 Halbfertigteilplatten mit Gitterträgern und Betonobergurt (links), Querschnitt Gitterträger mit Betonobergurt (rechts), Bildquelle: FILIGRAN

Stegverbundplatten

Die Betonstege der *Stegverbundplatten* sind den Betonobergurten einer Höckerdecke ähnlich. Es werden keine Gitterträger verwendet. Die Stege werden wie Überzüge bewehrt und mit seitlichen Schalungen betoniert (Bild 9.30). Für eine unterstützungsfreie Montage müssen die Stege in der Regel deckengleich ausgebildet werden. Das Verlegen der oberen Bewehrungslage wird dadurch erschwert.

Bild 9.30
Stegverbundplatte, Bildquelle: FILIGRAN

9.5 Halbfertigteil-Wände

Halbfertigteil-Wandelemente bestehen aus zweischaligen Stahlbetonplatten, die durch senkrecht stehende Gitterträger verbunden sind (Bild 9.31). Bei Außenelementen wird die äußere Schale einschließlich *Aufkantung* als Decken-Randabschalung hergestellt. Genauso stehen bei Eck-Elementen die Außenschalen über. In die Halbfertigteil-Elemente können Tür- und Fensterzargen oder auch ganze Kellerfenster werkmäßig eingebaut werden.

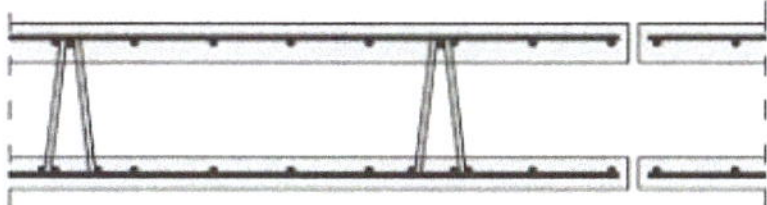

Bild 9.31
Grundriss: Halbfertigteil-Wandelemente,
Bildquelle: FILIGRAN

Die Herstellung der *Halbfertigteil-Wandelemente* verläuft zunächst genauso wie die der Halbfertigteil-Deckenplatten. Zur Ergänzung der zweiten Betonschale wird das zuerst wie eine Deckenplatte hergestellte Element mithilfe aufwendiger Kraneinrichtungen gewendet und auf der Fertigungsstraße kopfüber in den Frischbeton der zweiten Schale gesenkt. Dabei entstehen verhältnismäßig große Toleranzen.

Die Elemente werden mit planmäßigen *Fugen* von 1 cm gefertigt und montiert. Die Fugen müssen vor dem Ausbetonieren der Elemente verschlossen werden. Bei den Elementfugen muss die konstruktive Querbewehrung gestoßen werden. Hierfür werden vorgeflochtene Bewehrungskörbe von oben eingeführt.

Bei der Verwendung von Halbfertigteilen ist es auch möglich, Wände und Decken wie bei der Verwendung von Tunnelschalungen in einem Arbeitsgang zu betonieren (Bild 9.32).

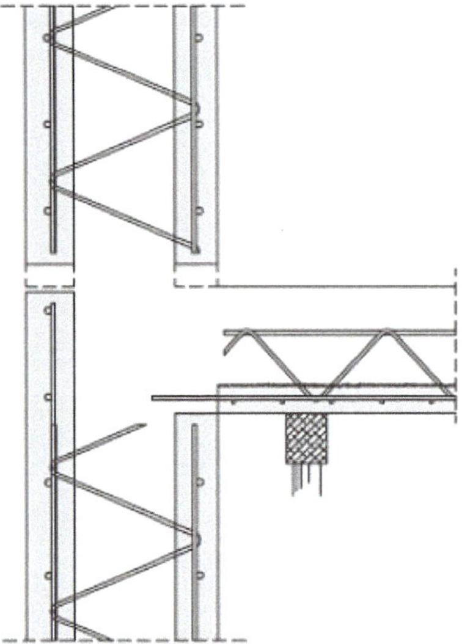

Bild 9.32
Halbfertigteilwand in Kombination mit Halbfertigteildecke, Bildquelle: FILIGRAN

Die Wandelemente müssen bei der Montage mithilfe von zug- und druckfesten Richtstützen genau ausgerichtet werden. Die mögliche *Steiggeschwindigkeit* ist begrenzt und liegt bei ca. 0,5 m/h bei 4 cm Dicke der Betonschalen. Die Elementbreiten liegen je nach Fertigteilwerk bei 2,40 m bis 2,50 m als maximale Transportbreite. Die maximale Element-Länge liegt bei etwa 6,30 m.

Die *Tragrichtung* von Halbfertigteilwänden ist grundsätzlich senkrecht. Die Wand muss also statisch gesehen senkrecht von Decke zu Decke oder Bodenplatte gespannt sein. Die tragende Bewehrung verläuft auch hier immer in Richtung der Gitterträger (Bild 9.34). Halbfertigteilwände eignen sich daher gewöhnlich nicht für *wandartige Träger,* da die Längsbewehrung eines Trägers elementweise durch die Gitterträger eingefädelt und bei jeder Elementfuge gestoßen werden müsste.

Die Ausbildung von biegesteifen Anschlüssen in die Decken ist nur bei größeren Wanddicken begrenzt möglich (Bild 9.33). Bei dünnen Wänden mit 18 bis 25 cm Dicke ist gewöhnlich nur ein konstruktiver Bewehrungsanschluss möglich.

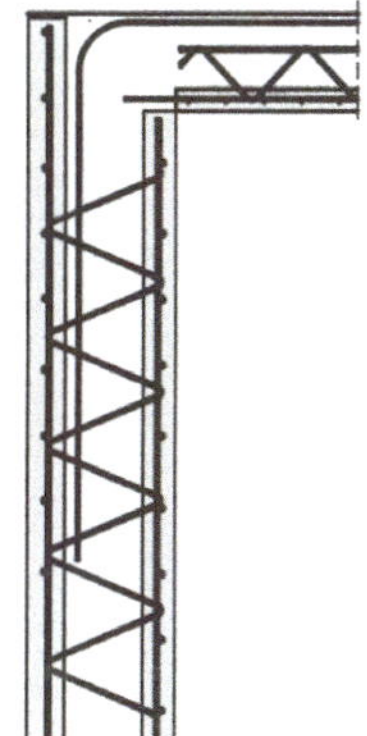

Bild 9.33
Biegesteifer Anschluss zwischen Halbfertigteilwand und -decke, Bildquelle: FILIGRAN

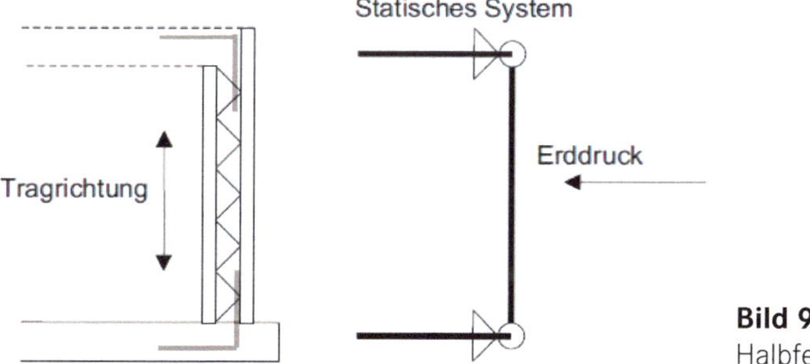

Bild 9.34
Halbfertigteil-Wände

9.6 Systemteile zur Montage von Halbfertigteil-Wänden

Wie bei den Halbfertigteil-Decken gibt es auch für Halbfertigteil-Wände entsprechende Systemteile, die zur Montage verwendet werden können.

9.6.1 Elementabstützung

Zum Abstützen und Ausrichten der Halbfertigteilwände im Montagezustand kommen zug- und druckfeste Richtstützen zum Einsatz (Bild 9.35). Diese gibt es in verschiedenen Größen und Auszugslängen. Zur Befestigung am Wandelement sowie am Boden, befinden sich Gelenkplatten an den Stützenenden. Der Befestigungspunkt am Element ist meist durch das Fertigteilwerk vorgegeben. Als Befestigungsmittel können Dübel oder Betonschrauben verwendet werden.

Bild 9.35 Montageabstützung von Halbfertigteil-Wänden, Bildquelle: Ischebeck

9.6.2 Fugenabdichtung

Klassischerweise erfolgt die Abdichtung der Fuge an den Elementstößen durch Bauschaum oder eine Brettabschalung. Mittlerweile gibt es hierzu aber auch eine Systemlösung. Dabei handelt es sich um pulverbeschichtete Metallschienen, die mit Kunststoff-Arretierungsankern an der Stoßfuge der Halbfertigteilelemente befestigt werden (Bild 9.36). Nach dem Betonieren werden die Anker über eine Sollbruchstelle gelöst und die Schienen können ausgeschalt werden.

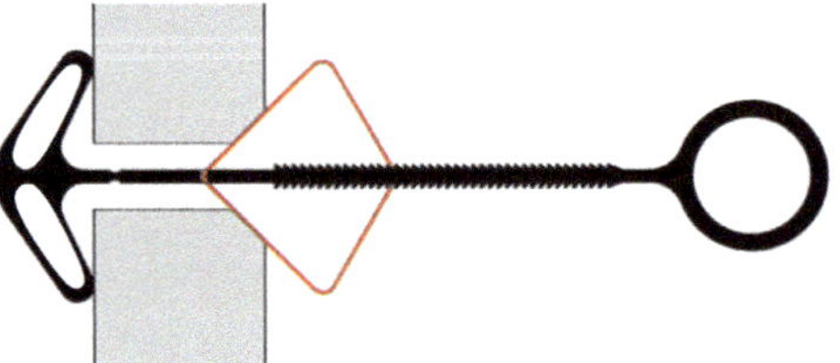

Bild 9.36 Fugenabschalung einer Halbfertigteil-Wand, Bildquelle: Mayer Schaltechnik

9.6.3 Betonierbühnen

Um den Beton auf der Baustelle sicher in die Halbfertigteil-Wände einbringen zu können, sind entsprechende Maßnahmen zu ergreifen. Eine Möglichkeit hierfür ist die Verwendung von Betonierbühnen, die von oben in das Wandelement eingehängt werden (Bild 9.37). Damit die Bühnen nach dem Betonieren problemlos wieder entnommen werden können, wird der Einhängedorn von einem PVC-Rohr ummantelt, das im Beton verbleibt. Neben kompletten Bühneneinheiten gibt es auch Einzelkonsolen, die auf der Baustelle noch mit einem Bohlenbelag versehen werden müssen.

Bild 9.37 Betonierbühne für Halbfertigteil-Wände (links) und Einhängedorn im PVC-Rohr (rechts), Bildquelle: ROBUSTA-GAUKEL

9.7 Aufgaben

Musterlösungen der Aufgaben sind im Internet unter *https://plus.hanser-fachbuch.de* zu finden. Den Zugangscode finden Sie auf der ersten Seite des Buches.

Aufgabe 9.1

Lage und Tragrichtung von Montageunterstützungen und Gitterträgern bei Halbfertigteil-Deckenplatten

Zeichnen Sie in den Grundrissen A, B und C (Bild 9.38 bis Bild 9.40) im Maßstab 1:100 die Lage und Tragrichtung von Halbfertigteil-Deckenplatten ein, wo solche

Platten möglich sind. Geben Sie ebenso die Lage und Tragrichtung der Gitterträger sowie die Lage und Richtung der Montageunterstützungen an. In welcher Form muss die tragende Bewehrung der unteren Lage verlegt werden?

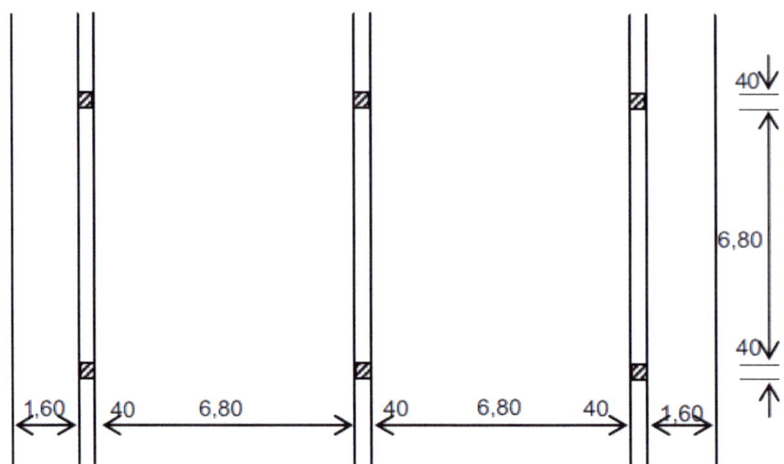

Bild 9.38 Grundriss A: Halbfertigteil-Deckenplatten: Deckenuntersicht einer einachsig gespannten Decke mit Unterzügen

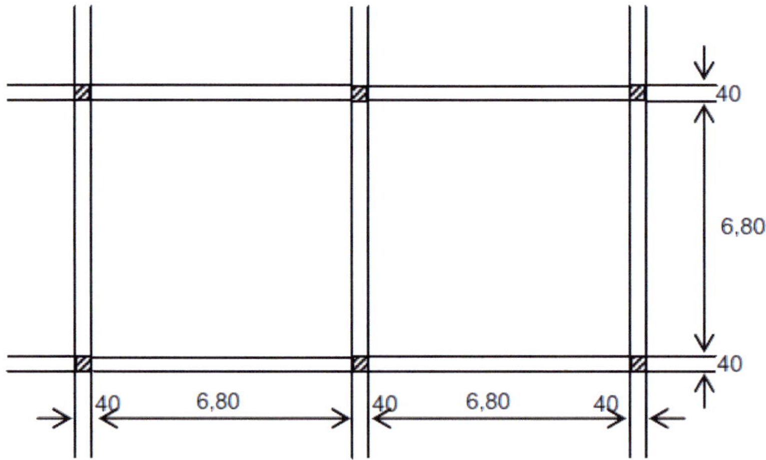

Bild 9.39 Grundriss B: Halbfertigteil-Deckenplatten: Deckenuntersicht einer kreuzweise gespannten Decke mit Unterzügen

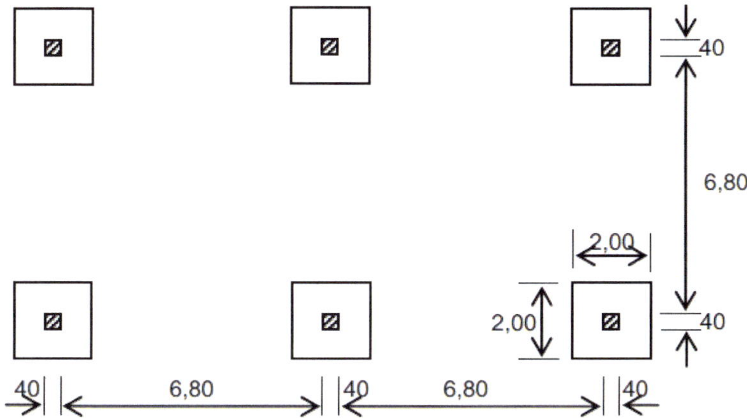

Bild 9.40 Grundriss C: Deckenuntersicht einer Flachdecke mit Pilzköpfen

Aufgabe 9.2

Decke aus Halbfertigteilen mit Ortbeton-Unterzügen

Für das Untergeschoss dieses Bauvorhabens ist die Decke mit Unterzügen herzustellen. Gegeben sind der Grundriss (Bild 9.41) und Schnitt A-A (Bild 9.42). Die Decke soll mit Halbfertigteil-Deckenplatten $d = 5$ cm geschalt werden. Der maximal zulässige Abstand der Montageunterstützungen beträgt max. $a = 1{,}75$ m. Die Seitenschilder des Unterzuges sollen als Randjoche für die Halbfertigteil-Deckenplatten verwendet werden. Unterzüge und Decke werden in einem Arbeitsgang betoniert.

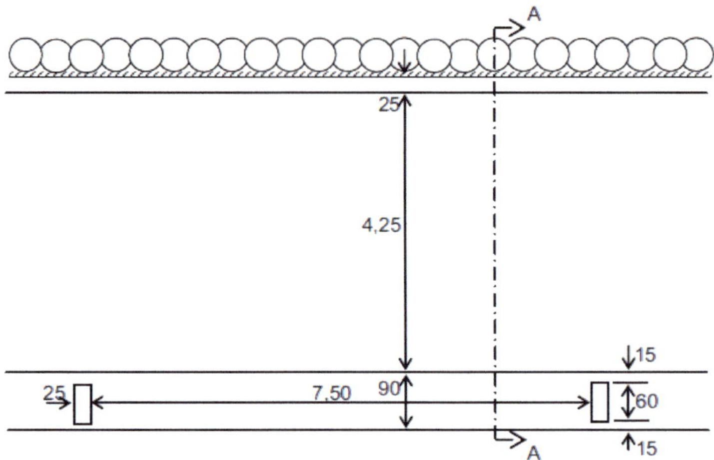

Bild 9.41 Grundriss

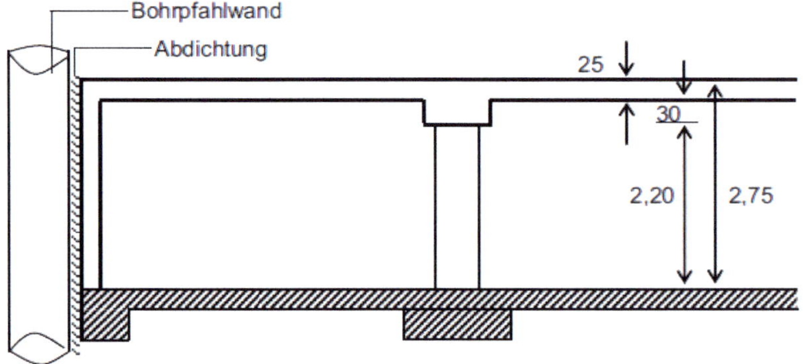

Bild 9.42 Schnitt A-A

a) Konstruktion der Unterzug- und Deckenschalung

Konstruieren Sie im Schnitt A-A (Bild 9.42) im Maßstab 1 : 25 die Schalung und Unterrüstung des Unterzuges und der Decke. Zeichnen und benennen Sie alle für die Herstellung erforderlichen Teile.

Folgende Elemente stehen zur Verfügung:

- Deckenstützen aller Größen
- Holzschalungsträger H 20 oder GT 24
- Kantholz 7/14 cm, Planlatten 3/12 cm
- Schalungshaut Dreischichtplatten d = 21 mm
- sonstiges Zubehör soweit erforderlich

b) Bemessung der Montageunterstützung der Halbfertigteil-Decke

Für die Montageunterstützung der Halbfertigteil-Decke sind die wirtschaftlichste Stützengröße und der zugehörige Stützenabstand zu bemessen und eine sinnvolle Trägerlänge anzugeben.

c) Nachweis der Holzpressung

Mit einem Nachweis der maximalen Holzpressung ist festzustellen, ob die Deckenlast über die Schalungshaut des Unterzug-Seitenschilds auf die Unterzug-Unterrüstung abgetragen werden kann. Der maximal mögliche Abstand der Querträger unter dem Unterzug ist daraus zu berechnen.

d) Einsatzplan der Unterzug- und Decken-Unterrüstung

Zeichnen Sie in den Grundriss (Bild 9.41) im Maßstab 1 : 50 die Unterrüstung von Unterzug und Decke für je ein Feld als Einsatzplan ein. Darzustellen sind alle Stützen, Jochträger und Querträger, jedoch ohne Seitenschilder und Schalungshaut des Unterzugs.

10 Traggerüsttürme

Traggerüsttürme werden im Hochbau hauptsächlich zur Unterstützung von höheren Decken, Unterzügen und Balkonen verwendet (Bild 10.1). Sie weisen im Vergleich zu den herkömmlichen Baustützen eine größere Stabilität aus und sind höher belastbar. Ein weiteres Einsatzgebiet ist der Ingenieurbau (Bild 10.2). Dort können Traggerüsttürme beispielsweise als Unterstützungskonstruktion bei der Herstellung von Rahmenbauwerken oder Brückenüberbauten eingesetzt werden.

Bild 10.1 Traggerüsttürme im Hochbau, Bildquelle: PASCHAL

Bild 10.2 Traggerüsttürme im Ingenieurbau, Bildquelle: PERI

Die meisten Schalungshersteller haben Turmsysteme in ihrem Lieferprogramm, die in Kombination mit Flex-Deckenschalungen, Deckentischen oder Modul-Deckenschalungen (Bild 10.3) verwendet werden. Sie können aber auch zur Unterstützung anderer Bauteile wie beispielsweise Stahlbauprofilen eingesetzt werden. Voraussetzung ist dabei eine sichere Lasteinleitung in die Türme.

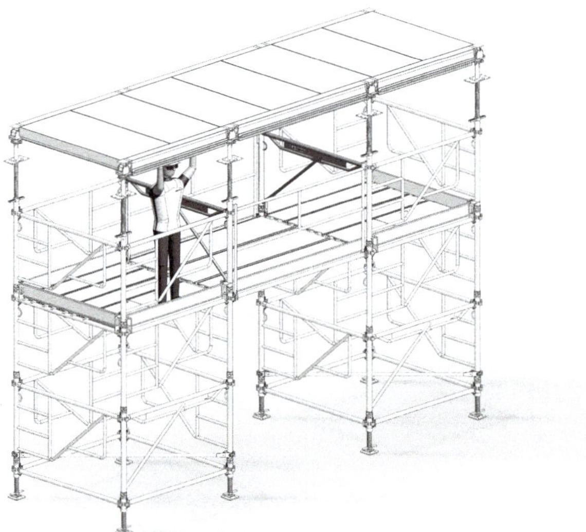

Bild 10.3 Traggerüsttürme als Unterstützung einer Moduldeckenschalung, Bildquelle: MEVA

Unterschiede gibt es hinsichtlich der Montage der Türme. Es gibt kranabhängige Systeme und solche, die von Hand auf- und abgebaut werden können.

Zulässige Turmhöhen sowie deren Belastbarkeit hängen von verschiedenen Faktoren ab und sind je nach System unterschiedlich. Genaue Angaben hierzu sind in den entsprechenden Unterlagen des Herstellers zu finden. Üblicherweise haben die Systeme eine *Typenprüfung* nach DIN EN 12812, die zur Bemessung der Türme verwendet werden kann.

Nachfolgend werden zwei gängige Arten von Traggerüsttürmen vorgestellt.

10.1 Traggerüsttürme in Rahmenbauart

Bei Traggerüsttürmen in Rahmenbauart werden einzelne Rahmen, Diagonalen und Riegel zu einem vierstieligen Turm zusammengesetzt. Die Bauteile bestehen in der Regel aus verzinktem Stahl. Je nach System und Hersteller sind quadratische und rechteckige Turmgrundrisse in verschiedenen Abmessungen möglich.

Idealerweise erfolgt der Aufbau stehend und somit kranunabhängig. Durch einen kontinuierlichen *Montageablauf*, bei dem die Rahmen aufeinander gesteckt und mit den Diagonalen und Riegeln in Längsrichtung verbunden werden, „wächst" der Turm nach oben (Bild 10.4). *Zwischenbeläge*, die beliebig eingehängt werden können, sowie eine integrierte *Aufstiegsmöglichkeit* erlauben ein sicheres Arbeiten von der Turminnenseite. Die bereits montierten Rahmen und Riegel dienen dabei als umlaufende *Absturzsicherung*. Die erforderliche Turmhöhe wird annähernd genau durch unterschiedliche Rahmenhöhen erreicht. Das exakte Maß wird über Fuß- und Kopfspindeln eingestellt. Zur Aufnahme von Jochträgern werden spezielle Gabelköpfe verwendet.

Komplette Turmeinheiten sind auf Rollen verfahrbar oder können mit dem Kran versetzt werden.

Bild 10.4
Stehender Aufbau eines Traggerüstturms in Rahmenbauweise, Bildquelle: PERI

10.2 Traggerüsttürme aus Einzelstützen

Mithilfe von *Aussteifungsrahmen* können aus Aluminium-Einzelstützen Traggerüsttürme erstellt werden (Bild 10.5). Dadurch wird die Tragfähigkeit der Stützen deutlich erhöht. Es gibt Turmsysteme, die Lasten von mehr als 100 kN pro Stütze aufnehmen können. Aufgrund verschiedener Rahmengrößen (Bild 10.6) sind unterschiedliche Turmgrundrisse möglich.

Bild 10.5
Traggerüsttürme aus Einzelstützen mit Verbindungsrahmen, Bildquelle: Ischebeck

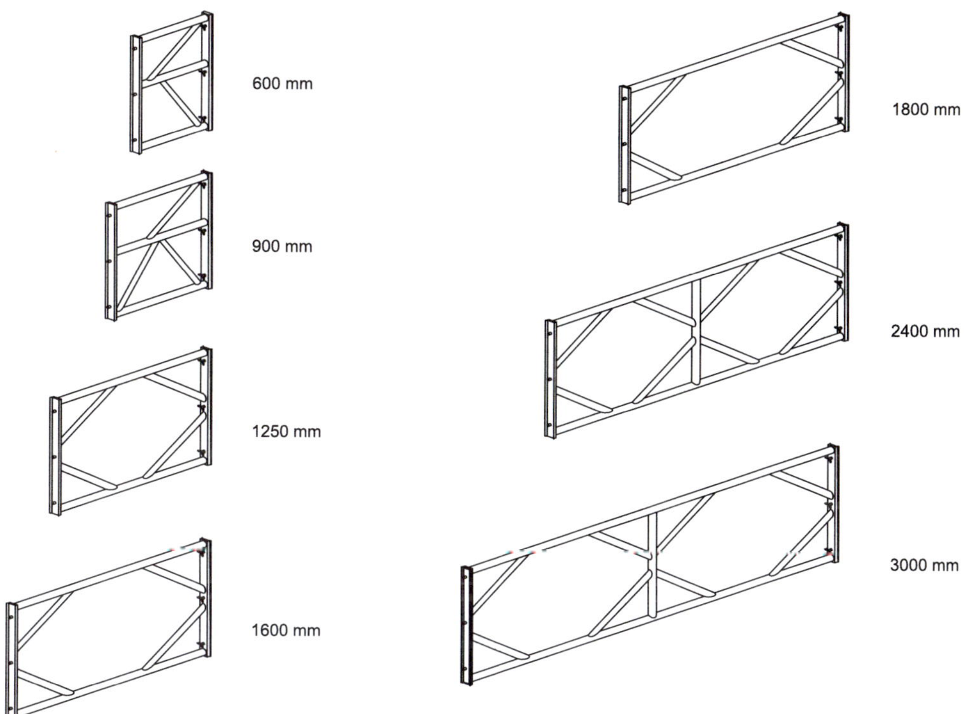

Bild 10.6 Verschiedene Rahmengrößen, Bildquelle: Ischebeck

Zur Verlängerung der Stützen werden *Aufstockteile* oder *Zwischenstützen* verwendet. Am Stoßpunkt wird mit speziellen *Aufstockklammern* oder Schrauben eine biegesteife Verbindung hergestellt. Über die Fuß- und Kopfspindeln kann die exakte Höhe eingestellt werden. Zur Aufnahme von Jochträgern können Gabelköpfe verwendet werden. Der Rahmenanschluss erfolgt je nach System über eine spezielle Klemm-, Steck- oder Schraubverbindung am Außenprofil der Stütze. In der Höhe können die Rahmen variabel angebracht werden. Je nach Anforderung kann ein Turm aus mehreren Rahmenebenen bestehen. Üblicherweise werden die Türme liegend montiert und mit dem Kran aufgestellt (Bild 10.7). Zum Verfahren eignen sich spezielle Hub- und Fahrgeräte.

Eine besondere Herausforderung bei diesen Traggerüsttürmen ist die *Aufstiegsmöglichkeit*. Um ein sicheres Arbeiten zu ermöglichen, beispielsweise zur *Montage* von Jochträgern oder zum Ausschalen, sind hierzu zusätzliche Hilfsmittel wie Leiteraufstiege, Treppentürme oder Hubarbeitsbühnen erforderlich.

Bild 10.7 Liegende Montage eines Traggerüstturmes aus Einzelstützen (links) und Krantransport (rechts), Bildquelle: PERI

In Tabelle 10.1 sind Traggerüste verschiedener Hersteller aufgeführt.

Tabelle 10.1 Traggerüsttürme

Hersteller/Lieferant	System
Doka	Staxo 100, Staxo 40, DokaShore, Doka UniKit
HÜNNEBECK	ST 60
Ischebeck	Alu-Schalungsgerüst
MEVA	MT 60, MEP
NOE	NOEprop
PASCHAL	PASCHAL TG 60, GASS
PERI	PERI UP Stützturm, MULTIPROP Stützturm, VARIOKIT Schwerlastturm
ULMA	T-60

11 Arbeits- und Schutzgerüste

Dieses Kapitel behandelt die verschiedenen *Arbeits- und Schutzgerüste* und gibt einen Überblick über die gängigen Gerüstsysteme.

Für Arbeits- und Schutzgerüste gilt DIN 4420-1. *Arbeitsgerüste* werden dort in sechs *Gerüstgruppen* (Tabelle 11.1) eingeteilt.

Tabelle 11.1 Gerüstgruppen nach DIN 4420-1

Gerüstgruppe	Mindestbreite der Belagfläche [m] [a]	Flächenbezogenes Nutzgewicht [kN/m²]	Flächenpressung [kN/m²] [c]
1	0,50 [b]	– [d]	–
2	0,60 [b]	1,5	–
3	0,60 [b]	2,0	–
4	0,90	3,0	5,0
5	0,90	4,5	7,5
6	0,90	6,0	10,0

[a] Freie Durchgangsbreite bei Materiallagerung mindestens 0,20 m
[b] Bordbrettdicke darf mitgerechnet werden
[c] Flächenpressung = Nutzgewicht durch dessen tatsächliche Grundrissfläche
[d] zulässiges Nutzgewicht 1,5 kN, Materiallagerung ist unzulässig

Gerüstgruppe 1 beschreibt Gerüste, die nur zur *Inspektion* eingesetzt werden dürfen.

- *Fanggerüste, Dachfanggerüste* und *Schutzdächer* sind *Schutzgerüste.*
- Arbeitsgerüste dienen zum Mauern, Schalen, Bewehren und Betonieren im Rohbau und zu anderen Arbeiten bei der Bauausführung der Ausbaugewerke wie Putzarbeiten, Malerarbeiten und dergleichen mehr.

Je nach Belastung durch Materiallagerung und Personal müssen Arbeitsgerüste mit entsprechender Tragfähigkeit nach Tabelle 11.1 eingesetzt werden. Für Arbeiten der Rohbaugewerke kommen in der Regel nur Arbeitsgerüste der Gerüstgruppen 4 bis 6 in Frage, zumindest sobald Material wie Mauersteine, Mauermörtel oder Schalungen auf den Arbeitsgerüsten aufgestellt werden sollen.

Sobald Schalungen auf Arbeitsgerüsten abgestützt werden, müssen diese gleichzeitig auch als Traggerüste angesehen werden und den Anforderungen der DIN EN 12812 Traggerüste genügen.

Je nach Tragsystem werden Arbeitsgerüste unterschieden in

- Standgerüste,
- Hängegerüste,
- Auslegergerüste,
- Konsolgerüste.

Bei Schalarbeiten werden *Konsolgerüste* am häufigsten verwendet. Auch *Auslegergerüste* und *Standgerüste* kommen zum Einsatz. Bei Kletter- und Gleitschalungen sowie Schachtbühnen werden auch *Hängegerüste* eingesetzt.

Die Durchbildung konventioneller Gerüste ist in DIN 4420-1 ausführlich beschrieben. Bei Schalarbeiten und Mauerarbeiten kommen am häufigsten Systemgerüste zum Einsatz.

11.1 Konsolgerüste

Bei Mauerarbeiten kommen in der Regel Konsolgerüste zum Einsatz, welche in vorbereitete *Schlaufenanker* eingehängt werden (Bild 11.1). Die Schlaufenanker werden in die Stahlbetondecke einbetoniert. Die Randabschalung der Decke muss daher noch vom darunter hängenden Gerüst aus vorgenommen werden. Die Konsolen bieten jedoch meist Aufhängehaken in zwei Höhen, sodass sie pro Geschoss zweimal umgesetzt werden können (Bild 11.1 rechts). Eine weitere Möglichkeit zur Befestigung sind spezielle Ankerlösungen, die auch beim Einsatz von Kletterschalungen verwendet werden (s. Abschnitt 5.4).

Vorteilhaft ist der Einsatz von modernen Konsolgerüsten, die für die Einrüstung um die Außenecken eines Gebäudes durchgängig geschlossene Beläge und *Seitenschutz* bieten (Bild 11.1).

Bei der Einsatzplanung der Konsolen ist besonders auf die Lage von Tür- und Fensteröffnungen zu achten. Fehlt in solchen Bereichen das Druckauflager für die Konsole, müssen die Wandöffnungen durch zusätzliche Konstruktionen überbrückt werden.

Bild 11.1 Klappgerüst, Bildquelle: NOE

Um das Einhängen und Umsetzen der Arbeitsgerüste zu erleichtern und sicher ausführen zu können, werden statt einzelner Konsolen mit losen Belägen komplette *Konsolbühnen* eingesetzt, die zusammengeklappt angeliefert werden und vom Lkw am Kran hängend ausgeklappt werden und direkt in die vorbereiteten Aufhängestellen eingehängt werden können.

Die Lücken zwischen zwei Konsolbühnen werden mit *Zwischenbühnen* geschlossen. Moderne Gerüstsysteme bieten auch *Eckbühnen* für die Gebäudeaußenecken an. Leichte Konsolbühnen haben eine Tragfähigkeit von 3,0 kN/m^2 entsprechend Gerüstgruppe 4 und eignen sich für den Einsatz im Mauerwerks- und Fertigteilbau, wie z. B. als Betoniergerüst bei Halbfertigteilwänden (Bild 11.2).

Bild 11.2
Konsolbühne, Bildquelle: Doka

Für Dachfanggerüste, Schutzdächer wie für Schalarbeiten sind häufig Arbeitsgerüste mit einer Tragfähigkeit zwischen 3,0 kN/m² und 6,0 kN/m² entsprechend den Gerüstgruppen 4 bis 6 erforderlich (Bild 11.3 und Bild 11.4). Auf diesen können auch Wandschalungen mit Höhen von bis zu 5,50 m aufgestellt und abgestützt werden. *Zugverankerungen* für abhebende Kräfte durch Wind auf die Wandschalung müssen jedoch zusätzlich angebracht werden. Die Wandschalung muss dabei zug- und druckfest mit der Konsolbühne verbunden sein.

Bild 11.3
Faltbühne, Bildquelle: Doka

Bild 11.4 Arbeitsbühne als Klettergerüst, mit Hängebühne (rechts), Bildquelle: NOE

Bei allen Arbeitsgerüsten ist darauf zu achten, dass am Ende eines Gerüstes stirnseitig immer eine Endabschrankung als *dreiteiliger Seitenschutz* angebracht ist.

11.2 Hängegerüste

Werden Konsolbühnen als Arbeitsgerüste bei der Herstellung von Betonwänden eingesetzt, können diese wie bei Klettergerüsten auch an in der Betonwand unterhalb der herzustellenden Decke vorbereiteten Aufhängestellen aufgehängt werden. Dies hat den Vorteil, dass von diesen Arbeitsgerüsten aus dann auch direkt die *Randabschalung* der Decken ausgeführt werden kann.

Sofern diese Gerüstsysteme hinsichtlich Tragfähigkeit und Konstruktion dafür ausgelegt sind, können an diesen Konsolbühnen wie bei Klettergerüsten auch *Hängebühnen* angebracht werden.

Von *Klettergerüsten* spricht man dann, wenn Wandschalung und Gerüstbühne konstruktiv aufeinander abgestimmt sind, miteinander verbunden werden können und als Klettergerüst einschließlich Schalung gemeinsam mit einem Kranhub umgesetzt (Bild 11.4) bzw. mit *Kletterautomaten selbstkletternd* an der Wand nach oben gefahren werden können.

11.3 Auslegergerüste

Beim Einsatz von Deckenschaltischen erfolgt das Umsetzen der Deckentische oft über *Ausfahrbühnen*, von denen aus die Schaltische vom Kran aufgenommen werden können. Ebenso bedarf es eines Arbeitsgerüstes bei der Herstellung von Stahlbetonstützen am Deckenrand. In solchen Fällen werden häufig auskragende *Auslegergerüste* verwendet. Diese bestehen aus an der Decke oberseitig oder unterseitig befestigten auskragenden Trägern aus Stahl (Bild 11.5), Kanthölzern oder Holzschalungsträgern. Die auskragende Bühne, häufig bestehend aus einem Dielenbelag auf Querträgern, kann so angebracht werden, dass die Oberkante des Belags mit der Oberkante der Decke bündig ist. Deckenschaltische können dann von der Decke ohne Stufe eben auf die Bühne ausgefahren werden. Für Stützenschalungen ist dann eine ebene Aufstellfläche ringsum die herzustellende Stütze vorhanden (s. *Aufgabe 8.2 g*).

Bild 11.5 Auslegergerüste im Hochbau, Bildquelle: ROBUSTA-GAUKEL

11.4 Standgerüste

Für verschiedene Ausbaugewerke sind *Fassadengerüste* als *Standgerüste* erforderlich. Liegt die Ausführung einer Baumaßnahme in der Hand eines Generalunternehmers, der die Ausführung aller Gewerke in Auftrag hat, gelingt es regelmäßig leichter, den Einsatz nur eines Fassadengerüstes so zu planen, auszuschreiben und ausführen zu lassen. Mit diesem Gerüst steht dann ein Arbeitsgerüst sowohl für die Rohbauarbeiten wie auch für die Ausbaugewerke zur Verfügung, bis hin zur Erweiterung des Gerüstes als *Dachfanggerüst* für die Zimmer- und Dachdeckerarbeiten.

Zu bedenken ist jedoch, dass solche Fassadengerüste häufig nicht die nötige *Tragfähigkeit* aufweisen, wie sie z.B. beim Einsatz von Schalungen bei den Rohbauarbeiten erforderlich sind. Dies hat dann zur Folge, dass eine ausführende Rohbaufirma ihre eigenen Arbeitsgerüste einsetzen muss und das Fassadengerüst als Standgerüst erst aufgestellt werden kann, wenn der Arbeitsraum um das Untergeschoss des Gebäudes aufgefüllt und tragfähig verdichtet ist.

Das Aufstellen des Fassadengerüstes muss dann allerdings oft so früh erfolgen, dass das Dachfanggerüst frühzeitig zur Verfügung steht, da die Zimmer- und Dachdeckerarbeiten regelmäßig zu den ersten Ausbaugewerken gehören.

Im Zusammenhang mit den Schalarbeiten werden Standgerüste auch zum Bewehren sowie für das Anbringen von Aussparungen und Einbauteilen verwendet (Bild 11.6).

Bild 11.6
Standgerüst an einer Wandschalung,
Bildquelle: HSB Schalung

12 Brückenschalungen

Anhand der Tragwerksart lassen sich Brücken in Balken-, Bogen- oder Hängebrücken einteilen. Weitere Unterscheidungsmerkmale sind die Art der Nutzung, die verwendeten Baumaterialien sowie der Standort.

Zu den wesentlichen Bauteilen von Brückenbauwerken gehören:

- Fundamente,
- Widerlager,
- Pfeiler und Pylone,
- Überbau,
- Gesimse,
- Abhängungen.

In diesem Kapitel werden die zur Herstellung dieser Bauteile (mit Ausnahme der Abhängungen) benötigten Schalungen und Rüstungen behandelt.

12.1 Gründung und Unterbau

Aufgrund der großen Lasten sind die Fundamente im Brückenbau häufig deutlich höher als im Hochbau. Als Schalung kommen hierfür üblicherweise Wandschalungssysteme (s. Kapitel 5) zum Einsatz. Oft werden Rahmenschalungen verwendet. Je nach Anforderung an die Geometrie oder die Betonoberfläche können aber auch Trägerschalungen eingesetzt werden. Sollten die Fundamentabmessungen so groß sein, dass ein Ankern der Schalung nicht möglich ist, können Abstützböcke (s. Abschnitt 5.8) eingesetzt werden.

Zur Herstellung der Widerlager, Pfeiler und Pylone werden ebenfalls Wandschalungssysteme eingesetzt. Dabei ist zu beachten, dass die Schalung für sichtbar bleibende Betonoberflächen meist mit einer Brettstruktur belegt werden muss. Hierfür eignen sich sowohl Rahmenschalungen (Bild 12.1) wie auch Trägerschalungen (Bild 12.2). Dennoch sind Trägerschalungen von Vorteil, wenn die Ankerung der Schalung individuell ausgeführt werden muss oder bei architektonischen Sonderformen. Je nachdem wie hoch die Anforderungen an die Geometrie sind, werden auch Sonderschalungen angefertigt. Hohe Pfeiler und Pylone (Bild 12.3) werden in mehreren Takten geschalt. Zum Einsatz kommen hierzu die in Abschnitt 5.4 vorgestellten Klettersysteme.

Bild 12.1 Rahmenschalung für ein Brückenwiderlager, Bildquelle: HSB Schalung

Bild 12.2 Trägerschalung für ein Brückenwiderlager, Bildquelle: Doka

Bild 12.3
Herstellung von Brückenpfeilern mit Selbstkletterschalung, Bildquelle: HÜNNEBECK

12.2 Herstellverfahren für den Überbau

Überbauten von Brückenbauwerken werden in verschiedenen Querschnittsformen hergestellt. Maßgeblichen Einfluss auf die Wahl des Querschnitts haben die Tragweiten der einzelnen Brückenfelder.

Häufigste Überbau-Querschnitte sind:

- massive Platte,
- Plattenbalkenquerschnitt,
- Hohlkastenquerschnitt,
- Verbund-Querschnitt.

Unabhängig von der Querschnittsform müssen bei der Herstellung die Lasten so lange abgetragen werden, bis der Überbau die notwendige Betonfestigkeit erreicht hat, um sich selbst zu tragen. Die Herstellverfahren und die damit verbundenen Tragsysteme sind wiederum abhängig von verschiedenen Einflussfaktoren wie beispielsweise der Länge und Höhe des Brückenbauwerks oder der Geländeform.

Ein häufig gewähltes Herstellverfahren für den Überbau ist die Unterstützung durch Traggerüstkonstruktionen. Insbesondere bei einfachen Plattenquerschnitten ähnelt die Vorgehensweise der Unterstützung hoher Ortbetondecken, allerdings mit teilweise deutlich größeren Deckenstärken. In Abschnitt 12.2.1 werden die im Brückenbau verwendeten Traggerüstarten näher beschrieben. Außerdem wird der Aufbau einer Überbauschalung beispielhaft erläutert.

Für Überbauten, die nicht mit Traggerüsten hergestellt werden können, kommen spezielle Herstellverfahren zur Anwendung. Dazu zählen das Taktschiebeverfahren, das Freivorbauverfahren, die Vorschubrüstung sowie die Stahlverbund-Bauweise. Rüst- und Schalmaterialien hierfür sind teilweise sehr speziell und werden nicht von allen Schalungsherstellern angeboten. In den Abschnitten 12.2.2 bis 12.2.5 werden diese besonderen Herstellverfahren kurz beschrieben.

12.2.1 Unterstützung durch Traggerüstkonstruktionen

Bei der Unterstützung der Schalung für den *Brückenüberbau* durch *Traggerüste* werden die auftretenden Lasten über die Traggerüst-Stiele in den Baugrund abgeleitet. Die Traggerüste werden unterschieden in leichte und schwere Traggerüste.

Leichtes Traggerüst

Bei leichten Traggerüsten (Bild 12.4) handelt es sich um die in Kapitel 10 beschriebenen Traggerüstsysteme in Rahmenbauweise oder sie werden aus Einzelstützen mit Aussteifungsrahmen zusammengesetzt. Da hierbei der komplette Grundriss für den Aufbau der Überbauschalung eingerüstet wird, spricht man auch von Flächen-Traggerüsten. Die einzelnen Stiele bringen dabei vergleichsweise geringere Auflagerkräfte in den Baugrund. Da die Lasten dennoch als Einzellasten eingeleitet werden, muss der Baugrund eine ausreichende Tragfähigkeit aufweisen. Ansonsten sind entsprechende Maßnahmen zu treffen, wie beispielsweise die Herstellung von Fundamenten. Allerdings erweisen sich umfangreiche Gründungsmaßnahmen für Flächen-Traggerüste oft als unwirtschaftlich.

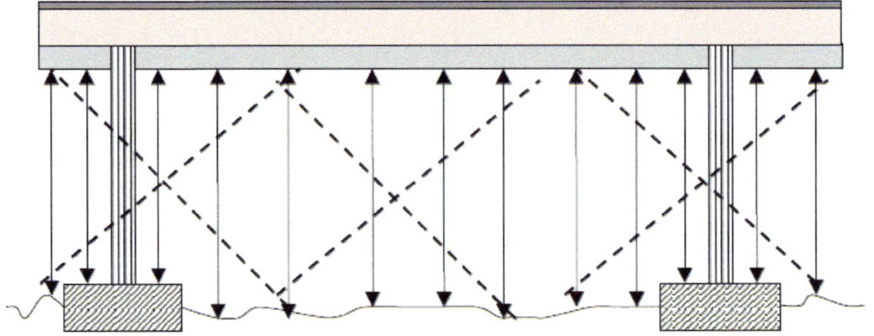

Bild 12.4 Schematische Darstellung eines leichten bzw. Flächen-Traggerüstes

Schweres Traggerüst

Schwere Traggerüste (Bild 12.5) kommen dann zum Einsatz, wenn der Baugrund für leichte Traggerüste nicht ausreichend tragfähig ist oder aufgrund unzugänglichen Geländes wie beispielsweise durch Flüsse oder Verkehrswege. Um eine möglichst große Spannweite zu erreichen, bestehen sie aus speziellen Schwerlaststützen in Verbindung mit entsprechend belastbaren Längs- und Auflagerträgern.

Bild 12.5 Schweres Traggerüst, Bildquelle: PERI

Bei diesen weitgespannten Traggerüsten können die Fundamente der Brückenwiderlager und der Brückenpfeiler auch zur Gründung des Traggerüstes genutzt werden. Je nach Stützweite der Brücke können zusätzliche Unterstützungspunkte, beispielsweise in der Feldmitte, notwendig werden. Dies kann zusätzliche Fundamente bis hin zu Tiefergründungen mit Bohrpfählen erfordern (Bild 12.6).

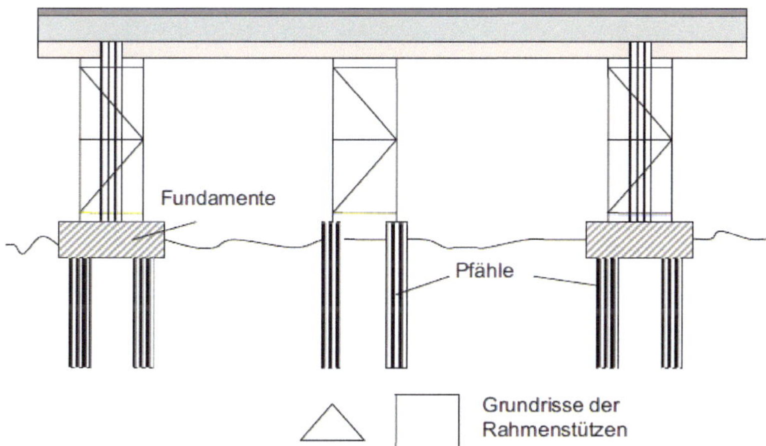

Bild 12.6 Schematische Darstellung eines schweren Traggerüstes

Das Brückenbauwerk selbst wird meist aufgrund der hohen Lasten und zu geringer Tragfähigkeit des Baugrunds auf einer *Tiefergründung* gegründet. Es ist davon auszugehen, dass in diesen Fällen auch das Traggerüst tiefer gegründet werden muss. Baubetrieblich wichtig ist hier besonders, dass bereits beginnend mit der Planung über die Ausschreibung bis hin zur Bauausführung vorausschauend die Tiefergründung des Traggerüstes berücksichtigt wird. Hilfreich ist dabei immer eine Vergabe der gesamten Baumaßnahme einschließlich Tiefergründung und Brückenüberbau in die Hand nur eines Auftragnehmers.

Überbauschalung

Unabhängig von der gewählten Art des Traggerüstes ist die Schalung für den Brückenüberbau stark abhängig von dem zu erstellenden Querschnitt. In der Regel handelt es sich dabei um eine Kombination verschiedener Systeme und Komponenten aus dem Lieferprogramm der Schalungshersteller wie beispielsweise Trägerschalungen, Flex-Deckenschalungen, Gelenkriegel, Spindelstützen usw. Diese werden dann entweder vor Ort auf dem Traggerüst zusammengebaut oder bereits vormontiert auf die Baustelle geliefert. Aber auch konventionelle Lösungen oder klassische Binderkonstruktionen finden im Brückenbau nach wie vor Anwendung.

Nachfolgend wird beispielhaft der Aufbau der Schalung für einen Hohlkastenquerschnitt erläutert, die durch eine schwere Traggerüstkonstruktion unterstützt wird.

Die gesamte Schalungskonstruktion wird auf einem geschlossenen *Schalboden* aufgebaut, der auf einer *Querträgerlage* aufliegt (Bild 12.7). Der mittlere Hohlkastenquerschnitt wird gewöhnlich vorab ohne Deckenplatte hergestellt. Statt mit Deckenschalung kann die Hohlkastendecke mit *Halbfertigteil-Deckenplatten* geschalt werden. Dadurch wird der Ausschalvorgang wesentlich erleichtert. In die *Binderkonstruktion* für die Kragplatten kann die Schalung für die Hohlkasten-Wände integriert werden. Die Binder werden als Fachwerk- oder Nagelplattenbinder hergestellt.

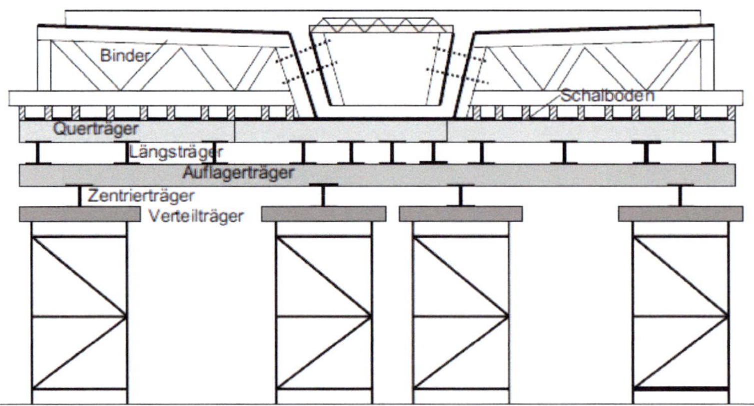

Bild 12.7 Schweres Traggerüst mit Überbauschalung im Querschnitt

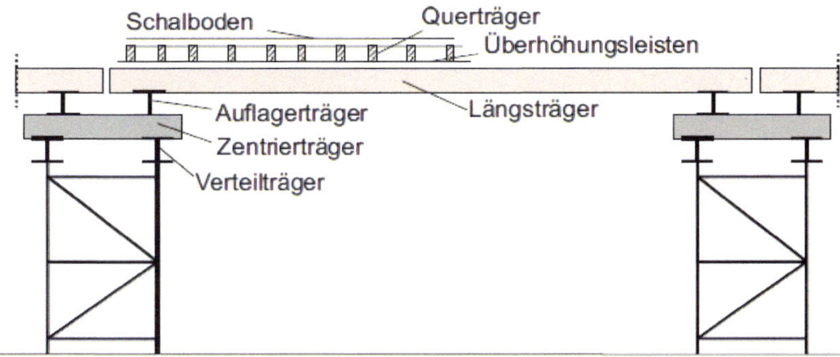

Bild 12.8 Schweres Traggerüst im Längsschnitt

Aufbau der Traggerüstkonstruktion anhand Bild 12.7 und Bild 12.8:

- *Querträgerlage* als Auflager für den Schalboden, meist aus Holzschalungsträgern oder Kanthölzern
- *Längsträger* aus Stahlprofilen (z. B. HEB) mit Höhen ab 300 mm bis 600 mm
- *Auflagerträger* aus Stahlprofilen über die gesamte Brückenbreite, nötigenfalls mit Stößen
- *Zentrierträger* aus Stahlprofilen, zur Zentrierung der Lasten auf die Rüsttürme
- *Verteilträger* aus Stahlprofilen, zur Verteilung der zentrierten Lasten auf die einzelnen Stiele der Rüsttürme

Die Frischbetonlasten müssen über Zentrier- und Verteilträger so in die Rüststützen eingeleitet werden, dass alle Stiele eines Rüstturmes gleichmäßig belastet werden und keine *Ausmittigkeiten* entstehen (Bild 12.9).

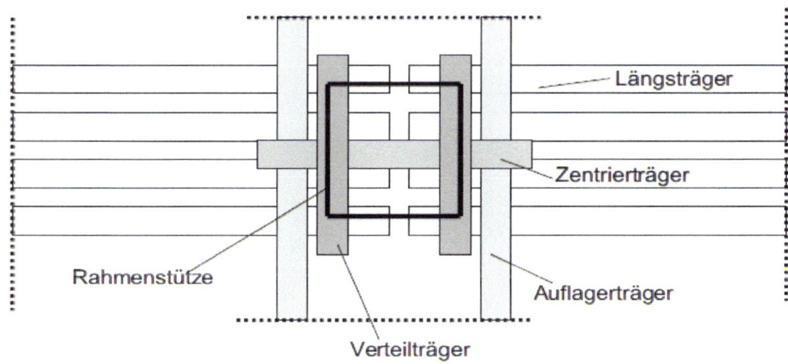

Bild 12.9 Grundriss Zentrierträger (Untersicht)

Planmäßige Verformungen der Längsträger des Traggerüstes werden durch aufgelegte *Überhöhungsleisten* (Bild 12.10) vorab ausgeglichen. Der Brückenüberbau wird dann überhöht hergestellt und verformt sich nach dem Ausschalen in den endgültigen Zustand.

Elastische Verformungen ergeben sich aus der Belastung des Traggerüstes selbst. Bei Spannbetonbrücken ergeben sich in der Regel keine oder nur geringe elastische Verformungen als Durchbiegungen, jedoch können sich durch Kriechen des jungen Betons plastische Verformungen ergeben.

Bild 12.10 Überhöhungsleisten auf Längsträgern eines Traggerüstes, Bildquelle: Malpricht

Wegen der Durchbiegung bzw. Verformungen der Längsträger, müssen diese an den Auflagerträgern mit *Zentrierblechen* unterlegt werden (Bild 12.11). Dadurch werden Verdrehungen der Auflagerträger verhindert und eine *zentrische Lasteinleitung* gewährleistet.

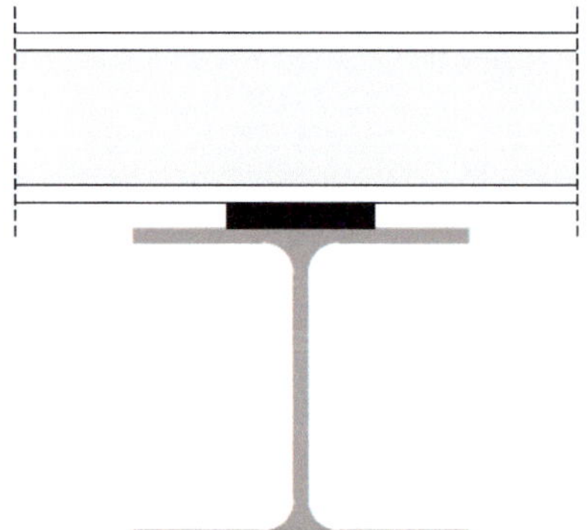

Bild 12.11
Zentrierblech zwischen Längsträger und Auflagerträger

Um den Überbau ausschalen zu können, muss das Traggerüst abgesenkt werden. Hierzu können *Absenkkeile* (Bild 12.12) verwendet werden. Sie werden beispielsweise unter den Verteilträgern auf oder unter den Rüsttürmen angeordnet. Wichtig ist dabei, dass die jeweiligen Unterstützungspunkte möglichst gleichmäßig abgesenkt werden.

Bild 12.12
Absenkkeil im abgesenkten Zustand,
Bildquelle: Ischebeck

Nach dem Ausschalen und Ausbau der Überbau-Schalung werden die einzelnen Längsträger mit *Lastenrollern* oder *Rollenwagen* (Bild 12.13) auf den Auflagerträgern unter dem Brückenüberbau hervorgeholt, bis sie von einem Hebezeug abgenommen werden können. Die Auflagerträger müssen hierfür mit entsprechenden Überlängen eingebaut worden sein.

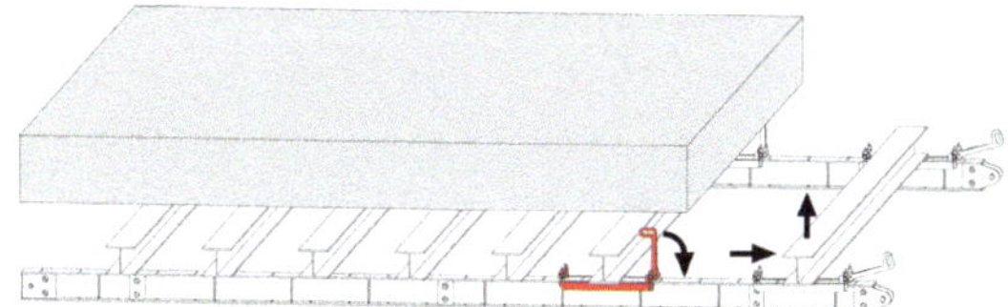

Bild 12.13
Ausbau der Längsträger mit Rollenwagen,
Bildquelle: PERI

Bei sehr breiten und auch langen Brückenquerschnitten, speziell bei Hohlkastenquerschnitten, empfiehlt es sich, nur den mittleren Teilquerschnitt auf einem Traggerüst herzustellen. Dabei wird nur der eigentliche Hohlkasten, häufig sogar ohne die Hohlkasten-Decke, erstellt (Bild 12.14).

Die beidseitig auskragenden Kragplatten werden nachträglich mit einem *Schalwagen* in mehreren kleinen Bauabschnitten hergestellt (Bild 12.15 und Bild 12.16). Insbesondere bei langen Brückenbauwerken lassen sich die Kosten für das Traggerüst dadurch erheblich reduzieren.

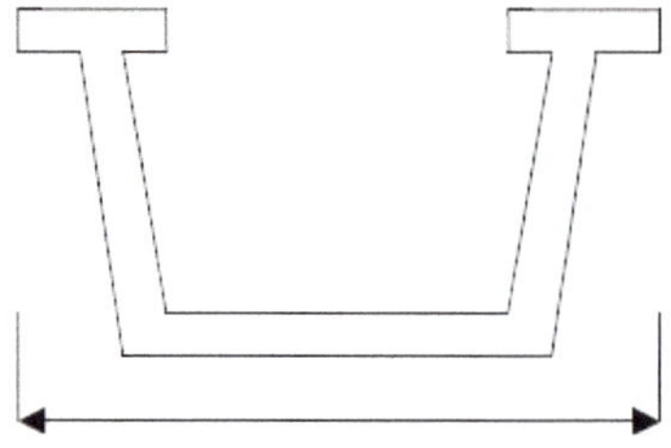

Bild 12.14
Teilquerschnitt Hohlkasten

Bild 12.15
Brücken-Schalwagen, Ansicht von unten, Bildquelle: Malpricht

Bild 12.16
Brücken-Schalwagen, Bildquelle: Malpricht

Bei Spannbetonbrücken werden die *Spannglieder* (Bild 12.17) in geschlossenen Kästen in Brückenlängsrichtung verlegt und einbetoniert. Die Spannglieder werden dann später an den Tragwerksenden mittels hydraulischer Pressen gedehnt (vorgespannt). Infolge der dadurch entstehenden Druckspannungen im Beton sind größere Stützweiten möglich.

Bild 12.17
Spannglieder in Brückenlängsrichtung, Bildquelle: Malpricht

Manchmal müssen Brücken auf einem höher liegenden Traggerüst (Bild 12.18) hergestellt werden, z.B. über dem Fahrdraht einer bestehenden Bahnstrecke. Solche Brücken oder Brückenteile werden dann nach dem Ausschalen mithilfe von hydraulischen Pressen und Stahlplatten-Stapeln auf ihr endgültiges Niveau und auf die Brückenlager abgesenkt.

Bild 12.18
Brückenüberbau auf höherliegendem Traggerüst, Bildquelle: Malpricht

12.2.2 Taktschiebeverfahren

Beim Taktschiebeverfahren (Bild 12.19) wird der Überbau hinter dem Widerlager in ca. 10 m bis 30 m langen Einzel-Abschnitten hergestellt und taktweise über die bereits hergestellten Pfeiler nach vorne verschoben. Die Schalarbeiten und das Betonieren finden immer am gleichen Ort in einer sogenannten *Feldfabrik* (auch Taktkeller genannt) statt. Die Verbindung der Einzel-Abschnitte miteinander erfolgt mittels Spanngliedern. Dazu muss das zuletzt hergestellte Teilstück die notwendige Betonfestigkeit erreicht haben. Nachdem alle Teilstücke hergestellt sind und der Überbau in seiner Endposition ist, erfolgt die Vorspannung der restlichen Spannglieder.

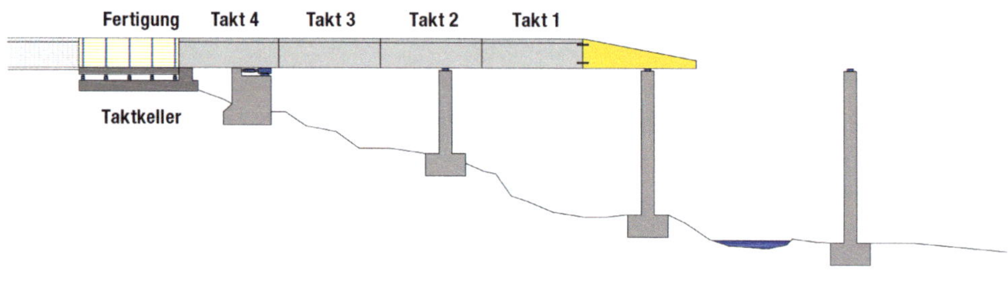

Bild 12.19 Schematische Darstellung des Taktschiebeverfahrens mit Vorbauschnabel, Bildquelle: Doka

Um den auf teflonbeschichteten Stahlplatten liegenden Überbau in Brückenlängsrichtung verschieben zu können, werden auf den Pfeilern spezielle Gleiteinrichtungen angebracht. Die auftretenden Kragmomente werden reduziert, indem am Anfang des Überbaus ein *Vorbauschnabel* montiert wird (Bild 12.20). Wenn die Spannweiten zwischen den Feldern zu groß sind, können temporäre Montageunterstützungen genutzt werden. Der Vorschub erfolgt von der Feldfabrik aus mit Hydraulikpressen.

Durch die Anwendung des Taktschiebeverfahrens entsteht ein gleichmäßiges Tragwerk infolge sich ständig wiederholender Arbeitsschritte. Die Herstellung des Überbaus in der Feldfabrik ermöglicht zudem ein weitestgehend witterungsunabhängiges Arbeiten. Dadurch ist die Bauzeit relativ sicher planbar. Ein weiterer Vorteil sind die kurzen Transportwege ohne schwere Hebemittel.

Bild 12.20
Taktschiebeverfahren mit Vorbauschnabel, Bildquelle: Doka

12.2.3 Freivorbauverfahren

Die Herstellung des Überbaus erfolgt beim Freivorbauverfahren vom Pfeiler ausgehend symmetrisch in beide Richtungen. In einzelnen Betonierabschnitten wird jeweils an den bereits fertiggestellten Abschnitt angeschlossen. Dazu wird auf beiden Seiten ein *Freivorbauwagen* (Bild 12.21) verwendet, der als Tragkonstruktion für die Schalung dient und die Frischbetonlasten in den fertiggestellten Abschnitt ableitet. Die Abschnittslängen betragen in der Regel zwischen 3 m und 6 m. Nachdem ein Abschnitt hergestellt wurde, wird der Freivorbauwagen mit der Schalung in die nächste Position verfahren. Durchschnittlich beträgt die Zeit für die Herstellung eines Vorbauabschnittes ca. eine Woche.

Bild 12.21
Hohlkastenquerschnitt im Freivorbauverfahren, Bildquelle: PERI

Anwendungsbereiche für das Freivorbauverfahren sind Balken- und Schrägseilbrücken, zumeist als Hohlkastenprofil, mit großen Spannweiten. Mit zusätzlicher Rückverankerung kommt das Verfahren auch bei Bogenbrücken zum Einsatz (Bild 12.22).

Bild 12.22 Abgespannter Freivorbau bei einer Bogenbrücke, Bildquelle: Doka

12.2.4 Vorschubrüstung

Bei der Vorschubrüstung stellen das Traggerüst und die Schalung eine fest miteinander verbundene Einheit dar, die abschnittsweise in eine neue Betonierposition verschoben wird. Dazu werden an den Pfeilern bzw. durch Hilfsunterstützungen entsprechende Auflagermöglichkeiten geschaffen. Der jeweils betonierte Teilabschnitt des Überbaus verbleibt im Gegensatz zum Taktschiebeverfahren an seiner Position. Dadurch sind kurze Taktzeiten mit relativ geringem Personalaufwand möglich. Unabhängig von der Bauwerkshöhe und der Zugänglichkeit des Geländes können Spannweiten von bis zu 50 m realisiert werden.

Im Hinblick auf die Lage der *Vorschubträger* wird in oben- und untenliegende Vorschubrüstung unterschieden. *Obenliegende Vorschubrüstungen* (Bild 12.23) haben den Vorteil, dass das Lichtraumprofil unter der Brücke in der Regel nicht störend wirkt. Außerdem können mit dieser Variante auch kurvige Verläufe relativ gut hergestellt werden. Bei *untenliegenden Vorschubrüstungen* (Bild 12.24) kann auf die Abhängung der Schalung durch den Überbau verzichtet werden. Ein Zeitvorteil stellt sich dadurch ein, dass die Bewehrung von oben eingehoben werden kann.

Bild 12.23 Obenliegende Vorschubrüstung, Bildquelle: PERI

Bild 12.24 Untenliegende Vorschubrüstung, Bildquelle: PERI

12.2.5 Stahlverbund-Bauweise

Bei der Stahlverbund-Bauweise werden die verwendeten Baustoffe gemäß ihren besonderen Materialeigenschaften eingesetzt. Das auf Zug beanspruchte Unterteil des Überbaus besteht aus einer Stahlkonstruktion. Dabei handelt es sich entweder um einen zusammengesetzten Hohlkastenquerschnitt oder um in Längsrichtung verlaufende I-Träger. Die druckbeanspruchte Fahrbahnplatte mit den Kragplatten wird aus Stahlbeton hergestellt. Die Stahlbauteile werden in der Regel zum größten Teil werkseitig vorgefertigt auf die Baustelle geliefert und vor Ort montiert. Im Anschluss wird auf der Stahlkonstruktion ein *Schalwagen* (Bild 12.25) aufgesetzt, der die Schalung für die Fahrbahnplatte aufnimmt und entsprechend den Betonierabschnitten versetzt wird. Dies erfolgt entweder im *Pilgerschrittverfahren* oder *auf Vorlauf und Lücke,* wenn zwei Wagen eingesetzt werden.

Bild 12.25 Verbundschalwagen, auf der Stahlkonstruktion verfahrbar, Bildquelle: Doka

Dadurch werden Risse im Beton infolge von Kriechen und Schwinden reduziert. Für kleinere Brücken, bei denen der Einsatz eines Verbundschalwagens unwirtschaftlich wäre, kommen spezielle Konsollösungen als Kragarmschalung zum Einsatz (Bild 12.26).

Aufgrund geringerer Eigengewichte sind bei Überbauten in Stahlverbund-Bauweise bei gleicher Belastung größere Spannweiten als bei Spannbetonbrücken möglich. Ein weiterer Vorteil ist der hohe Vorfertigungsanteil. Dies führt zu einer vergleichsweise kurzen Bauzeit.

Bild 12.26 An der Stahlkonstruktion befestigte Konsolen als Kragarmschalung, Bildquelle: Doka

12.3 Gesimskappen

Gesimskappen werden nachträglich auf den bereits fertiggestellten Überbau aufbetoniert. Dadurch können Maßungenauigkeiten am Kragarm ausgeglichen werden und es entsteht ein sichtbar sauberer Abschluss der Fahrbahnplatte. Die Kappen dienen weiterhin als Geh- oder Radweg sowie zur Befestigung von Geländern und Leitplanken.

Üblicherweise werden Gesimskappen in mehreren Abschnitten hergestellt. Als Tragkonstruktion für die Schalung können *Gesimsschalwagen,* vormontierte Bühnen oder auch Einzelkonsolen verwendet werden. Bei der eigentlichen Schalung handelt es sich um speziell angepasste Sonderlösungen aus dem Bereich der Trägerschalungen.

Gesimsschalwagen (Bild 12.27) sind auskragende Gerüstkonstruktionen mit *Gegenbalast,* die auf dem Brückenüberbau stehen. Am Ausleger hängen die Kappenschalung sowie ein Arbeitsgerüst. Die Frischbetonlasten werden über den Schalwagen in den Überbau geleitet. Dadurch, dass mehrere Schalwagen gekoppelt werden können, lassen sich verfahrbare Einheiten von bis zu 25 m Länge bilden. Daher kann der Einsatz von Gesimsschalwagen insbesondere bei langen Brücken wirtschaftlich vorteilhaft sein.

Bild 12.27 Gesimsschalwagen, Bildquelle: PERI

Bei *Gesimskappenbühnen* (Bild 12.28) handelt es sich um vormontierte Einheiten inklusive Belag und Rückenschutz. Sie werden mit Zugankern an der Unterseite der Kragplatte oder an der Widerlagerwand aufgehängt. Dazu werden vorab *Gewindehülsen* einbetoniert. Über ein Druckauflager wird das Moment aus der Auskragung abgetragen. Zur Aufnahme der Schalung befinden sich spezielle, verstellbare Einheiten an der Bühne. Einzelkonsolen kommen für Restmaßausgleiche oder bei besonderen Anforderungen zum Einsatz.

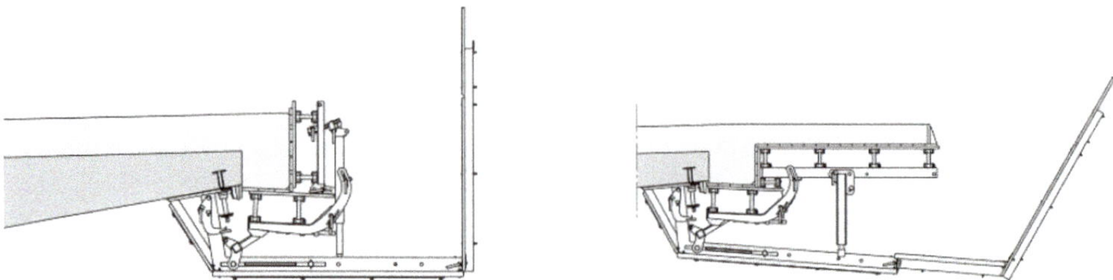

Bild 12.28 Gesimskappenbühnen am Brückenüberbau in verschiedenen Ausführungen, Bildquelle: PERI

13 Tunnelschalungen

Tunnelbauwerke werden in offener, halboffener oder bergmännischer Bauweise erstellt. Maßgeblich sind dabei die geografischen Gegebenheiten, in denen das Bauwerk errichtet werden soll.

Zu den üblichen Tragwerksformen von Tunneln zählen rechteckige, runde und ovale Querschnitte. Es kommen aber auch Sonderformen zur Ausführung. Tunnelquerschnitte können ein- oder mehrzellig ausgebildet werden. In Abhängigkeit von verschiedenen Faktoren, wie beispielsweise der Tunnellänge und der geologischen Beschaffenheit, werden sie entweder aufgelöst, teilmonolithisch oder monolithisch hergestellt. Dies hat wiederum Einfluss auf die zu verwendende Schalung.

In diesem Kapitel werden die verschiedenen Tunnelbauweisen, Herstellungsarten und mögliche Schalverfahren behandelt.

13.1 Offene Bauweise

Bei der offenen Bauweise (Bild 13.1) wird die Tunnelanlage in einer zuvor ausgehobenen Baugrube erstellt. Nach der Fertigstellung wird das Bauwerk gegebenenfalls mit Erdmassen überschüttet. Als Schalung für die Sohle, Wände und Decken des Tunnels werden größtenteils die in den vorangehenden Kapiteln vorgestellten Systeme und Komponenten eingesetzt. Je nach Anforderung und Herstellungsart allerdings in Kombination mit speziellen Tragkonstruktionen wie Schalwagen oder Portalen.

Bild 13.1 Tunnelbau in offener Bauweise, Bildquelle: PERI

13.1.1 Aufgelöst hergestellter Querschnitt

Bei aufgelöst hergestellten Tunnelquerschnitten werden Sohle, Wände und Decke nacheinander erstellt. Abhängig vom Verbau und den Platzverhältnissen in der Baugrube, wird die Wandschalung (Bild 13.2) entweder ein- oder zweihäuptig ausgeführt. Dabei kommen Rahmen- oder Trägerschalungen zum Einsatz. Je nach Tunnellänge werden die einzelnen Bauteile in mehreren Takten gefertigt. Das Versetzen der Wandschalung kann dann entweder mit dem Kran erfolgen oder es wird eine auf der Tunnelsohle verfahrbare Lösung gewählt.

Bild 13.2 Wandschalung bei einem aufgelöst hergestellten Querschnitt, Bildquelle: Doka

Ähnlich verhält es sich mit der Deckenschalung (Bild 13.3), die häufig mit *Traggerüsttürmen* (Kapitel 10) unterstützt wird. Diese können kleinflächig umgesetzt oder in größtmöglichen Einheiten verfahren werden.

Bild 13.3
Deckenschalung bei einem aufgelöst hergestellten Querschnitt,
Bildquelle: Doka

Für besondere Anforderungen kann der Einsatz spezieller *Schalwagen* erforderlich sein. Diese werden auf Gleisen oder schienenunabhängig direkt auf der Betonsohle verfahren. Der Vorschub kann dabei hydraulisch unterstützt werden.

Es gibt einhäuptige *Wandschalwagen* (Bild 13.4), bei denen das Ein- und Ausschalen hydraulisch erfolgt. Dabei kann die gesamte Wandschalung mit Höhenzylindern räumlich bewegt und genau einjustiert werden. Der Wandschalwagen ist zudem mit hydraulischen Stirnabschalungen ausstattbar, die sich stufenlos an unterschiedliche Wandstärken anpassen lassen.

Bild 13.4 Hydraulischer Wandschalwagen, Bildquelle: DOMESLE

Auch bei *Deckenschalwagen* (Bild 13.5) besteht die Möglichkeit des Ein- und Ausschalens mit hydraulischen Hub- bzw. Absenkeinrichtungen. Sie sind in der Höhe und in der Breite stufenlos teleskopierbar und können sich dadurch den Bauwerksabmessungen flexibel anpassen. Häufig werden Deckenschalwagen mit Durchfahrtsöffnungen ausgeführt, um den Materialtransport in Tunnellängsrichtung zu ermöglichen.

Bild 13.5 Hydraulischer Deckenschalwagen, Bildquelle: DOMESLE

13.1.2 Teilmonolithisch hergestellter Querschnitt

Bei teilmonolithisch hergestellten Querschnitten werden entweder die Wände und die Decke oder die Sohle und die Wände in einem Guss betoniert. Nachfolgend werden zwei mögliche Schalverfahren beschrieben.

Sohle vorab hergestellt, Wände und Decke in einem Guss betoniert

Hierbei bilden die Deckenschalung und die innere Wandschalung eine Einheit, die als *Schalwagen* auf der Sohle verfahrbar ist. Die beiden Außenschalungen der Wände werden jeweils separat bewegt und dienen gleichzeitig als Deckenrand-Abschalung (Bild 13.6). Sie sind ebenfalls verfahrbar oder werden mit dem Kran versetzt. Innen- und Außenschalung der Wände werden geankert. Zum Ausschalen wird die innere Wandschalung über spezielle Vorrichtungen zusammengezogen und die Deckenschalung gleichzeitig abgesenkt. Dadurch entsteht genügend Spiel, um den Schalwagen in Tunnellängsrichtung zu bewegen. Um beim Verfahren ein Verkanten zu verhindern, werden auf der Sohle Gleis- oder Führungsschienen verlegt.

Bild 13.6
Innenschalwagen und äußere Wandschalung, Bildquelle: PERI

Sohle und Wände in einem Guss betoniert, Decke nachträglich aufgebracht (Trogbauweise)

Da zwischen Sohle und aufgehender Wand keine horizontale Arbeitsfuge verläuft, bietet sich dieses Verfahren für Tunnel an, die im Grundwasserbereich liegen.

Zur Herstellung wird die Wandschalung von oben abgehängt. Dazu verläuft über die gesamte Tunnelbreite eine *Portalkonstruktion,* die sich auf den beiden Tunnelaußenseiten auf Fundamenten abstützt. Innen- und Außenschalung werden am Portal abgehängt und geankert (Bild 13.7). Das seitliche Fundament kann dabei als Bodenplatten-Abschalung genutzt werden. Zum Ein- und Ausschalen wird die Schalung am Portal nach innen bzw. nach außen bewegt. Die Portalkonstruktion ist in Tunnellängsrichtung als *Schalwagen* verfahrbar. Die Decke wird nachträglich erstellt. Dies kann analog der aufgelösten Bauweise erfolgen.

Für den Sohlbeton, zumindest aber im Bereich des Übergangs zwischen Sohle und Wandschalung wird ein Erstarrungsbeschleuniger als Betonzusatzmittel verwendet. Dadurch wird vermieden, dass der Wandbeton durch die Sohle herausquillt.

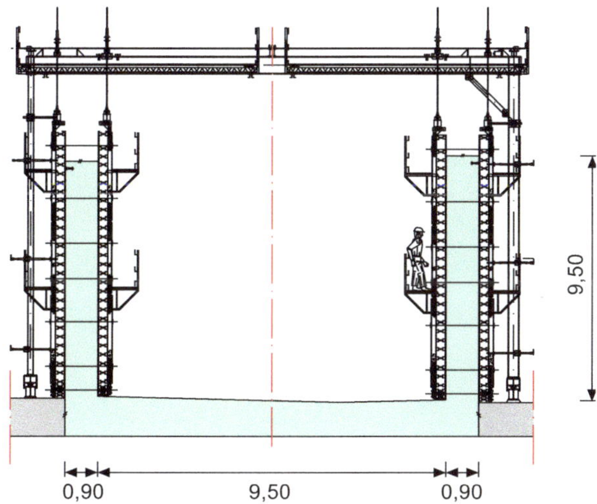

Bild 13.7
Wandschalung am Portalwagen abgehängt, Bildquelle: PERI

Alternativ zur Portalkonstruktion können auch zwei Schalwagen mit Auslegern und Gegenballast verwendet werden, die jeweils auf den beiden Tunnelaußenseiten verfahrbar sind. Die Wandschalung wird hierbei an den zur Tunnelinnenseite ausgerichteten Auslegern abgehängt.

13.1.3 Monolithisch hergestellter Querschnitt

Bei monolithisch hergestellten Querschnitten werden Sohle, Wände und Decke in einem Guss betoniert. Somit weist der gesamte Querschnitt keine horizontalen Arbeitsfugen auf. Die Herstellungsart ist daher für Tunnelbauwerke geeignet, die zum größten Teil oder komplett im Wasser liegen.

Ein mögliches Schalverfahren stellt die Verwendung von Portal und Innenschalwagen dar. Dabei hängen die beiden Außenschalungen der Wände an einer verfahrbaren *Portalkonstruktion* (Bild 13.8 links). Das Portal wird vor dem neu zu erstellenden Tunnelabschnitt auf seitlich verlaufenden Fundamenten abgestützt. Am hinteren Ende legt sich das Portal auf der fertigen Decke des vorangegangenen Betonierabschnitts auf. Die Innenschalung für Wände und Decke ist an einem *Schalwagen* montiert, der vorne am Portal hängt und hinten auf der fertigen Sohle des vorangegangenen Betonierabschnitts aufsteht (Bild 13.8 rechts). Die Wandschalung wird geankert. Zum Ausschalen wird die Innenschalung zusammengezogen bzw. abgesenkt und die Außenschalung am Portal nach außen bewegt. Zum Umsetzen wird die gesamte Einheit, also Portal und innerer Schalwagen, nach vorne verfahren.

Analog zur Trogbauweise müssen auch hier Vorkehrungen für ein möglichst schnelles Abbinden des Sohlbetons getroffen werden.

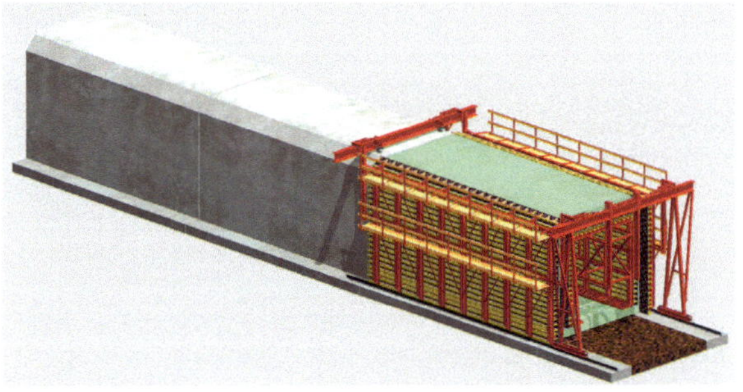

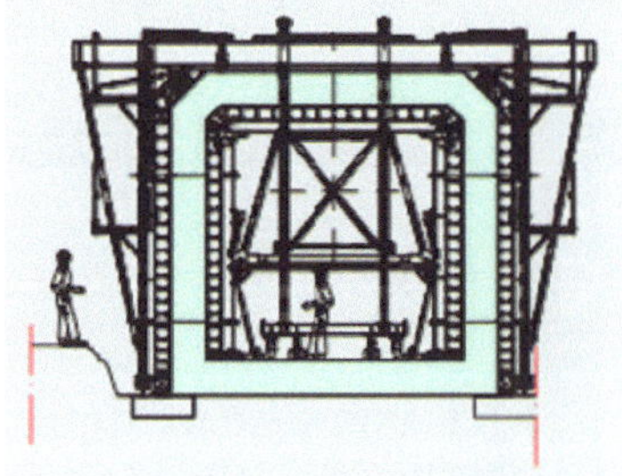

Bild 13.8 Portal und Innenschalwagen, Bildquelle: PERI

13.2 Halboffene Bauweise (Deckelbauweise)

Bei der halboffenen Bauweise (Bild 13.9) wird vorab der seitliche Baugrubenverbau in Tunnellängsrichtung erstellt. Dies erfolgt durch das Einbringen von Bohrpfahl- oder Schlitzwänden in den Boden. Anschließend wird der „Deckel“ in Form der Tunneldecke betoniert, die dann auf den Verbauwänden aufliegt. Danach wird die Baugrube unter der Decke ausgehoben und die Sohle eingebracht. Die seitlichen Tunnelwände werden nun einhäuptig gegen die Verbauwände betoniert. Hierzu können Wandschalungssysteme und *Abstützböcke* (Bild 13.10) oder einhäuptige *Schalwagen* verwendet werden. Während die unterirdischen Tunnelarbeiten stattfinden, kann der oberirdische Bereich bereits wieder für den Verkehr genutzt werden. Deshalb wird diese Bauweise häufig in innerstädtischen Bereichen mit starkem Verkehrsaufkommen angewendet.

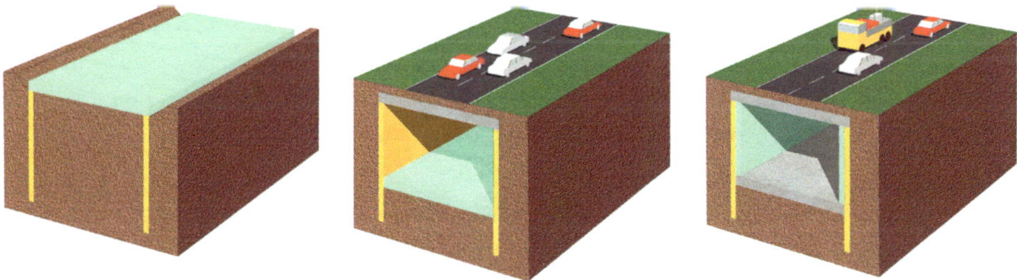

Bild 13.9 Halboffene Bauweise (schematische Darstellung), Bildquelle: PERI

Bild 13.10 Einhäuptiges Schalen der Tunnelwände mit Abstützböcken, Bildquelle: Doka

Die eigentliche Tunneldecke kann auch als zweite Decke unterhalb des „Deckels" liegen, wenn der Tunnel nicht direkt unterhalb der Geländeoberfläche verläuft. Wie beispielsweise bei U-Bahn-Stationen können die Tunnelbauwerke durchaus auch mehrgeschossig sein.

Auch im allgemeinen Hochbau wird bei Bauwerken mit mehreren Untergeschossen nicht selten die Deckelbauweise angewendet. Dort liegt der Vorteil in der Möglichkeit, das Bauwerk gleichzeitig nach unten und nach oben herzustellen und damit Bauzeit einzusparen.

13.3 Bergmännische Bauweise (geschlossene Bauweise)

Bei der bergmännischen oder geschlossenen Bauweise wird mit Tunnelbohrmaschinen oder durch Sprengungen eine Röhre hergestellt. Falls erforderlich wird der ausgebrochene Querschnitt, das sogenannte Gebirge, durch Spritzbeton und Erdvernagelungen gegen Einsturz gesichert. Nachdem die Sohle eingebracht wurde, werden die Seitenwände und das Deckengewölbe entweder aufgelöst (Bild 13.11) oder teilmonolithisch hergestellt (Bild 13.12). Bei gleichbleibenden Tunnelquerschnitten können hydraulische *Gewölbeschalwagen* eingesetzt werden (Bild 13.13). Diese sind häufig mit einer *Stahlschalungshaut* ausgestattet und somit für große Einsatzzahlen und hohe Frischbetondrücke geeignet. Die bergmännische Bauweise kommt zur Anwendung, wenn eine offene Bauweise unwirtschaftlich oder technisch nicht möglich ist, vor allem dann, wenn der Tunnel durch natürliches Gebirge verläuft, oder wenn sich bestehende Bauwerke über dem Tunnel befinden.

Bild 13.11
Bergmännische Bauweise, aufgelöst hergestellter Querschnitt, Bildquelle: PERI

Bild 13.12 Bergmännische Bauweise, teilmonolithisch hergestellter Querschnitt, Bildquelle: Doka

Bild 13.13 Hydraulischer Gewölbeschalwagen mit Stahlschalhaut, Bildquelle: PERI

13.4 Tunnelportale

Unabhängig von den zuvor beschriebenen Bauweisen, beschreiben Tunnelportale den Übergang zwischen der Tunnelröhre und dem oberirdischen Gelände. Die Ausbildung der Portalkragen ist dabei sowohl von statischen wie auch von gestalterischen Vorgaben abhängig. Nicht selten werden die Kragen der Tunnelportale mit aufwendig herzustellenden Krümmungen und Neigungen geplant. Dementsprechend hoch sind auch die Anforderungen an die *Kragenschalung* (Bild 13.14). Zum Einsatz kommen hauptsächlich gerade und runde Wandschalungssysteme, Traggerüste und Sonderschalungen.

Bild 13.14 Schalung für einen Portalkragen, Bildquelle: Malpricht

14 Arbeits- und Dehnfugen

Arbeitsfugen werden im Stahlbetonbau aus Gründen des Bauablaufs angeordnet und unterteilen Bauteile in Betonierabschnitte. Die Fugen müssen so ausgebildet werden, dass dadurch keine negativen Auswirkungen auf das Bauteil entstehen können.

Arbeitsfugen zwischen Bauteilen wie beispielsweise Bodenplatte und Wand sowie Wand und Decke, lassen sich nicht vermeiden, da diese Bauteile meist getrennt voneinander betoniert werden. Ein *Abschalen* dieser Fugen ist normalerweise nicht notwendig. Arbeitsfugen innerhalb von Bauteilen, wie beispielsweise Bodenplatten, Wänden und Decken müssen jedoch in der Regel abgeschalt werden, um ein Auslaufen des Betons zu vermeiden. Dabei ist die *Anschlussbewehrung* für den folgenden Betonierabschnitt zu berücksichtigen.

Steht im Erdreich außerhalb eines Gebäudes *Grundwasser* oder sonstiges *drückendes Wasser* aus Fließschichten oder auch aus Oberflächenwasser an, müssen Außenwände aus Stahlbeton gegen Erdreich als *weiße Wanne* ausgebildet werden. Bei der Herstellung von weißen Wannen müssen alle Arbeits- und Dehnfugen wasserundurchlässig ausgeführt werden. Hierfür stehen mehrere Verfahren zur Verfügung. Diese Fugen können je nach Anforderungen mit Fugenblechen (Bild 14.1), Fugenbändern, Injektionsschläuchen oder Quellbändern abgedichtet werden.

Planung und Bemessung von Fugenbändern sowie deren Ausführung auf der Baustelle ist in DIN 18197 „Abdichten von Fugen in Beton mit Fugenbändern“ geregelt. Alle anderen *Fugenabdichtungssysteme* gelten als ungeregelte Verfahren, deren Anwendung nur aufgrund eines Verwendbarkeitsnachweises, z. B. durch ein bauaufsichtliches Prüfzeugnis, erfolgen darf. Insbesondere bei der Verwendung von *Injektionsschläuchen* und *Quellbändern* ist dies zu beachten.

Bild 14.1
Arbeitsfuge einer Stahlbetonwand mit Fugenblech, Bildquelle: HSB Schalung

Aus dem *Verwendbarkeitsnachweis* muss unter anderem hervorgehen, für welche Höhe des Wasserdrucks eine Abdichtung gewährleistet werden kann. Neben Nachweisen über Beanspruchungsart, Eignung und Funktionsfähigkeit werden darin auch Hinweise über die baustellengerechte Handhabung gegeben.

Dieses Kapitel stellt die verschiedenen Verfahren der Abdichtung von Arbeits- und Dehnfugen dar. Darüber hinaus werden die Einsatzmöglichkeiten von Rückbiege- und Schraubanschlüssen erläutert.

WU-Richtlinie

Die Richtlinie „Wasserundurchlässige Bauwerke aus Beton" des Deutschen Ausschuss für Stahlbeton (DAfStb) (2017-12) beschreibt die Ausführung von Arbeitsfugen, *Sollrissquerschnitten* (*Scheinfugen*) und *Bewegungsfugen* (Dehnfugen) im Beton auf der Grundlage der DIN EN 1992-1-1, DIN EN 206, DIN EN 13670 und DIN 1045-4. Darin sind geregelt:

- unbeschichtete Fugenbleche
- Elastomer-Fugenbänder zur Abdichtung von Fugen in Beton nach DIN 7865-1: 2015-02 (Entwurf 2021-12) und 7865-3:2020-08
- Fugenbänder aus thermoplastischen Kunststoffen zur Abdichtung von Fugen in Beton nach DIN 18541-1:2021-01

14.1 Fugenbleche

Der Einbau von Fugenblechen stellt die konventionelle Art der Abdichtung von *Arbeitsfugen* dar. Für Bewegungsfugen sind sie jedoch nicht geeignet. Die Funktion der *Fugenbleche* ist, den Weg des Wassers beim Eindringen in die Fuge zu verlängern. Auf diese Weise ist ein größerer hydrostatischer Wasserdruck von außen nötig, um diesen längeren Eindringweg zu überwinden. Die Höhe des abzudichtenden Wasserdrucks ist durch die Breite des Fugenbleches begrenzt.

Verwendet werden Stahlbleche mit Gesamtbreiten um 20 cm. Sie werden zuerst mit einer Hälfte in die Bodenplatte bzw. in deren *Aufkantung* einbetoniert. Auch die zweite Hälfte des Fugenblechs muss beim sich anschließenden Betonieren der Wand vollständig von Beton umschlossen werden.

Auch bei mehreren hintereinander folgenden Betonierabschnitten einer Wand wird das Fugenblech zuerst mit einer Hälfte im ersten Betonierabschnitt der Wand einbetoniert (Bild 14.2). Die zweite Hälfte des Fugenblechs muss beim Betonieren des folgenden Wandabschnitts ebenfalls vollständig von Beton umschlossen werden.

Bild 14.2 Stirnabschalung einer Wand-Arbeitsfuge mit Streckmetall und Fugenblech, Bildquelle: MAX FRANK

Überlappende Stöße oder Kreuzungspunkte von Fugenblechen sind üblich, jedoch problematisch, wenn die Bleche in diesen Bereichen nicht beidseitig vollständig von Beton umschlossen sind.

Es muss sichergestellt sein, dass die Fugenbleche immer allseitig von Beton umschlossen werden. Nur so kann die Dichtigkeit einer Arbeitsfuge gewährleistet werden. Um dies sicher zu erreichen, müssen die Fugenbleche mit entsprechenden Klemmvorrichtungen an der Bewehrung und an der Schalung befestigt werden. Statt mit einer konventionellen Konstruktion aus Holz, kann eine Arbeitsfuge auch mit *Streckmetall* abgeschalt werden (Bild 14.2). Eine weitere Möglichkeit bietet die Verwendung spezieller Abschalelemente für Rahmenschalungen (Bild 14.3). Diese ermöglichen sowohl ein Durchlaufen der Bewehrung als auch die Aufnahme eines Fugenbandes oder Fugenbleches.

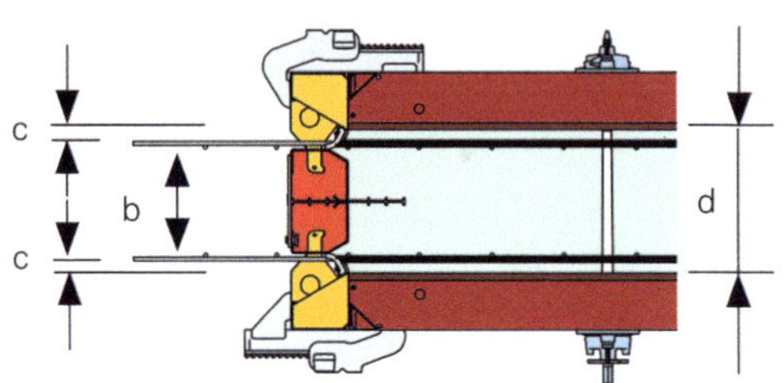

Bild 14.3
Stirnabschalung einer Wand-Arbeitsfuge mit Abschalelement, Bildquelle: PERI

Fugenbleche: Einbettungsprinzip

Die Abdichtungswirkung von Fugenblechen funktioniert nach dem *Einbettungsprinzip* durch Haftung des Betons am Fugenblech.

14.2 Fugenbänder

In *Arbeitsfugen* können Fugenbleche oder auch Fugenbänder ohne Dehnungsteil innen oder außen liegend eingebaut werden (Bild 14.4 und Bild 14.5). Diese eignen sich jedoch nicht für Bewegungsfugen.

Bild 14.4
Profilformen von Arbeitsfugenbändern innenliegend (oben) und außenliegend (unten), Bildquelle: Tricosal

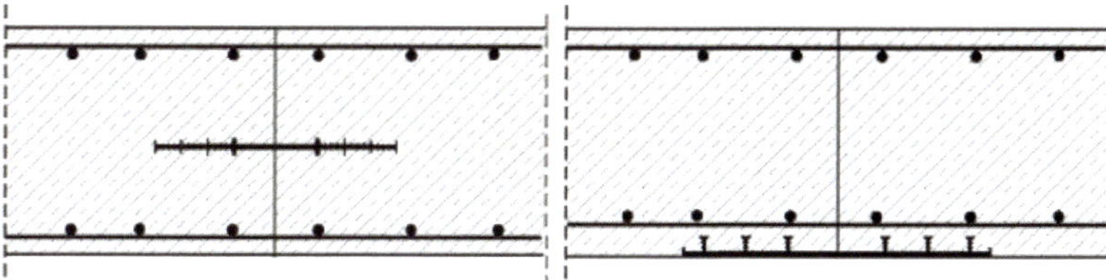

Bild 14.5 Arbeitsfugen mit Arbeitsfugenbändern innenliegend (links) und außenliegend (rechts), Bildquelle: Tricosal

Bei Bauwerken mit *Bewegungsfugen* werden Fugenbänder mit Dehnungsteil ebenfalls innen oder außen liegend verwendet. Der Dehnungsteil der Fugenbänder besteht aus einem elastischen Schlauch, welcher sich je nach Bauwerksbewegung dehnen oder stauchen lässt (Bild 14.6 und Bild 14.7).

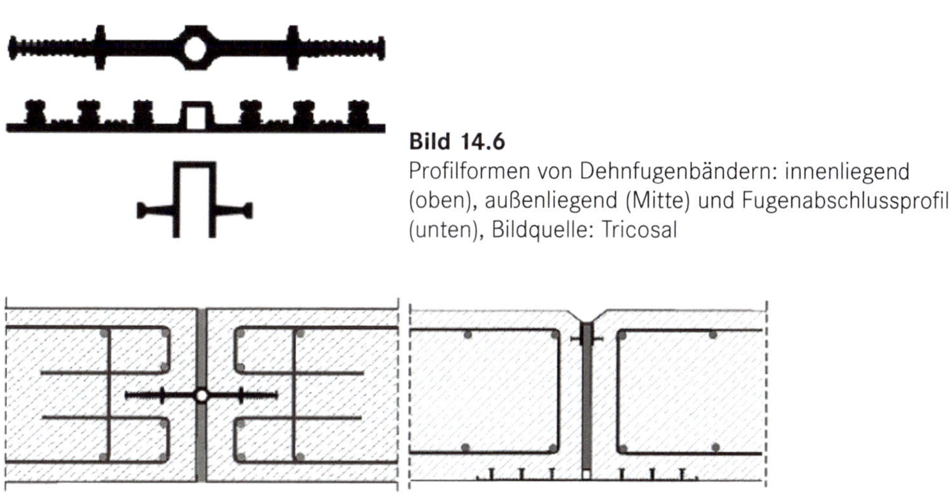

Bild 14.6
Profilformen von Dehnfugenbändern: innenliegend (oben), außenliegend (Mitte) und Fugenabschlussprofil (unten), Bildquelle: Tricosal

Bild 14.7 Bewegungsfugen mit Dehnungsfugenbändern innenliegend (links), Fugenabschlussprofil (rechts oben) und außenliegend (rechts unten), Bildquelle: Tricosal

Abdichtungen gegen fließendes oder Grundwasser sind durch innen- und außenliegende Fugenbänder möglich. Bei sehr hohem Wasserdruck können außen- und innenliegende Fugenbänder auch kombiniert werden. Außenliegende Fugenbänder haben einen kürzeren Wasserumlauf und sind daher nur für einen geringeren Wasserdruck geeignet.

Werden außenliegende Fugenbänder eingesetzt, können diese meist an der Schalung befestigt werden und die *Stirnabschalung* (s. Bild 14.7) muss nicht geteilt werden. Sie eignen sich vor allem bei Bauteilen mit geringerer Dicke. Sofern genügend Betondeckung vorhanden ist, muss die Bewehrung nicht an die außenliegenden Fugenbänder angepasst werden.

Literatur

Hohmann (2009): Fugenabdichtung. 2. Auflage. Fraunhofer IRB Verlag.

Die Kombination von Fugenbändern mit Fugenblechen ist nicht sinnvoll. Hat ein Gebäude also Dehnfugen, sollten auch die Arbeitsfugen mit Fugenbändern abgedichtet werden.

Fugenbänder: Labyrinthprinzip

Die *Abdichtungswirkung* der Fugenbänder funktioniert nach dem *Labyrinthprinzip*. Ziel dieses Prinzips ist der Abbau des Wasserdrucks durch einen langen, komplizierten Wasserlaufweg. Bei der Profilierung der Fugenbänder ist für die Wirksamkeit des Labyrinthprinzips auch die Zahl der Dichtriffeln und deren Winkel sowie deren Größe mit ausschlaggebend.

Beim Einbau von Fugenblechen oder innenliegenden Fugenbändern in Arbeitsfugen zwischen Sohlplatten oder Decken und Außenwänden kollidieren diese mit der durchgehenden Bewehrung der Sohlplatten oder Decken im Bereich der Arbeitsfugen. Die Bewehrung darf Fugenbleche und Fugenbänder nicht durchdringen, sondern muss in einem lichten Abstand von 2 cm dazu angeordnet werden. Um Bewehrung und Fugenbänder zu entflechten, stehen zwei Lösungen zur Auswahl.

- Unterbrechung der Bewehrung in der Bodenplatte (Bild 14.8)

  Die Ausführung der Bewehrung muss der Statik genügen und ist entsprechend aufwendiger auszuführen.

- Herstellung einer *Aufkantung* der Bodenplatte oder Decke (Bild 14.9)

  Bei Decken ist analog auch eine *Abkantung* nach unten erforderlich. Das Betonieren von Aufkantungen ist schwierig, da der Beton beim Verdichten nach unten weglaufen kann. Die seitliche Schalung der Aufkantung muss mit Abstandhaltern an der Bewehrung der Bodenplatte befestigt werden, da sonst noch kein Auflager zur Verfügung steht. Sie ist gleichzeitig gegen Auftrieb zu sichern, der beim Betonieren der Platte entstehen kann.

Auf der Baustelle dürfen nur stumpfe Stöße von Fugenbändern hergestellt werden. Die Verbindung der Fugenbänder erfolgt bei *thermoplastischen Fugenbändern* aus Kunststoffen wie Polyvinylchlorid (PVC) oder Polyethylen (PE) durch Verschweißen, bei *Elastomer-Fugenbändern* aus Kunstkautschuk durch die aufwendigere Vulkanisation.

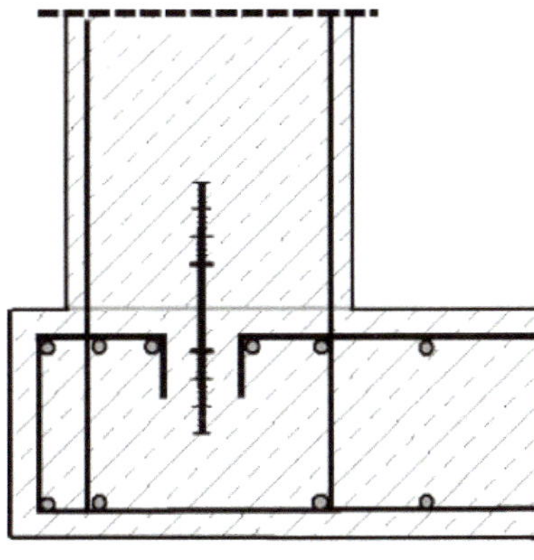

Bild 14.8
Arbeitsfuge Sohle-Wand mit unterbrochener Bewehrung der Bodenplatte, Bildquelle: Tricosal

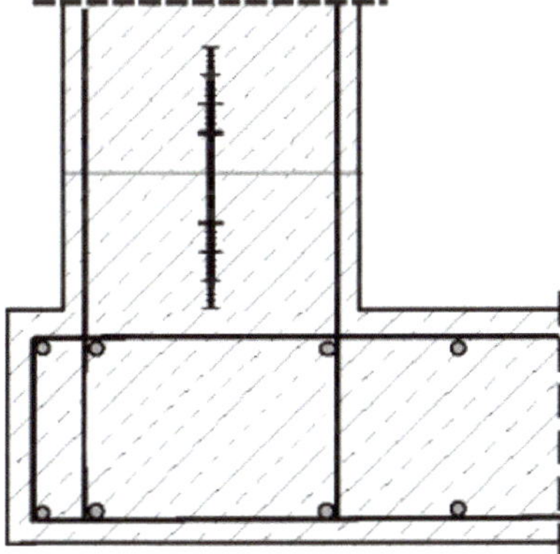

Bild 14.9
Arbeitsfuge Sohle-Wand mit Aufkantung der Bodenplatte, Bildquelle: Tricosal

Auch in Kreuzungspunkten müssen die Fugenbänder miteinander verbunden werden. Alle Kreuzungsstücke von Fugenbändern werden ausschließlich als *vorgefertigte Formstücke* im Werk hergestellt (Bild 14.10). Auf der Baustelle werden die geraden Fugenbänder dann mit den vorgefertigten Formstücken sorgfältig zusammengefügt.

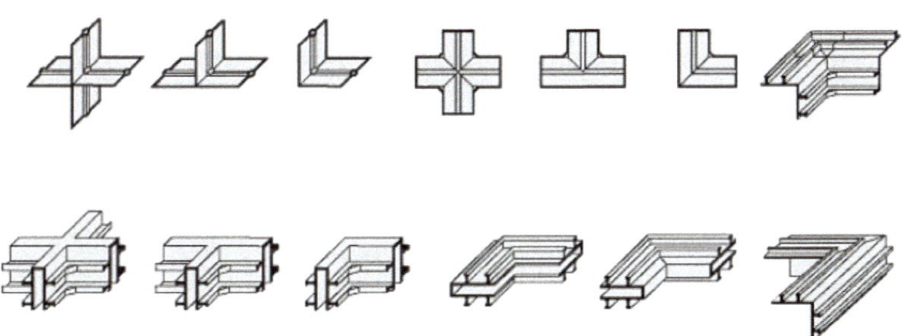

Bild 14.10 Formstücke von Fugenbändern für Ecken und Kreuzungspunkte, Bildquelle: Tricosal

Die *Fügetechnik* auf der Baustelle erfordert sehr gut qualifiziertes Personal, um sichere Abdichtungen herstellen zu können. Insbesondere die Herstellung von Dehnfugen ist in der Ausführung sehr anspruchsvoll. Unter Berücksichtigung der Lieferzeiten ist ein großer zeitlicher Planungsvorlauf der *Arbeitsvorbereitung* notwendig. Die Einteilung der einzelnen Betonierabschnitte muss für alle Bauteile weit vorausschauend erfolgen, damit die Formstücke der *Fugenbänder* rechtzeitig und in der richtigen Form und Anzahl auf der Baustelle zur Verfügung stehen.

Baustellendokumentation

Bei der Verwendung von Fugenbändern empfiehlt die DIN 18197, den Auftragnehmer zu einer *Baustellendokumentation* zu verpflichten. In Anhang B der Norm wird dafür eine Checkliste bereitgehalten.

14.3 Injektionsschläuche

Injektions- oder *Verpress-Schläuche* haben einen perforierten inneren Kunststoffschlauch. Die erste Umflechtung besteht aus Baumwolle und schützt den Schlauch gegen eindringenden Zementleim. Die zweite Umflechtung aus Polyethylen schützt den Schlauch vor mechanischer Beanspruchung.

Verpress-Schläuche können nur für die Abdichtung von *Arbeitsfugen* verwendet werden. Für die Abdichtung von Dehnfugen sind sie ungeeignet. Sie haben den Vorteil, dass auf eine *Aufkantung* z. B. der Bodenplatte verzichtet werden kann. Sie eignen sich auch dann, wenn noch nicht klar ist, ob und in welchem Umfang eine Abdichtung erforderlich sein wird. So ist es möglich, zunächst auf ein *Verpressen* der Schläuche zu verzichten und dies erst im Bedarfsfall zu erledigen. Dadurch lassen sich Kosten für unnötiges Verpressen einsparen.

Die Injektionsschläuche werden mit *Nagelpackern* an der Schalungshaut befestigt (Bild 14.11) und mittig in der Fuge verlegt. Können die Nagelpacker nicht an der Schalung befestigt werden, müssen diese mit dem Anfang oder Ende des Verpress-Schlauchs mithilfe einer federnden *Befestigungsspinne* (Bild 14.12) so an der Bewehrung befestigt werden, dass der Nagelpacker sicher an der Schalungshaut anliegt und nach dem Ausschalen zugänglich ist. Dies wird in der Regel auf der zweiten Seite der Schalung erforderlich, wo die Schalung der Wand nach dem Einbau der Bewehrung und aller Einbauteile geschlossen wird.

Bild 14.11
Verlegen von Injektionsschläuchen mit Nagelpackern, Bildquelle: MAX FRANK

Bild 14.12
Befestigungsspinne für den Nagelpacker, Bildquelle: MAX FRANK

Bei *Halbfertigteil-Wänden* werden die Nagelpacker an der Bewehrung der Sohle befestigt, durch die Sohle in die Arbeitsfuge Sohle – Wand geführt und dort nach dem Betonieren der Sohle mit einem langen Schlauchstück gekoppelt (Bild 14.13). Alternativ können die Injektionsschläuche durch Aussparungen in den Halbfertigteil-Wandelementen geführt werden, die beim Ausbetonieren der Wände abgeschalt und ausbetoniert werden müssen (Bild 14.14).

Bild 14.13 Einbau von Verpress-Schläuchen in die Sohle für die Arbeitsfuge Sohle-Halbfertigteilwand, Bildquelle: MAX FRANK

Bild 14.14 Einbau von Verpress-Schläuchen in die Sohle für die Arbeitsfuge Sohle-Halbfertigteilwand, Bildquelle: MAX FRANK

Die Kosten sind ohne *Verpressen* mit den Kosten von Fugenbändern vergleichbar, inklusive Verpressen ist diese Lösung also in der Regel teurer als Fugenbänder. Allerdings können damit auch hohe hydrostatische Wasserdrücke abgedichtet werden.

14.4 Quellbänder

Die Wirkungsweise von *Quellbändern* liegt darin, dass das Material aufquillt, sobald Wasser hinzutritt (Bild 14.15). Die Grundsubstanz besteht aus einem bentonithaltigen Material, das beim Kontakt mit Wasser sein Volumen verändert. *Bentonit* ist ein *Quellton*, der auch für Suspensionen beim Bau von Schlitzwänden u.a. eingesetzt wird.

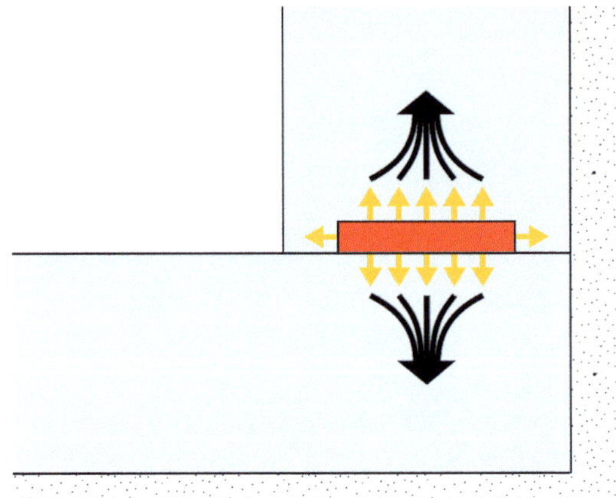

Bild 14.15
Wirkungsweise von Quellbändern, Bildquelle: MAX FRANK

Bei der Verwendung von Quellbändern ist wie bei Injektionsschläuchen keine *Aufkantung* erforderlich. Quellbänder werden angeschossen oder angeklebt (Bild 14.16).

Bild 14.16 Anschießen (links) und Aufkleben (rechts) von Quellbändern, Bildquelle: MAX FRANK

Bei allen Fugenlösungen ist zu prüfen, welcher *hydrostatische Wasserdruck* abgedichtet werden muss. Nach Herstellerangaben aufgrund von bautechnischen Prüfungen ist dann zu entscheiden, ob die gewählte Fugenlösung den Anforderungen genügen und dem zu erwartenden hydrostatischen Wasserdruck standhalten wird.

DBV-Merkblatt

Injektionsschlauchsysteme und quellfähige Einlagen für Arbeitsfugen (2020-12)

Für Planung und Ausführung von Arbeitsfugen mit Injektionsschläuchen und Quellbändern stellt das Merkblatt weitere Hinweise und Checklisten für die Bauüberwachung zur Verfügung.

14.5 Arbeitsfugen bei Halbfertigteil-Wandelementen

14.5.1 Fugenbleche und Fugenbänder

Fugenbleche und innenliegende Fugenbänder sind bei *Halbfertigteil-Wandelementen* problematisch, denn sie ragen in den Bereich der *Gitterträger* hinein. Außenliegende Fugenbänder sind bei Halbfertigteil-Wandplatten nicht möglich.

Nach WU-Richtlinie werden Bauteildicken von mindestens 24 cm gefordert. Bei Dicken von je 6 cm beider *Betonschalen* eines Halbfertigteil-Wandelements verbleibt ein *Einbauraum* von nur 12 cm für den Ortbeton und das Abdichtungssystem. Für die Ausführung mit Injektionssystemen oder Quellbändern werden jedoch mindestens 14 cm, mit Fugenblechen oder Fugenbändern sogar mindestens 18 cm Einbauraum zwischen den Betonschalen gefordert. Die Wände müssen demnach mit entsprechender Dicke geplant werden. Für die Bauausführung von Wänden mit kleinerem Einbauraum wird hinreichende Erfahrung des ausführenden Unternehmens bei entsprechender Bauüberwachung und Dokumentation gefordert.

Um die horizontale Bewehrung der oberen Bewehrungslage in der Bodenplatte bis ganz nach außen führen zu können, bedarf es zudem einer *Aufkantung* der Bodenplatte, damit in dieser ein Fugenblech oder Fugenband hälftig eingebaut werden kann (Bild 14.17). Die Herstellung der Aufkantung muss sorgfältig erfolgen. Die innere seitliche *Abschalung* der Aufkantung kann nur mit Abstandhaltern an der Bewehrung der Bodenplatte befestigt werden. Beim Betonieren entstehen leicht Ungenauigkeiten durch Auftrieb und Rütteln des Betons.

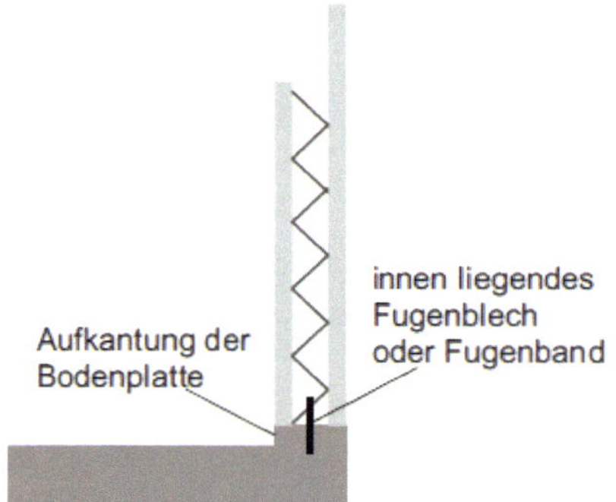

Bild 14.17
Fugenbleche und Fugenbänder

14.5.2 Injektionsschläuche und Quellbänder

Bei *Halbfertigteil-Wandelementen* eignen sich Verpress-Schläuche oder Quellbänder besser, da diese nicht in den Bereich der *Gitterträger* hineinragen (Bild 14.18). Gleichzeitig kann hier auf eine *Aufkantung* der Bodenplatte verzichtet und die obere Bewehrung der Platte bis ganz nach außen geführt werden. Um zu verhindern, dass die Schläuche durch die Wandplatten gequetscht werden, müssen die Endstücke der Injektionsschläuche entweder durch die *Bodenplatte* oder durch kleine *Aussparungen* in dem Halbfertigteil geführt werden (s. Bild 14.13 und Bild 14.14).

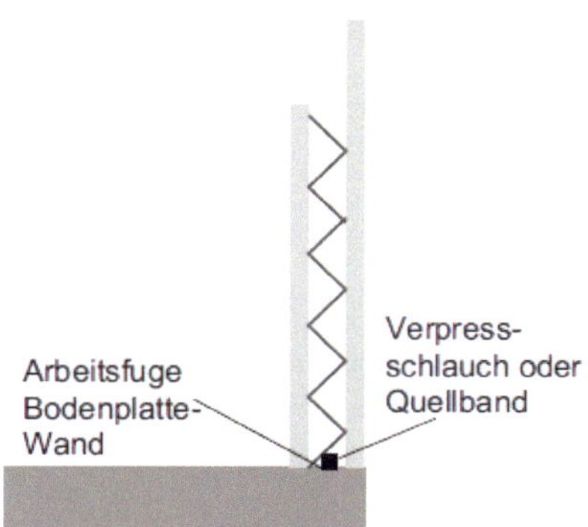

Bild 14.18
Verpress-Schläuche und Quellbänder

14.6 Rückbiege- und Schraubanschlüsse

Wände werden in der Regel abschnittsweise hergestellt. Das heißt, dass die Wandschalung nacheinander für verschiedene Wandbereiche eingesetzt wird. Dabei entstehen Arbeitsfugen, die vorab festgelegt werden und auf die Schalung abgestimmt werden müssen.

Die Verwendung von Eck- und Kleinflächenelementen bei Wandschalungen erfordert einen größeren Schalaufwand als der Einsatz von Großflächenelementen. Deshalb werden Wände auch in Wandanschlussbereichen nach Möglichkeit durchgehend geschalt. Anschließende Wände werden mithilfe von Rückbiege- oder Schraubanschlüssen an den vorangegangenen Betonierabschnitt nachträglich angeschlossen (Bild 14.19). Auch Decken können nachträglich an Wände angeschlossen werden.

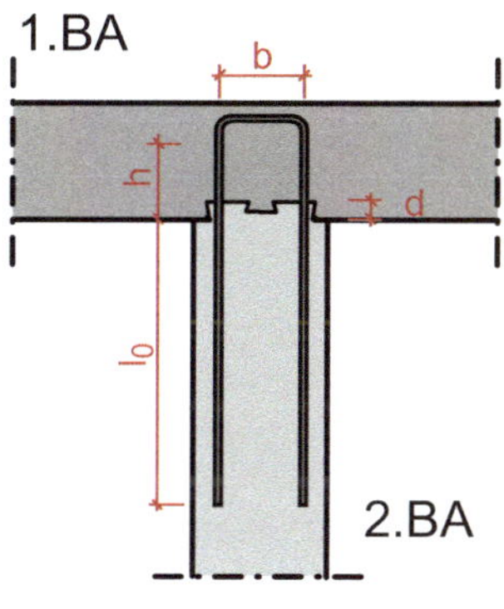

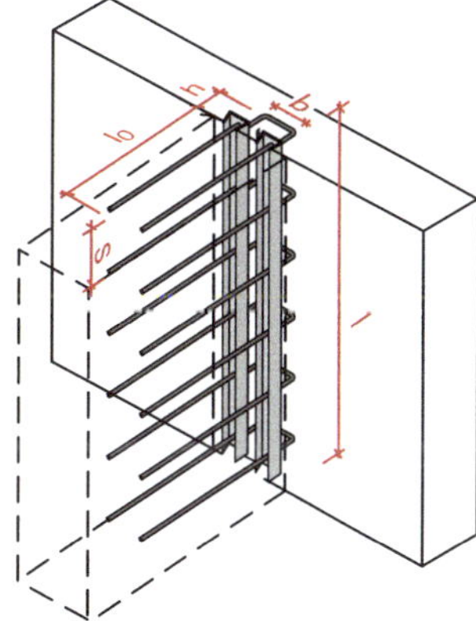

Bild 14.19 Nachträglicher Wandanschluss, Bildquelle: MAX FRANK

Rückbiegeanschlüsse sind Bewehrungsstäbe, die abgewinkelt in einem sogenannten *Verwahrkasten* liegen (Bild 14.20). Dieser Verwahrkasten wird an die Schalungshaut angenagelt und mit einbetoniert. Die auf der Rückseite des Kastens herausstehenden Bügel binden in die Wandbewehrung ein. Nach dem Ausschalen ist der Verwahrkasten an der Betonoberfläche sichtbar und wird geöffnet. Die darin liegenden Bewehrungsstäbe werden nun mit einem Spezialwerkzeug herausgebogen und bilden die Anschlussbewehrung für den nächsten Wandabschnitt. Rückbiegeanschlüsse sind auch mit integriertem Fugenblech erhältlich (Bild 14.21).

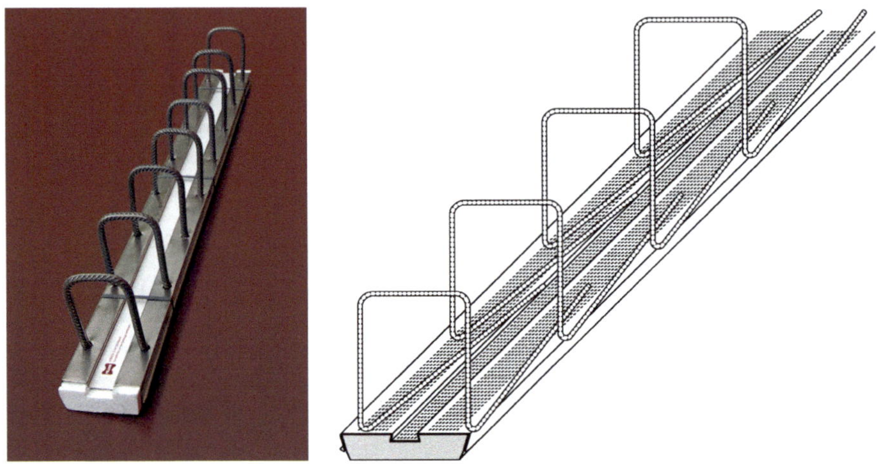

Bild 14.20 Rückbiegeanschluss, Bildquelle: MAX FRANK

Das *Kaltrückbiegen* ist bis zu einem Stabdurchmesser ≤ 12 mm möglich. Bei größeren Stabdurchmessern ab 14 mm sind Schraubanschlüsse erforderlich.

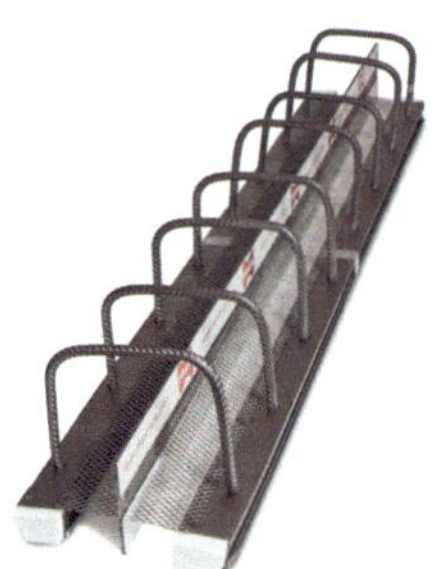

Bild 14.21
Rückbiegeanschluss mit integriertem Fugenblech, Bildquelle: MAX FRANK

Schraubanschlüsse bestehen aus einem Muffenstab, einer Box und einem Gewindestab (Bild 14.22). Der *Muffenstab* wird mit dem einen Ende an der Wandbewehrung befestigt. Das andere Ende, auf dem die Muffe sitzt, ist durch eine Box geschützt, die an die Schalungshaut angenagelt und mit einbetoniert wird. Nach dem Ausschalen wird die Box an der Betonoberfläche sichtbar und kann geöffnet werden. In die nun frei liegende Muffe wird der *Gewindestab* mit einem Drehmomentschlüssel eingeschraubt. Es gibt Einzelboxen sowie Boxen für mehrere Schraubanschlüsse.

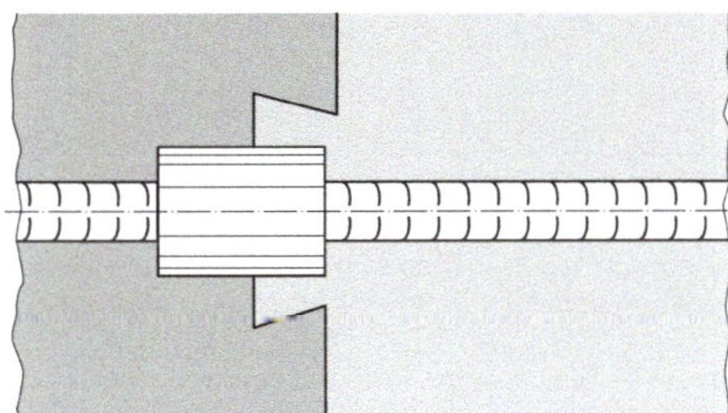

Bild 14.22 Schraubanschlüsse, Bildquelle: MAX FRANK

Grundsätzlich ist die Verwendung von Rückbiege- und Schraubanschlüssen mit dem Auftraggeber abzuklären, sofern sie nicht bereits in der Planung vorgesehen sind.

DBV-Merkblatt

Rückbiegen von Betonstahl und Anforderungen für Verwahrkästen nach Eurocode 2 (2011-01)

Für Planung und Ausführung von Rückbiegeanschlüssen stellt das Merkblatt weitere Hinweise und Empfehlungen zur Verfügung. Es befasst sich insbesondere mit dem Kaltrückbiegen und gibt auch Hinweise zum Warmbiegen und Warmrückbiegen.

15 Schalungsplanung am Beispielprojekt

15.1 Systematik der Schalungsplanung

Die Schalungsplanung für ein Bauvorhaben beginnt bereits in der *Angebotsphase* im Bauunternehmen. Um für den Leistungsbereich Stahlbetonarbeiten dem Bauherrn ein Angebot unterbreiten zu können, empfiehlt es sich, über die Auswahl und den Einsatz der Betonschalungen grundsätzliche Überlegungen anzustellen. Nur so kann ein termingerechtes und kostengünstiges Angebot erstellt werden.

Die *Angebotskalkulation* der *Schalarbeiten* erfolgt gewöhnlich eigenständig im Bauunternehmen mithilfe eigener Erfahrungswerte. Schalungsanbieter werden zu diesem Zeitpunkt meist nicht angefragt, da für eine Schalungs-Ausschreibung in der Angebotsphase nicht genügend Zeit zur Verfügung steht. Insbesondere bei Bauvorhaben mit höheren Ansprüchen an die Schalung wird ein Angebot aber auch ganz konkret auf der Grundlage des Vorschlages eines Schalungsanbieters kalkuliert.

Für die Angebotskalkulation ist eine überschlägige Berechnung der Gerätemengen erforderlich.

Vorgehensweise im Bauunternehmen während der Angebotsphase

1. Bauablaufplanung aufgrund einer Kennzahlenrechnung für den Rohbau (Grobterminplan)
2. Grundsätzliche Einteilung der Bau- und Betonierabschnitte, Anordnung der Arbeitsfugen
3. Bedarfsermittlung der Schalungsmengen
4. Angebots-Kalkulation der Schalarbeiten

Nach Auftragserteilung beginnt im Unternehmen die Phase der *Arbeitsvorbereitung* mit einer aktualisierten Bauablaufplanung als Grundlage für die Taktplanung. Um die einzelnen Arbeitstakte planen zu können, bedarf es der Einteilung konkreter Schalungs- und Betonierabschnitte.

Ein Betonierabschnitt enthält mehrere *Arbeitstakte*:

- bei Decken: Einschalen – Bewehren – Betonieren – Ausschalfrist – Ausschalen,
- bei Wänden: Einschalen 1. Seite (Vorstellschalung) – Bewehren – Einschalen 2. Seite (Schließschalung) – Betonieren – Ausschalfrist – Ausschalen.

Aussparungen und Einbauteile werden im Zuge der Schal- und Bewehrungsarbeiten eingebaut.

Im Bauunternehmen ist zu klären, ob man mit im Unternehmen zur Verfügung stehender eigener Schalung arbeiten kann, oder ob man darauf angewiesen ist, fremde Schalung von Schalungsherstellern oder Händlern einzusetzen. In diesem Fall ist für die Lieferung der Schalung eine Ausschreibung auszuarbeiten oder eine direkte Anfrage an einen Anbieter zu tätigen.

Der genaue Baustellenbedarf an Schalungs- und Gerüstmaterial kann ermittelt werden, indem man eine Schalungseinsatzplanung durchführt.

Vorgehensweise im Bauunternehmen bei der Arbeitsvorbereitung

1. Aktualisierte Bauablaufplanung (Grobterminplan – ggfs. Detailterminplan)
2. Taktplanung der einzelnen Betonier- und Schalungsabschnitte
3. Ermittlung der Vorhaltemengen
4. Ausschreibung der Schalungen
5. Schalungseinsatzplanung

15.2 Beispielprojekt für die Schalungsplanung

In den folgenden Kapiteln werden die Ausführungen überwiegend anhand eines *Beispielprojekts* veranschaulicht. Regel-Grundriss (Bild 15.1) und -Schnitt (Bild 15.2) dieses Bürogebäudes sind folgend dargestellt.

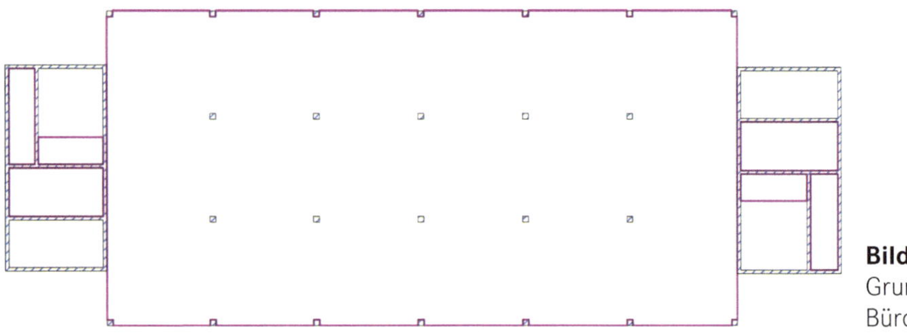

Bild 15.1 Grundriss Bürogebäude

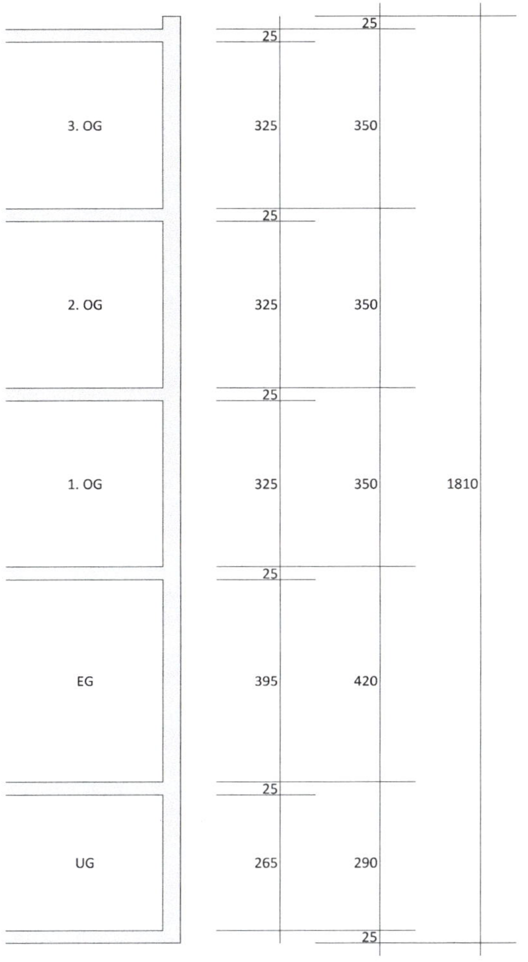

Bild 15.2
Schnitt Bürogebäude

16 Kennzahlenrechnung und Bauablaufplanung

Um den groben *Bauablauf* des Rohbaus planen zu können, benötigt man nur wenige Daten. Gewöhnlich ist die zur Verfügung stehende Bauzeit Gegenstand der Ausschreibung oder schon vertraglich vereinbart.

16.1 Kennzahlenrechnung

Mithilfe von *Kennwerten* kann der für die vorgegebene Bauzeit erforderliche Personal- und Kranbedarf ermittelt werden. Dies bedeutet, dass man unmittelbar aus wenigen Kennwerten zwar überschlägige, aber verlässliche Bedarfszahlen ermitteln kann. Als Grundlage für die Berechnung wird der Wert des umbauten Raumes (Bruttorauminhalt BRI) des herzustellenden Rohbaus herangezogen. Mithilfe dieser Kennzahlen lassen sich die erforderlichen Arbeitsstunden für das Gesamtbauwerk berechnen. Legt man Teilmengen von Bauabschnitten und Geschoßen zugrunde, lässt sich auch ein differenzierter Bedarf an Arbeitsstunden je Abschnitt oder Geschoß berechnen.

Kennwerte der Arbeitsvorbereitung

1. Erforderliche Arbeitsstunden:
   0,8 bis 1,4 h/m³ BRI, im Mittel 1,1 h/m³ BRI
2. Erforderliche Kranleistung:
   2400 bis 2800 m³ BRI/(Kran · Monat), im Mittel 2600 m³ BRI/(Kran · Monat)
3. Erforderliche Anzahl produktiver Arbeitskräfte (AK) je Kran:
   Ortbeton- und Mauerwerksbau: 15 bis 20 AK/Kran, im Mittel 17 Arbeitskräfte/Kran
   Fertigteilmontage: 3 bis 5 AK/Kran, im Mittel 4 Arbeitskräfte/Kran

Für weitere genauere Berechnungen können die folgenden Kennzahlen verwendet werden:

Weitere Kennwerte der Arbeitsvorbereitung (Werte für Stahlbeton-Skelettbau)

4. Mittlere Aufwandswerte:
   Beton: 0,9 h/m³; Schalung: 1,0 h/m²; Stahl: 14 h/t; Mauerwerk: 4 h/m³
5. Zu bewegende Lasten je Kranmonat:
   1000 bis 1200, im Mittel 1100 t/(Kran · Monat),
   unter Berücksichtigung der einzubauenden Mengen:
   Beton: 0,13 m³ Beton/m³ BRI; Schalung: 5,0 m² Schalung/m³ Beton; Stahl: 0,1 t Stahl/m³ Beton; Mauerwerk: 0,03 m³ Mauerwerk/m³ BRI
   und Materialgewichte:
   Beton: 2,5 t/m³; Schalung: 0,05 t/m²; Stahl: 1,0 t/t; Mauerwerk: 1,6 t/m³

Die Bemessung des *Personalbedarfs* und der erforderlichen Anzahl von Kränen erfolgt mithilfe dieser Kennwerte unter Berücksichtigung der Bauverfahren auf der Basis von Kranaufwandswerten, der Geometrie des Bauwerkes und der zu bewegenden Lasten.

16.1.1 Beispiel Kennzahlenrechnung

In Formel 16.1 bis Formel 16.6 ist die Kennzahlenrechnung exemplarisch für das Beispielgebäude aufgeführt. Der Rohbau des Bürogebäudes umfasst 21 115 m³ BRI.

1. Erforderliche Arbeitsstunden (h):

$$21.115\ \mathrm{m^3\ BRI} \cdot 1{,}1\,\frac{\mathrm{h}}{\mathrm{m^3\ BRI}} = 23.227\ \mathrm{h} \tag{16.1}$$

   Mit dem Ergebnis aus Formel 16.1 lässt sich bereits die erforderliche Anzahl von Arbeitskräften ermitteln, s. Formel 16.7 und folgende.

2. Kranbedarf (Kran · Monate) aus Kranleistung:

$$\frac{21.115\ \mathrm{m^3\ BRI}}{2600\,\dfrac{\mathrm{m^3\ BRI}}{\mathrm{Kran \cdot Monat}}} = 8{,}12\ \mathrm{Kran \cdot Monate} \tag{16.2}$$

3. Kranbedarf (Kran · Monate) aus Anzahl produktiver Arbeitskräfte (AK) je Kran:

$$17\,\frac{\mathrm{AK}}{\mathrm{Kran}} \cdot 8\,\frac{\mathrm{h}}{\mathrm{AK \cdot Kran}} \cdot 21\,\frac{\mathrm{d}}{\mathrm{Monat}} = 2.856\,\frac{\mathrm{h}}{\mathrm{Kran \cdot Monat}} \tag{16.3}$$

$$\frac{23.227\ \mathrm{h}}{2856\,\dfrac{\mathrm{h}}{\mathrm{Kran \cdot Monat}}} = 8{,}13\ \mathrm{Kran \cdot Monate} \tag{16.4}$$

Weitere genauere Berechnungen mit folgenden Kennzahlen:

4. Kranbedarf aus einzubauenden Mengen und Materialgewichten (hier ohne Mauerwerk):

		Kennwert	Menge	Spez. Gewicht	Gewicht
Beton	21 115 m^3 BRI	0,13 m^3/m^3 BRI	2745 m^3	2,5 t/m^3	6862 t
Schalung	2745 m^3 Beton	5,0 m^2/m^3 Beton	13725 m^2	0,05 t/m^2	686 t
Stahl	2745 m^3 Beton	0,1 t/m^3 Beton			275 t
Gesamtsumme					**7823 t**

$$\frac{7823\ \text{t}}{1100\ \dfrac{\text{t}}{\text{Kran} \cdot \text{Monat}}} = 7{,}11\ \text{Kran} \cdot \text{Monate} \tag{16.5}$$

5. Kranbedarf aus mittleren Aufwandswerten (hier ohne Mauerwerk):

	Menge	Mittlerer Aufwandswert	Stundenaufwand
Beton	2745 m^3	0,9 h/m^3	2471 h
Schalung	13725 m^2	1,0 h/m^2	13725 h
Stahl	275 t	14,0 h/t	3850 h
Gesamtsumme			20046 h

Mit den Arbeitsstunden je Kranmonat aus der Anzahl der produktiven Arbeitskräfte aus Formel 16.3 ergeben sich

$$\frac{20.046\ \text{h}}{2856\ \dfrac{\text{h}}{\text{Kran} \cdot \text{Monat}}} = 7{,}02\ \text{Kran} \cdot \text{Monate} \tag{16.6}$$

16.1.2 Ergebnis der Kennzahlenrechnung

Wichtigstes Ergebnis der *Kennzahlenrechnung* ist die Erkenntnis, dass der Rohbau des geplanten Bauwerks in etwa 23 226 Arbeitsstunden ausgeführt werden kann. Bei einem durchschnittlichen 8-Stunden-Arbeitstag sind somit ungefähr 2904 Personentage erforderlich (Formel 16.7). Personentage werden herkömmlich auch als Manntage oder Tagewerke (TW) bezeichnet.

Berechnung der Tagewerke (TW):

$$\frac{23.227\ \text{h}}{8\ \dfrac{\text{h}}{\text{TW}}} = 2903\ \text{TW} \tag{16.7}$$

Berechnung des mittleren Personalbedarfs

Im Beispiel wird eine vertraglich vereinbarte Rohbauzeit von 6 Monaten zugrunde gelegt. Bei einer gewöhnlichen 40-Stunden-Woche an 5 Wochentagen ergibt dies etwa 26 Arbeitswochen und somit 130 Arbeitstage (AT). Die *mittlere Belegschaftsstärke* berechnet sich gemäß Formel 16.8 zu durchschnittlich 22 Arbeitskräften (AK):

$$\frac{2903\ \text{TW}}{130\ \text{AT}} = 22\ \text{AK} \tag{16.8}$$

Berechnung der Spitzenbelegschaft während der Hauptbauzeit

Da die Belegschaftsstärke in der Anfangs- und Endphase von Bauarbeiten in der Regel zu- bzw. abnimmt und dabei geringer als die mittlere Belegschaftsstärke ist, muss der mittlere Personalbedarf rechnerisch um ca. 10 % bis 20 %, im Mittel um 15 % erhöht werden. Diese *Spitzenbelegschaft* wird rechnerisch während der Hauptbauzeit angesetzt, während der alle Kolonnen in einer Taktfertigung im Einsatz sind. Somit haben wir im Beispiel mit etwa 26 Arbeitskräften (AK) in der Hauptbauzeit zu rechnen (Formel 16.9):

$$\text{mittlere Belegschaftsstärke } 22\ \text{AK} \cdot 1{,}15 \approx 26\ \text{AK Spitzenbelegschaft} \tag{16.9}$$

16.1.3 Berechnung des Kranbedarfs

Die Ergebnisse der Berechnungen in Formel 16.2 bis Formel 16.6 können einzeln oder gemittelt verwendet werden. Aus dem Mittelwert 7,6 Kran · Monate ergibt sich bei einer Bauzeit von sechs Monaten rechnerisch ein *Kranbedarf* von 1,27 Kränen.

Entsprechend ist der Einsatz von zwei Kränen zu empfehlen, deren Einsatz dann aber unwirtschaftlich wäre. Sofern es möglich ist, einige Arbeiten kranunabhängig auszuführen, würde dies möglicherweise erlauben, auf einen zweiten Kran zu verzichten und damit Kosten einzusparen. So werden üblicherweise die Betonierarbeiten weitestgehend mit Betonpumpen ausgeführt. Inwieweit dadurch ein Kran eingespart werden kann, muss im Einzelfall durch genauere baubetriebliche Berechnungen ermittelt werden. Dabei sollte jedoch bedacht werden, dass für den Schalungstransport jederzeit genügend Hebezeuge zur Verfügung stehen.

Betonierleistung mit Kran

Beim Betonieren dauert ein *Kranspiel* ebenerdig ungefähr 3,5 Minuten. Der Krantransport des Betons in tiefere oder höhere Geschoße benötigt ungefähr 15 Sekunden je Stockwerk mehr Zeit. Daraus folgt, dass die *Betonierleistung mit einem Kran* kaum höher als 15 m^3/h sein kann.

Bei Bodenplatten und Decken ist in der Regel eine *Betonierleistung* größer als 15 m^3/h erforderlich und aufgrund der geringen Betonierhöhen mit *Betonpumpen* technisch gut zu bewältigen. Bei Stützen ergibt sich durch deren Schlankheit eine sehr hohe Steiggeschwindigkeit, sodass hier gewöhnlich extra langsam betoniert werden muss, was den Einsatz einer Betonpumpe ausschließt. Auch bei Wänden ist es in der Regel nicht ratsam, den Beton mit der Betonpumpe einzubauen, da auch hier beim Betonieren mit der Betonpumpe meist deutlich zu hohe Steiggeschwindigkeiten erreicht werden.

Werden statt einem großen Kran zwei kleinere Kräne eingesetzt, kann dies auch wirtschaftlicher sein, da kleinere Kräne etwas kürzere Kranspiele haben und bei der Abdeckung des Baufeldes etwas flexibler sind.

16.2 Bauablaufplanung

Betonbauteile wie Wände und Decken werden gewöhnlich in mehreren *Arbeitstakten* hergestellt, die so geplant werden müssen, dass sowohl das Personal als auch die Geräte, und hier insbesondere die Schalungen, optimal und möglichst kontinuierlich eingesetzt werden können. Hierfür ist eine entsprechende Bauablaufplanung erforderlich.

Als Grundlage aller weiteren Überlegungen ist für die Rohbauarbeiten ein *Grobterminplan* zu erstellen. Bei üblichen Hochbauten genügt es, die Vorgänge „Wände mit Stützen“ und „Decken mit Unterzügen“, abschnitts- und geschossweise zu betrachten. Vertikale und horizontale Tragelemente sollten voneinander getrennt betrachtet werden. Hierfür ist eine überschlägige *Mengenermittlung* erforderlich.

Sofern man den Grundriss eines Gebäudes in mindestens zwei gleichartige Bauabschnitte unterteilen kann, die Wände und Decken bzw. vertikale und horizontale Tragelemente beinhalten, ist die Voraussetzung für eine sogenannte *Taktfertigung* gegeben. Dann kann der Bauablauf mit zwei Kolonnen geplant werden, eine Kolonne „Wände und Stützen“ sowie eine Kolonne „Decken und Unterzüge“.

16.2.1 Mengenermittlung und Arbeitsverzeichnis

Für die einzelnen Bauteile wie Fundamente, Bodenplatte, Wände und Stützen sowie Unterzüge und Decken werden die Mengen ermittelt. Für Betonbauteile ergeben sich grundsätzlich jeweils drei *Teilmengen:* m^3 Beton, m^2 Schalung und t Stahl. Für die Stützen im UG des Beispielprojekts sind in Tabelle 16.1 die drei Teilmengen exemplarisch berechnet.

Teilmengen bei Ausschreibung und Kalkulation von Beton

Betonbauteile bestehen aus drei Teilmengen: m^3 Beton, m^2 Schalung und t Stahl.

Tabelle 16.1 Ausschnitt Mengenermittlung Position Stützen UG

Pos.	Bauteil	Anzahl	Faktor	Länge	Breite	Höhe	Menge
1	**Stützen**	**10 Stück**					
	Betonieren	10		0,40 m	0,40 m	2,65 m	4,24 m^3
	Schalen	10	4		0,40 m	2,65 m	42,40 m^2
	Bewehren	4,24 m^3	0,3 t/m^3				1,27 t

Bewehrungsgrad für Stahlbetonstützen: 0,3 t/m^3

In einer überschlägigen *Arbeitskalkulation* wird im *Arbeitsverzeichnis* für jede Teilmenge der entsprechende *Aufwandswert* eingesetzt. Somit erhält man rechnerisch den *Lohnstundenaufwand* für jede betrachtete Teilmenge. Durch Aufsummierung ergibt sich der gesamte *Stundenaufwand* für die Ausführung der Rohbauarbeiten. In Tabelle 16.2 ist für die Stützen im UG des Beispielprojekts der Lohnstundenaufwand für die einzelnen Teilmengen und der gesamte Stundenaufwand dargestellt.

Tabelle 16.2 Ausschnitt Arbeitsverzeichnis Position Stützen UG

Pos.	Bauteil	Menge	Aufwandswert	Stunden	Tägl. Arbeitszeit	Tagewerke
1	**Stützen UG**	**10 Stück**				
	Betonieren	4,24 m^3	1,7 h/m^3	7,21 h		
	Schalen	42,40 m^2	1,6 h/m^2	67,84 h		
	Bewehren	1,27 t	14,0 h/t	17,78 h		
			Summe	**92,83 h**	**8,0 h/TW**	**11,6 TW**

Da Stahlbetonstützen sehr schlanke Bauteile sind, liegen die Aufwandswerte für Schalen und Betonieren deutlich höher als mittlere Aufwandswerte (Tabelle 16.2). Schlanke Stützen müssen außerordentlich langsam betoniert werden, um den Frischbetondruck zu begrenzen. Der Aufwand beim Schalen ist im Verhältnis zur geschalten Fläche relativ hoch.

Aus der vorgegeben *Bauzeit* und dem berechneten *Gesamtstundenaufwand* lässt sich wie in Formel 16.7 bis Formel 16.9 unter Berücksichtigung der täglichen Arbeitszeit direkt der Personalbedarf errechnen. Dieses Ergebnis der Arbeitskalkulation ist genauer als bei der Berechnung mit Kennwerten. Bei üblichen Stahlbetonarbeiten kann man überschlägig davon ausgehen, dass ein Drittel des

Personalbedarfs für Bewehrungsarbeiten benötigt wird, die anderen beiden Drittel für die Schal- und Betonarbeiten.

16.2.2 Bauablaufplan

Die Stahlbetonarbeiten erfolgen immer hauptsächlich während der Hauptbauzeit, in der mit der *Spitzenbelegschaft* gerechnet werden muss. Rechnerisch wird die Spitzenbelegschaft für eine Taktfertigung in spezialisierte Kolonnen aufgeteilt, proportional zum kalkulierten Lohnstundenaufwand der einzelnen Gewerke, hier der Vorgänge „Wände mit Stützen" sowie „Decken mit Unterzügen".

Für das Beispielprojekt ist der in Bild 16.1 dargestellte Bauablaufplan entwickelt worden.

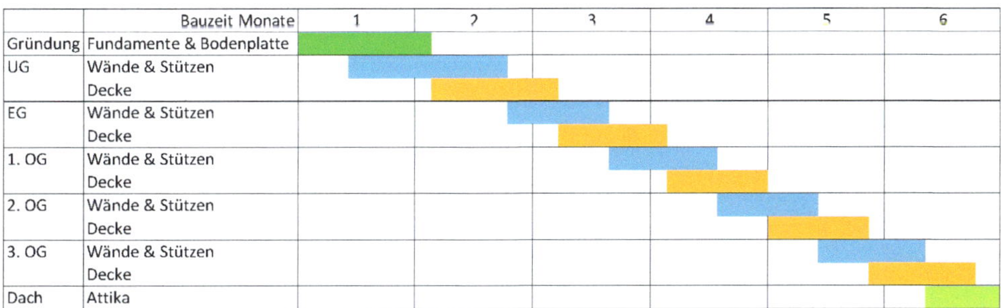

Bild 16.1 Bauablaufplan Beispielprojekt

Die *Hauptbauzeit* dauert bei einer Taktfertigung über den Zeitraum, in dem beide Kolonnen gleichzeitig im Einsatz sind. In Bild 16.1 ist dies der Zeitraum etwa vom Anfang des zweiten Monats bis zur Mitte des sechsten Monats. In dieser Zeit wird mit dem Einsatz der Spitzenbelegschaft gerechnet. In der Anfangsphase vorher wird die Belegschaft aufgebaut, danach in der Endphase wieder reduziert.

17 Betonier- und Schalungsabschnitte

Gerade Betonscheiben und -platten müssen in *Betonierabschnitten* von maximal 15 m Länge hergestellt werden. Um die *Rissbildung* durch *Kriechen* und *Schwinden* zu vermeiden, sind alle 15 Meter *Schwindfugen* vorzusehen. Um dies im kontinuierlichen Bauablauf zu erreichen, sollten die Betonierabschnitte vorzugsweise nicht hintereinander, sondern *auf Vorlauf und Lücke* wie in Bild 17.1 oder im *Pilgerschrittverfahren* hergestellt werden. Sollen die Betonierabschnitte größer sein, muss in Abstimmung mit dem Statiker zusätzliche Bewehrung zur Begrenzung der Rissbreiten nach DIN EN 1992-1-1 eingebaut werden. Bei Wänden mit Ecken kann ein Betonierabschnitt auch länger als 15 m sein.

Bild 17.1 Betonierabschnitte von Stahlbetonwänden mit Schwindlücken, Bildquelle: HSB Schalung

Bei *Wänden* liegt die optimale Länge eines Betonierabschnitts gewöhnlich zwischen 15 m und 20 m. Damit sind üblicherweise in einer Woche zwei Betonierabschnitte herstellbar. Dies ergibt sich aus dem Stundenaufwand, welchen die Ausführung der Arbeiten erfordert und der mit einer üblichen Kolonnengröße ausführbar ist.

Für die OG-Wände des Beispielprojekts wird nachfolgend der erforderliche Stundenaufwand für einen Betonierabschnitt von 17 m Länge berechnet (Wandhöhe $h = 3{,}25$ m; Wandstärke $d = 25$ cm):

Typischer Stundenaufwand und Kolonnenstärke für die Herstellung von Wänden

Beton	17 m · 3,25 m · 0,25 m = 13,81 m^3	13,81 m^3 · 0,9 h/m^3 = 12,43 h
Schalung	17 m · 3,25 m · 2 = 110,50 m^2	110,50 m^2 · 0,8 h/m^2 = 88,40 h
Bewehrung	12,43 m^3 · 0,1 t/m^3 = 1,24 t	1,24 t · 14 h/t = 17,36 h
Insgesamt	**118,19 h; Zeit 0,5 Wochen = 20 h/AK**	**118,19 h/20 h/AK = 5,91 AK ≈ 6 Arbeitskräfte**

Die Beispielrechnung zeigt die Größenordnung einer mittleren Kolonnenstärke von insgesamt etwa sechs Arbeitskräften für die Herstellung eines gewöhnlichen Betonierabschnitts von Wänden in einem Zeitraum von etwa einer halben Woche. Das Ausschalen des vorangegangenen Betonierabschnitts ist dabei mit eingerechnet. Je nach unterschiedlichen Maßen der Betonierabschnitte können Zeitdauer oder Kolonnenstärke variieren.

Decken werden gerne im Wochentakt hergestellt. Die Größe eines Betonierabschnitts ist durch die Betonmenge begrenzt, die an einem Betoniertag auf die Baustelle geliefert und eingebaut werden kann. Flächen von 400 bis 600 Quadratmeter sind durchaus üblich, eine entsprechende Bewehrung vorausgesetzt. Erfahrungsgemäß liegen die Flächen der Betonierabschnitte bei Decken häufig zwischen 200 m^2 und 300 m^2.

Für die Decken des Beispielprojekts wird nachfolgend der erforderliche Stundenaufwand für einen Betonierabschnitt von 300 m^2 Fläche berechnet (entsprechend 2. Betonierabschnitt in Bild 17.15):

Typischer Stundenaufwand und Kolonnenstärke für die Herstellung von Decken

Beton	300 m^2 · 0,25 m = 75,0 m^3	75,0 m^3 · 0,9 h/m^3 = 67,5 h
Schalung	= 300 m^2	300 m^2 · 0,8 h/m^2 = 240 h
Bewehrung	75,0 m^3 · 0,13 t/m^3 = 9,75 t	9,75 t · 14 h/t = 136,5 h
Insgesamt	**444,0 h; Zeit 1 Woche = 40 h/AK**	**444,0 h/40 h/AK = 11,1 AK ≈ 11 Arbeitskräfte**

Die Beispielrechnung zeigt die Größenordnung einer mittleren Kolonnenstärke von insgesamt etwa 11 Arbeitskräften für die Herstellung einer Stahlbetondecke dieser Größe in einem Zeitraum von etwa einer ganzen Woche. Das Ausschalen eines vorangegangenen Betonierabschnitts ist dabei mit eingerechnet. Je nach unterschiedlichen Maßen der Betonierabschnitte können Zeitdauer oder Kolonnenstärke variieren.

17.1 Arbeitsfugen

Betonierfugen sind *Arbeitsfugen,* an denen die Qualität des Betons und damit die Tragfähigkeit des Bauteils durch das Vorhandensein der Fuge etwas eingeschränkt sein können, weil sie eine Soll-Riss-Stelle darstellen können. Insofern ist es naheliegend, Arbeitsfugen nicht an den am höchsten beanspruchten Stellen im Beton anzuordnen. So empfiehlt es sich, Arbeitsfugen von Decken möglichst in der Nähe der Momenten-Nullpunkte anzuordnen. Die konstruktive Ausbildung von Arbeitsfugen ist in Kapitel 14 dargestellt.

Da Schalungen in der Regel über das zu betonierende Bauteil überstehen müssen, sind *Schalungsfugen* meistens nicht identisch mit den *Betonierfugen* und *Betonierabschnitte* nicht deckungsgleich mit den *Schalungsabschnitten.* In Abschnitt 17.3 ist erkennbar, dass die *Schalungsüberstände* an den Arbeitsfugen der Wände nur sehr kurz sind, während bei Decken der *Schalungsvorlauf* immer über mindestens ein Deckenfeld reichen muss (Abschnitt 17.5).

17.2 Bedarfsermittlung der Schalungsmengen

Die folgenden Ausführungen über die Einteilung von Betonier- und Schalungsabschnitten durch die Anordnung von Arbeitsfugen werden ergänzt durch jeweils entsprechende Berechnungen der *Vorhaltemengen* am Beispielprojekt des Bürogebäudes. Das folgende Kapitel über Betonier- und Schalungsabschnitte bei Wänden orientiert sich jedoch zunächst an einem vereinfachten Beispielgrundriss von vier hintereinander folgenden Betonierabschnitten. Die hintereinander folgenden Arbeitstakte werden in Bild 17.2 bis Bild 17.8 mit dem Schalungsplanungs-Programm Doka Tipos dargestellt.

17.3 Betonier- und Schalungsabschnitte bei Wänden

Bei der Herstellung von Wänden ist eine 1,5- bis 2,0-fache Vorhaltung zu empfehlen. Dies ergibt sich aus der Organisation der *Arbeitstakte* mit den einzelnen Kolonnen.

17.3.1 1,5-fache Schalungsvorhaltung

Arbeitstakt 1: Die *Vorstellschalung* wird im 1. Betonierabschnitt (1. BA) einseitig gestellt (Vorhaltemenge: 0,5-fach) (Bild 17.2).

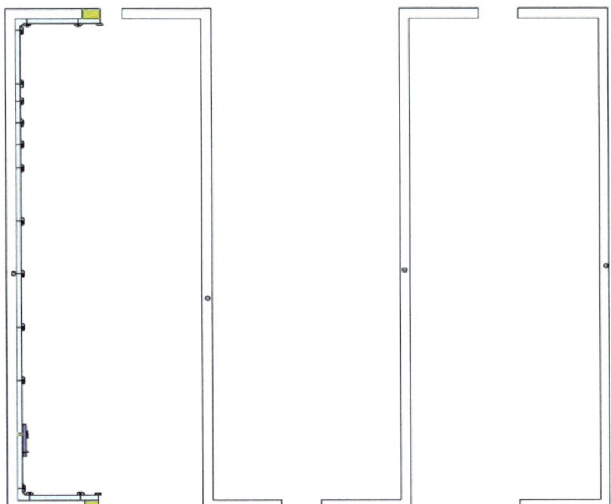

Bild 17.2
1. Arbeitstakt: 1. BA: Aufbauen der Vorstellschalung einseitig

Arbeitstakt 2: Im 1. BA wird die *Bewehrung* eingebaut. Im 2. BA wird die Vorstellschalung einseitig gestellt (Vorhaltemenge 1,0-fach) (Bild 17.3). Sowohl eine Schalungskolonne als auch eine Bewehrungskolonne können hier gleichzeitig eingesetzt werden.

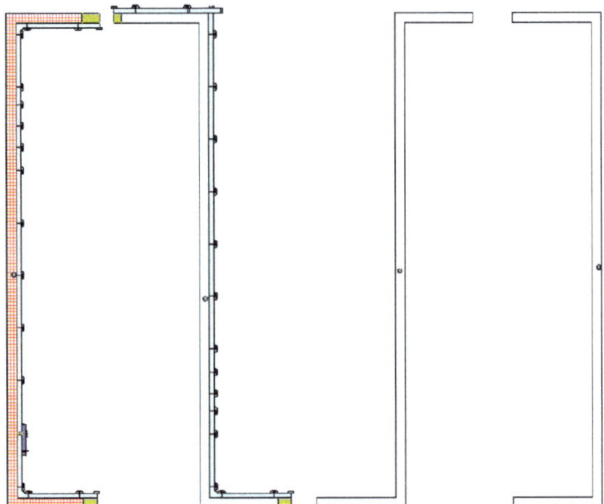

Bild 17.3
2. Arbeitstakt: 1. BA: Einbauen der Bewehrung, 2. BA: Aufbauen der Vorstellschalung

Arbeitstakt 3: Im 1. BA wird die Schalung auf der 2. Seite geschlossen *(Schließschalung)* und der Abschnitt betoniert. Im 2. BA wird die Bewehrung eingebaut (Vorhaltemenge 1,5-fach) (Bild 17.4). Auch hier sind beide Kolonnen (Schalung und Bewehrung) gleichzeitig im Einsatz.

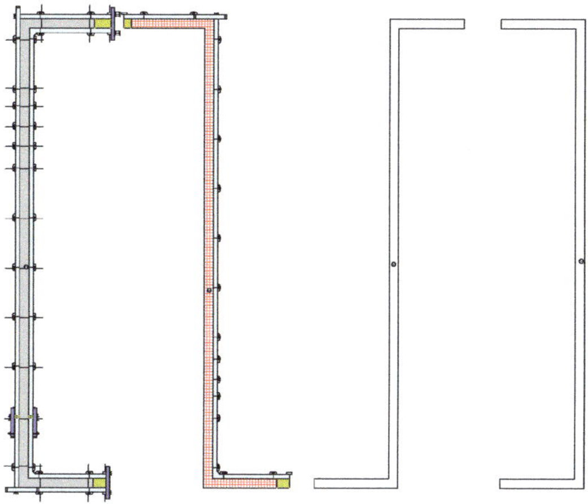

Bild 17.4
3. Arbeitstakt: 1. BA: Schließen der Schalung und Betonieren,
2. BA: Einbauen der Bewehrung

Um in einem 4. Arbeitstakt weiterarbeiten zu können, muss zunächst der 1. BA ausgeschalt werden können. Voraussetzung hierfür ist der Ablauf der Ausschalfrist. Mit der gewonnenen Schalung kann der 2. BA geschlossen werden (Schließschalung) und im 3. BA die Vorstellschalung einseitig aufgebaut werden (Vorhaltemenge 1,5-fach) (Bild 17.5). Für die Bewehrungskolonne gibt es hier nichts zu tun, sie muss in anderen Bereichen eingesetzt werden können. Hingegen sind die Schalarbeiten recht umfangreich (Ausschalen und Einschalen).

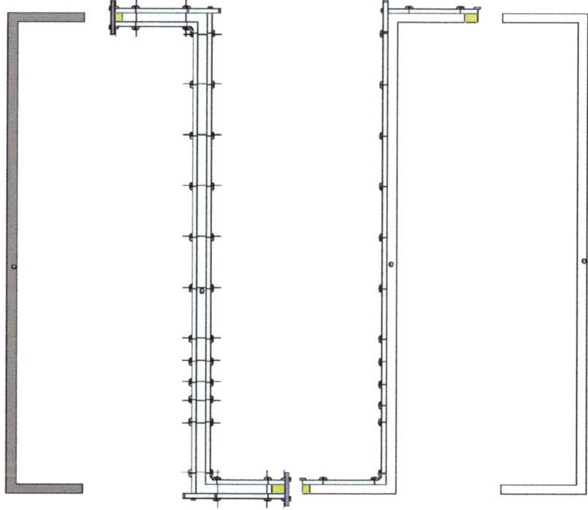

Bild 17.5
4. Arbeitstakt: 1. BA: Ausschalen,
2. BA: Schalung schließen und Betonieren, 3. BA: Aufbauen der Vorstellschalung einseitig

Ohne dass weitere Schalung aufgebaut werden kann, folgt im 5. Arbeitstakt das Einbauen der Bewehrung im 3. BA (Vorhaltemenge 1,5-fach) (Bild 17.6). Die Schalungskolonne kann in diesem Moment nicht hier eingesetzt werden und muss daher in anderen Bereichen eingesetzt werden können, um ihren kontinuierlichen Einsatz sicherzustellen.

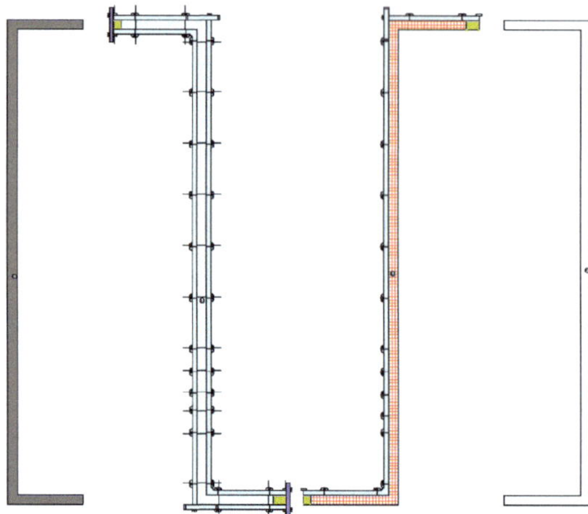

Bild 17.6
5. Arbeitstakt: 3. BA: Einbauen der Bewehrung

Die Arbeitstakte 1 bis 3 stellen eine Anlaufphase dar. In der weiteren Abfolge wiederholen sich bei einer *1,5-fachen Schalungsvorhaltung* die Arbeitstakte 4 und 5 permanent. Dabei können die Schalungs- und Bewehrungs-Kolonnen nicht kontinuierlich eingesetzt werden; sie müssen jeweils noch bei anderen Tätigkeiten in anderen Bereichen eingesetzt werden können. Mit einer 1,5-fachen Schalungsvorhaltung lässt sich ein kontinuierlicher Bauablauf somit nicht sicher gewährleisten.

17.3.2 2,0-fache Schalungsvorhaltung

Hat man eine *2,0-fache Schalungsvorhaltung* zur Verfügung, besteht die Möglichkeit, im 3. Arbeitstakt den 1. BA zu schließen *(Schließschalung),* im 2. BA zu bewehren und im 3. BA bereits die *Vorstellschalung* einseitig aufzustellen. Dadurch wird es möglich, drei kleine Kolonnen gleichzeitig und kontinuierlich einzusetzen, zwei Schalungs-Kolonnen und eine Bewehrungs-Kolonne. (Vorhaltemenge 2-fach) (Bild 17.7).

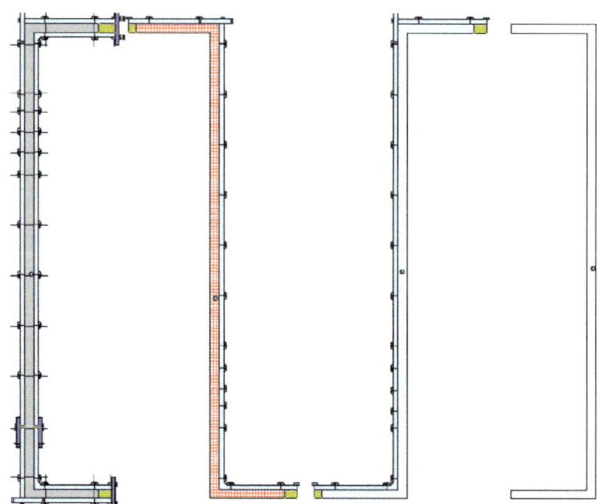

Bild 17.7
3. Arbeitstakt: 1. BA: Schließen der Schalung und Betonieren,
2. BA: Einbauen der Bewehrung,
3. BA: Aufbauen der Vorstellschalung

Um in einem 4. Arbeitstakt weiterarbeiten zu können, muss zunächst der 1. BA ausgeschalt werden. Auch hier muss die Ausschalfrist erreicht sein. Mit der gewonnenen Schalung kann der 2. BA geschlossen werden (*Schließschalung*) und im 4. BA die *Vorstellschalung* einseitig aufgebaut werden (Vorhaltemenge 2,0-fach). Die Bewehrungskolonne kann gleichzeitig die Bewehrung im 3. BA einbauen (Bild 17.8).

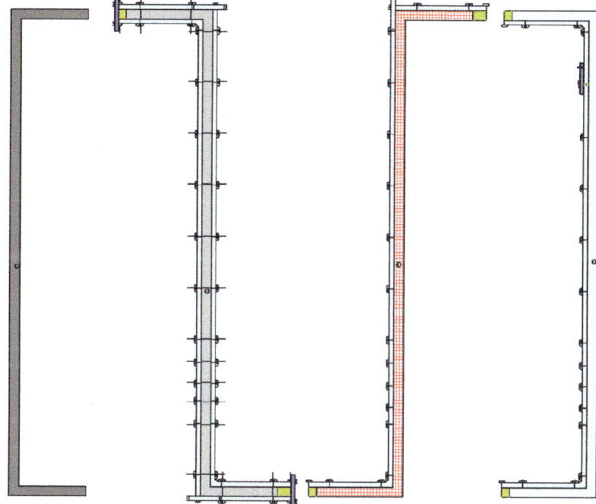

Bild 17.8
4. Arbeitstakt: 1. BA: Ausschalen, 2. BA: Schließen der Schalung und Betonieren, 3. BA: Einbauen der Bewehrung, 4. BA: Aufbauen der Vorstellschalung

In der weiteren Abfolge wiederholt sich bei einer 2,0-fachen Schalungsvorhaltung der Arbeitstakt 4 permanent. Dabei können die Schalungs- und Bewehrungs-Kolonnen immer kontinuierlich eingesetzt werden. Für die Umsetzung eines kontinuierlichen Bauablaufs mit kontinuierlichem Personaleinsatz wie bei einer Taktfertigung ist eine 2,0-fache Schalungsvorhaltung sehr zu empfehlen.

Sofern es gelingt, durch entsprechende Maßnahmen die Ausschalfrist auf einen Tag zu reduzieren, kann ein kontinuierlicher Einsatz der Schalung und der Kolonnen erzielt werden.

17.3.3 Vorhaltemengen von Wandschalungen

Ermittlung der erforderlichen Vorhaltemenge der Wandschalung

Für die Angebotskalkulation kann die benötigte Schalungsmenge leicht überschlägig ermittelt werden. Beim oben dargestellten Beispiel beträgt die mittlere Länge der Betonierabschnitte L = 17 m. Bei beidseitiger Schalung, einer mittleren Wandhöhe von 2,60 m und einer Schalungshöhe von 2,70 m beträgt die 1,0-fache Vorhaltemenge der Wandschalung ca. 92 m² Schalungsfläche.

Da der individuelle Grundriss der einzelnen Betonierabschnitte dazu führt, dass nicht immer alle Schalelemente eingesetzt werden können, sondern die Elementgrößen auf den Grundriss angepasst werden müssen, kann die rechnerische Bedarfsmenge überschlägig um bis ca. 10 % erhöht werden. Daher wird hier mit einer erforderlichen Schalungsmenge pro Betonierabschnitt von gerundet 100 m² gerechnet.

Für die Kalkulation ist somit ein Bedarf von 150 m² bei 1,5-facher Vorhaltung oder 200 m² bei 2,0-facher Vorhaltemenge zugrunde zu legen.

Hinweis: Die Ermittlung der erforderlichen Vorhaltemenge an Wandschalung für das Bürogebäude des Beispielprojekts wird in Abschnitt 18.4.1 durchgeführt. ■

Um eine möglichst hohe Maßgenauigkeit zu erzielen und um Schalzeiten zu reduzieren, werden Schachtschalungen in der Regel nicht für sonstige Wandabschnitte genutzt. Sie werden als separater Schalsatz von unten bis oben durch die Geschosse hindurchgeführt. Bei der Mengenermittlung muss die Bedarfsmenge für die Schächte separat berechnet werden.

■ 17.4 Betonier- und Schalungsabschnitte bei Stahlbetonstützen

Die Herstellung von Stahlbetonstützen kann meistens parallel zur Herstellung der Stahlbetonwände erfolgen. Zur Beantwortung der Frage, wie viele Schalungssätze an Stützenschalungen vorgehalten werden müssen, sollte zuerst geschaut werden, wie viel Bauzeit für die Herstellung der Stahlbetonwände benötigt wird oder zur Verfügung steht.

Im Beispielprojekt des Bürogebäudes kann man in den oberen Geschossen mit jeweils etwa sechs Betonierabschnitten zur Herstellung der Stahlbetonwände rechnen (Bild 17.9).

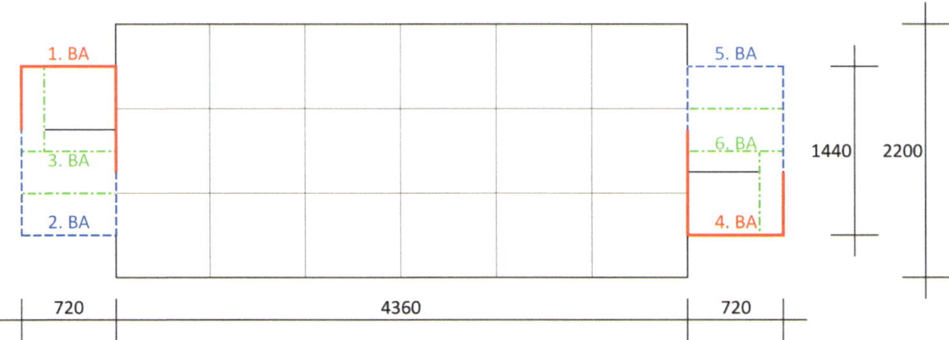

Bild 17.9 Grundriss Kernwände mit Einteilung der Betonierabschnitte

Für einen Betonierabschnitt Stahlbetonwände können etwa 2 bis 2,5 Tage Bauzeit angesetzt werden. Die gleiche Zeit steht in der Regel auch für die Herstellung der Stahlbetonstützen inklusive Ausschalfrist zur Verfügung (Bild 17.10). Möglicherweise können die Stahlbetonstützen sogar etwas schneller gefertigt werden. Einschließlich einer Ausschalfrist von einem Tag werden für einen Betonierabschnitt gewöhnlich zwei Arbeitstage Bauzeit benötigt.

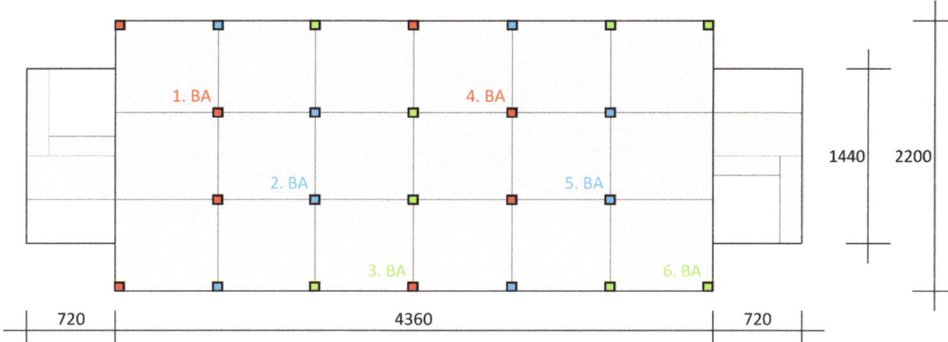

Bild 17.10 Grundriss Stützen mit Einteilung der Betonierabschnitte

Vorhaltemengen von Stützenschalungen

Ermittlung der erforderlichen Vorhaltemenge der Stützenschalung

Für die Herstellung der 24 Stahlbetonstützen des Beispielprojekts in sechs Betonierabschnitten je Geschoß benötigt man entsprechend vier Sätze Stützenschalung (4-fache Vorhaltung).

Bei Wänden und Stützen kann man normalerweise mit den gleichen Ausschalfristen rechnen. Stahlbetonwände werden gewöhnlich in den oben beschriebenen Arbeitstakten und somit in einer Art Taktfertigung hergestellt, Stahlbetonstützen in einer Hintereinanderfertigung.

■ 17.5 Betonier- und Schalungsabschnitte bei Decken

In einer einfeldrigen Deckenplatte ergeben sich maximale Biegemomente und Biegespannungen jeweils in Feldmitte der Decke. Die maximalen Querkräfte und Schubspannungen treten jeweils an der Auflagerkante auf (Bild 17.11).

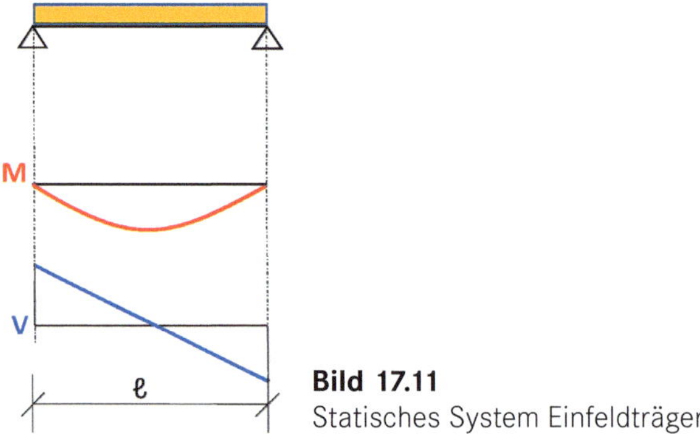

Bild 17.11
Statisches System Einfeldträger

In einer zwei- und mehrfeldrigen Decke ergeben sich außerdem über den Mittel-Auflagern negative Momente und entsprechende Biegespannungen (Bild 17.12). Die Momenten-Nullpunkte liegen etwa im Abstand von $\ell/4$ bis $\ell/3$ vom Mittelauflager.

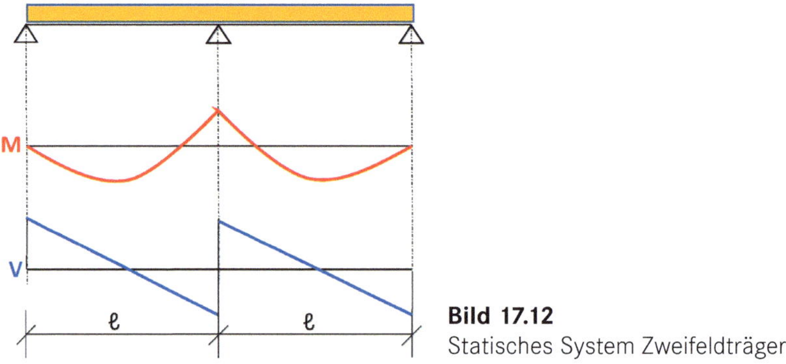

Bild 17.12
Statisches System Zweifeldträger

17.5.1 Arbeitsfugen in Decken

Somit haben wir grundsätzlich in Feldmitte und an den Auflagern die größten Beanspruchungen. Es empfiehlt sich daher, *Arbeitsfugen* von Decken nicht in diesen Bereichen anzuordnen, sondern dort, wo die Beanspruchungen geringer sind. Die geringsten Beanspruchungen sind insgesamt betrachtet in einem Bereich im Abstand von einem Viertel bis zu einem Drittel der Spannweite vom nächsten Auflager.

In Bild 17.13 ist der Gesamtgrundriss des Beispielgebäudes zu sehen. Grundsätzlich ist zunächst zu überlegen, in wie vielen Betonierabschnitten eine Decke hergestellt werden soll und wo die Betonier- und Schalungsfugen angeordnet werden können. In diesem Fall ist es naheliegend, den Bürotrakt in zwei oder drei Betonierabschnitten herzustellen. Dabei ist festzulegen, ob die Decken der Kernbereiche getrennt oder zusammen mit den Bürodecken hergestellt werden sollen.

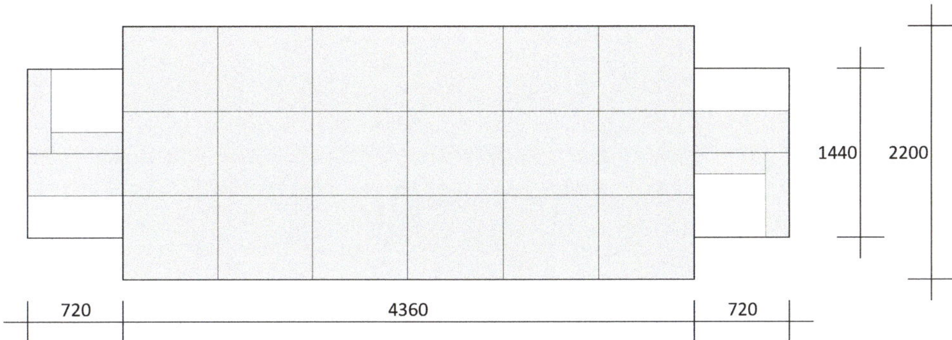

Bild 17.13 Grundriss Decke Bürogebäude

In Bild 17.14 ist die Herstellung der Decke in zwei Betonierabschnitten geplant. Arbeitsrichtung ist von links nach rechts. Die Betonier-Arbeitsfuge soll etwa im Drittel- bis Viertelbereich eines Deckenfeldes angeordnet werden. Damit die Stützbewehrung in der oberen Bewehrungslage über die letzte Stützenachse hinweg verlegt werden kann, muss auch schon die Feldbewehrung in der unteren Lage des nächsten Feldes verlegt sein. Hierfür ist bereits der Aufbau der Schalung mindestens des gesamten nächsten Deckenfeldes erforderlich. Bei der Berechnung der Vorhaltemenge ist demnach für jeden Betonierabschnitt ein entsprechender *Schalungsüberstand* einzuplanen.

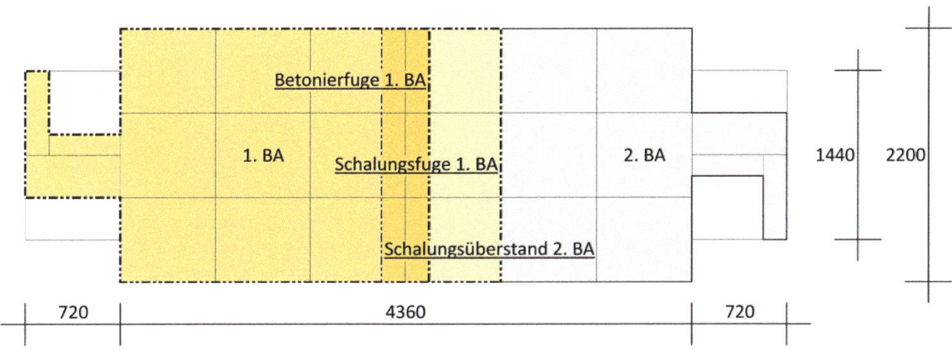

Bild 17.14 Grundriss Decke mit zwei Betonierabschnitten

Alternativ ist in Bild 17.15 die Herstellung der Decke in drei Betonierabschnitten im Grundriss dargestellt. Am Übergang vom 1. zum 2. Betonierabschnitt ist ein *Schalungsüberstand* eingezeichnet, der ebenfalls bis zum Viertels- bis Drittels-Bereich des bereits hergestellten Deckenfeldes zurückreicht. Soll die Schalung des 1. BA nach Ablauf der Ausschalfrist ausgeschalt werden, muss dieser rückwärtige Schalungsüberstand weiter über die Ausschalfrist des 2. BA stehen bleiben und darf nicht ausgeschalt werden, um die Standsicherheit zu gewährleisten.

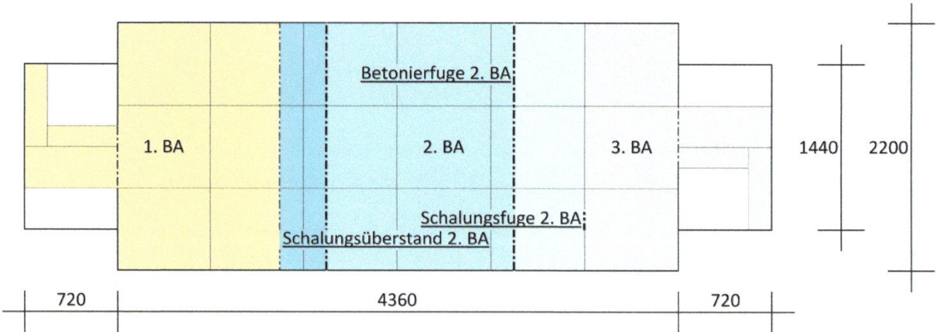

Bild 17.15 Grundriss Decke mit drei Betonierabschnitten

Bei Decken ist es prinzipiell erforderlich, dass die Schalung für mindestens zwei komplette Betonierabschnitte vorgehalten wird. Im ersten Beispiel mit zwei Betonierabschnitten (Bild 17.14) ist es naheliegend, die Schalung für eine gesamte Decke vorzuhalten. Aber auch bei der Variante mit drei Betonierabschnitten (Bild 17.15) ist es sinnvoll, die Schalung der gesamten Decke vorzuhalten. Dies erleichtert letztlich den direkten Schalungstransport in die darüber liegende Decke.

17.5.2 Vorhaltemengen von Deckenschalungen

Bei der Herstellung von Decken ist in der Regel eine 2,0-fache Vorhaltung erforderlich. Dies liegt daran, dass gewöhnlich während der Dauer der Ausschalfrist des ersten Deckenabschnitts bereits die Schalung und Bewehrung des nächsten Betonierabschnitts eingebaut werden soll, um nicht zuletzt das Personal kontinuierlich einsetzen zu können.

Ermittlung der erforderlichen Vorhaltemenge der Deckenschalung

Die gesamte Grundrissfläche des Beispielgebäudes beträgt etwa 1170 m². Abzüglich der Flächen für Aufzüge und Treppen von etwa 110 m² beträgt die zu schalende Deckenfläche etwa 1060 m² je Geschoß. Auch hier empfiehlt es sich in der Regel, mit einem Zuschlag von bis zu 10 % zu rechnen, um auf der Baustelle auf ungeplante Ereignisse vorbereitet zu sein.

Für die Kalkulation ist somit ein Bedarf von gerundet 1200 m² Deckenschalung bei 2,0-facher Vorhaltemenge zugrunde zu legen.

17.5.3 Anordnung von Hilfsstützen bei Decken

Da die Frischbetonlast der zu betonierenden Decke in der Regel deutlich höher ist als die rechnerische Nutzlast der darunter liegenden Decke, ist es immer erforderlich, im jeweils darunter liegenden Geschoss Hilfsstützen einzubauen. Die Bemessung der Hilfsstützen erfolgt gemäß DBV-Merkblatt „Betonschalungen und Ausschalfristen“ wie in Abschnitt 7.3 beschrieben. Die Anordnung der *Hilfsstützen* im Grundriss erfolgt bei Spannweiten zwischen 3 m und 8 m in der Mitte der Spannweite, wie in Bild 17.16 und Bild 17.17 dargestellt.

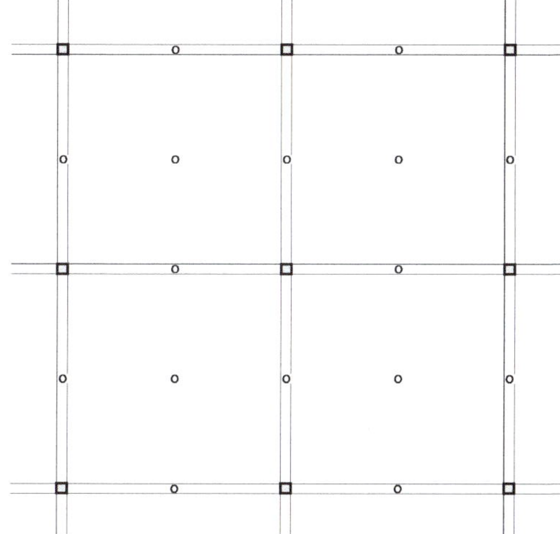

Bild 17.16
Hilfsstützen in der Mitte der Spannweite bei Decke mit Unterzug

Wichtig ist, dass auch die Unterzüge in der Mitte zwischen den Stützen mit einer Hilfsstütze unterstützt werden (Bild 17.16). Ob eine Hilfsstütze je Deckenfeld ausreichend ist, muss rechnerisch nachgewiesen werden.

Handelt es sich um eine Flachdecke, dann sind statt den Unterzügen mithilfe der Bewehrung in der Decke zwischen den Stahlbetonstützen *deckengleiche Träger* ausgebildet, die die Lasten in ähnlicher Weise wie die Unterzüge abtragen. Daher sind auch bei Flachdecken die Hilfsstützen genau in der Mitte zwischen den Stahlbetonstützen anzuordnen (Bild 17.17).

Bild 17.17
Hilfsstützen in der Mitte der Spannweite bei Flachdecken

Bei Spannweiten über 8 m erfolgt die Anordnung der Hilfsstützen in den Drittelspunkten der Spannweite, wie in Bild 17.18 und Bild 17.19 dargestellt.

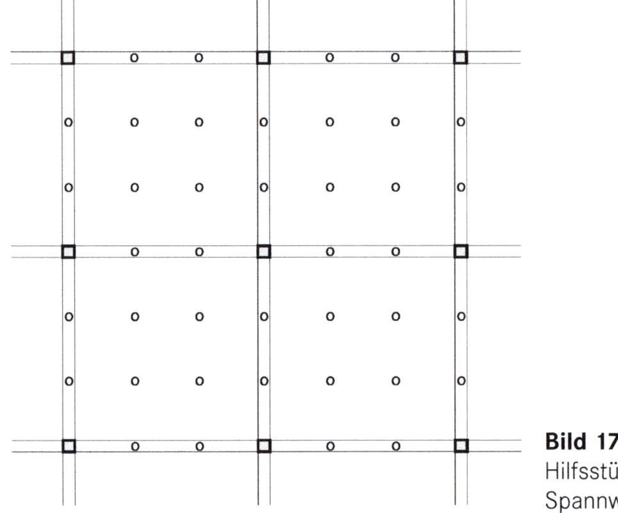

Bild 17.18
Hilfsstützen in Drittelspunkten der Spannweite bei Decke mit Unterzug

Hier ist ebenfalls zu beachten, dass die Unterzüge wie auch die *deckengleichen Träger* mit jeweils zwei Hilfsstützen in den Drittelspunkten der Spannweite unterstützt werden.

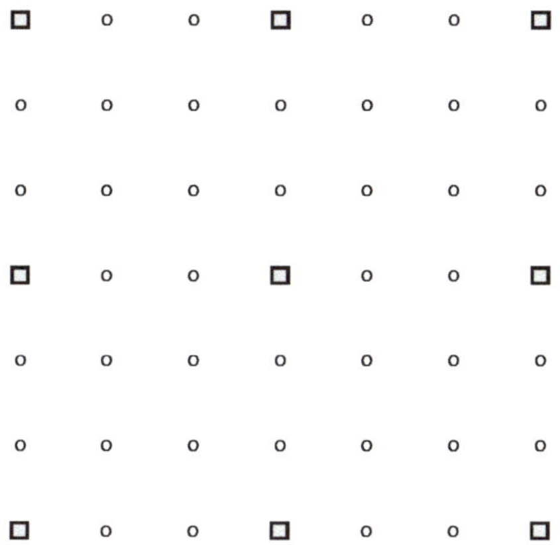

Bild 17.19
Hilfsstützen in den Drittelspunkten der Spannweite bei Flachdecken

Zusätzlich zur eigentlichen Deckenschalung mit Unterrüstung ist somit für die gleiche Deckenfläche eine entsprechende Anzahl von Deckenstützen als Hilfsstützen auf der Baustelle vorzuhalten. Die Hilfsstützen werden meistens direkt unter die Decke gestellt und benötigen daher eine größere Auszugslänge als die Schalungsstützen. Eine größere Auszugslänge bewirkt möglicherweise auch eine geringere Tragfähigkeit der Deckenstützen. Dies sollte bei der Bemessung berücksichtigt werden. Für die Baustelle ist es praktikabel, wenn möglichst gleiche Stützengrößen eingesetzt werden können. Dies verhindert Verwechslungen und spart Transportwege.

17.5.4 Vorhaltemengen von Hilfsstützen

Ermittlung der erforderlichen Vorhaltemenge der Hilfsstützen

Die Decken des Beispielgebäudes haben Spannweiten von 7,20 m und damit zwischen 3 m und 8 m. Somit können die Hilfsstützen in der Mitte der Spannweite sowohl in den Stützenachsen einschließlich aller Deckenränder als auch in der Mitte der Deckenfelder angeordnet werden. Hierfür sind ca. 65 Deckenstützen erforderlich, eine entsprechende Bemessung vorausgesetzt. Dies entspricht etwa 1 Hilfsstütze pro 16 m² Deckenfläche. Entlang von Wänden sind keine Hilfsstützen nötig.

Sofern Hilfsstützen in den Drittelspunkten der Spannweiten aufgestellt werden müssten, wären dafür insgesamt ca. 162 Deckenstützen erforderlich. Dies wäre mit einem deutlich höheren Stundenaufwand verbunden. Dies entspricht etwa 1 Hilfsstütze pro 6,5 m² Deckenfläche.

18 Angebotskalkulation von Schalungen

Grundlage der Angebotskalkulation im Bauunternehmen ist in der Regel das *Leistungsverzeichnis* (LV) in der Ausschreibung des Bauherrn. Die Schalarbeiten sind Gegenstand des *Leistungsbereichs* Beton- und Stahlbetonarbeiten gemäß VOB/C (DIN 18331). Schalarbeiten und Bewehrungsarbeiten sollten möglichst in eigenen Positionen aufgeführt und nicht Teil der Beton Positionen sein.

Da die *Ausschreibungsmengen* von Schalung, Bewehrung und Beton in verschiedenen Mengeneinheiten gerechnet werden, die sich in aller Regel nicht proportional zueinander verhalten, sind die drei Komponenten getrennt zu kalkulieren. Voraussetzung dafür sind separate Positionen.

Grundsätzlich beziehen sich die Mengen der Schalungspositionen im LV einer Ausschreibung von Stahlbetonarbeiten auf die *zu schalenden Flächen*. Da die Schalungen auf einer Baustelle in der Regel mehrmals umgesetzt werden und damit mehrmals eingesetzt werden, ist die Fläche der später auf der Baustelle benötigten Schalungsmenge (*Vorhaltemenge*) deutlich geringer.

Bei der Angebotskalkulation im Bauunternehmen werden Schalungen sehr oft als *Mietschalungen* kalkuliert, wenn die Bauunternehmen das Schalmaterial von den Herstellern oder Händlern mieten wollen. Die Kalkulationsbeispiele für das Beispielprojekt behandeln in Abschnitt 18.2 bis Abschnitt 18.6 die Kalkulation von Mietschalungen.

Sofern ein Bauunternehmen eigenes Schalungsmaterial einsetzen möchte, kann die Kalkulation auch auf der Grundlage der Kosten- und Leistungsrechnung Bau (KLR Bau) mit Kalkulationsansätzen der *Baugeräteliste* (BGL) erfolgen. Für diesen Fall ist exemplarisch in Abschnitt 18.7 ein Kalkulationsbeispiel nach BGL beschrieben.

Zusätzlich zu den Gerätekosten müssen die *Lohnkosten* der Schalarbeiten kalkuliert werden. Hierfür sind in Abschnitt 18.8 zahlreiche Tabellen mit *Aufwandswerten* für die wichtigsten Schalarbeiten für Wände, Stützen und Decken zusammengestellt. Darüber hinaus müssen weitere Kosten in der Kalkulation berücksichtigt werden, wie vor allem die Transportkosten.

18.1 Einflussfaktoren auf die Kosten von Schalungssystemen

Die Kosten setzen sich im Wesentlichen aus zwei Anteilen zusammen, zum einen aus den Lohnkosten für den Schalaufwand und zum anderen aus den Vorhaltekosten des Schalmaterials. Grundlage für die Kalkulation der benötigten Schalung ist deren *Neupreis* und ihre *Vorhaltedauer* auf der Baustelle.

Die Angebotspreise für Schalungen werden durch verschiedene Faktoren beeinflusst und können sehr unterschiedlich sein. Durch eine größere *Einsatzhäufigkeit* auf einer Baustelle lässt sich die Schalungsmenge reduzieren. Dies kann jedoch eine längere Vorhaltedauer für die Schalung bedeuten.

18.1.1 Kosteneinflüsse bei Wandschalungen

Der Preis für Wandschalungen hängt vor allem vom *Grundriss des Bauwerks* ab. Niedrigere Preise ergeben sich bei einfachen Grundrissen, die den Einsatz von Großflächenschalungen erlauben. Je komplizierter sich ein Grundriss darstellt, umso teurer wird die Schalung, da dann mehr kleine Elemente sowie Pass- und Eckelemente eingesetzt werden müssen. Mit der Anzahl der Elemente steigert sich auch der Bedarf an Zubehör wie Verbindungsmittel und Spannanker.

Bei größeren *Wandhöhen* müssen die Wandschalungen mit weiteren Elementen aufgestockt werden. Bei *Aufstockungen* erhöht sich der Anteil der kleineren Elemente und des Zubehörs und steigert dadurch ebenfalls den Preis der Schalung.

Durch einen möglichst *kontinuierlichen Einsatz* aller Schalelemente können die Vorhaltemenge der Schalung optimiert und dabei Vorhaltekosten eingespart werden. Dies erfordert eine detaillierte *Elementplanung* bei der Taktplanung des Schalungseinsatzes (s. Abschnitt 20.2).

Wird ein Bauwerksgrundriss in mehrere Takte eingeteilt, ergeben sich gleichzeitig Nachteile. Es werden zusätzliche Abstellungen und der Einbau entsprechender Bewehrungsanschlüsse erforderlich, die ihrerseits einen Mehraufwand an Zeit und Kosten bedeuten (s. Abschnitt 14.6).

18.1.2 Kosteneinflüsse bei Deckenschalungen

Eine größere *Deckenstärke* bedeutet höhere Lasten und dadurch einen Mehrbedarf an Deckenstützen, die eingebaut und wieder ausgebaut werden müssen.

Für größere *Unterstützungshöhen* werden Deckenstützen mit größeren Auszugslängen benötigt, die schwerer und teurer sind als kleinere Deckenstützen.

Bei einem komplizierten Bauwerksgrundriss sind mehr Träger und Stützen sowie Zubehör nötig als bei einfachen Grundrissen. Zwischenwände, Säulen, Unterzüge und winkelige Grundrisse führen zu einem Mehraufwand, der einen höheren Preis bedeutet.

Insbesondere bei geneigten Decken ist ein erheblicher Mehraufwand zu kalkulieren, um die horizontalen Kräfte ableiten zu können (s. Abschnitt 1.6.2).

18.1.3 Kosteneinflüsse der Bauzeit

Die Vorhaltedauer der Schalung beeinflusst die Vorhaltekosten ganz wesentlich. Um bei der Kalkulation die Vorhaltedauern der einzelnen Schalungssysteme erfassen zu können, ist die *Bauablaufplanung* eine wichtige Voraussetzung. Die folgenden Beispiele einer Schalungskalkulation orientieren sich am Beispielprojekt des Bürogebäudes. Grundlage für die Kalkulation ist zunächst ein durchdachter Bauablaufplan, aus welchem der Schalungseinsatz abgeleitet werden kann.

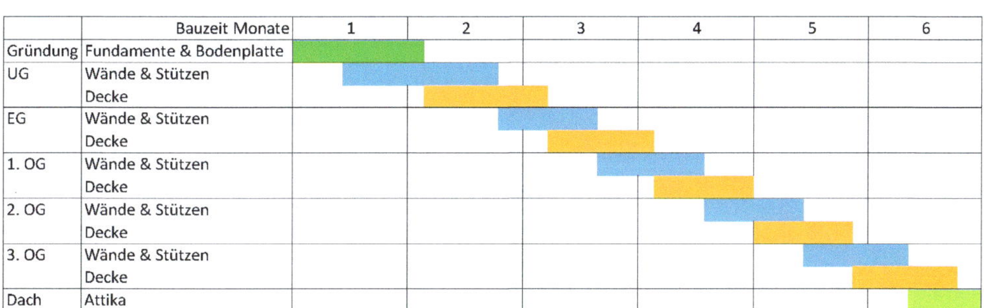

Bild 18.1 Grobterminplan Bürogebäude

Vorhaltedauer der Schalung

Für das Bürogebäude gilt der Grobterminplan in Bild 18.1. Daraus ist zu erkennen, dass die Wand- und Stützenschalungen wie auch die Deckenschalungen insgesamt etwa für jeweils 5 Monate benötigt werden. Die gesamte Vorhaltedauer von 5 Monaten ist damit wesentlicher Bestandteil der Kalkulation.

18.2 Allgemeine Vorüberlegungen zur Kalkulation

Im Leistungsverzeichnis (LV) des Bauherrn werden in den Schalungs-Positionen grundsätzlich die *zu schalenden Flächen* am Bauwerk ausgeschrieben.

Für den Kalkulator im ausführenden Bauunternehmen ist wichtig zu wissen, wie oft die Schalung umgesetzt werden kann *(Einsatzhäufigkeit)* und wie lange die Standzeit der Schalung je Betonierabschnitt ist *(Vorhaltedauer)*, um daraus die erforderliche Schalungsmenge *(Vorhaltemenge)* zu ermitteln.

Zu diesem Zweck muss der Kalkulator bereits in der Angebotsphase grundsätzliche Überlegungen der Arbeitsvorbereitung anstellen. Hierzu gehört die grundsätzliche Einteilung von Betonier- und Schalungsabschnitten unter Berücksichtigung des Bauablaufs, wie in Kapitel 17 ausführlich dargestellt.

Die Ausschreibung der Schalung erfolgt dann in der Regel später nach Auftragsvergabe (vgl. Kapitel 19). Die bei der Kalkulation bereits ermittelten Vorhaltemengen bilden dabei eine wichtige Grundlage.

18.3 Höhenmatrix eines Bauvorhabens

Wichtige Voraussetzung für eine erfolgreiche Angebotskalkulation ist die genaue Analyse der verschiedenen Höhen im Bauvorhaben. Aus den unterschiedlichen Geschoßhöhen eines Bauwerks ergeben sich Unterschiede in den lichten Höhen und Betonierhöhen. Je nach Wahl des Schalungssystems ergeben sich verschiedene Schalungs- und Unterstützungshöhen. In Bereichen ohne Decke sind Betonier- und Schalungshöhen oft um die Deckenstärke höher.

Die unterschiedlichen Höhen des Beispielgebäudes sind in Tabelle 18.1 wiedergegeben.

Tabelle 18.1 Schalungshöhen für Kalkulation und Ausschreibung

	UG	EG	1.-3. OG
Lichte Höhen der Wände und Stützen	2,65 m	3,95 m	3,25 m
Angenommene Schalungshöhen der Wand- und Stützenschalungen	2,70 m	4,00 m	3,30 m
Betonierhöhen der Wände mit Deckenhöhe [a)]	2,90 m	4,20 m	3,50 m

	UG	EG	1.-3. OG
Angenommene Schalungshöhen für Wände mit Deckenhöhe [a]	2,95 m	4,25 m	3,55 m
Auszugslängen der Deckenstützen bei Flex-Deckenschalungen mit Holzschalungsträgern GT 24 oder H 20 [b]	2,15 m bis 2,23 m	3,45 m bis 3,53 m	2,75 m bis 2,83 m
Auszugslängen der Deckenstützen als Hilfsstützen	2,65 m	3,95 m	3,25 m

[a] Die Deckenhöhe beträgt in diesem Beispielprojekt 25 cm

[b] ca. Werte bei Verwendung von Schalungshaut mit 21 mm Dicke

18.4 Kalkulation von Wandschalungen

18.4.1 Vorgaben der Ausschreibung

Im Leistungsverzeichnis des Bauherrn sind für die Schalung der Wände des Beispielprojekts gemäß Tabelle 18.2 insgesamt 4700 m² *zu schalende Wandfläche* ausgeschrieben. Dabei werden in diesem Beispiel die einzelnen Wände nicht nach ihrer Art oder Qualität differenziert. Bei sehr unterschiedlichen Anforderungen an die Wandschalungen wie z. B. unterschiedliche Sichtbetonklassen oder sehr unterschiedliche Höhen oder Geometrie sollten die verschiedenen Wandschalungen auch nach Positionen getrennt ausgeschrieben werden.

Es gibt auch die Möglichkeit einer fertigungsbegleitenden Ausschreibung. Dabei wird die Schalung abschnittsweise oder geschossweise ausgeschrieben. Ausschreibung und Kalkulation sind dann zwar aufwendiger, jedoch können Besonderheiten wie Problemstellen oder zeitintensive Abschnitte direkt herausgestellt und berücksichtigt werden.

Grundsätzlich muss zwischen zu betonierender Wandhöhe und Schalungshöhe unterschieden werden. Für die korrekte Ermittlung der Schalungsmengen muss eine Schalungshöhe angenommen werden. Bei der späteren Vergabe der Schalung sind auch die unterschiedlichen Schalungshöhen der Hersteller zu bewerten. Dies ist immer systemabhängig. Hierzu kann man die Höhenkombinationen im Leistungsverzeichnis (LV) der Schalungsausschreibung abfragen (s. Abschnitt 19.3.2). Bei den im LV des Bauherrn angegebenen Wandhöhen handelt es sich um die Betonierhöhe. Darauf ist die Schalungshöhe abzustimmen.

In Bild 18.2 sind die in der Arbeitsvorbereitung geplanten Betonierabschnitte der UG-Wände eingezeichnet. Die Betonierabschnitte der Kernwände sind dem Grundriss in Bild 18.3 zu entnehmen.

Ermittlung der erforderlichen Vorhaltemenge der Wandschalung

Die größte Wandlänge ergibt sich in den Betonierabschnitten 1, 2, 4 und 5 der Kernwände mit L = 21,1 m. Bei einer angenommenen Schalungshöhe von 4,25 m bei den Kernwänden mit Deckenhöhe im Erdgeschoss (EG) ergibt sich eine beidseitige Schalungsfläche von 180 m². Bei einer 1,5-fachen Vorhaltung sind somit mindestens 270 m² Schalungsfläche erforderlich, bei einer 2,0-fachen Vorhaltung mindestens 360 m² Schalungsfläche. Unter Berücksichtigung unterschiedlicher Schalungshöhen für die verschiedenen Geschosshöhen ergibt sich ein noch höherer Schalungsbedarf. Dies wird hier mit einem Aufschlag von ca. 20 % auf die ermittelte Menge berücksichtigt. Daher wird nachfolgend mit einer Schalungsmenge von 440 m² kalkuliert. Eine noch exaktere Mengenermittlung wird im Regelfall erst für die Schalungsausschreibung durchgeführt (s. Abschnitt 19.3.2). Die nachfolgende Schalungskalkulation wird für eine Rahmenschalung exemplarisch unter Berücksichtigung der verschiedenen Schalungshöhen durchgeführt.

Hinweis: Die in Abschnitt 17.3.3 durchgeführte Ermittlung der erforderlichen Vorhaltemenge an Wandschalung bezieht sich nicht auf das Bürogebäude des Beispielprojekts, sondern auf das dort ausgeführte Beispiel über Betonier- und Schalungsabschnitte bei Wänden an einem vereinfachten Beispielgrundriss von vier hintereinander folgenden Wandabschnitten (vgl. Abschnitt 17.2).

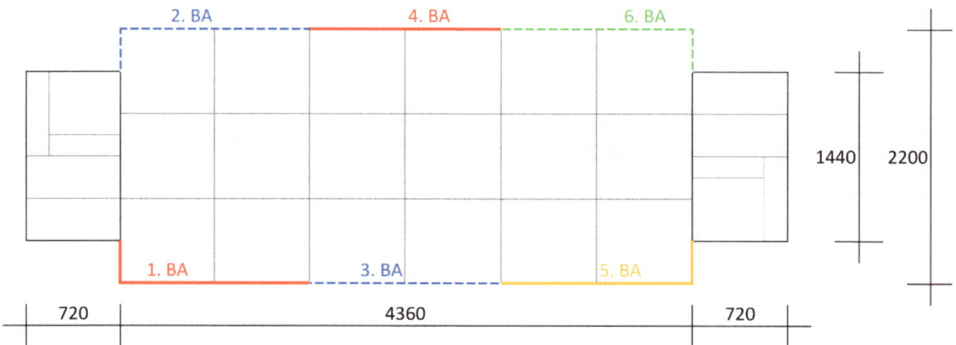

Bild 18.2 Grundriss Wände UG mit Einteilung der Betonierabschnitte

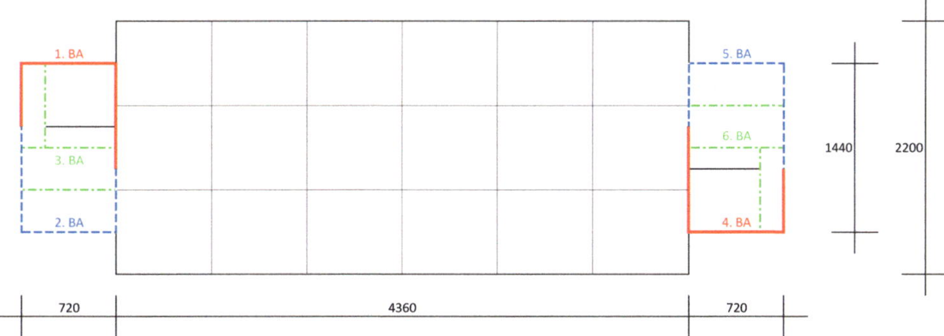

Bild 18.3 Grundriss Kernwände mit Einteilung der Betonierabschnitte

Tabelle 18.2 LV-Position: Schalung der Wände

Pos.	Menge	Einheit	Kurztext	EP	GP
1	4700	m^2	Schalung der Stahlbetonwände d = 25 cm in allen Geschoßen, Höhen h = 2,65 m bis 3,95 m, glatt, Sichtbetonklasse SB 2		

Menge · EP (Einheitspreis) = GP (Gesamtpreis)

Die zu schalenden Wandflächen sind nach verschiedenen Anforderungen und Höhen zu unterscheiden. Die Außenwände im UG werden mit einer Schalungshöhe von 2,70 m in sechs Betonierabschnitten hergestellt. Deren zu schalende Fläche beträgt etwa 540 m^2.

Die Kernwände werden in jedem Geschoss in jeweils sechs Betonierabschnitten hergestellt, jedoch mit unterschiedlichen Schalungshöhen, im UG mit h = 2,70 m, im EG mit h = 4,00 m und in den OGs mit h = 3,30 m. In den Bereichen ohne Decke erhöht sich die Schalungshöhe um die Deckenstärke von 25 cm. Damit ergeben sich in den Geschossen zu schalende Flächen von im UG 670 m^2, im EG 1000 m^2 und in den OGs jeweils 830 m^2.

Um die unterschiedlichen Betonierhöhen mit einer Schalung herstellen zu können, sollte eine höhenmäßig flexible Schalung eingesetzt werden. Dafür eignet sich in der Regel eine Rahmenschalung, die aufgrund ihrer vielfältigen Elementabmessungen individuell an die geforderten Maße im Grundriss und in der Höhe angepasst werden kann. Für die spätere Schalungsausschreibung empfiehlt es sich, ein besonderes Augenmerk auf die jeweiligen Höhenkombinationen der Schalungselemente zu legen.

Bei besonderen Anforderungen an die Schalung, zum Beispiel hinsichtlich der Sichtbeton-Qualität, kann es erforderlich werden, für jede Höhe eine eigene Schalung einzusetzen, wie etwa bei der Verwendung von Holzträgerschalungen.

Bei einer 2-fachen Vorhaltung und insgesamt 36 Betonierabschnitten wird die Schalung rechnerisch 18 Mal in diesem Bauvorhaben eingesetzt. Die geforderte Qualität der Schalungshaut muss bei dieser Einsatzzahl gewährleistet sein. Andernfalls ist zu prüfen, ob eine größere Schalungsmenge erforderlich wird.

Die 36 Wandabschnitte werden in Taktfertigung von einer Kolonne hintereinander gefertigt, in etwa zwei Betonierabschnitten pro Woche.

18.4.2 Kalkulation der Vorhaltekosten

Als Wandschalung wird eine System-Rahmenschalung gewählt.

Wie oben ausgeführt, wird für die Wandschalung des Beispielprojekts eine Vorhaltemenge von 440 m² Wandschalung bei 2-facher Vorhaltung berechnet.

Vorhaltedauer: 5 Monate (Abschnitt 18.1.3).

Als Kalkulationsansatz wird für die Schalungselemente inklusive Zubehör komplett mit einem Neuwert von 600,00 €/m² gerechnet. Der Neuwert kann zwischen etwa 480,00 €/m² bei sehr einfachen Grundrissen bis zu etwa 750,00 €/m² bei schwierigen Grundrissen liegen.

Neuwert der Schalung:	600,00 €/m² · 440 m²	= 264 000,00 €
Fixer Grundpreis 0,9 % vom Neuwert:	600,00 €/m² · 0,9 %	= 5,40 €/m²
Monatsmiete 2,7 % vom Neuwert:	600,00 €/m² · 2,7 %	= 16,20 €/m²
Einmalige Kosten:	5,40 €/m² · 440 m²	= 2376,00 €
Vorhaltekosten/Gerätemiete:	16,20 €/m² · 440 m² · 5 Mon.	= 35 640,00 €
Anteil der Vorhalte-/Gerätekosten am Gesamtpreis		= 38 016,00 € (Anteil GP)

Anteil der Gerätekosten im Einheitspreis (EP) der Pos. 1 Wandschalung

Die zu schalende Wandfläche gemäß LV beträgt 4700 m². Damit beträgt der Anteil der Vorhaltekosten für die Wandschalung im Einheitspreis 38 016,00 €/4700 m² = 8,09 €/m² (Anteil EP).

18.5 Kalkulation von Stützenschalungen

18.5.1 Vorgaben der Ausschreibung

In Bild 18.4 sind die zu schalenden Stahlbetonstützen je Geschoss im EG und den OGs dargestellt. Bei der Arbeitsvorbereitung ist zu ermitteln, wie viele Schalungssätze erforderlich sind, um in der gegebenen Bauzeit die Stützen herstellen zu können. Stützen und Wände werden gewöhnlich parallel hergestellt. Wie in Bild 18.3 zu sehen, sind für die Kernwände sechs Betonierabschnitte je Geschoss vorgesehen. Somit können die Stützen ebenfalls in sechs Betonierabschnitten hergestellt werden. Für die 24 Stahlbetonstützen je Geschoss im EG und den OGs sind demnach vier Schalungssätze ausreichend.

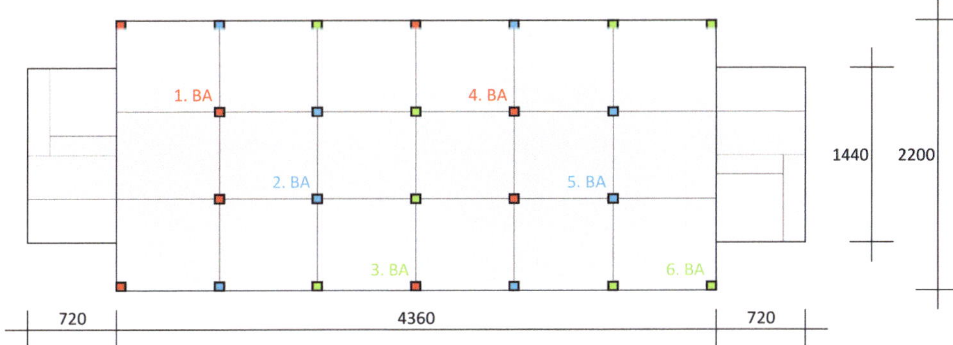

Bild 18.4 Grundriss EG und OGs, 24 Stützen, 6 Betonierabschnitte (BA)

Auch bei Stützen muss zwischen zu betonierender Stützenhöhe und Schalungshöhe unterschieden werden. Für die korrekte Ermittlung der Schalungsmengen muss eine Schalungshöhe angenommen werden (s. Tabelle 18.1). Bei der späteren Vergabe der Schalung sind auch die unterschiedlichen Schalungshöhen der Hersteller zu bewerten. Dies ist immer vom System abhängig. Hierzu kann man die Höhenkombinationen im Leistungsverzeichnis der Schalungsausschreibung abfragen (s. Abschnitt 19.3.2).

Die nachfolgende Schalungskalkulation wird für eine Rahmenschalung exemplarisch unter Berücksichtigung der verschiedenen Schalungshöhen durchgeführt.

Im UG des Beispielprojekts sind lediglich 10 Innenstützen herzustellen. Mit den dort zusätzlich herzustellenden Außenwänden stehen zeitlich gesehen insgesamt ca. 12 Betonierabschnitte der Stahlbetonwände auch für die Herstellung der Stahlbetonstützen zur Verfügung. Damit ist das UG für die Bemessung der Anzahl der Stützen-Schalungssätze nicht maßgebend (Bild 18.5).

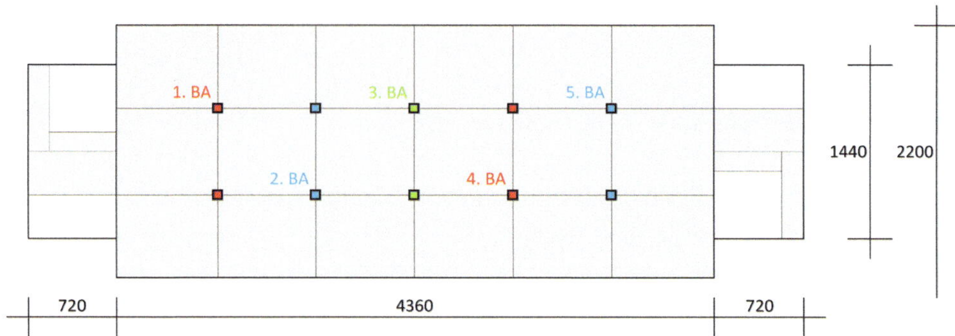

Bild 18.5 Grundriss UG, 10 Stützen, 5 Betonierabschnitte (BA)

Im Leistungsverzeichnis des Bauvorhabens sind insgesamt 575 m² Stützenschalfläche ausgeschrieben (Tabelle 18.3). Die zu schalenden Stützenflächen sind nach verschiedenen Anforderungen und Höhen zu unterscheiden.

Tabelle 18.3 LV-Position: Schalung der Stahlbetonstützen

Pos	Menge	Einheit	Kurztext	EP	GP
2	575	m²	Schalung der Stahlbetonstützen 40/40 cm in allen Geschoßen, Höhen h = 2,65 m bis 3,95 m, glatt, Sichtbetonklasse SB 2		

Menge · EP (Einheitspreis) = GP (Gesamtpreis)

Die zehn Stützen im UG mit Schalungshöhen von h = 2,70 m können in drei Betonierabschnitten hergestellt werden. Die jeweils 24 Stützen im EG und den OGs werden in jeweils sechs Betonierabschnitten parallel zu den Wänden hergestellt, jedoch mit unterschiedlichen Schalungshöhen, im EG mit h = 4,00 m und in den OGs mit h = 3,30 m.

Damit ergeben sich in den Geschossen zu schalende Flächen von im UG 45 m², im EG 155 m² und in den OGs jeweils 125 m².

Um die unterschiedlichen Schalungshöhen mit einer Schalung herstellen zu können, sollte auch für die Stützen eine höhenmäßig flexible Schalung eingesetzt werden. Dafür eignet sich in der Regel ebenfalls eine Rahmenschalung, bei der die einzelnen Schalungselemente individuell an die Maße im Grundriss und in der Höhe angepasst werden können.

Bei besonderen Anforderungen an die Schalung, zum Beispiel hinsichtlich der Sichtbeton-Qualität, kann es erforderlich werden, für jede Höhe eine eigene Schalung einzusetzen oder ein Stützenschalungs-System zu verwenden, das sich besonders dafür eignet.

Erforderliche Schalungsmengen der Stützenschalung

Beim Einsatz von vier Schalungssätzen entsprechend einer 4-fachen Vorhaltung werden etwa 26 m² Stützenschalung benötigt (s. Abschnitt 17.4.1). Die unterschiedlichen Höhenkombinationen der Grund- und Aufstockelemente in den verschiedenen Geschossen werden hier wie bei der Wandschalung mit einem Aufschlag von ca. 20 % auf die ermittelte Menge berücksichtigt. Daher wird nachfolgend mit einer Schalungsmenge von 31 m² kalkuliert. In den insgesamt 27 Betonierabschnitten wird die Schalung rechnerisch 27 Mal in diesem Bauvorhaben eingesetzt. Optimierungen können später bei der Schalungsausschreibung erfolgen (s. Abschnitt 19.3.2).

Die geforderte Qualität der Schalungshaut muss bei dieser Einsatzzahl gewährleistet sein. Andernfalls ist zu prüfen, ob eine größere Schalungsmenge erforderlich wird. Die 27 Stützenabschnitte werden in Taktfertigung von einer Kolonne hintereinander gefertigt, parallel zu den Wänden, etwa vier Stützen gleichzeitig in zwei Betonierabschnitten pro Woche.

18.5.2 Kalkulation der Vorhaltekosten

Es wird eine Stützenschalung mit Rahmenelementen aus Wandschalungssystemen gewählt.

Wie in Abschnitt 18.5 ausgeführt, wird für die Stützenschalung des Beispielprojekts eine Vorhaltemenge von 31 m² Stützenschalung bei 4-facher Vorhaltung berechnet.

Vorhaltedauer: 5 Monate (Abschnitt 18.1.3)

Als Kalkulationsansatz wird für die Schalungselemente inklusive Zubehör komplett mit einem Neuwert von 990,00 €/m² gerechnet.

Neuwert der Schalung:	990,00 €/m² · 31 m²	= 30 690,00 €
Fixer Grundpreis 0,9 % vom Neuwert:	990,00 €/m² · 0,9 %	= 8,91 €/m²
Monatsmiete 2,7 % vom Neuwert:	990,00 €/m² · 2,7 %	= 26,73 €/m²
Einmalige Kosten:	8,91 €/m² · 31 m²	= 276,21 €
Vorhaltekosten/Gerätemiete:	26,73 €/m² · 31 m² · 5 Mon.	= 4143,15 €
Anteil der Vorhalte-/Gerätekosten am Gesamtpreis		= 4419,36 € (Anteil GP)

Anteil der Gerätekosten im Einheitspreis (EP) der Pos. 2 Stützenschalung

Die zu schalende Stützenfläche gemäß LV beträgt 575 m². Damit beträgt der Anteil der Vorhaltekosten für die Stützenschalung im Einheitspreis 4419,36 €/575 m² = 7,69 €/m² (Anteil EP).

Im Vergleich zur Wandschalung wird hier erkennbar, dass durch eine höhere Einsatzzahl der Schalung die Vorhaltekosten je Quadratmeter sinken.

18.6 Kalkulation von Deckenschalungen

18.6.1 Vorgaben der Ausschreibung

Im Leistungsverzeichnis des Bauherrn sind für die Schalung der Decken des Beispielprojekts gemäß Tabelle 18.4 insgesamt 5500 m² *zu schalende Deckenfläche* ausgeschrieben. Dabei werden in diesem Beispiel die einzelnen Decken nicht nach ihrer Art oder Qualität differenziert. Bei sehr unterschiedlichen Anforderungen an die Deckenschalungen wie z. B. unterschiedliche Sichtbetonklassen oder sehr unterschiedliche Höhen oder Geometrie sollten die verschiedenen Deckenschalungen auch nach Positionen getrennt ausgeschrieben werden.

Im folgenden Bild 18.6 ist der Gesamtgrundriss der Decken mit zwei Betonierabschnitten zu sehen. Die Planung und Einteilung der Betonier- und Schalungsabschnitte der Decken und die Ermittlung der Bedarfsmengen erfolgt wie in Abschnitt 17.5 ausgeführt.

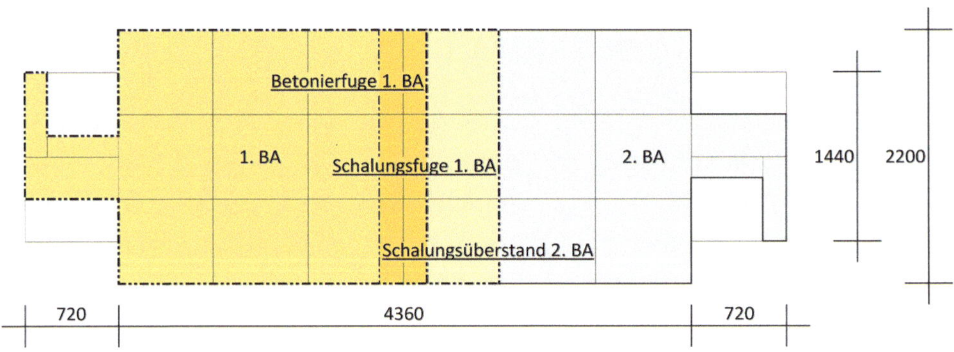

Bild 18.6 Grundriss Decke mit zwei Betonierabschnitten

Tabelle 18.4 LV-Position: Schalung der Stahlbetondecken

Pos.	Menge	Einheit	Kurztext	EP	GP
3	5500	m^2	Schalung der Stahlbetondecken d = 25 cm in allen Geschoßen, lichte Höhen h = 2,65 m bis 3,95 m, glatt, Sichtbetonklasse SB 2		

Menge · EP (Einheitspreis) = GP (Gesamtpreis)

In vielen Bauwerken und gerade auch in Bürogebäuden unterscheiden sich die Geschosshöhen von UG, EG und OGs regelmäßig. Somit sind die lichten Höhen in Untergeschossen meist recht niedrig, in den Erdgeschossen verhältnismäßig hoch, während die lichten Höhen der Obergeschosse dazwischen liegen. Dies hat zur Folge, dass für die unterschiedlichen Unterstützungshöhen der Deckenschalungen genau die Deckenstützen ausgewählt werden sollten, die sich mit ihrer Auszuglänge am besten dafür eignen. Im Optimalfall passt eine Stützengröße auf alle Geschosshöhen. Dann müssen keine Stützen getauscht werden. Die lichten Höhen liegen im UG bei h = 2,65 m, im EG bei h = 3,95 m und in den OGs bei h = 3,25 m.

Wie ausgeführt, könnte eine Geschossdecke hier in jeweils zwei oder drei Betonierabschnitten hergestellt werden. In jedem Fall erscheint es sinnvoll, für die gesamte Geschossfläche die Deckenschalung vorzuhalten. Damit ergeben sich in den Geschossen zu schalende Flächen von jeweils 1060 m^2, im 3. OG von 1170 m^2.

Die Kalkulation der Deckenschalung wird für eine erforderliche Vorhaltemenge von gerundet 1200 m^2 durchgeführt (s. Abschnitt 17.5.2). Damit ist die Deckenschalung rechnerisch fünf Mal eingesetzt. Dies entspricht einer 2-fachen Vorhaltung in insgesamt zehn Betonierabschnitten. Auch hier sollte die Qualität der Schalung auf die Einsatzzahl abgestimmt sein. So ist gewöhnlich für die vergleichsweise geringe Einsatzzahl eine weniger hochwertige Schalungshaut als bei Wänden und Stützen ausreichend.

Die zehn Deckenabschnitte werden in Taktfertigung von einer Kolonne hintereinander gefertigt (ca. zwei Wochen je Deckenabschnitt). Zur Einhaltung der Ausschalfrist muss die Schalung jeweils über die Dauer eines Taktes stehen bleiben. Daher sind zwei Schalungssätze erforderlich. Für die zwei Schalungssätze ergeben sich jeweils fünf Einsätze. Die Vorhaltedauer der Schalung beträgt fünf Monate.

Ausschalfristen

DBV-Merkblatt Betonschalungen und Ausschalfristen (2013-06)

18.6.2 Kalkulation der Vorhaltekosten

Deckenschalung als Flex-Deckenschalung mit Holzschalungsträgern und Deckenstützen

Vorhaltekosten der Mengengeräte

1. **Unterrüstung inkl. Holzschalungsträger ohne Schalhaut**
   - Vorhaltemenge bei 2-facher Vorhaltung: zwei Schalungssätze je 600 m² = 1200 m²
   - Vorhaltedauer: 5 Monate
   - Kalkulationsansatz für den Neuwert der Flex-Deckenschalung inklusive Zubehör komplett: 200 €/m²

Neuwert der Schalung:	200,00 €/m² · 1200 m²	= 240 000,00 €
Fixer Grundpreis 0,9 % vom Neuwert:	200,00 €/m² · 0,9 %	= 1,80 €/m²
Monatsmiete 2,7 % vom Neuwert:	200,00 €/m² · 2,7 %	= 5,40 €/m²
Einmalige Kosten:	1,80 €/m² · 1200 m²	= 2160,00 €
Vorhaltekosten/Gerätemiete:	5,40 €/m² · 1200 m² · 5 Mon.	= 32 400,00 €
Anteil der Vorhalte-/Gerätekosten am Gesamtpreis:		= 34 560,00 €

2. **Hilfsstützen**

   Für die Herstellung der Decken über EG bis 3. OG werden zusätzlich Hilfsstützen benötigt. Die Hilfsstützen werden jeweils im darunter liegenden Geschoss eingebaut und bleiben während der gesamten Ausschalfrist stehen, bis die Deckenschalung ausgebaut ist.

   - Kalkulationsansatz mit dem Neuwert nach Baugeräteliste (BGL) für eine Deckenstütze mit maximaler Auszugslänge $\ell = 4{,}00$ m und zul $F = 30$ kN je Stütze: 151,00 €/Stück
   - Rechnerischer Bedarf: 1 Deckenstütze je 16 m² bei gerundet 1200 m² Deckenfläche
   - Stützenbedarf 1200 m²/16 m² je Stütze = 75 Deckenstützen
   - Vorhaltedauer: 4 Monate

Neuwert je Deckenstütze:	151,00 €/Stück · 75 Stück	= 11 325,00 €
Fixer Grundpreis 0,9 % vom Neuwert:	151,00 €/Stück · 0,9 %	= 1,36 €/Stück
Monatsmiete 2,7 % vom Neuwert:	151,00 €/Stück · 2,7 %	= 4,08 €/Stück
Einmalige Kosten:	1,36 €/Stück · 75 Stück	= 102,00 €
Vorhaltekosten/Gerätemiete:	4,08 €/Stück · 75 m² · 4 Mon.	= 1224,00 €
Anteil der Vorhalte-/Gerätekosten am Gesamtpreis:		= 1326,00 €

Stoffkosten der Verbrauchsmaterialien

Kalkulationsansatz für den Neuwert der Schalungshaut: 18,00 €/m²

Schalungshaut:		1200 m²
Verschnitt 3 % pro Einsatz:	1200 m² · 3 % · 5 Einsätze	= 180 m²
Schalungshautbedarf insgesamt:		1380 m²
Stoffkosten der Schalungshaut:	18,00 €/m² · 1380 m²	= 24 840,00 €

Zusammenfassung der Kosten

Gesamtkosten Deckenschalung:	34 560,00 € + 1326,00 € +24 840,00	= 60 726,00 €
Kostenansatz in Kalkulation:	60 726,00 €/5500 m²	= 11,04 €/m²
Davon Stoffkosten (Schalungshaut):	24 840,00 €/5500 m²	= 4,52 €/m²
Gerätekosten:	35 886,00 €/5500 m²	= 6,52 €/m²

18.7 Gerätekostenermittlung gemäß Baugeräteliste

Die Kalkulation der Gerätekosten nach Baugeräteliste (BGL) erfolgt ebenfalls auf Grundlage des Neuwerts eines Gerätes. Die in der Baugeräteliste 2020 aufgeführten Werte sind Neuwerte der einzelnen Geräte für das Bezugsjahr 2020 = 100 %. Diese Werte können mithilfe des Erzeugerpreisindex für Baumaschinen des Statistischen Bundesamtes aktualisiert werden. Die monatlichen Sätze für Abschreibung und Verzinsung (A+V) sowie die Reparaturkosten (Rep) werden in der BGL in Prozent vom Neuwert angegeben. Die Reparaturkosten bestehen laut BGL 2015 zu 40 % aus Materialkosten und zu 60 % aus Lohnkosten, jedoch nur Grundlöhne ohne Lohnzusatzkosten. Lohnzusatzkosten bestehen aus Soziallöhnen, Sozialkosten und lohnbezogenen Kosten. Diese müssen hinzugerechnet werden. Auch Lohnnebenkosten sind nicht enthalten.

Gemäß BGL 2015 betreffen Reparaturkosten zu 30 % Instandhaltung und laufende Reparaturen während der Vorhaltezeit auf der Baustelle, 70 % Instandsetzung und Reparaturen außerhalb der Vorhaltezeit, jedoch nicht Wartung und Pflege, d. h. Abschmieren, Ölwechsel, Reinigung etc.

18.7.1 Vorhaltekosten der Wandschalung

Als Beispiel-Geräte aus der Baugeräteliste (BGL) werden hier exemplarisch zwei Standardelemente einer Wandschalung nach BGL 2020 aufgeführt:

a) Rahmenelement ST FL = 2,01 – 3,00 m², BGL-Nr. U.0.00.1401, Mittlerer Neuwert 469,00 €/m², oder

b) Rahmenelement ST FL > 3,00 m², BGL-Nr. U.0.00.1501, Mittlerer Neuwert 442,00 €/m² und andere.

Tatsächlich besteht eine Stückliste für Wandschalungen oder andere Schalungen aus mehreren Elementen verschiedener Größe und reichlichem Zubehör wie Verbindungsmittel, Spannanker und weiteren Kleinteilen. Den Tabellenwerten der Geräteuntergruppe U.0.00 Wandschalungselement liegen folgende Werte zugrunde:

- sechs Nutzungsjahre,
- 40 Vorhaltemonate (VMon),
- monatlicher Satz für Abschreibung und Verzinsung (A+V) 2,8 %,
- monatlicher Satz für Reparaturkosten (Rep) 1,8 %.

Nach BGL 2020 werden für die Schalungselemente die gleichen Kostenansätze als Prozentsätze kalkuliert wie für das Schalungszubehör. Dabei beziehen sich die Kostenansätze bei den Schalungselementen auf deren Fläche in m², beim Schalungszubehör auf dessen Gewicht in kg. Die Gerätekalkulation nach BGL erfolgt sehr differenziert und kleinteilig nach Stücklisten und ist daher nur mithilfe automatischer Datenverarbeitung zu bewältigen.

Die Kalkulation der Gerätekosten nach Baugeräteliste (BGL) eignet sich vor allem für die betriebliche Abrechnung der Gerätekosten. Aus der Abrechnung durchgeführter Bauvorhaben können dann wiederum Kennwerte für die Angebotskalkulation gewonnen werden. Wichtig ist dabei, nach dem jeweiligen Mengen- und Kostenanteil von Schalungselementen und Zubehör zu differenzieren.

Gerätekalkulation nach Baugeräteliste (BGL)

Hier soll die Gerätekalkulation exemplarisch mit den Werten der Großflächenelemente durchgeführt werden. Neuwert der gesamten Wandschalung (vgl. Abschnitt 18.4.2): 264 000,00 € gemäß BGL 2020 (2020 = 100 %)

Tabellenwerte nach Baugeräteliste (BGL):

Abschreibung und Verzinsung (A+V):	264 000,00 € · 2,8 % (i. M.)	= 7392,00 €/Mon.
Reparaturkosten (Rep):	264 000,00 € · 1,8 %	= 4752,00 €/Mon.
Vorhaltekosten (A+V+Rep) insgesamt:		**= 12 144,00 €/Mon.**

Monatliche Vorhaltekosten unter Berücksichtigung des Erzeugerpreisindex für Baumaschinen für Januar 2022: 106,3 %.

Abschreibung und Verzinsung (A+V)	7392,00 € · 106,3 %	= 7857,70 €/Mon.
Reparaturkosten (Rep):	4752,00 € · 106,3 %	= 5051,38 €/Mon.
Insgesamt für Januar 2022:	**(A+V+Rep) · 106,3 %**	**= 12 909,08 €/Mon.**

Monatliche Lohnzusatzkosten auf die Reparaturkosten (hier 80 % der Grundlöhne):

Lohnkosten (Grundlöhne):	60 % von 5.051,38 €= 3030,83 €	
Lohnzusatzkosten:	80 % von 3030,83 €	= 2424,66 €/Mon.
Reparaturkosten inklusive Lohnzusatzkosten:		**= 7476,04 €/Mon.**

Gerätekosten insgesamt:

Monatliche Vorhaltekosten insgesamt: = 15 333,74 €/Mon.
A + V + Rep inkl. Lohnzusatzkosten:

Gerätekosten = Vorhaltekosten + Betriebsstoffkosten.

Betriebsstoffkosten fallen bei Schalungen und Gerüsten gewöhnlich nicht an und bleiben daher unberücksichtigt.

Gerätekosten der Wandschalung

Vorhaltedauer: 5 Monate 15 333,74 €/Mon. · 5 Monate = 76 668,70 €

Dieses Ergebnis der Kalkulation nach Baugeräteliste (BGL) führt zu einem deutlich höheren Ergebnis als die Kalkulation der Mietschalung in Abschnitt 18.4.2. Die Werte für Abschreibung, Verzinsung (A+V) und Reparaturkosten (Rep) nach BGL liegen in der Regel deutlich höher als am Markt erzielbare Mietpreise.

18.7.2 Vorhaltekosten weiterer Schalungen

Als weitere Beispiel-Geräte aus der Baugeräteliste (BGL) werden hier exemplarisch einige Standardelemente einer Flex-Deckenschalung nach BGL 2020 aufgeführt:

Holzschalungsträger

a) Schalungsträger H20, BGL-Nr. U.0.22.2000, Mittlerer Neuwert 12,00 €/m, oder
b) Schalungsträger GT24, BGL-Nr. U.0.22.2400, Mittlerer Neuwert 23,00 €/m.

Den Tabellenwerten der Geräteuntergruppe U.0.22 Schalungsträger Holz liegen folgende Werte zugrunde:

- vier Nutzungsjahre,
- 35 Vorhaltemonate (VMon),
- monatlicher Satz für Abschreibung und Verzinsung (A+V) 3,2 %,
- monatlicher Satz für Reparaturkosten (Rep) 3,5 %.

Die in der BGL angegebenen Werte gelten je m Trägerlänge.

Baustützen mit Kopfgabeln und Dreibeinen

a) Deckenstütze 20 kN, Auszugslänge 3,00/3,50 m, BGL-Nr. U.1.00.4230, Mittlerer Neuwert 96,00 €/Stück,

b) Deckenstütze 30 kN, Auszugslänge 4,00/4,50 m, BGL- Nr. U.1.00.5340, Mittlerer Neuwert 200,00 €/Stück,

c) Stützbein/Dreibein, BGL-Nr. U.1.00.8001, Mittlerer Neuwert 6,00 €/kg,

d) Vierweg-/Gabelkopf, Trägergabel, BGL-Nr. U.1.00.8301, Mittlerer Neuwert 6,00 €/kg,

e) Haltekopf, Trägerkralle, Kopfklammer, BGL-Nr. U.1.00.8401, Mittlerer Neuwert 11,00 €/kg.

Den Tabellenwerten der Geräteuntergruppe U.1.00 Baustützen, Stahl oder Alu liegen folgende Werte zugrunde:

- sechs Nutzungsjahre,
- 45 Vorhaltemonate (VMon),
- Monatlicher Satz für Abschreibung und Verzinsung (A+V) 2,7 %,
- Monatlicher Satz für Reparaturkosten (Rep) 1,8 %.

Nach BGL 2020 gelten für die Deckenstützen die gleichen Kostenansätze als Prozentsätze wie für das Zubehör wie Kopf- und Fußteile. Dabei berechnen sich die Kostenansätze bei den Deckenstützen je Stück, beim Zubehör der Deckenstützen auf dessen Gewicht in kg.

18.7.3 Umrechnungen

Bei Kalkulation und Abrechnung werden die Gerätekosten kalendertägig berechnet und können nach Formel 18.1 umgerechnet werden:

$$1\,VMon = 30\,KT = 170\,Vh \tag{18.1}$$

$VMon$ = Vorhalte-Monat
KT = Kalendertag
Vh = Vorhaltestunde

Gerätekosten je Vorhaltestunde:

$$\frac{A+V+R}{Vh} = \frac{15.333{,}74\,\frac{€}{\text{Mon.}}}{170\,\frac{\text{Vh}}{\text{Mon.}}} = 90{,}20\,\frac{€}{\text{Vh}} \tag{18.2}$$

Gerätekosten je Kalendertag:

$$\frac{A+V+R}{KT} = \frac{15.333{,}74\,\frac{€}{\text{Mon.}}}{30\,\frac{\text{KT}}{\text{Mon.}}} = 511{,}12\,\frac{€}{\text{KT}} \tag{18.3}$$

18.7.4 Vorhaltekosten für Stillliegezeiten nach BGL

Vorhaltekosten für Stillliegezeiten werden nach BGL 2020 wie folgt berechnet:

- Für den 1. bis 10. Kalendertag:

  100 % Abschreibung und Verzinsung (A+V) und 100 % Reparaturkosten (Rep) einschließlich der Lohnzusatzkosten.

- Ab dem 11. Kalendertag:

  75 % Abschreibung und Verzinsung (A+V) und 10 % Reparaturkosten (Rep) für Wartung und Pflege.

Vorhaltekosten für drei Wochen = 21 Kalendertage (KT) Stillliegezeit:

1. bis 10. Kalendertag (KT): 100 % (A+V+Rep):

$$\frac{15.333{,}74\,\frac{€}{\text{Mon.}}}{30\,\frac{\text{KT}}{\text{Mon.}}} \cdot 10\ \text{KT} = 5111{,}25\,€ \tag{18.4}$$

11. bis 21. Kalendertag (KT): 75 % (A+V):

$$\frac{75\,\% \cdot 7857{,}70\,\frac{€}{\text{Mon.}}}{\frac{30\ \text{KT}}{\text{Mon.}}} \cdot 11\ \text{KT} = 2160{,}87\,€ \tag{18.5}$$

und 10 % der Reparaturkosten (Rep)

$$\frac{10\,\% \cdot 7476{,}04\,\frac{€}{\text{Mon.}}}{\frac{30\ \text{KT}}{\text{Mon.}}} \cdot 11\ \text{KT} = 274{,}12\,€ \tag{18.6}$$

für Wartung und Pflege.

Die Vorhaltekosten für 21 Kalendertage (KT) Stillliegezeit betragen somit:

$$5111{,}25\,€ + 2160{,}87\,€ + 274{,}12\,€ = 7546{,}24\,€ \quad (18.7)$$

18.8 Aufwandswerte für die Kalkulation der Lohnkosten

Um ergänzend zu den Gerätekosten auch die Lohnkosten der Schalarbeiten kalkulieren zu können, benötigt man realistische Erfahrungswerte, da die Lohnkosten in der Regel einen wesentlichen Anteil der gesamten Kosten darstellen. Eine treffsichere Ermittlung der zu erwartenden Lohnkosten setzt daher eine möglichst genaue Kalkulation voraus.

Im Folgenden werden für Schalarbeiten an Wänden, Stützen und Decken die Wertebereiche angegeben, in denen sich die Kalkulationsansätze üblicherweise befinden. Ein Großteil der angegebenen Aufwandswerte wurden systematisch durch Zeitaufnahmen ermittelt und in den ARH-Tabellen differenziert dargestellt.

18.8.1 Aufwandswerte für Wandschalungen

In Tabelle 18.5 sind Aufwandswerte aufgeführt für herkömmliche Stahlrahmen-Wandschalungen mit beidseitiger Ankerung.

Tabelle 18.5 Aufwandswerte für Wand-Systemschalungen mit Stahlrahmen bei beidseitiger Ankerung, mehrmalig mit Kran eingesetzt

Einsatz	als Einzelelemente			als Kombinationen		
	Gerade Wände	Wände im Grundriss	Aufzug- und Treppenhausschächte	Gerade Wände	Wände im Grundriss	Aufzug- und Treppenhausschächte
Einschalen	0,21 - 0,25	0,22 - 0,27	0,22 - 0,30	0,20 - 0,24	0,21 - 0,26	0,25 - 0,28
Ausschalen	0,09 - 0,12	0,10 - 0,13	0,11 - 0,14	0,06 - 0,09	0,07 - 0,10	0,09 - 0,10
Reinigen	0,02	0,02	0,02	0,02	0,02	0,02
	0,32 - 0,39	**0,34 - 0,42**	**0,38 - 0,46**	**0,28 - 0,35**	**0,30 - 0,38**	**0,36 - 0,40**

Aufwandswerte in h/m^2 Schalungsfläche, zwei oder drei Spannstellen je Stoßbereich
Quelle: Handbuch Arbeitsorganisation Bau - Schalarbeiten Rahmenschalung Wände Stützenschalung

Je komplizierter der Grundriss ist, desto größer ist auch der Lohnaufwand. In Tabelle 18.6 ist erkennbar, dass bei aufgestockten Schalungen für Wände mit größeren Höhen auch der Zeitaufwand entsprechend größer anzunehmen ist.

Tabelle 18.6 Aufwandswerte für Wand-Systemschalungen mit Stahlrahmen, beidseitige Ankerung

	Ohne Aufstockung	1 Aufstockung	2 Aufstockungen
Einschalen	0,15	0,25	0,30
Ausschalen	0,10	0,10	0,15
Reinigen	0,01	0,01	0,01
	0,26	**0,36**	**0,46**

Aufwandswerte in h/m² Schalungsfläche
Quelle: Baustellenwerte MEVA

In den folgenden Tabellen sind Aufwandswerte für moderne Stahlrahmen-Wandschalungen mit einseitiger Ankerung aufgeführt. Die Werte in Tabelle 18.7 gelten für den einmaligen Einsatz von Einzelelementen.

Tabelle 18.7 Aufwandswerte für Wand-Systemschalungen mit einseitiger Ankerung, einmalig als Einzelelemente eingesetzt

	Gerade Wände			Wände im Grundriss		
Anzahl der Aufstockungen	ohne	1	2	ohne	1	2
Einschalen	0,10 - 0,14	0,16 - 0,19	0,17 - 0,20	0,12 - 0,15	0,17 - 0,20	0,19 - 0,25
Ausschalen	0,07 - 0,10	0,10 - 0,11	0,11 - 0,14	0,09 - 0,11	0,11 - 0,12	0,12 - 0,17
Reinigen	0,01 - 0,02	0,01 - 0,02	0,01 - 0,02	0,01 - 0,02	0,01 - 0,02	0,01-0,02
	0,18 - 0,26	**0,27 - 0,32**	**0,29 - 0,36**	**0,22 - 0,28**	**0,29 - 0,34**	**0,32 - 0,44**

Aufwandswerte in h/m² Schalungsfläche
Quelle: Handbuch Arbeitsorganisation Bau – Schalarbeiten Rahmenschalung Wände Stützenschalung

Für den mehrmaligen Einsatz von Einzelelementen gelten die Werte in Tabelle 18.8.

Tabelle 18.8 Aufwandswerte für Wand-Systemschalungen mit einseitiger Ankerung, mehrmalig als Einzelelemente eingesetzt

	Gerade Wände			Wände im Grundriss		
Anzahl der Aufstockungen	ohne	1	2	ohne	1	2
Einschalen	0,07 - 0,11	0,13 - 0,15	0,14 - 0,16	0,09 - 0,12	0,14 - 0,16	0,16 - 0,21
Ausschalen	0,05 - 0,07	0,07 - 0,08	0,09 - 0,12	0,06 - 0,08	0,08 - 0,09	0,10 - 0,14
Reinigen	0,01 - 0,02	0,01 - 0,02	0,01 - 0,02	0,01 - 0,02	0,01 - 0,02	0,01 - 0,02
	0,13 - 0,20	**0,21 - 0,25**	**0,24 - 0,30**	**0,16 - 0,22**	**0,23 - 0,27**	**0,27 - 0,37**

Aufwandswerte in h/m^2 Schalungsfläche
Quelle: Handbuch Arbeitsorganisation Bau - Schalarbeiten Rahmenschalung Wände Stützenschalung

Werden mehrere Rahmenelemente miteinander kombiniert und als Einheit zusammen mehrmals umgesetzt, können die Aufwandswerte aus Tabelle 18.9 für die Lohnkalkulation angesetzt werden.

Tabelle 18.9 Aufwandswerte für Wand-Systemschalungen mit einseitiger Ankerung, mehrmalig als Kombinationen mehrerer Elemente eingesetzt

	Gerade Wände			Wände im Grundriss		
Anzahl der Aufstockungen	ohne	1	2	ohne	1	2
Einschalen	0,06 - 0,09	0,09 - 0,12	0,11 - 0,13	0,08 - 0,10	0,11 - 0,13	0,13 - 0,15
Ausschalen	0,04 - 0,05	0,05 - 0,06	0,05 - 0,08	0,05 - 0,06	0,06 - 0,07	0,06 - 0,10
Reinigen	0,01 - 0,02	0,01	0,01	0,01 - 0,02	0,01	0,01
	0,11 - 0,16	**0,15 - 0,19**	**0,17 - 0,22**	**0,14 - 0,18**	**0,18 - 0,21**	**0,20 - 0,26**

Aufwandswerte in h/m^2 Schalungsfläche
Quelle: Handbuch Arbeitsorganisation Bau - Schalarbeiten Rahmenschalung Wände Stützenschalung

Tabelle 18.10 und Tabelle 18.11 zeigen Aufwandswerte für konventionelle Großflächen-Wandschalungen aus Holzschalungsträgern mit Mehrschichtplatten für einmaligen und mehrmaligen Einsatz der Schalelemente. Die niedrigeren Werte stehen für größere Schalflächen über 100 m^2, die höheren Werte für kleinere Schalflächen unter 50 m^2.

Tabelle 18.10 Aufwandswerte für konventionelle Wandschalung aus Holzschalungsträgern mit Mehrschichtplatten bei einmaligem Einsatz

Höhe	bis 2,50 m	2,50 m - 3,25 m	3,25 m - 5,00 m
Einschalen	0,35 - 0,48	0,39 - 0,52	0,52 - 0,65
Ausschalen	0,13 - 0,17	0,15 - 0,19	0,17 - 0,22
Reinigen	0,05	0,05	0,05
	0,53 - 0,70	**0,59 - 0,76**	**0,74 - 0,92**

Aufwandswerte in h/m² Schalungsfläche
Quelle: Handbuch Arbeitsorganisation Bau - Schalarbeiten, konventionelle und Großflächenschalung

Aufwandswerte für Schalungen mit Dreischichtplatten sind um 0,04 h/m² zu erhöhen.

Tabelle 18.11 Aufwandswerte für Konventionelle Wandschalung aus Holzschalungsträgern mit Mehrschichtplatten bei mehrmaligem Einsatz

Höhe	bis 2,50 m	2,50 m - 3,25 m	3,25 m - 5,00 m
Einschalen	0,26 - 0,39	0,30 - 0,43	0,43 - 0,56
Ausschalen	0,13 - 0,17	0,15 - 0,19	0,17 - 0,22
Reinigen	0,05	0,05	0,05
	0,44 - 0,61	**0,50 - 0,67**	**0,65 - 0,83**

Aufwandswerte in h/m² Schalungsfläche
Quelle: Handbuch Arbeitsorganisation Bau - Schalarbeiten, konventionelle und Großflächenschalung

Beim Einsatz einer Schalungshaut aus Brettern erhöhen sich die Werte um 0,23 h/m². Bei einseitigen Schalungen sind Werte um 0,13 h/m² höher.

Für allgemeine sonstige Schalarbeiten beim Ein- und Ausschalen von Wänden können die Werte in Tabelle 18.12 angenommen werden.

Tabelle 18.12 Aufwandswerte für sonstige Schalarbeiten bei Wandschalungen

Art	Aufwandswert
Türaussparung	1,60 h/Stück
Fensteraussparung	1,15 h/Stück
Bewehrungsanschluss-Schiene	0,15 h/Stück
Bewehrungsanschluss einfach	0,20 h/m
Bewehrungsanschluss doppelt	0,27 h/m
Arbeits- und Schutzgerüste	0,03 - 0,04 h/m²

Quelle: Handbuch Arbeitsorganisation Bau - Schalarbeiten, konventionelle und Großflächenschalung

In Tabelle 18.13 und Tabelle 18.14 finden sich Aufwandswerte für das Schalen von runden Wänden mit runder und polygonaler Rundschalung.

Tabelle 18.13 Aufwandswerte für Runde Wandschalungssysteme

	Ohne Aufstockung	1 Aufstockung	2 Aufstockungen	Polygonale Rundschalung
Einschalen	0,17 - 0,27	0,30	0,35	0,45 - 0,58
Ausschalen	0,05 - 0,10	0,10	0,15	0,23 - 0,28
Reinigen	0,02 - 0,05	0,05	0,05	0,02
	0,24 - 0,42	**0,45**	**0,55**	**0,70 - 0,88**

Aufwandswerte in h/m² Schalungsfläche; Einstellen des Radius mit Spindeln 0,05 - 0,075 h/m²
Quellen: Baustellenwerte MEVA, Handbuch Arbeitsorganisation Bau - Schalarbeiten Rahmenschalung Wände Stützenschalung

In Tabelle 18.14 sind Zulagen und Aufwandswerte für vorbereitende und nachsorgende Tätigkeiten bei runden Wandschalungen aufgeführt.

Tabelle 18.14 Aufwandswerte für sonstige Schalarbeiten bei runden Wänden

Art	Aufwandswert
Stirnelemente, Ein- und Ausschalen	0,45 - 1,45 h/Stück
Stirnabschalungen, Ein- und Ausschalen	1,00 - 3,00 h/Stück
Aufstockelemente montieren	0,10 h/Stück
Aufstockelemente demontieren	0,08 h/Stück
Radius einstellen, Zulage	0,08 h/m²
Radius zurücksetzen, Zulage	0,06 h/m²
Einmaliger Einsatz (1 Takt), Zulage	0,06 - 0,17 h/m²

Quelle: Handbuch Arbeitsorganisation Bau - Schalarbeiten Rahmenschalung Wände Stützenschalung

18.8.2 Aufwandswerte für Stützenschalungen

Für die Kalkulation der Lohnkosten sind in Tabelle 18.15 Aufwandswerte in h/m² für die Kalkulation der Schalarbeiten bei Stützenschalungen aufgeführt.

Tabelle 18.15 Aufwandswerte für Stützenschalungen je m² zu schalende Fläche

	Ohne Aufstockung	1 Aufstockung	2 Aufstockungen
Einschalen	0,15	0,20	0,25
Ausschalen	0,10	0,10	0,10
Reinigen	0,05	0,05	0,05
	0,30	**0,35**	**0,40**

Aufwandswerte in h/m² Schalungsfläche
Quelle: Baustellenwerte MEVA

Aufwandswerte für Stützenschalungen werden häufig auch in h/Stück angegeben (Tabelle 18.16).

Tabelle 18.16 Aufwandswerte für Stützenschalungen je Stützenschalung

	Ohne Aufstockung	1 Aufstockung	2 Aufstockungen
Einschalen	0,67 - 0,73	0,71 - 0,76	0,76
Ausschalen	0,41 - 0,46	0,45 - 0,49	0,49
Reinigen	0,16 - 0,20	0,18 - 0,31	0,23 - 0,28
	1,24 - 1,39	**1,34 - 1,56**	**1,48 - 1,53**

Aufwandswerte in h/Stück; Stützenquerschnitte 20/20 bis 60/60 cm
Quelle: Handbuch Arbeitsorganisation Bau - Schalarbeiten Rahmenschalung Wände Stützenschalung

Bei Querschnitts- oder Höhenänderungen müssen die Stützenschalungen umgebaut werden. Weitere Werte für Montage und Umbau der Stützenschalungen sind in Tabelle 18.17 angegeben.

Tabelle 18.17 Aufwandswerte für Montage und Umbau von Stützenschalungen

	Aufwandswert
Montage liegend	1,90 - 4,20
Demontage liegend	1,25 - 3,30
Aufstockung montieren	0,42 - 0,45
Aufstockung demontieren	0,23 - 0,25
Breitenänderung	0,43 - 1,85

Aufwandswerte in h/Stück, für Stützenquerschnitte 20/20 cm bis 60/60 cm, bis zu zwei Aufstockungen, Höhe bis 6,00 m
Quelle: Handbuch Arbeitsorganisation Bau - Schalarbeiten Rahmenschalung Wände Stützenschalung

18.8.3 Aufwandswerte für Deckenschalungen

Bei Deckenschalungen ist der Lohnaufwand umso größer, je höher die Decke hergestellt werden muss. Bei größerer Höhe sind entsprechend längere Deckenstützen ein- und auszubauen. Tabelle 18.18 stellt den Zusammenhang der Lohn-Aufwandswerte mit der Auszuglänge der Baustützen dar.

Tabelle 18.18 Aufwandswerte für konventionelle Flex-Deckenschalungen

Max. Auszugslängen	ℓ = 3,00 m	ℓ = 4,00 m	ℓ = 4,50 m	ℓ = 5,50 m
Aufwandswerte	0,50 - 0,65	0,60 - 0,75	0,70 - 0,85	0,75 - 0,90

Aufwandswerte in h/m² Schalungsfläche; die Werte beinhalten Einschalen, Ausschalen und Reinigen; Holzschalungsträger H20, Deckenstützen, Gabelköpfe, Dreibeine und Schalungshaut
Quelle: Baustellenwerte MEVA

Sehr häufig werden Flex-Deckenschalungen eingesetzt, deren Lohnaufwand mithilfe der Werte in Tabelle 18.19 ermittelt werden kann.

Tabelle 18.19 Aufwandswerte für konventionelle Flex-Deckenschalungen

Raumhöhen	bis 2,50 m	über 2,50 bis 3,50 m	über 3,50 bis 5,50 m
Transportieren	0,04 - 0,06	0,04 - 0,06	0,04 - 0,06
Einschalen	0,11 - 0,23	0,12 - 0,24	0,14 - 0,29
Ausschalen	0,08 - 0,14	0,09 - 0,15	0,11 - 0,18
	0,23 - 0,43	**0,25 - 0,45**	**0,29 - 0,53**

Aufwandswerte in h/m² Schalungsfläche
Quelle: Handbuch Arbeitsorganisation Bau - Systemschalungen Decke

Eine Alternative zu den Deckenschalungs-Systemen mit Holzschalungsträgern stellen die verschiedenen Paneel- oder Modul-Schalungssysteme dar (s. Abschnitt 7.2.3).

Verwendet man Paneel-Schalungen, verbleiben je nach Grundriss des Gebäudes mehr oder weniger große Passflächen, die herkömmlich geschalt werden müssen. Wie sich die Größe der Passflächen auf den Lohnaufwand auswirken, kann man im Vergleich der Werte in Tabelle 18.20 und Tabelle 18.21 sehen.

Tabelle 18.20 Aufwandswerte für Paneel-Deckenschalungen mit ca. 3% Passflächen

Max. Auszugslängen	ℓ = 2,50 m	ℓ = 3,50 m	ℓ = 4,50 m	ℓ = 5,50 m
H-N-Methode	0,30 - 0,45	0,35 - 0,50	0,40 - 0,55	0,55 - 0,70
F-T-E-Methode	0,15 - 0,25	0,20 - 0,30	0,25 - 0,35	0,30 - 0,40
E-Methode	0,20 - 0,30	0,25 - 0,35	0,30 - 0,40	0,35 - 0,45

Aufwandswerte in h/m² Schalungsfläche; einfache Grundrisse; die Werte beinhalten Einschalen, Ausschalen und Reinigen; sie gelten für Raumhöhen von ca. 3,00 m bis 4,50 m
Quelle: Baustellenwerte MEVA

Je größer der Anteil der Passflächen, desto höher der Schalaufwand.

Tabelle 18.21 Aufwandswerte für Paneel-Deckenschalungen mit ca. 10% Passflächen

Max. Auszugslängen	ℓ = 2,50 m	ℓ = 3,50 m	ℓ = 4,50 m	ℓ = 5,50 m
H-N-Methode	0,35 - 0,50	0,40 - 0,55	0,45 - 0,60	0,50 - 0,65
F-T-E-Methode	0,20 - 0,30	0,25 - 0,35	0,30 - 0,40	0,35 - 0,45
E-Methode	0,25 - 0,35	0,30 - 0,40	0,35 - 0,45	0,40 - 0,50

Aufwandswerte in h/m² Schalungsfläche; einfache Grundrisse; die Werte beinhalten Einschalen, Ausschalen und Reinigen; sie gelten für Raumhöhen von ca. 3,00 m bis 4,50 m
Quelle: Baustellenwerte MEVA

Modulschalungen, die nach der Fallkopf-Träger-Element-Methode konzipiert sind, benötigen einen Lohnaufwand, der mit den Werten der Tabelle 18.22 beschrieben ist.

Tabelle 18.22 Aufwandswerte für Paneel-Deckenschalungen, Fallkopf-Träger-Element-Methode

Raumhöhen	bis 2,50 m	über 2,50 bis 3,50 m	über 3,50 bis 5,50 m
Transportieren	0,03	0,03 - 0,04	0,03 - 0,04
Einschalen	0,11 - 0,19	0,05 - 0,20	0,07 - 0,24
Ausschalen	0,08 - 0,13	0,03 - 0,14	0,04 - 0,17
	0,25 - 0,35	**0,11 - 0,38**	**0,14 - 0,45**

Aufwandswerte in h/m^2 Schalungsfläche
Quelle: Handbuch Arbeitsorganisation Bau - Systemschalungen Decke

Kommen Paneel-Deckenschalungen der Methode mit Haupt- und Nebenträgern zum Einsatz, kann der Lohnaufwand mit den Werten aus Tabelle 18.23 kalkuliert werden.

Tabelle 18.23 Aufwandswerte für Paneel-Deckenschalungen, Haupt- und Nebenträger-Methode

Raumhöhen	bis 2,50 m	über 2,50 bis 3,50 m	über 3,50 bis 5,50 m
Transportieren	0,04 - 0,06	0,04 - 0,06	0,04 - 0,06
Einschalen	0,12 - 0,25	0,13 - 0,26	0,16 - 0,31
Ausschalen	0,10 - 0,18	0,11 - 0,19	0,13 - 0,23
	0,26 - 0,49	**0,28 - 0,51**	**0,33 - 0,60**

Aufwandswerte in h/m^2 Schalungsfläche, Belag zwischen oder über den Längsträgern
Quelle: Baustellenwerte MEVA

In Tabelle 18.24 sind Aufwandswerte für Modulschalungen der Element-Methode aufgeführt. Je nach System wird hier von unten oder von oben gearbeitet.

Tabelle 18.24 Aufwandswerte für Paneel-Deckenschalungen, Element-Methode

Raumhöhen	bis 2,50 m	über 2,50 bis 3,50 m	über 3,50 bis 5,50 m
Transportieren	0,02 - 0,03	0,02 - 0,03	0,02 - 0,03
Einschalen	0,05 - 0,14	0,07 - 0,16	0,09 - 0,20
Ausschalen	0,05 - 0,11	0,05 - 0,15	0,08 - 0,19
	0,13 - 0,28	**0,14 - 0,34**	**0,19 - 0,42**

Aufwandswerte in h/m^2 Schalungsfläche, Belag über den Längsträgern
Quelle: Baustellenwerte MEVA

Für den Einsatz von Deckenschaltischen kann mit Werten der Tabelle 18.25 gerechnet werden.

Tabelle 18.25 Aufwandswerte für System-Deckenschaltische

Max. Auszugslängen	$\ell = 3{,}00$ m	$\ell = 4{,}00$ m	$\ell = 5{,}50$ m
Ca. 3 % Passflächen	0,10 - 0,25	0,20 - 0,35	0,40 - 0,55
Ca. 10 % Passflächen	0,15 - 0,30	0,25 - 0,40	0,45 - 0,60

Aufwandswerte in h/m² Schalungsfläche; einfache Grundrisse; die Werte beinhalten Einschalen, Ausschalen und Reinigen; sie gelten für Raumhöhen von ca. 2,40 m bis 5,90 m
Quelle: Baustellenwerte MEVA

19 Schalungsmiete

In der Vergangenheit hat die Miete von Schalungen sehr stark zugenommen. Die Bauunternehmen mieten Schalungssysteme projektbezogen an und geben somit Lagerhaltung, Bereitstellung, Instandhaltung und Disposition an die Vermieter ab.

Oft werden die Vermieter auch mit Nebenleistungen wie beispielsweise der Erstellung von Schalungseinsatzplänen, den Transporten, der werkseitigen Endreinigung oder der Schalungsvormontage beauftragt.

Schalungen können entweder direkt beim Hersteller oder bei Händlern angemietet werden. Es gibt Vertragshändler, die nur Produkte eines bestimmten Herstellers anbieten sowie freie Händler, die Schalungen verschiedener Hersteller vermieten. Das Vertriebsgebiet von Schalungshändlern ist häufig regional begrenzt.

Im Merkblatt „Mietschalung“ des Güteschutzverband Betonschalungen Europa e. V. (GSV) werden neben dem Begriff Mietschalung auch allgemeine Mietbedingungen sowie die Preisstruktur der Mietschalung definiert. Damit trägt das Merkblatt wesentlich zur Transparenz zwischen dem Mieter und dem Vermieter von Schalungen bei.

Definition des Begriffes Mietschalung

- Die Mietschalung ist in der Regel ein gebrauchtes Gerät. Es besteht kein Anspruch auf Neumaterial.
- Die Mietschalung hat sich in gereinigtem, technisch einwandfreiem und funktionsfähigem Zustand zu befinden.
- Die Mietschalung wird vor der Auslieferung und nach Rücklieferung gemäß den GSV-Richtlinien werkseitig geprüft.
- Wegen der entsprechenden Sach- und Fachkompetenz sind Reparaturen nur vom Vermieter durchzuführen.
- Die Schalungshaut darf sach- und fachgerecht ausgeführte Reparaturstellen aufweisen. Besondere Anforderungen an die Schalungshaut (beispielsweise Sichtbetonanforderungen) sind im Voraus zwischen Mieter und Vermieter zu vereinbaren.

Quelle: Güteschutzverband Betonschalungen Europa e. V., Merkblatt Mietschalung

Sofern nichts anderes vereinbart ist, sind üblicherweise die Allgemeinen Miet- und Lieferbedingungen des Vermieters Bestandteil des Mietvertrags. Darin sind gewöhnlich allgemeine Regelungen zu den Schalungstransporten, der Handhabung des Materials auf der Baustelle sowie der Rückgabe festgelegt. Individuelle Vereinbarungen wie Preise, Liefertermine oder Zahlungsziele sind gesondert im Mietvertrag festzulegen.

Nachfolgend werden einige Regelungen für den Prozess der Schalungsmiete exemplarisch beschrieben.

Materiallieferungen

Die Be- und Entladung muss durch qualifiziertes Personal und mit geeigneten Hebezeugen erfolgen. Den Lieferungen sind prüffähige Lieferscheine mitzugeben. Geliefertes Material muss nach dem Eingang auf Vollzähligkeit und Funktionsfähigkeit geprüft werden. Etwaige Fehlmengen oder Mängel sind schriftlich zu beanstanden.

Handhabung des Materials auf der Baustelle

Der Einsatz des Materials muss nach der *Aufbau- und Verwendungsanleitung* des jeweiligen Schalungssystems erfolgen. Die Verantwortung für die Einhaltung der jeweils gültigen Sicherheitsvorschriften beim Einsatz des gelieferten Materials liegt beim Mieter.

Die Schalung muss sach- und fachgerecht gelagert werden. Schadhafte Teile sind auszusortieren und dürfen nicht mehr eingesetzt werden. Das Material ist zwischen den Einsätzen regelmäßig zu reinigen. Es ist für ausreichenden Diebstahlschutz zu sorgen.

Rückgabe der Schalung

Sofern nichts Anderes vereinbart wird, ist die Schalung in gereinigtem Zustand zurückzuliefern, sodass für den Vermieter kein Nachreinigungsaufwand entsteht. Das zurückgelieferte Material wird vom Vermieter im Lager überprüft. Die zurückgelieferten Mengen, eventuell festgestellte Verschmutzungen und Beschädigungen werden anhand von Rücklieferscheinen und Fotos dokumentiert.

19.1 Preisgestaltung von Mietschalungen

Gemäß GSV-Merkblatt „Mietschalung“ setzt sich der Preis für Mietschalungen aus der Miete, dem Einmalbetrag und den Kosten für Nebenleistungen zusammen.

Miete

Die *Miete* wird für die Vorhaltedauer der Schalung auf der Baustelle berechnet. Sie beginnt mit dem Tag der Auslieferung und endet mit dem Tag der Rücklieferung. Üblicherweise beträgt die *Mindestmietzeit* 30 Tage. Danach wird tageweise ein 30stel des monatlichen *Mietsatzes* abgerechnet.

Miete

Die Miete enthält folgende Größen:

- Allgemeine Geschäftskosten
- Wertminderung beim sach- und fachgerechten Einsatz der Mietschalung auf der Baustelle
- Übliche Instandsetzung des Materials außerhalb der Vorhaltezeit
- Verzinsung
- Wagnis und Gewinn

Quelle: Güteschutzverband Betonschalungen Europa e. V., Merkblatt Mietschalung

Einmalbetrag

Der *Einmalbetrag* wird auch als *Dispokosten*, *Grundkosten* oder *Bereitstellungskosten* bezeichnet. Er fällt mit jeder Mietauslieferung an und wird einmalig berechnet.

Einmalbetrag

In dem Einmalbetrag, der bei jedem Mietauftrag anfällt, sind folgende Größen enthalten:

- Lager und Umschlagkosten
- Auftragsabwicklung
- Weitere Dispositionskosten

Quelle: Güteschutzverband Betonschalungen Europa e. V., Merkblatt Mietschalung

Kosten für Nebenleistungen

Zu den *Nebenleistungen* bei der Schalungsmiete gehören beispielsweise *Transporte* oder das Erstellen von *Schalungseinsatzplänen*. Sie werden zwischen Mieter und Vermieter vereinbart und in der Regel nach erfolgter Leistung berechnet.

Nebenleistungen

Der Mieter kann beim Vermieter sogenannte Nebenleistungen (kein Zusammenhang mit der Begrifflichkeit der VOB/C), die nicht unter Miete und Einmalbetrag aufgeführt sind, bestellen und hat diese gesondert zu vergüten. Dazu gehören zum Beispiel:

- Ingenieurleistungen in Form von statischen Berechnungen oder Schalungseinsatzplanung
- Transport- und Logistikleistungen
- Reparaturen von Schäden, die durch unsachgemäße Handhabung des Schalungsmaterials entstanden sind
- Reinigung bei Rücklieferung des Schalungsmaterials
- Rücknahme der Mietgegenstände auf der Baustelle
- Vormontage
- Servicetechniker

Quelle: Güteschutzverband Betonschalungen Europa e. V., Merkblatt Mietschalung

19.2 Abrechnung von Schalungsmieten

Schalungen bestehen aus verschiedenen Einzel- und Zubehörteilen. Häufig werden diese in unterschiedlichen Mengen und zu verschiedenen Zeiten benötigt. Je nach Projektgröße kann dies zu einer Vielzahl von Materialbewegungen führen. Die *Abrechnung* der Schalungsmiete stellt sich von daher komplexer dar als beispielsweise bei einer Baumaschine.

Die Mietkosten werden in der Regel monatlich abgegrenzt. Dazu müssen alle Materialbewegungen nachvollziehbar auf der Mietrechnung ausgewiesen und berechnet werden. Dies erfolgt über entsprechende EDV-Systeme, in denen alle Lieferscheine erfasst sind.

Nachfolgend werden unterschiedliche Möglichkeiten zur Abrechnung von Miete und Einmalbetrag erläutert.

Abrechnung auf der Grundlage des Warenwertes

Hierbei wird die Miete zu einem Prozentsatz des Material-Warenwertes berechnet. Grundlage zur Ermittlung der *Warenwerte* ist die Preisliste des Schalungslieferanten, in der alle vermietbaren Artikel hinterlegt sind. Der Prozentsatz ist variabel und kann individuell festgelegt bzw. vereinbart werden. Entscheidend für die Höhe des Mietpreises ist also nicht allein der Prozentsatz, sondern auch der Warenwert. Das ist insbesondere bei Angebotsvergleichen zu berücksichtigen, da die Warenwerte der einzelnen Anbieter teilweise deutlich voneinander abweichen können. Gleiches gilt für Rabatte auf Defekt- und Verlustmaterial, die sich ebenfalls auf die Preisliste beziehen.

Da jeder einzelne Artikel erfasst und berechnet wird, ist diese Abrechnungsart prinzipiell für alle Schalungsarten anwendbar.

Übungsbeispiel 19.1

Abrechnung der Schalungsmiete auf der Grundlage des Warenwerts

Miete pro Monat (30 Tage): 3,00 % vom Warenwert (zur Veranschaulichung ohne Berechnung des Einmalbetrags)

Anlieferung am 26.04.2022, gelieferter Warenwert des Materials: 56 000,00 €

Abrechnungszeitraum: 26.04.2022 bis 31.05.2022, Miete für 36 Tage: 2016,00 €

Berechnung der Miete für 36 Tage:

$$56.000{,}00\,€ \cdot 3\% \cdot \frac{36\ \text{Tage}}{30\ \text{Tage}} = 2016{,}00\,€ \tag{19.1}$$

Abholung am 27.05.2022, zurückgelieferter Warenwert des Materials: 44 000,00 €

Abrechnungszeitraum: 28.05.2022 bis 31.05.2022, Gutschrift für 4 Tage: 176,00 €

Berechnung der Gutschrift für 4 Tage:

$$44.000{,}00\,€ \cdot 3\% \cdot \frac{4\ \text{Tage}}{30\ \text{Tage}} = 176{,}00\,€ \tag{19.2}$$

Die Gesamtmiete für den Abrechnungszeitraum vom 26.04.2022 bis 31.05.2022 beträgt 1840,00 €.

Berechnung der Gesamtmiete:

$$2016{,}00\,€ - 176{,}00\,€ = 1840{,}00\,€ \tag{19.3}$$

Das restliche Material (Warenwert 12 000 €) wird ab dem 01.06.2022 weiterberechnet.

Berechnung auf der Grundlage einer Einheit je Schalungssystem

Die Berechnung erfolgt über einen Preis, der sich auf eine für das Schalungssystem festgelegte Einheit bezieht. Einheiten können sein:

- m² Schalelementfläche (z. B. Fundamentschalungen, Wandschalungen, Modul-Deckenschalungen),
- Stück (z. B. Stützenschalungen, Traggerüsttürme),
- Laufmeter (z. B. Stützböcke, Kletterkonsolen).

Der Preis beinhaltet alle für den Schalungseinsatz notwendigen Teile und Zubehör. Es ist wichtig zu vereinbaren, wie bei Teilrücklieferungen zu verfahren ist. Theoretisch wäre es beispielsweise möglich, dass bei einer Wandschalung (bei Berechnung über die Schalelementfläche) die Schalelemente zurückgeliefert werden, das Zubehör aber noch nicht. Zur Weiterberechnung der Miete fehlt dann die Grundlage. Eine Möglichkeit besteht darin, nach der ersten *Rücklieferung* den Warenwert des Restmaterials zu ermittelt und die Miete über einen Prozentsatz vom Warenwert weiter zu berechnen.

Berechnung je Einzelartikel

Jeder einzelne Artikel wird separat zu einem festgelegten Mietpreis berechnet. Die Methode ist gut anwendbar bei Schalsystemen, die aus wenigen unterschiedlichen Einzelteilen bestehen (z. B. Flex-Deckenschalungen) oder für Komponenten wie Geländerhalter, Abschalböcke usw. Häufig werden auch Transportbehälter und Verpackungen über Einzelpreise berechnet.

Berechnung auf der Grundlage der schalbaren Fläche

Die Methode wird hauptsächlich bei Deckenschalungen angewendet. Der vereinbarte Preis bezieht sich auf die Deckenfläche, die mit dem vorgehaltenen Material beim ersten Einsatz geschalt werden kann und beinhaltet alle für den ersten Schalungseinsatz notwendigen Teile und Zubehör. Es handelt sich hier jedoch nicht um eine ideale Abrechnungsmethode, da sich die Berechnungsgrundlage schon ändert, sobald zusätzliches Material von der Baustelle geordert wird. Auch hier ist es wichtig zu vereinbaren, wie bei Teilrücklieferungen und zusätzlichen Bestellungen zu verfahren ist. Es kommt oft vor, dass Einzelteile nachbestellt werden, da der Aufbau nicht nach den Einsatzplänen erfolgt ist und z. B. Stützen nachbestellt werden. Eine klare Regelung im Vorhinein vermeidet hier Unzufriedenheit auf beiden Seiten.

■ 19.3 Die Schalungsausschreibung

Die Kalkulation von Schalungen und Gerüsten erfolgt, wie in Kapitel 18 beschrieben, auf der Grundlage einer Ausschreibung des Bauherrn im Rahmen der Angebotskalkulation, häufig ohne dass dafür Angebote von Schalungslieferanten eingeholt werden. Erst nach Auftragsvergabe erfolgt dann im Rahmen der Arbeitsvorbereitung die Anfrage der Schalungen und Gerüste.

Für die *Schalungsanfrage* stehen mehrere Möglichkeiten zur Verfügung. Es kann durchaus sinnvoll sein, sich bereits früh auf einen Schalungslieferanten festzulegen und gemeinsam mit ihm ein *Schalungskonzept* zu erarbeiten. In solchen Fällen bestehen oft Rahmenverträge zwischen Mieter und Vermieter, in denen die Mietkonditionen bereits vereinbart sind (s. Abschnitt 19.4).

Eine weitere Möglichkeit der Anfrage besteht darin, mehrere Schalungslieferanten anhand von Planunterlagen um ein *Angebot* für die benötigte Schalung zu bitten. Wenn dabei keine konkreten Angaben zu den Vorhaltemengen, der Mietzeit und den Schalungssystemen gemacht werden, können die Angebote sehr unterschiedlich ausfallen. Zudem sind sie wenig aussagefähig hinsichtlich der Gesamtschalungskosten für ein Projekt. Dies führt häufig zu Rückfragen und erschwert die Vergleichbarkeit der einzelnen Angebote. Je nach Projektgröße und Anzahl der Anbieter kann der Aufwand hierfür relativ groß sein.

Um für ein Projekt das technisch und wirtschaftlich günstigste Schalungssystem anmieten zu können, bietet eine ausführliche *Schalungsausschreibung* mit Leistungsverzeichnis (LV) deutliche Vorteile. Darin werden einheitliche Vorgaben zur Angebotserstellung gemacht, die sich an die spätere Auftragsabwicklung anlehnen. Nachfolgend werden die Grundlagen einer Schalungsausschreibung sowie Beispiele für LV-Positionen behandelt.

19.3.1 Grundlagen für die Schalungsausschreibung

In der Schalungsausschreibung sind neben den einzelnen *LV-Positionen* auch allgemeine Angaben zum Bauprojekt und dem geplanten Ablauf erforderlich.

Allgemeine Angaben in der Schalungsausschreibung

- Beschreibung des Bauobjekts
- Geplanter Baubeginn und Bauzeit
- Lage der Baustelle, evtl. Besonderheiten (Zufahrtsbeschränkung)
- Krankapazität
- Durch wen werden die Schalungseinsatzpläne freigegeben?
- Durch wen wird die Schalung abgerufen?
- Wie sind die Vorlaufzeiten für An- und Abtransport?

Im Hinblick auf das für die Schalung vorgesehene Budget ist die Schalungsausschreibung auf der bisher erfolgten Planung aufzubauen. Dazu gehören die *Bauablaufplanung* (Bild 19.1), die *Planung der Betonier- und Schalungsabschnitte* (Bild 19.2) sowie die für die Kalkulation festgelegten *Schalungsmengen*. Dabei kann es durchaus nochmal zu Veränderungen gegenüber den in der Kalkulation getroffenen Annahmen kommen, wenn dadurch eine Optimierung möglich ist. Das betrifft auch die Wahl der Schalungssysteme.

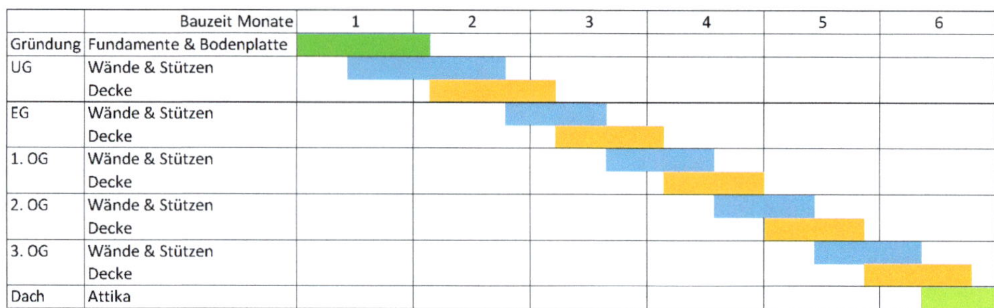

Bild 19.1 Grobterminplan des Beispielprojekts

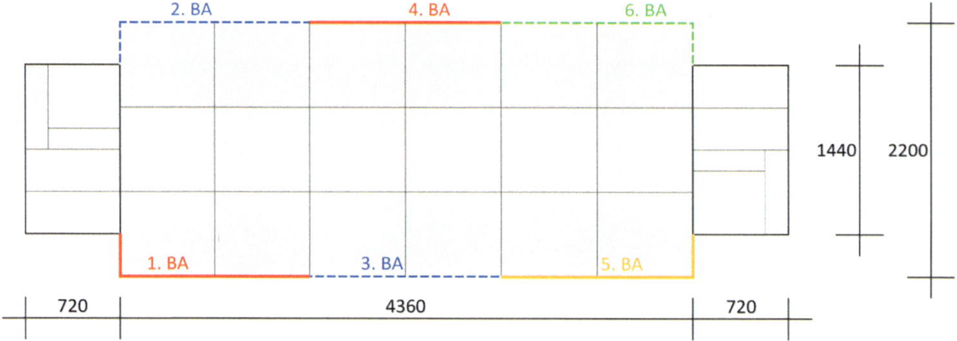

Bild 19.2 Grundriss Wände UG des Beispielprojekts

Anhand der Anforderungen an ein Bauteil, wie beispielsweise die Geometrie, die Qualität der Betonoberflächen und die Terminvorgaben, muss ein geeignetes Schalungssystem ausgeschrieben werden. Dazu sind entsprechende Kenntnisse über die am Markt erhältlichen Systeme und deren Einsatzmöglichkeiten erforderlich.

Im Zuge der Erstellung einer exakten Terminplanung und einer Optimierung der Betonier- und Schalungsabschnitte werden nun die für die Ausschreibung benötigten Schalungsmengen und Vorhaltezeiten ermittelt. Wichtig sind hierbei konkrete Angaben auf der Grundlage des aktuellen Planungsstands. Dadurch ist später eine korrekte Vergleichbarkeit der Angebote gegeben. Beispielsweise bei Flex-Deckenschalungen, die in der Regel immer aus den gleichen Systemteilen bestehen, ist es sinnvoll, diese in der Ausschreibung vorzugeben. Die *Ermittlung der Bedarfsmengen* kann anhand von Kennwerten erfolgen.

Tabelle 19.1 Kennwerte für Bedarfsmengen von Systemteilen bei Flex-Deckenschalungen

Deckenstärke	25 cm	30 cm	35 cm
Holzschalungsträger H 20	3,12 m/m²		
Deckenstützen	0,56 Stck/m²	0,65 Stck/m²	0,75 Stck/m²
Dreibeine	0,14 Stck/m²		
Gabelköpfe	0,14 Stck/m²		
Stützenköpfe	0,42 Stck/m²	0,51 Stck/m²	0,61 Stck/m²

Baustellenwerte für Ortbetondecken mit lichten Höhen von 2,50 m bis 4,00 m, einfache Grundrisse, ca. 400 m² Deckenfläche

Die benötigten Schalungssysteme werden als einzelne Positionen im Leistungsverzeichnis aufgeführt. Eine ausführliche Beschreibung des Schalungseinsatzes sowie die Angaben zu Vorhaltemengen und Einsatzzeiten bilden dabei die Grundlage für die Preiskalkulation des Schalungsanbieters. Darüber hinaus sind aussagefähige Planunterlagen zur Verfügung zu stellen.

Inhalte einer LV-Position für eine Systemschalung

- Schalungsart (z. B. Wandschalung)
- Angefragtes Schalsystem (z. B. Rahmenschalung)
- Beschreibung des Schalungseinsatzes (z. B. Schalungshöhen)
- Besonderheiten (z. B. Sichtbetonansprüche)
- Vorhaltemenge
- Vorhaltedauer
- Preisgrundlage (z. B. Schalelementfläche, Stück oder Warenwert)

Serviceleistungen wie die Erstellung von Schalungseinsatzplänen, Transporte und die werkseitige Endreinigung werden ebenfalls im Leistungsverzeichnis aufgeführt. Auch hier ist es wichtig, genaue Vorgaben zu den Bedarfsmengen zu machen. Auch wenn diese nur überschlägig ermittelt oder geschätzt werden können.

Um eine optimale Vergleichbarkeit der Preise zu erzielen, sollte darauf Wert gelegt werden, dass die Angebote der Schalungsanbieter sich exakt auf die Vorgaben im Leistungsverzeichnis beziehen. Sondervorschläge können als Nebenangebot eingereicht werden und werden gegebenenfalls separat bewertet.

Bei der Auswertung der Angebote müssen neben dem reinen Preisvergleich auch technische Vor- und Nachteile berücksichtigt werden. Je nach Projektgröße ist es sinnvoll, mit den Anbietern Gespräche zu führen, in denen auch technische Details besprochen werden. Zusätzlich zu den Mitarbeitern aus den Bereichen Einkauf und Arbeitsvorbereitung sollte dabei auch die Bauleitung mit einbezogen werden.

Im späteren Projektverlauf ist es durchaus möglich, dass die tatsächlichen Schalungsmengen von den im LV angefragten Mengen abweichen. Auch bei der ursprünglich geplanten Vorhaltedauer kann es zu Änderungen kommen. Gleiches gilt für die Anzahl der Transporte oder Schalungseinsatzpläne. Trotz gewissenhafter Planung können die Gründe hierfür vielfältig sein. Daher sollte im Vorfeld klargestellt werden, dass die vereinbarten Preise auch für diesen Fall gelten.

Nachdem die Entscheidung für einen Anbieter getroffen wurde, erfolgt die Beauftragung. Um sicherzustellen, dass die Vorgaben aus dem Leistungsverzeichnis auch nach der Auftragsvergabe eingehalten werden, sollten sie vertraglich zwischen Mieter und Vermieter vereinbart werden.

19.3.2 Beispiele für LV-Positionen einer Schalungsausschreibung

Die nachfolgenden Beispiele für *LV-Positionen* einer Schalungsausschreibung orientieren sich am Beispielprojekt des Bürogebäudes in Kapitel 15 bis 18.

Position 1: Schalung der Stahlbetonwände als Rahmenschalung

Zur technischen Beurteilung des angebotenen Schalungssystems sind entsprechende Unterlagen beizufügen.

Im Einheitspreis enthalten sind alle erforderlichen Elementabmessungen, Pass- und Eckelemente, Ausschal-Innenecken für Schächte, Verbindungsteile, Richtstützen, Betonierbühnen, Spanngarnituren, Krananhängungen usw. Ebenfalls enthalten ist das für den Lieferumfang erforderliche Verpackungsmaterial (Transport- und Gitterboxen, Stapelpaletten usw.).

Abrechnungsgrundlage ist die gelieferte Schalelementfläche.

- Geplante Vorhaltung gemäß Taktplanung: 2,0-fache Vorhaltung.

  1 × Vorstell- und 1 × Schließschalung à 21 m, 2 × Vorstellschalung à 21 m (gesamt: 84 m Schalung).

  Die Vorhaltemenge beinhaltet die Schalung für die Außen- und Zwischenwände. Der Anschluss der Zwischenwände erfolgt über Rückbiegeanschlüsse.
- Geforderte Schalungshautqualität: für Sichtbetonklasse 2 gemäß DBV-Merkblatt „Sichtbeton“.
- Betonier- und Schalungshöhen sowie vorgesehene Bauzeiten laut Bauablaufplan:

Geschosse	Betonierhöhen	Angenommene Schalungshöhen	Vorgesehene Bauzeit laut Bauablaufplan
UG	2,65 m	2,70 m	1,5 Monate
EG	3,95 m	2,70 + 1,35 m = 4,05 m	1,0 Monat
1. – 3.OG	3,25 m	2,70 + 0,90 m = 3,60 m	3,0 Monate

In Grundriss-Bereichen ohne Decke wie Aufzug und Treppenhaus sind die Wände um die Deckenstärke von 25 cm höher zu betonieren.

Ermittlung der maximalen Vorhaltemenge:

Geschosse	Schalungshöhen	Vorhaltemengen	Vorhaltedauer
UG bis 3.OG	Basisvorhaltung H = 2,70 m	84 m · 2,70 m = 226,80 m²	5,5 Monate
EG	Aufstockung H = 1,35 m	84 m · 1,35 m = 113,40 m²	1,0 Monat
1. bis 3. OG	Aufstockung H = 0,90 m	84 m · 0,90 m = 75,60 m²	3,0 Monate
10 % Zuschlag für zusätzliche Elementaufstockungen und Zwischenwände in Aufzug und Treppenhaus (226,80 m² + 113,40 m² + 75,60 m²) · 10 % = 41,58 m²			5,5 Monate
Gesamte Vorhaltemenge (Schalelementfläche)		**457,38 m² ≈ 460 m²**	

Da die ermittelte Gesamtvorhaltemenge von 460 m² nicht über den gesamten Zeitraum von 5,5 Monaten vorgehalten wird, wird eine *mittlere Vorhaltedauer* von 4,5 Monaten angesetzt (Formel 19.4). Darin ist ein zusätzlicher Zeitraum von zwei Wochen (0,5 Monate) für die Schalungsvorreinigung sowie das Paketieren und Verladen berücksichtigt.

Berechnung der mittleren Vorhaltedauer:

$$\frac{226{,}8 \cdot 5{,}5 + 113{,}4 \cdot 1 + 75{,}6 \cdot 3 + 41{,}58 \cdot 5{,}5}{460} + 0{,}5 \approx 4{,}5 \text{ Monate} \tag{19.4}$$

Pos. 1.1: Wandschalung UG bis 3. OG				
Angebotene Schalhöhen	UG: h > 2,65 m: EG: h > 3,95 m: OGs: h > 3,25 m:			
	Vorhaltemenge [m²]	**Vorhaltedauer [Monate]**	**Einheitspreis [€/m² · Monat]**	**Gesamtpreis [€]**
Einmalbetrag	460	–		
Miete	460	4,5		
Gesamtkosten Pos. 1:				

Position 2: Schalung der Stützen als klappbare Stützenschalung

Zur technischen Beurteilung des angebotenen Schalungssystems sind entsprechende Unterlagen beizufügen.

Im Einheitspreis enthalten ist die Stützenschalung inkl. Richtstützen, Betonierbühne, Leiteraufgang, Krananhängungen usw. Ebenfalls enthalten ist das für den Lieferumfang erforderliche Verpackungsmaterial (Transport- und Gitterboxen, Stapelpaletten usw.).

Abrechnungsgrundlage ist die gelieferte Menge an Schalungssätzen.

- Geplante Vorhaltung: 4 Schalungssätze (4,0-fache Vorhaltung).

  Die Zusammenstellung der Schalungshöhen ist nach Möglichkeit so vorzusehen, dass für die Bereiche EG und 1. bis 3. OG lediglich die Aufstockungen ausgetauscht werden müssen.

  Die in die Decke einbindende Bewehrung ist nicht abgewinkelt und hat somit keinen Einfluss auf den Schalungsüberstand.
- Geforderte Schalhautqualität: für Sichtbetonklasse 2 gemäß DBV-Merkblatt „Sichtbeton".
- Stützenquerschnitt: 0,40 m × 0,40 m.
- Betonierhöhen und vorgesehene Bauzeit laut Bauablaufplan:

Geschosse	Betonierhöhen	Vorgesehene Bauzeit laut Bauablaufplan
UG	2,65 m	1,5 Monate
EG	3,95 m	1,0 Monat
1. bis 3. OG	3,25 m	3,0 Monate

Pos. 2				
Pos. 2.1: Stützenschalung UG bis 3.OG als Basisvorhaltung				
Angebotene Schalhöhe	UG: h>2,65 m:			
	Vorhaltemenge [Stück]	**Vorhaltedauer [Monate]**	**Einheitspreis [Stück · Monat]**	**Gesamtpreis [€]**
Einmalbetrag	4	–		
Miete	4	5,5		
Pos. 2.2: Stützenschalung nur Aufstockung für EG				
Angebotene Schalhöhe	EG: h>3,95 m:			
	Vorhaltemenge [Stück]	**Vorhaltedauer [Monate]**	**Einheitspreis [Stück · Monat]**	**Gesamtpreis [€]**
Einmalbetrag	4	–		
Miete	4	1		
Pos. 2.3: Stützenschalung nur Aufstockung für 1.-3.OG				
Angebotene Schalhöhe	OGs: h>3,25 m:			
	Vorhaltemenge [Stück]	**Vorhaltedauer [Monate]**	**Einheitspreis [Stück · Monat]**	**Gesamtpreis [€]**
Einmalbetrag	4	–		
Miete	4	3		
Gesamtkosten Pos. 2:				

Position 3: Schalung der Ortbetondecken als Flex-Deckenschalung

Zur technischen Beurteilung des angebotenen Schalungssystems sind entsprechende Unterlagen beizufügen.

Flex-Deckenschalung, bestehend aus den Systemteilen Holzschalungsträger H20, Deckenstützen, Dreibeine, Gabelköpfe, Stützenköpfe, Geländerpfosten. Im jeweiligen Einheitspreis enthalten ist das für den Lieferumfang erforderliche Verpackungsmaterial (Transport- und Gitterboxen, Stapelpaletten usw.).

Abrechnungsgrundlage ist die gelieferte Menge an Systemteilen.

Die Bedarfsmengen wurden anhand von Kennwerten ermittelt (Tabelle 19.1).

- Geplante Vorhaltung: 2 × 600 m^2 (2,0-fache Vorhaltung); zusätzliche Hilfsstützen für 1200 m^2, Annahme: ca. 25 % der erforderlichen Deckenstützen oder hier ca. 1 Stütze je 16 m^2.
- Deckenstärke: 0,25 m.
- Lichte Unterstützungshöhen, erforderliche Auszugslängen, gewählte Deckenstützen und Vorhaltedauer laut Bauablaufplan:

Geschosse	Lichte Unterstützungshöhen	Erforderliche Auszugslängen	Gewählte Deckenstützen	Vorhaltedauer laut Bauablaufplan
UG	2,65 m	2,23 m	D 30	1,25 Monate
EG	3,95 m	3,53 m	D 40	1 Monat
1. bis 3. OG	3,25 m	2,83 m	D 30	3 Monate

Da sich die Anzahl der erforderlichen Deckenstützen über die Bauzeit aufgrund unterschiedlicher Höhen ändert, wird für die Ausschreibung der Deckenstützen inkl. Hilfsstützen rechnerisch eine mittlere Vorhaltedauer angesetzt.

Berechnung der mittleren Vorhaltedauer:

In Tabelle 19.2 ist der Bedarf an Deckenstützen der verschiedenen Stützenklassen über die Bauzeit dargestellt, wenn die Frischbetonlast auf zwei darunter liegende Decken verteilt wird. Bei zwei Betonierabschnitten pro Geschoss wird hier vorausgesetzt, dass der Betoniertermin des nachfolgenden Deckenabschnitts unabhängig vom Ablauf der Ausschalfrist des vorhergehenden Betonierabschnitts gewählt werden kann. Bei drei Betonierabschnitten pro Geschoss könnte die Anzahl der Hilfsstützen um etwa ein Drittel reduziert werden (Ausschalfristen und Hilfsstützen s. Abschnitt 7.3).

Sofern der nachfolgende Deckenabschnitt grundsätzlich nach Ablauf der Ausschalfrist des vorhergehenden betoniert wird, ist die Anzahl von Hilfsstützen für nur einen Betonierabschnitt ausreichend.

Tabelle 19.2 Bedarf an Deckenstützen (675 Stück) und Hilfsstützen (75 Stück) verschiedener Stützenklassen über die Bauzeit

Geschoss	Stützenklasse	UG	EG	1. OG	2. OG	3.OG
3. OG	D 30					675
2. OG	D 30				675	75
1. OG	D 30			675	75	
EG	*D 40*		*675*	*75*		
UG	D 30	675	75			
Bedarf Deckenstützen D 30		675	75 [a)]	675	750	750
Bedarf Deckenstützen D 40		*0*	*675*	*75*	*0*	*0*
Vorhaltedauer [Mon.]		1,25	1,0	1,0	1,0	1,0

[a)] Die Deckenstützen der Stützenklasse D 30 müssen während der Herstellung der Decke über EG zwischengelagert werden.

Für das Paketieren und Verladen sowie für die Schalungsvorreinigung wird bei der mittleren Vorhaltedauer ein zusätzlicher Zeitraum von zwei Wochen (0,5 Monate) berücksichtigt.

Für die Deckenstützen D 30 (Pos. 3.2) berechnet sich die mittlere Vorhaltedauer nach Formel 19.5:

$$\frac{675\,\text{Stck} \cdot 5{,}25\,\text{Mon} + 75\,\text{Stck} \cdot 2\,\text{Mon}}{750\,\text{Stck}} + 0{,}5 \approx 5{,}5\,\text{Monate} \tag{19.5}$$

Da die Gesamtvorhaltemenge der Deckenstützen D 30 frühestens ab dem 2. OG benötigt wird, wird für Pos. 3.2 eine mittlere Vorhaltedauer von 5,5 Monaten angesetzt.

In Formel 19.6 wird die mittlere Vorhaltedauer der Deckenstützen D 40 (Pos. 3.3) berechnet:

$$\frac{675\,\text{Stck} \cdot 1\,\text{Mon} + 75\,\text{Stck} \cdot 1\,\text{Mon}}{675\,\text{Stck}} + 0{,}5 \approx 1{,}6\,\text{Monate} \tag{19.6}$$

Die Gesamtvorhaltemenge der Deckenstützen D 40 wird nur im EG benötigt. Für die Herstellung der Decke über 1. OG werden im EG 75 Hilfsstützen eingesetzt. Daraus ergibt sich für Pos. 3.3 eine mittlere Vorhaltedauer von etwa 1,6 Monaten, gerundet 1,75 Monaten.

Pos. 3				
Pos. 3.1: Holzschalungsträger H20				
	Vorhaltemenge [m]	**Vorhaltedauer [Monate]**	**Einheitspreis [€/m · Monat]**	**Gesamtpreis [€]**
Einmalbetrag	3750	–		
Miete	3750	5,25		
Pos. 3.2: Deckenstützen D 30 gemäß DIN EN 1065 – inkl. Hilfsstützen				
Auszugslänge	von/bis:			
	Vorhaltemenge [Stück]	**Vorhaltedauer [Monate]**	**Einheitspreis [Stück · Monat]**	**Gesamtpreis [€]**
Einmalbetrag	750	–		
Miete	750	5,5		
Pos. 3.3: Deckenstützen D 40 gemäß DIN EN 1065 – inkl. Hilfsstützen				
Auszugslänge	von/bis:			
	Vorhaltemenge [Stück]	**Vorhaltedauer [Monate]**	**Einheitspreis [Stück · Monat]**	**Gesamtpreis [€]**
Einmalbetrag	675	–		
Miete	675	1,75		
Pos. 3.4: Dreibeine				
	Vorhaltemenge [Stück]	**Vorhaltedauer [Monate]**	**Einheitspreis [Stück · Monat]**	**Gesamtpreis [€]**
Einmalbetrag	170	–		
Miete	170	5,25		
Pos. 3.5: Gabelköpfe				
	Vorhaltemenge [Stück]	**Vorhaltedauer [Monate]**	**Einheitspreis [Stück · Monat]**	**Gesamtpreis [€]**
Einmalbetrag	170	–		
Miete	170	5,25		
Pos. 3.6: Stützenköpfe				
	Vorhaltemenge [Stück]	**Vorhaltedauer [Monate]**	**Einheitspreis [Stück · Monat]**	**Gesamtpreis [€]**
Einmalbetrag	505	–		
Miete	505	5,25		
Pos. 3.7: Geländerpfosten zur Absturzsicherung am freien Deckenrand				
	Vorhaltemenge [Stück]	**Vorhaltedauer [Monate]**	**Einheitspreis [Stück · Monat]**	**Gesamtpreis [€]**
Einmalbetrag	90	–		
Miete	90	5,25		
Gesamtkosten Pos. 3:				

Position 4: Schalungshaut als Kaufmaterial zu Position 3

Dreischichtplatte 0,50 × 2,00 m, geeignet für mindestens 8 Einsätze, als neuwertiges Kaufmaterial.

Pos. 4.1: Schalungshaut			
	Menge [m²]	**Preis [€/m²]**	**Gesamtpreis [€]**
Dreischichtplatte 0,50 × 2,00 m (Kauf)	1200		
Gesamtkosten Pos. 4:			

Position 5: Frachten

Angenommene Anzahl der Transporte:

- Lkw 14 Lademeter: 4 × Antransport, 6 × Abtransport,
- Lkw 7 Lademeter: 2 × Antransport.

Pos. 5.1: Hin- und Rückfracht			
	Menge [Stck]	**Preis [€/Stck]**	**Gesamtpreis [€]**
Lkw 14 Lademeter	10		
Lkw 7 Lademeter	2		
Gesamtkosten Pos. 5:			

Position 6: Technische Bearbeitung

Die technische Bearbeitung erfolgt nach Absprache mit der Baustelle. Sie beinhaltet die Erstellung von *Schalungseinsatzplänen* mit *Materialstücklisten*. Die Erstellung von prüffähigen statischen Berechnungen ist nicht enthalten und wird bei Bedarf nach Aufwand berechnet.

Angenommene Anzahl der Schalungseinsatzpläne:

- Wandschalung: 3 Stück,
- Deckenschalung: 3 Stück.

Pos. 6.1: Erstellung von Schalungseinsatzplänen und Materialstücklisten			
	Menge [Stck]	**Preis [€/Stck]**	**Gesamtpreis [€]**
Schalungseinsatzplan bis Plangröße DIN A0	6		
Gesamtkosten Pos. 6:			

Position 7: Werkseitige Endreinigung der Schalung

Die Schalung wird auf der Baustelle grob vorgereinigt (Entfernen von Betonresten).

Im Einheitspreis enthalten ist die werkseitige Endreinigung von Schalelementen und Zubehör.

Die Endreinigung für das Material der Positionen 3.1 bis 3.7 erfolgt auf der Baustelle. Sollte eine werkseitige Nachreinigung notwendig werden, erfolgt die Berechnung hierfür nach Aufwand.

Pos. 7			
Pos. 7.1: Werkseitige Endreinigung Wandschalung			
	Menge **[m²]**	**Preis** **[€/m²]**	**Gesamtpreis** **[€]**
Wandschalung	460		
Pos. 7.2: werkseitige Endreinigung Stützenschalung			
	Menge **[Stck]**	**Preis** **[€/Stck]**	**Gesamtpreis** **[€]**
Stützenschalung Basisvorhaltung	4		
Stützenschalung Aufstockung EG	4		
Stützenschalung Aufstockung 1.-3. OG	4		
Gesamtkosten Pos. 7:			

Position 8: Zusätzlich bestelltes Material

Von der Baustelle zusätzlich bestelltes Material, welches den LV-Positionen zwar zugeordnet werden kann, für das aber die Abrechnungsrundlage fehlt (z.B. die Schalelementfläche), wie einzelne Gurtungen, Richtstützen, Spannstäbe usw., werden über Prozentsätze vom Warenwert berechnet.

Grundlage für die Warenwerte ist die aktuell gültige Preisliste des Vermieters.

Pos. 8.1: Zusatzmaterial		
Einmalbetrag:		% vom Warenwert
Miete pro Monat:		% vom Warenwert
Werkseitige Endreinigung:		% vom Warenwert

Position 9: Beschädigungen und Verlustmaterial

Die werkseitige Reparatur von beschädigtem Material erfolgt nach Aufwand.

Beschädigtes Material, das nicht mit wirtschaftlich angemessenem Aufwand repariert werden kann (Defektmaterial), sowie Verlustmaterial wird gemäß dem Warenwert, unter Berücksichtigung eines Rabattes, berechnet.

Grundlage für die Warenwerte ist die aktuell gültige Preisliste des Vermieters.

Pos. 9.1: Defekt- und Verlustmaterial		
Rabatt:		% vom Warenwert

19.4 Rahmenvertrag für die Schalungsmiete

Eine Alternative zu der oben beschriebenen projektbezogenen Ausschreibung von Schalungen sind *Rahmenverträge* zwischen Bauunternehmen und Schalungslieferanten, die gewöhnlich über einen befristeten Zeitraum abgeschlossen werden.

Für Rahmenverträge eignet sich die *Abrechnungsmethode* auf der Grundlage des Warenwertes, wie unter Abschnitt 19.2 beschrieben. Anhand einer Mischkalkulation wird ein Prozentsatz festgelegt, der für bestimmte Schalungssysteme unabhängig von Menge und Einsatzzeit für alle Baustellen eines Unternehmens gilt.

Vorteile von Rahmenverträgen:

- Keine zeitaufwendige Schalungsausschreibung. Angebotsauswertung und Vergabeverhandlung entfallen.
- Der Schalungslieferant übernimmt die komplette Schalungsvorbereitung in Absprache mit der Baustelle.
- Die jeweiligen Ansprechpartner kennen sich.
- Das Personal muss sich nicht ständig auf ein neues Schalungssystem einstellen.
- Planungssicherheit für beide Seiten, unabhängig von der konjunkturellen Lage.
  - Bauunternehmen: Materialverfügbarkeit zu festen Konditionen.
  - Schalungslieferant: Materialauslastung zu festen Konditionen.

20 Einsatzplanung

Die Einsatzplanung von Schalungen ist Bestandteil der Schalungs-Arbeitsvorbereitung. Sie bietet großes Potenzial zur Optimierung der Schalarbeiten und kann somit wesentlich zu einem positiven Ergebnis einer Rohbaumaßnahme beitragen.

Zur *Schalungseinsatzplanung* gehört die Erstellung von Plänen, auf denen die Schalarbeiten zeichnerisch dargestellt sind. Dabei kann es sich sowohl um Regeleinsätze als auch um Sonderlösungen handeln, für die zusätzliche Detaildarstellungen notwendig sind. Dies stellt eine Erleichterung für das Baustellenpersonal dar und trägt neben einer Erhöhung der Arbeitssicherheit auch zur deutlichen Reduzierung der Schalzeiten bei.

Taktpläne gehören ebenfalls zur Einsatzplanung. Abgestimmt auf die geplanten Betonierabschnitte stellen Sie die einzelnen Schalungstakte dar. Anhand der Taktpläne werden *Materialstücklisten* erstellt, um die Vorhaltemengen zu optimieren.

Die Planung muss auf der Grundlage der aktuell gültigen Normen und Vorschriften erfolgen. Sollten Schalungseinsätze von den in der *Aufbau- und Verwendungsanleitung* beschriebenen Regeleinsätzen abweichen, kann zusätzlich ein *statischer Nachweis* erforderlich werden.

Zur Einsatzplanung von Schalungen gehören (je nach Anforderung)

- Schalungseinsatzpläne mit Grundrissen, Schnitten und Details
- *Schalungsmusterpläne* für Sichtbeton (s. Abschnitt 3.2)
- Taktpläne
- Montage- und Sicherheitshinweise
- Materialstücklisten
- Statische Berechnungen

Wie groß der erforderliche Aufwand für die Einsatzplanung ist, hängt maßgeblich vom Schwierigkeitsgrad der Geometrie des Objektes sowie von der Projektgröße ab. Bei einer einfachen Flex-Deckenschalung beispielsweise können die Träger- und Stützenabstände sowie der Materialbedarf relativ einfach anhand der Bemessungstabellen der Hersteller ermittelt werden (s. Abschnitt 7.5). In anderen Bereichen kann der Planungsaufwand deutlich höher und komplexer sein. Nicht selten werden dann DIN A0-Pläne erforderlich.

Die Zeiten, in denen *Schalungseinsatzpläne* von Hand am Reißbrett erstellt wurden, sind vorbei. Wie in allen anderen Planungsbereichen auch werden dazu Softwaresysteme verwendet. Mittlerweile bieten alle Schalungshersteller entsprechende Programme an, mit denen sich der Einsatz Ihrer Systeme planen lässt. Dadurch kann der Anwender entweder selbst die Einsatzplanung übernehmen oder den Schalungslieferanten damit beauftragen.

Nachfolgend wird die Einsatzplanung mit Softwaresystemen sowie deren Verwendbarkeit für die Lehre behandelt.

20.1 Software für die Schalungseinsatzplanung

Wegbereiter der modernen Schalungseinsatzplanung waren die Firma PERI mit ihrem Schalungsplanungs-Programm ELPOS und die Firma Doka mit dem Programm Tipos. Letzteres existiert auch heute noch in einer weiterentwickelten Form.

Im Zuge der *Digitalisierung* und insbesondere mit Einführung der Methode *„Building Information Modeling (BIM)“* wurden weitere Programme entwickelt, die zum einen die *Gebäudemodellierung* nutzen und zum anderen den Datentransfer optimieren.

Es gibt Applikationen, deren Basis eine CAD-Software ist (z. B. AutoCAD oder Revit von Autodesk) sowie eigenständige Planungsprogramme, für die keine zusätzliche CAD-Software notwendig ist.

20.1.1 Eigenständige Planungsprogramme

Bei diesen Programmen handelt es sich um Planungstools für die schnelle Einsatzplanung der Schalung für gewöhnliche Standardfälle. Sie zeichnen sich durch eine einfache Bedienbarkeit aus und werden hauptsächlich für Fundament-, Wand-, Stützen und Deckenschalungen verwendet.

Einige Schalungsprogramme verfügen inzwischen über *IFC-Schnittstellen*, sodass die Schalungseinsatzplanung direkt am *Gebäudemodell* durchgeführt werden kann. Dadurch kann die Eingabe der Wände, Stützen und Decken im Schalungsplanungsprogramm entfallen.

Auch in der Lehre kann damit die *Schalungseinsatzplanung* innerhalb kürzester Zeit den Studierenden nahegebracht werden. Allerdings sind dazu zumindest Grundkenntnisse zu den jeweiligen Schalungssystemen notwendig, um die von der Software generierten Lösungen beurteilen und gegebenenfalls manuell ändern zu können. Einige Hersteller bieten spezielle Lizenzen an, die ausschließlich für die Lehre verwendet werden können.

Gängige eigenständige Schalungsplanungs-Programme der einzelnen Schalungshersteller sind in Tabelle 20.1 aufgeführt.

Tabelle 20.1 Eigenständige Planungsprogramme

Schalungshersteller	Planungsprogramm
Doka	Doka Tipos
MEVA	Euroschal
PASCHAL	PASCHAL-Plan light (PPL)
PERI	PERI Quick Solve
ULMA	Ulma-Grafsystem

20.1.2 CAD-basierte Applikationen

CAD-Programme können als Basis für Applikationen verschiedenster Anwendungsbereiche verwendet werden. Auf dieser Grundlage wurden auch spezielle Module für die *Schalungseinsatzplanung* entwickelt. Im Gegensatz zu den zuvor beschriebenen Programmen, werden sie für komplexere Bereiche verwendet, wie sie beispielsweise im Ingenieurbau zu finden sind. Dazu ist neben den entsprechenden CAD-Kenntnissen auch ein fundiertes Schalungswissen notwendig.

Zusätzlich zu den Möglichkeiten, die das CAD-Programm bietet, sind alle relevanten Einzelteile der Schalungssysteme in Bibliotheken hinterlegt und können manuell bewegt werden. Dadurch können auch Sonderlösungen mit Systemteilen erarbeitet werden. Die Erstellung von *3D-Modellen* ist ebenso möglich wie die Ermittlung des Materialbedarfs und das Generieren von *Materialstücklisten*. Gängige CAD-basierte Applikationen der einzelnen Schalungshersteller sind in Tabelle 20.2 aufgeführt.

Tabelle 20.2 CAD-basierte Applikationen

Schalungshersteller	Applikation
Doka	DokaCad (AutoCAD), DokaCad (Revit), Tekla Structures
HÜNNEBECK	HCAD (AutoCAD), Tekla Structures
MEVA	MEVA CAD (AutoCAD), BIM^{2}form (Revit)

Tabelle 20.2 CAD-basierte Applikationen *(Fortsetzung)*

Schalungshersteller	Applikation
PASCHAL	PASCHAL-Plan Pro (PPP)
PERI	PERI CAD
ULMA	AutoCAD, Revit

■ 20.2 Beispiel zur Schalungseinsatzplanung

Am Beispielprojekt des Bürogebäudes (s. Kapitel 15) soll die Schalungseinsatzplanung exemplarisch dargestellt werden. Die ausführlichen *Schalungseinsatzpläne* sind im Internet unter *https://plus.hanser-fachbuch.de* zu finden.

Die prinzipielle Vorgehensweise erfolgt in den folgenden Arbeitsschritten

- Eingabe des Gebäude-Grundrisses geschoß- oder abschnittsweise. Sofern möglich Einlesen des virtuellen Gebäudemodells über eine IFC-Schnittstelle oder dergleichen.
- Takteinteilung der Betonier- bzw. Schalungsabschnitte der Wände, Stützen und Decken

  Zunächst werden die *Taktgrenzen* eingegeben und die Takte in der geplanten Reihenfolge der Herstellung durchnummeriert. In Bild 20.1 sind die drei Betonierabschnitte in einem Kern des Beispielgebäudes farbig dargestellt.

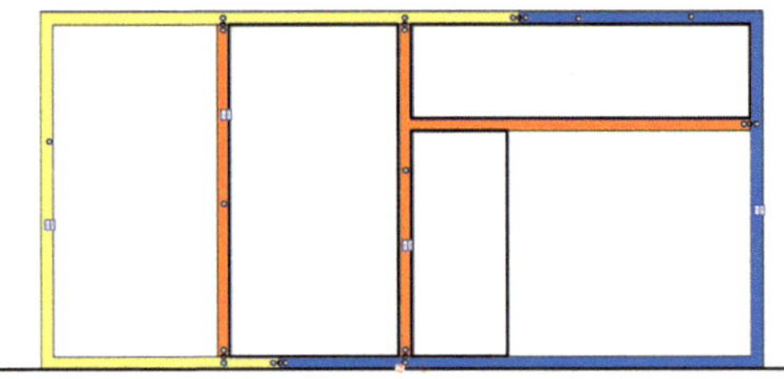

Bild 20.1
Wandgrundriss mit Einteilung der Betonierabschnitte, Darstellung mit Doka Tipos

Für die Ermittlung des Schalungsbedarfs wäre es sinnvoll, bei einer 1,5-fachen Vorhaltung die Vorlaufseite des jeweils nächsten Schalungsabschnitts der Wände angeben zu können, bei einer 2-fachen Vorhaltung der Wandschalung sogar der nächsten zwei Schalungsabschnitte. Diese Funktion wird jedoch nicht von allen Programmen unterstützt, sodass bei Wandschalungen die 1,5-fachen oder 2,0-fachen Mengen händisch anhand der *Materialstücklisten* überschlägig berechnet werden müssen.

- Auswahl und *Konfigurierung des Schalungssystems*

  Bei der Konfigurierung ist es möglich z.B. die Art der *Element-Aufstockung* oder die Art der *Wandanschlüsse* an bestehende Bauteile festzulegen. Es kann in der Regel auch der Einsatz bestimmter Elemente ausgeschlossen werden.

- Automatische oder halbautomatische Schalungseinsatzplanung (Bild 20.2 bis Bild 20.4)

  Für jeden einzelnen Betonierabschnitt werden die Schalungselemente inklusive Zubehör automatisch geplant.

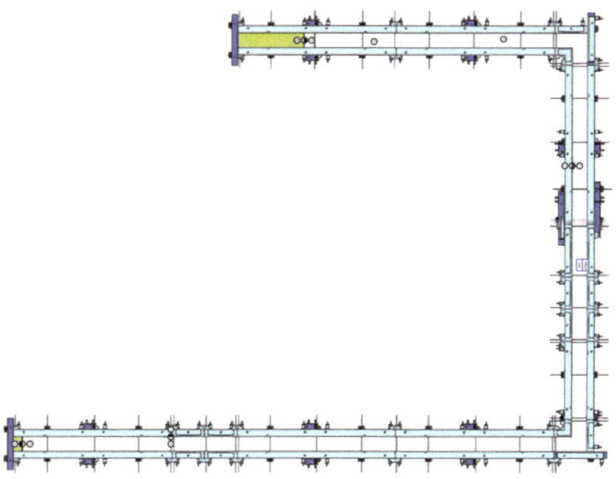

Bild 20.2
Automatisch geplanter Schalungseinsatz des 1. Betonierabschnitts der Kernwände im EG, Darstellung mit Doka Tipos

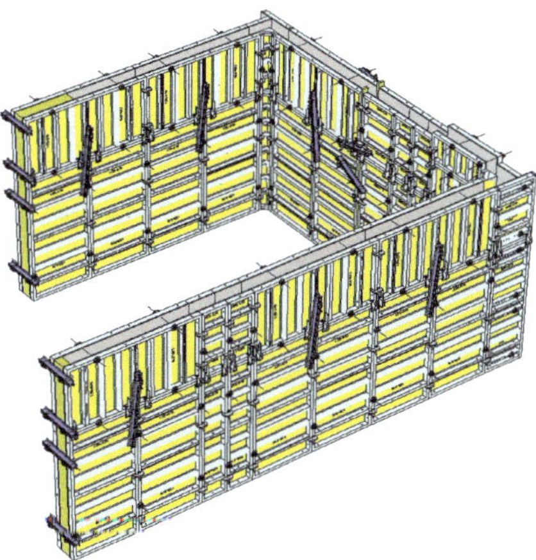

Bild 20.3
3D-Ansicht zu Bild 20.2 der Wandschalung der Kernwände im EG, 1. Betonierabschnitt, Darstellung mit DokaTipos

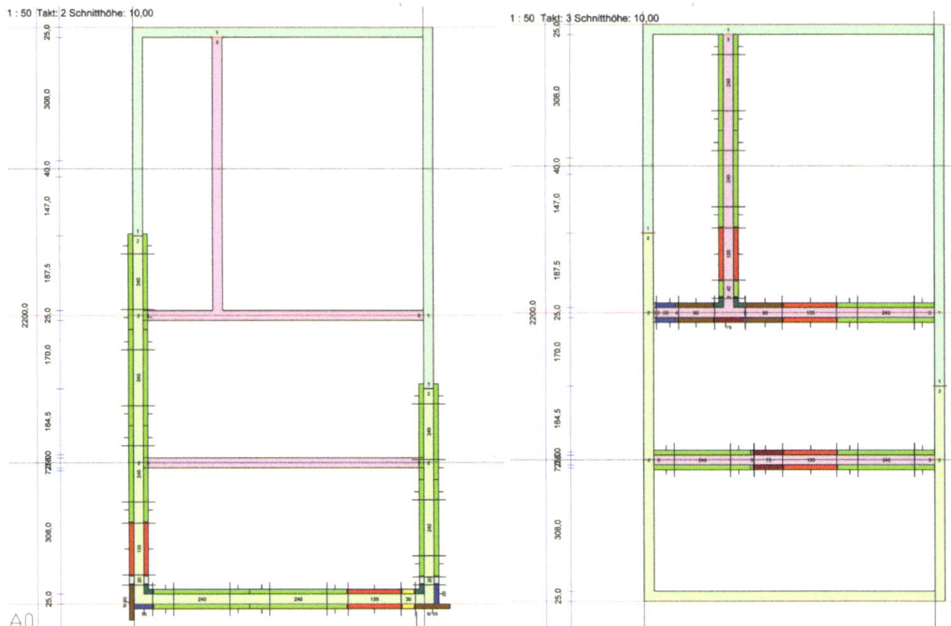

Bild 20.4 Automatisch geplanter Schalungseinsatz des 2. und 3. Betonierabschnitts der Kernwände im OG, Darstellung mit PASCHAL-Plan light (PPL)

Bei Flex-Deckenschalungen können in der Regel *Jochträgerlage* (Bild 20.5) und *Querträgerlage* (Bild 20.6) je für sich getrennt dargestellt werden.

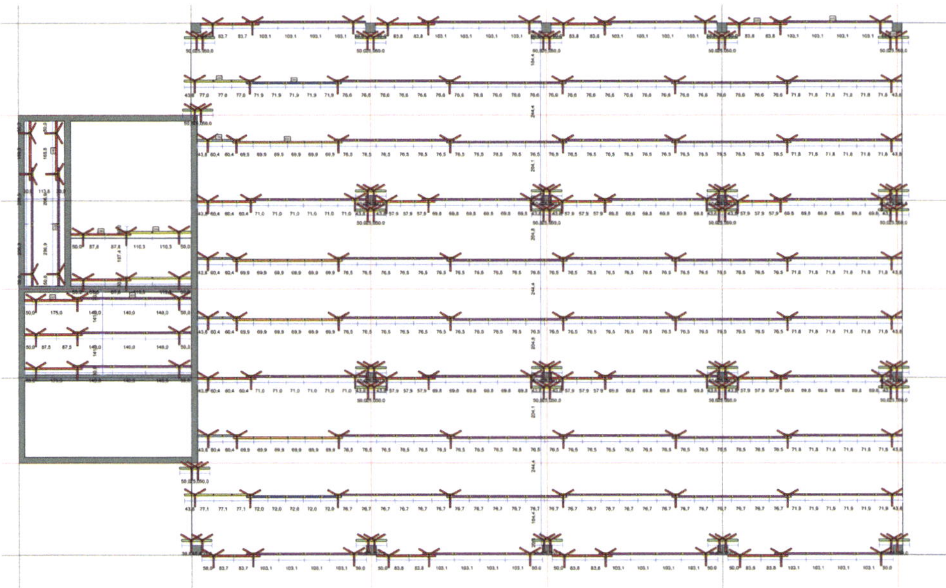

Bild 20.5 Schalungseinsatzplan Jochträgerlage der Flex-Deckenschalung im EG, 1. Betonierabschnitt, Darstellung mit PASCHAL-Plan light (PPL)

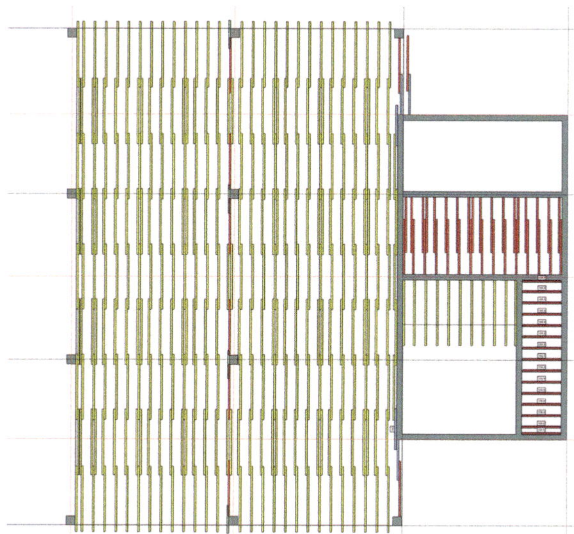

Bild 20.6 Schalungseinsatzplan Querträgerlage der Flex-Deckenschalung im EG, 2. Betonierabschnitt, Darstellung mit PASCHAL-Plan light (PPL)

In Bild 20.6 ist sehr gut erkennbar, wo der *Schalungshautstoß* geplant ist. Die Querträger werden wie alle Holzschalungsträger auch überlappend gestoßen. Der Schalungshautstoß muss entweder mittig auf dem *Querträger* liegen, oder die Querträger müssen dort doppelt verlegt werden. Manuelles Korrigieren und Ergänzen von verbleibenden Passflächen.

Vor allem bei Decken, manchmal auch bei Wänden, bleiben Restflächen, die von den Programmen nicht automatisch geschalt werden können. In solchen Fällen muss die Schalung händisch ergänzt werden. Insbesondere bei Paneelschalungen für Decken bleiben in der Regel *Passflächen* übrig, die von Hand geplant werden müssen.

- Generieren einer *Materialstückliste* unter Berücksichtigung der einzelnen Takte (Bild 20.7).

Artikel	Bezeichnung	Vorhaltung	Takt 1	Takt 2	Takt 3	Takt 4	Takt 5	Takt 6
	Elemente							
176.001.0200	Logo.3 Element 20x270cm	4	2	4	0	4	4	0
176.001.0250	Logo.3 Element 25x270cm	2	2	2	0	2	2	0
176.001.0400	Logo.3 Element 40x270cm	2	0	0	2	0	0	2
176.001.0500	Logo.3 Element 50x270cm	2	2	2	0	2	2	0
176.001.0750	Logo.3 Element 75x270cm	3	0	0	3	0	0	3
176.001.0900	Logo.3 Element 90x270cm	2	0	0	2	0	0	2
176.001.1350	Logo.3 Midielement 135x270cm	8	4	4	8	4	4	8
176.001.2400	Logo.3 GE-Element 240x270cm	14	14	14	10	14	14	10
176.004.0900	Logo-Multielement 90x270cm	2	2	2	0	2	2	0
176.005.0250	Logo-Innenecke 25x25x270cm	2	2	2	2	2	2	2
176.011.1020	Kunststoffausgleich 2x270cm	2	2	0	0	0	0	0
176.011.1030	Kunststoffausgleich 3x270cm	4	0	0	4	0	0	4
176.011.1050	Kunststoffausgleich 5x270cm mit	4	2	2	4	2	2	4
176.011.1060	Kunststoffausgleich 6x270cm mit	4	0	0	4	0	0	4
	Zubehör							
183.500.0014	Montage-und Ausschalhebel Logo	1	0	0	0	0	0	1
187.500.0002	Logo-Spannschraube DW15x215	24	24	8	0	24	8	0
187.500.0003	Richtstrebenanhöngung L/A kpl.	16	14	14	14	14	14	16
187.500.0004	Logo-Multiklammer 0-10cm	24	13	6	24	6	6	24
187.500.0005	Logo-Laufkonsole	31	28	28	31	28	28	31

Bild 20.7 Ausschnitt der Materialstückliste mit Materialbedarf der einzelnen Takte der Wandschalung für die Kerne im UG, Darstellung mit PASCHAL-Plan light (PPL)

- Manuelles *Optimieren der Schalungsmengen* einzelner Takte durch Austausch einzelner Elemente, um einzelne Spitzen in der Vorhaltung zu reduzieren.

  Anhand der Stückliste der einzelnen Schalungstakte ist ersichtlich, ob die Schalungselemente gleichmäßig und kontinuierlich eingesetzt werden können. Besonders bei großen Schalungselementen ist es sinnvoll, einen kontinuierlichen Einsatz zu erzielen, um die Bedarfsmengen und damit die Vorhaltekosten optimieren zu können.

  Für die einzelnen Artikel können auch Preise hinterlegt werden. Dadurch lässt sich sehr schnell der Gesamtwarenwert der Schalung ermitteln, was für die *Angebotskalkulation* sowie für die interne Kostenbetrachtung sehr hilfreich sein kann. Ebenso ist ein *Lagermanagement* möglich, indem vorab eingegebene Bestände bei der Planung berücksichtigt werden.

- Erstellung eines *Ausführungsplans* mit allen erforderlichen Angaben für die Baustelle.

  Hierzu werden Grundrisse, Schnitte und Details mit allen erforderlichen Maßen zu einem Plan zusammengestellt. Zur Verdeutlichung können auch *3D-Ansichten* (Bild 20.8 und Bild 20.9) hinzugefügt werden.

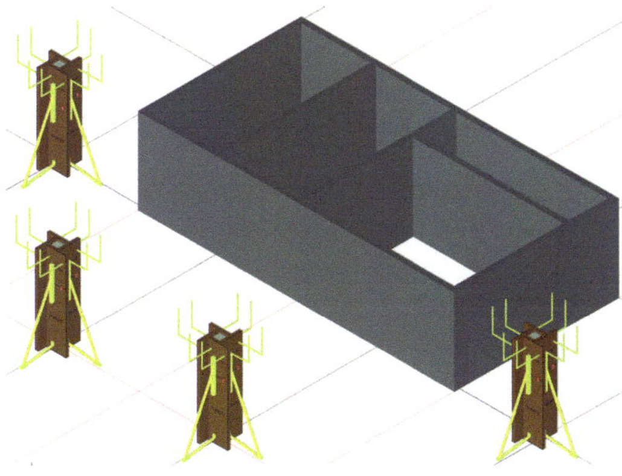

Bild 20.8
3D-Ansicht der Stützenschalungen im EG, 1. Betonierabschnitt, Darstellung mit PASCHAL-Plan light (PPL)

In den Ansichten können viele wichtige Details wie die Lage der *Schalschlösser* und Riegel sowie das erforderliche Zubehör wie *Richtstützen* und *Gerüstkonsolen* visualisiert werden.

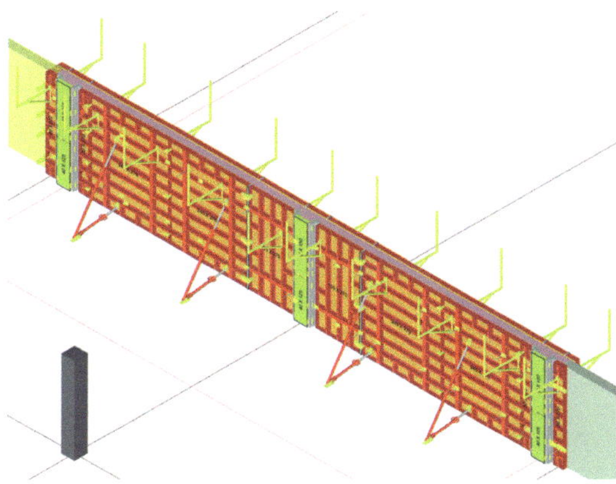

Bild 20.9
3D-Ansicht der Wandschalung der Außenwände im UG, 4. Betonierabschnitt, Darstellung mit PASCHAL-Plan light (PPL)

alkus AG
FL-9490 Vaduz

+423 236 00 30
alkus.com

Die alkus AG ist ein international tätiges Handels- und Dienstleistungsunternehmen mit Sitz in Vaduz (Liechtenstein) und wurde im Jahr 2000 gegründet. Das Unternehmen vertreibt innovative Lösungen rund um die alkus® Vollkunststoffplatte, die vor allem durch ihren Einsatz als Schalungsplatte für Betonierarbeiten weltweit bekannt geworden ist.

ALKUS® FÜR ALLE ANWENDUNGEN
Die alkus® findet ihre Hauptanwendung als Schalungshaut in der Bauindustrie und im Baugewerbe, wo sie aufgrund ihrer Vorteile gegenüber Sperrholzschalungsplatten und anderen Kunststoffplatten überzeugt. Aber sie hat sich aufgrund ihrer innovativen Möglichkeiten auch in anderen Branchen bei speziellen Anwendungen bewährt: besonders bei Tunnel- und Sonderschalungen sowie der Herstellung von Betonfertigteilen. Und auch darüber hinaus hat die alkus® Vollkunststoffplatte Verwendungsmöglichkeiten. Ihre Stabilität, Wasserresistenz und Formbarkeit eröffnen viele Möglichkeiten.

GEGENWART MEISTERN – ZUKUNFT GESTALTEN
Kompromisslose Qualität ist der Grundsatz für alle Produkte, die unseren Namen tragen. Wir sind davon überzeugt, dass unser Kernprodukt – die alkus® Vollkunststoffplatte – die beste Schalhaut am Markt ist. Damit machen wir unsere Kunden erfolgreicher. Auch über unsere Produkte hinaus bieten wir überragende Qualität, von der Beratung über den Vertrieb bis zum Service. Ehrlichkeit und Verlässlichkeit sind die Grundsätze, auf die wir unsere Kundenbeziehungen aufbauen. Mit Engagement und viel Herzblut stehen wir unseren Kunden weltweit als Partner zur Seite. Auch für anspruchsvolle Schalungsprojekte finden wir eine Lösung. Unser qualifiziertes Team hat stets ein offenes Ohr für individuelle Bedürfnisse und neue Ideen. Kollegen, Partnern und Kunden begegnen wir mit dem gleichen Respekt, den wir auch für uns selbst einfordern. Ein fairer Umgang miteinander, Unterstützung füreinander und ein offener Austausch sind für uns selbstverständlich.

/ Vertrieb und Produktion alku Schalungsplatten für alle Rahmensysteme
/ Kompetente Beratung unser Kunden
/ Innovative Lösungen rund u alkus® Vollkunststoffplatte
/ Stoffgleiche Reparatur der a Schalungsplatten

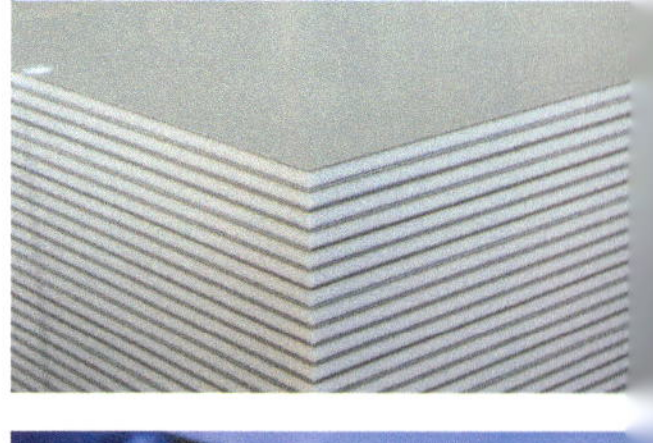

21 Ausblick

Einer jahrzehntelangen Entwicklungsarbeit durch die Schalungshersteller ist es zu verdanken, dass der Bauindustrie heute hervorragende Schalungssysteme für fast alle Anwendungsbereiche zur Verfügung stehen.

In enger Zusammenarbeit mit den Anwendern flossen die gemachten Erfahrungen in die stetige Weiterentwicklung und Optimierung der Systeme mit ein. Dies führte dazu, dass sich insbesondere die *Schalzeiten* seit dem Beginn der industriellen Schalungsherstellung sehr stark reduziert haben. Ebenso sind die deutlichen Verbesserungen im Bereich der *Arbeitssicherheit* im Umgang mit Schalungen und Gerüsten hervorzuheben.

In einigen Bereichen wurden, zumindest für den Moment, die Grenzen des technisch Machbaren erreicht. Dennoch kommen immer wieder neue Produkte auf den Markt, die zu weiteren Erleichterungen auf den Baustellen beitragen. Als Beispiel kann an dieser Stelle sicherlich die *einseitige Ankertechnik* bei Wandschalungen genannt werden, die mittlerweile als etabliert gilt. Bei vielen weiteren Neuentwicklungen handelt es sich um Lösungen für spezielle Anwendungen, deren Vorstellung den Rahmen dieses Buches sprengen würde.

Großes Potenzial für die Schalungsindustrie bietet die *Digitalisierung*. Auf diesem Feld finden derzeit viele Entwicklungen statt. Einige dieser Neuentwicklungen sind schon seit geraumer Zeit am Markt, andere wurden in der jüngsten Vergangenheit eingeführt. Inwieweit sich diese Produkte durchsetzen werden, bleibt abzuwarten. Entscheiden werden darüber die Anwender.

Nachfolgend wird ein Überblick über Entwicklungen gegeben, bei denen davon auszugehen ist, dass sie in den kommenden Jahren verstärkt in den Fokus rücken werden.

Building Information Modeling (BIM)

BIM beinhaltet die ganzheitliche Betrachtung eines Bauwerkes von der Planungs- und Bauphase über den Nutzungszeitraum bis hin zum Rückbau.

Für die Planungs- und Bauphase bedeutet dies ein objektorientiertes Arbeiten aller Beteiligten anhand eines *digitalen Bauwerksmodells*. Dadurch soll ein reibungsloser Datenaustausch zwischen den verschiedenen Planungsbeteiligten ermöglicht werden. Es muss also gewährleistet sein, dass die mit unterschiedlichen Softwaresystemen erstellten Planungen über eine Schnittstelle in das digitale Bauwerksmodell eingearbeitet und von dort wieder transferiert werden können.

In seiner Richtlinie „BIM-Fachmodell Schalungstechnik (Ortbetonbauweise)“ hat der Güteschutzverband Betonschalungen Europa e. V. eine Grundlage für den Daten- und Informationsaustausch geschaffen. Hierin wurde eine Vielzahl von *Parametern* definiert, die für den *Datenaustausch* im Verlauf der Prozesse der Schalungsplanung im Zuge einer Baumaßnahme nötig sind. Entsprechend den einzelnen Planungsschritten wurden den Fertigstellungsgraden der Planung für die Schalungs- und Gerüsttechnik die dafür erforderlichen Daten und Informationen zugeordnet, für die im Datenaustausch entsprechende *Attribute* zu übertragen sind.

Diese Attribute beschreiben im Einzelnen Daten und Informationen der Bauverfahrenstechnik für die Rohbauarbeiten, für Ausschreibung, Kalkulation und Preisbildung sowie für die Arbeitsvorbereitung der Produktionsprozesse. Die Attribute können ebenso Planunterlagen und Visualisierungen für die Baustellen wie auch Daten und Informationen für die Prozesssteuerung und den Arbeits- und Gesundheitsschutz enthalten.

Auf der Grundlage dieses *Fachmodells* ist u. a. eine *IFC-Schnittstelle (Industry Foundation Classes)* geschaffen und erfolgreich getestet worden, die in der Lage ist, die Vielzahl erforderlicher Parameter als Attribute beim Datenaustausch zu übertragen.

GSV-Richtlinie „BIM-Fachmodell Schalungstechnik (Ortbetonbauweise)“

Datenaustauschmodell zum Einsatz von BIM-Methoden in der Schalungsplanung

Güteschutzverband Betonschalungen Europa e. V. (GSV) (2019-09)

Manche Schalungsfirmen sehen *BIM-Modelle* für den Schalungseinsatz bisher eher als visuelle Hilfe. Für eine richtige Schalungsplanung sind die BIM-Planungsunterlagen von Architekten, Ingenieuren und ausführenden Firmen oft nicht ausreichend. Viele Planunterlagen müssen erst umgewandelt werden, um sie bearbeiten zu können. Der Aufwand dafür ist verhältnismäßig hoch. Das in Deutschland weitverbreitete baubegleitende Planen macht BIM-Projekte noch sehr schwierig.

Dennoch sind Digitalisierung und BIM sehr wichtige Themen für die Schalungsunternehmen. Die Nachfrage nach BIM-Lösungen erhöht sich stetig. Die Schalungsfirmen unterstützen diese Entwicklung aktiv durch die Bereitstellung von *eigen-*

ständigen Planungsprogrammen und intelligenten 3D-Komponenten für verschiedene *CAD-Applikationen* (s. Abschnitt 20.1).

Mit dem BIM-Grundgedanken einer Vernetzung der Prozesse könnte zukünftig auch eine digitalisierte Schalungsplanung bei der Definition des optimalen Bauablaufs zur Unterstützung in der Arbeitsvorbereitung eine Chance bieten. Durch *Simulationen* der Hauptgewerke des Rohbaus im Gesamtprojekt lassen sich die bauzeitlichen und wirtschaftlichen Auswirkungen durch Bauablauf und zugehörigen Materialeinsatz darstellen. Die grundlegenden Definitionen für die Bauabwicklung könnten darauf aufbauen.

Für die Zukunft wird in der Entwicklung von BIM-Modellen für den Schalungsbau viel Potenzial gesehen. In anderen Gewerken kann es ganz anders aussehen. Die Digitalisierung hält jedenfalls auch im Bereich der Schalungstechnik Einzug.

Digitalisierung der Dienstleistungen

Auch digitale Dienstleistungen werden kontinuierlich weiterentwickelt wie zum Beispiel die *Kundenportale* der Schalungsfirmen. Ihre Nutzer erhalten damit einen immer aktuellen Überblick über ihre gesamten Bauvorhaben mit allen wesentlichen Projektinformationen zur angemieteten Schalung. Beispiele hierfür sind Materiallieferungen, aktuelle Baustellenbestände sowie Mietrechnungen. Das *Baustellencontrolling* wird dadurch deutlich erleichtert. Die Nutzung der Kundenportale wird bereits stark nachgefragt.

RFID-Technologie

Mithilfe der RFID-Technologie sind Schalungsteile unverwechselbar identifizierbar. Dazu wird ein *Transponder-Chip* beispielsweise in ein Wandschalungselement eingesetzt. Die darauf hinterlegten Daten werden dann über ein Lesegerät, das unmittelbar am Chip angehalten wird, zu einer dazugehörigen Software übertragen.

Vorteile sind neben einem verbesserten *Lagermanagement* die Möglichkeit der historischen Betrachtung eines Schalungsteils (Baujahr, Einsatzhäufigkeit, Reparaturen und Instandsetzungen). Darüber hinaus kann die Unverwechselbarkeit hilfreich dabei sein, wenn ein Schalungskauf finanziert werden soll.

Trotz der geringen Größe des Chips (ca. 2 cm Durchmesser) wird er aus konstruktiven Gründen hauptsächlich nur im Rahmen von Elementschalungen eingebaut. Für Zubehör und Kleinteile sind bisher noch keine Lösungen bekannt, zumal hier die erhöhte Gefahr einer Zerstörung besteht, z. B. durch Hammerschlag.

Sensorgestützte Überwachung der Ortbetonqualität

Mittels Sensoren ist es möglich, bereits während des Betoniervorgangs Informationen über die *Betonqualität* zu erhalten. Dazu werden die *Sensoren* vor dem Betonieren an der Bewehrung befestigt und über ein dünnes Kabel mit einem Funksender verbunden, der außen an der Schalung befestigt werden kann. Die durch die Sensoren gemessene Temperatur im Beton wird vom Sender an eine Auswertungssoftware weitergeleitet. Unter Berücksichtigung weiterer Parameter, wie der Außentemperatur und Referenzdaten, können dann Rückschlüsse auf die *Festigkeitsentwicklung des Betons* getroffen werden.

Die Sensoren werden an unterschiedlichen Stellen im Beton verwendet und liefern kontinuierliche Messergebnisse. Durch diese Echtzeit-Überwachung kann der optimale Zeitpunkt des Ausschalens ermittelt werden. Dadurch können Taktzeiten verkürzt und die Vorhaltemengen von Schalungen und Gerüsten reduziert werden.

Vor allem bei großen Bauteildicken, wie sie im Infrastrukturbau vorkommen, kann die Technik als Grundlage für Entscheidungen, z. B. über den *Ausschalzeitpunkt*, hilfreich sein. Sie ersetzt aber nicht die üblichen Prüfverfahren zum Überwachen der Betonqualität auf der Baustelle, wie beispielsweise das Ausbreitmaß oder Probekörper sowie die Berücksichtigung von Normen und Regelwerken.

3D-Betondruck

Mittels 3D-Betondruck können Betonwände schalungsfrei hergestellt werden. Dazu wird beim additiven Fertigungsverfahren der Beton aus dem Druckkopf schichtweise bis zur gewünschten Höhe aufgetragen. Der Druckkopf selbst läuft über eine modulare Portalkonstruktion und kann sich dreidimensional an jede gewünschte Stelle bewegen. Der Beton wird aus dem Betonmischer herkömmlich über Pumpen zum Druckkopf befördert. Zum Einsatz kommen dabei Betone, die auf die speziellen Anforderungen des 3D-Betondrucks abgestimmt sind.

Die Technologie bietet bei geringem Personaleinsatz Gestaltungsmöglichkeiten, die mit herkömmlicher Schalung nicht bzw. nur mit hohem Aufwand zu realisieren sind. Ein weiterer Vorteil ist die körperschonende Tätigkeit bei der Ausführung der Arbeiten.

Zukünftige Einsatzmöglichkeiten des 3D-Betondrucks werden bisher hauptsächlich im Wohnungsbau, aber auch im Fertigteilbau gesehen.

Literaturverzeichnis

[1] *Bauer, H.*: Baubetrieb. 3. Auflage. Springer Verlag. Berlin 2007

[2] *Berner, F.; Kochendörfer, B.; Schach, R.*: Grundlagen der Baubetriebslehre 2. 2. Auflage. Springer Vieweg Verlag. Wiesbaden 2013

[3] *Brecheler, W.; Friedrich, J.; Hilmer, A.; Weiß, R.*: Baubetriebslehre – Kosten- und Leistungsrechnung – Bauverfahren. Vieweg-Verlag. Braunschweig 1998

[4] *Fiala, H.; Fuchs, R.; Ogniwek, D.; Schuon, H.*: Wegweiser Sichtbeton. Bauverlag. Gütersloh 2007

[5] *Furche, J; Bauermeister, U.*: Elementbauweise mit Gitterträgern. Betonkalender 2009. Verlag Ernst & Sohn. Berlin 2009

[6] *Goldammer, K.-R.; Schmitt, R.; Schubert, K.*: Sichtbeton und Schalungstechnik. Betonkalender 2010. Verlag Ernst & Sohn. Berlin 2010

[7] *Grupp, P.*: Schalungsatlas. Verlag Bau + Technik. Düsseldorf 2009

[8] *Krause, T.; Ulke, B. (Hrsg.)*: Zahlentafeln für den Baubetrieb. 9. Auflage. Springer Vieweg Verlag. Wiesbaden 2016

[9] *Krause, T.;Hoffmann, M. (Hrsg.)*: Beispiele für die Baubetriebspraxis. 2. Auflage. Vieweg + Teubner Verlag. Wiesbaden 2012

[10] *Hauptverband der deutschen Bauindustrie, WKO Wirtschaftskammer Österreich (Hrsg.)*: BGL Baugeräteliste 2020. Bauverlag. Gütersloh 2020

[11] *Hauptverband der deutschen Bauindustrie; Zentralverband Deutsches Baugewerbe (Hrsg.)*: KLR Bau: Kosten-, Leistungs- und Ergebnisrechnung der Bauunternehmen. 8. Auflage. Verlag Rudolf Müller. 2016

[12] *Hohmann, R.*: Fugenabdichtung. 2. Auflage. Fraunhofer IRB Verlag. Stuttgart 2009

[13] *Hofstadler, C.*: Schalarbeiten. Springer Verlag. Berlin 2008

[14] *Jeromin, W.*: Gerüste und Schalungen im konstruktiven Ingenieurbau. Springer Verlag. Berlin 2003

[15] *Labutin, N.*: Schalung und Rüstung. Ernst & Sohn Verlag. Berlin 1975

[16] *Peck, M.; Bose, T.; Bosold, D.*: Technik des Sichtbetons. 2. Auflage. Verlag Bau + Technik. Erkrath 2016

[17] *Proporowitz, A. (Hrsg.)*: Baubetrieb – Bauverfahren. Fachbuchverlag Leipzig im Carl Hanser Verlag. Leipzig 2008

[18] *Schmidt-Morsbach, J.*: Betonflächen und Schalungshaut. Verlag Ernst & Sohn. Berlin 1985

[19] *Schmitt, O. M.*: Schalungstechnik im Ortbetonbau. 2. Auflage. Werner-Verlag. Düsseldorf 1993

[20] *Schmitt, R.*: Schalungstechnik. Ernst & Sohn Verlag. Berlin 2001

[21] *Albert, A. (Hrsg.)*: Schneider – Bautabellen für Ingenieure. 24. Auflage. Reguvis Verlag. Köln 2020

[22] *Schulz, J.*: Sichtbeton-Planung. 4. Auflage. Springer Vieweg Verlag. Wiesbaden 2022

[23] *Schulz, J.*: Sichtbeton-Mängel. 3. Auflage. Springer Vieweg Verlag. Wiesbaden 2011

[24] *Schulz, J.*: Sichtbeton-Atlas. 2. Auflage. Springer Vieweg Verlag. Wiesbaden 2015

[25] *Simons, K.; Kolbe, P.*: Verfahrenstechnik im Ortbetonbau. Teubner Verlag. Stuttgart 1987

[26] *Tarifvertragsparteien der deutschen Bauwirtschaft (Hrsg.)*: ARH-Tabelle Systemschalungen Decke. 4. Auflage. Zeittechnik-Verlag. Neu-Isenburg 2021

[27] *Tarifvertragsparteien der deutschen Bauwirtschaft (Hrsg.)*: ARH-Tabelle Rahmenschalung Wände, Stützenschalung. Zeittechnik-Verlag. Neu-Isenburg 2019

[28] *Tarifvertragsparteien der deutschen Bauwirtschaft (Hrsg.)*: ARH-Tabelle Schalarbeiten, konventionelle und Großflächenschalung. Zeittechnik-Verlag. Neu-Isenburg 1999

[29] *Vismann, U. (Hrsg.)*: Wendehorst Bautechnische Zahlentafeln. 37. Auflage. Springer Vieweg Verlag. Wiesbaden 2021

Werksunterlagen von Herstellern und Lieferanten

alkus AG, Gewerbeweg 15, 9490 Vaduz, Liechtenstein

BETOMAX® systems GmbH & Co. KG, Dyckhofstr. 1, 41460 Neuss

Deutsche Doka Schalungstechnik GmbH, Frauenstr. 35, 82216 Maisach

DOMESLE Schalungs- und Metallbau GmbH, Händelstr. 25, 93133 Burglengenfeld

DYWIDAG-Systems International GmbH, Südstr. 3, 32457 Porta Westfalica

Elvermann GmbH, Zur Reithalle 72 – 76, 46286 Dorsten

FILIGRAN Trägersysteme GmbH & Co. KG, Zappenberg 6, 31633 Leese

Max Frank GmbH & Co. KG, Mitterweg 1, 91339 Leiblfing

Gleitbau Ges.mbH, Itzlinger Hauptstr. 105, 5020 Salzburg, Austria

HSB Schalung GmbH, Mathias-Erzberger-Str. 9 – 11, 66806 Ensdorf

Hünnebeck Deutschland GmbH, Rehhecke 80, 40885 Ratingen

FRIEDR. ISCHEBECK GMBH, Loher Str. 31 – 79, 58256 Ennepetal

CONRAD KERN AG, Grenadierstr. 2, 6210 Sursee, Schweiz

Klöpferholz GmbH & Co. KG, Schleißheimer Str. 104, 85748 Garching

Mayer Schaltechnik GmbH, Richtbergstr. 8, 97493 Bergrheinfeld

MEVA Schalungs-Systeme GmbH, Industriestr. 5. 72221 Haiterbach

NOE-Schaltechnik, Georg Meyer-Keller GmbH + Co. KG, Kuntzestr. 72, 73079 Süssen

PASCHAL-Werk G. Maier GmbH, Kreuzbühlstr. 5, 77790 Steinach

PERI Vertrieb Deutschland GmbH & Co. KG, Daimlerstr. 24 – 28, 89264 Weißenhorn

RINGER GmbH, Römerweg 9; 4844 Regau, Österreich

ROBUSTA-GAUKEL GMBH & CO. KG, Brunnenstr. 36, 71263 Weil der Stadt

Tricosal Heinrich Schmid GmbH & Co. KG, Siemensstr. 20, 72766 Reutlingen

ULMA Construction GmbH, Paul-Ehrlich-Str. 8, 63322 Rödermark

AUGUST WENDLER OHG, Däfernstr. 11 – 13, 71549 Auenwald

Westag AG, Hellweg 15, 33378 Rheda-Wiedenbrück

Bildmaterial sowie technische Unterlagen wurden freundlicherweise von den angegebenen Firmen zur Verfügung gestellt.

Normen und Vorschriften

Normen

DIN 1045-3:2012-03 Tragwerke aus Beton, Stahlbeton und Spannbeton – Teil 3: Bauausführung – Anwendungsregeln zu DIN EN 13670

DIN 1045-4:2012-02 Tragwerke aus Beton, Stahlbeton und Spannbeton – Teil 4: Ergänzende Regeln für die Herstellung und die Konformität von Fertigteilen

DIN 1960:2019-09 VOB Vergabe- und Vertragsordnung für Bauleistungen – Teil A: Allgemeine Bestimmungen für die Vergabe von Bauleistungen

DIN 1961:2016-09 VOB Vergabe- und Vertragsordnung für Bauleistungen – Teil B: Allgemeine Vertragsbedingungen für die Ausführung von Bauleistungen

DIN 4235:1978-12 Verdichten von Beton durch Rütteln; Rüttelgeräte und Rüttelmechanik

DIN 4420-1:2004-03 Arbeits- und Schutzgerüste – Teil 1: Schutzgerüste – Leistungsanforderungen, Entwurf, Konstruktion und Bemessung

DIN 4420-3:2006-01 Arbeits- und Schutzgerüste – Teil 3 Ausgewählte Gerüstbauarten und ihre Regelausführungen

DIN 7865-1:2015-02 (Entwurf 2021-12) Elastomer-Fugenbänder zur Abdichtung von Fugen in Beton – Teil 1: Formen und Maße

DIN 7865-3:2020-08 Elastomer-Fugenbänder zur Abdichtung von Fugen in Beton – Teil 3: Verwendungsbereich

DIN 18197:2018-01 Abdichten von Fugen in Beton mit Fugenbändern

DIN 18202:2019-07 Toleranzen im Hochbau; Bauwerke

DIN 18216:2021-02 Schalungsanker für Betonschalungen; Anforderungen, Prüfung, Verwendung

DIN 18218:2010-01 Frischbetondruck auf lotrechte Schalungen

DIN 18299:2019-09 VOB Vergabe- und Vertragsordnung für Bauleistungen – Teil C: Allgemeine Technische Vertragsbedingungen für Bauleistungen (ATV) – Allgemeine Regelungen für Bauarbeiten jeder Art

DIN 18331:2019-09 VOB Vergabe- und Vertragsordnung für Bauleistungen – Teil C: Allgemeine Technische Vertragsbedingungen für Bauleistungen (ATV) – Betonarbeiten

DIN 18541-1:2021-01 Fugenbänder aus thermoplastischen Kunststoffen zur Abdichtung von Fugen in Beton – Teil 1: Begriffe, Formen, Maße, Kennzeichnung

DIN 68705-2:2016-03 Sperrholz, Teil 2: Stab- und Stäbchensperrholz für allgemeine Zwecke

DIN 68791:2016-08 Großflächen-Schalungsplatten aus Stab- und Stäbchensperrholz für Beton und Stahlbeton

DIN 68792:2016-08 Großflächen-Schalungsplatten aus Furniersperrholz für Beton und Stahlbeton

DIN EN 206:2021-06 Beton – Festlegung, Eigenschaften, Herstellung und Konformität

DIN EN 310:1993-08 Holzwerkstoffe – Bestimmung des Biege-Elastizitätsmoduls und der Biegefestigkeit

DIN EN 338:2016-07 Bauholz für tragende Zwecke – Festigkeitsklassen

DIN EN 636:2015-05 Sperrholz – Anforderungen

DIN EN 1065:1998-12 Baustützen aus Stahl mit Ausziehvorrichtung – Produktfestlegung, Bemessung und Nachweis durch Berechnung und Versuche

DIN EN 1990:2021-10 Eurocode: Grundlagen der Tragwerksplanung

DIN EN 1990/NA/A1:2012-08 Nationaler Anhang – National festgelegte Parameter -Eurocode: Grundlagen der Tragwerksplanung; Änderung A1

DIN EN 1991-1-1:2010-12 Eurocode 1: Einwirkungen auf Tragwerke – Teil 1-1: Allgemeine Einwirkungen auf Tragwerke – Wichten, Eigengewicht und Nutzlasten im Hochbau

DIN EN 1991-1-1/NA/A1:2015-05 Nationaler Anhang – National festgelegte Parameter -Eurocode 1: Einwirkungen auf Tragwerke – Teil 1-1: Allgemeine Einwirkungen auf Tragwerke – Wichten, Eigengewicht und Nutzlasten im Hochbau; Änderung A1

DIN EN 1992-1-1/A1:2015-03 Eurocode 2: Bemessung und Konstruktion von Stahlbeton- und Spannbetonbauwerken – Teil 1-1: Allgemeine Bemessungsregeln und Regeln für den Hochbau

DIN EN 1992/NA/A1:2015-12 Nationaler Anhang – National festgelegte Parameter – Eurocode 2: Bemessung und Konstruktion von Stahlbeton- und Spannbetonbauwerken – Teil 1-1: Allgemeine Bemessungsregeln und Regeln für den Hochbau

DIN EN 1993-1-1:2010-12 (2020-08 Entwurf)/A1:2014-07/ NA:2018-12 Eurocode 3: Bemessung und Konstruktion von Stahlbauten – Teil 1-1: Allgemeine Bemessungsregeln und Regeln für den Hochbau

DIN EN 1993-1-1/NA:2018-12 Nationaler Anhang – National festgelegte Parameter – Eurocode 3: Bemessung und Konstruktion von Stahlbauten – Teil 1-1: Allgemeine Bemessungsregeln und Regeln für den Hochbau

DIN EN 1995-1-1:2010-12/A2:2014-07 Eurocode 5: Bemessung und Konstruktion von Holzbauten – Teil 1-1: Allgemeines – Allgemeine Regeln und Regeln für den Hochbau

DIN EN 1995-1-1/NA:2013-08 Nationaler Anhang – National festgelegte Parameter –Eurocode 5: Bemessung und Konstruktion von Holzbauten – Teil 1-1: Allgemeines – Allgemeine Regeln und Regeln für den Hochbau

DIN EN 18211-1:2004-03 Temporäre Konstruktionen für Bauwerke – Teil 1 Arbeitsgerüste – Leistungsanforderungen, Entwurf, Konstruktion und Bemessung

DIN EN 12812:2008-12 Traggerüste – Anforderungen, Bemessung und Entwurf

DIN EN 12813:2004-09 Temporäre Konstruktionen für Bauwerke – Stützentürme aus vorgefertigten Bauteilen – Besondere Bemessungsverfahren

DIN EN 13353:2011-07 (2021-01 Entwurf) Massivholzplatten – Anforderungen

DIN EN 13377:2002-11 Industriell gefertigte Holzschalungsträger aus Holz – Anforderungen, Klassifizierung und Nachweis

DIN EN 13670:2011-03 Ausführung von Tragwerken aus Beton

DIN EN 16031:2012-09 Baustützen aus Aluminium mit Ausziehvorrichtung – Produktfestlegungen, Bemessung und Nachweis durch Berechnung und Versuche

ZTV-ING:2021-03 Zusätzliche Technische Vertragsbedingungen und Richtlinien für Ingenieurbauten

Merkblätter und Richtlinien

Deutscher Beton- und Bautechnik-Verein e. V. (DBV)

Merkblatt Betonierbarkeit von Bauteilen aus Beton und Stahlbeton (2014-01). Deutscher Beton- und Bautechnik-Verein e. V. (DBV)

Merkblatt Betonschalungen und Ausschalfristen (2013-06). Deutscher Beton- und Bautechnik-Verein e. V. (DBV)

Merkblatt Injektionsschlauchsysteme und quellfähige Einlagen für Arbeitsfugen (2020-12). Deutscher Beton- und Bautechnik-Verein e. V. (DBV)

Merkblatt Rückbiegen von Betonstahl und Anforderungen an Verwahrkästen nach Eurocode 2 (2011-01). Deutscher Beton- und Bautechnik-Verein e. V. (DBV)

Merkblatt Selbstverdichtender Beton (SVB) (2017-12). Deutscher Beton- und Bautechnik-Verein e. V. (DBV)

Merkblatt Sichtbeton (2015-06). Deutscher Beton- und Bautechnik-Verein e. V. (DBV)

Güteschutzverband Betonschalungen Europa e. V. (GSV)

Richtlinie für die Erteilung von GSV-Zeichen für Rahmenschalungstafeln für vertikale Bauteile (Wände und Stützen) (2000-10). Güteschutzverband Betonschalungen Europa e. V. (GSV)

Richtlinie Handhabungs- und Pflegehinweise Schalungssysteme (2003-10). Güteschutzverband Betonschalungen Europa e. V. (GSV)

Empfehlungen zur Planung, Ausschreibung und zum Einsatz von Schalungssystemen bei der Ausführung von „Betonflächen mit Anforderungen an das Aussehen" (2005-06). Güteschutzverband Betonschalung Europa e. V. (GSV)

Empfehlungen zur Anfertigung einer Gefährdungsbeurteilung bei der Anwendung von Schalungen (2007-12). Güteschutzverband Betonschalung Europa e. V. (GSV)

Leitfaden: Hinweise zur bestimmungsgemäßen und sicheren Verwendung von Schalungen und Traggerüsten (2010-07). Güteschutzverband Betonschalung Europa e. V. (GSV)

Anwendungshinweise zu den Sicherheitskonzepten für Schalung und Rüstung (2010-10). Güteschutzverband Betonschalung Europa e. V. (GSV)

Merkblatt Mietschalung (2011-12). Güteschutzverband Betonschalungen Europa e. V. (GSV)

Richtlinie Qualitätskriterien von Mietschalungen (2021-04). Güteschutzverband Betonschalungen Europa e. V. (GSV)

Kennzeichnung, Prüfung und Dokumentation von Schalungs- und Gerüstprodukten (2017-09). Güteschutzverband Betonschalungen Europa e. V. (GSV)

Richtlinie BIM-Fachmodell Schalungstechnik (Ortbetonbauweise) – Datenaustauschmodell zum Einsatz von BIM-Methoden in der Schalungsplanung (2019-09). Güteschutzverband Betonschalungen Europa e. V. (GSV)

Deutscher Ausschuss für Stahlbeton (DAfStb)

Erläuterungen zu den Normen DIN EN 206-1, DIN 1045-2, DIN 1045-3, DIN 1045-4 und DIN EN 12620, Heft 526, Deutscher Ausschuss für Stahlbeton (DAfStb) (2011-12). Beuth Verlag

Erläuterungen zu DIN EN 1992-1-1 und DIN EN 1992-1-1/NA (Eurocode 2), Heft 600, Deutscher Ausschuss für Stahlbeton (DAfStb) (2020-11). Beuth Verlag

Wasserundurchlässige Bauwerke aus Beton (WU-Richtlinie) (2017-12), Deutscher Ausschuss für Stahlbeton (DAfStb) (2020-11). Beuth Verlag

Sonstige

Handbuch über finnisches Sperrholz (2001), Verband der finnischen Forstindustrie (englische Ausgabe 2008)

Anpassungsrichtlinie Stahlbau – Herstellungsrichtlinie Stahlbau, Sonderheft Nr. 11/1 (1996). Deutsches Institut für Bautechnik

Index

H

I

J

K

L

M

N

O

P

Q

R

S

W

Z